解析力学・量子論
第2版

須藤 靖──［著］

東京大学出版会

Mechanics: from Classical to Quantum, 2nd ed.
Yasushi SUTO
University of Tokyo Press, 2019
ISBN978-4-13-062618-7

はじめに

　本書は，最小作用の原理による古典力学の定式化を紹介し，さらに量子論へと至る論理的道筋を記述することを目的とした入門的な教科書である．その内容は，著者が東京大学理学部 2 年生（物理学科・地球惑星学科・天文学科では必修科目，数学科・化学科などでは選択科目）を対象に 1993 年から 1995 年，および 2007 年，2012 年に行った講義に基づいている．初版は 2008 年の刊行以来，幸いなことに多くの読者を得て，増刷を重ねてきた．おかげで今回，数々の改訂を行った上で，第 2 版をお送りできることとなった．

　本書では，古典力学と量子論の基礎を学びながら，この世界を支配している基本物理法則とその記述法を身につけてもらうことを意識した．基礎物理学の 1 つのゴールは，物理法則を数学に帰着させ，具体的な方程式として書き下すことである．ニュートンの法則は，まさにそのゴールに向けての最初の革命的な第一歩であった．このニュートンの法則を，最小作用の原理と呼ばれる考え方を用いて定式化し直したものが解析力学だといってよい．そしてこの最小作用の原理は，狭義の力学のみならずより広範な物理法則を記述できる普遍的な定式化となっている．

　物理学は，断片的な知識の寄せ集めでも，与えられた方程式を解く技術でもない．この世界をできるだけ簡潔にかつ正確に記述しようとするエンドレスな営みである．物理学の諸分野を学ぶことと並行して，自分なりの科学観あるいは物理学観をぜひとも確立してほしいと思う．そのため，1 章では，そもそも科学とは何か，なぜ学ぶのかについて，あえて著者の私見を紹介しておいた．

　2 章から 6 章までが，解析力学に対応する．ここでは，最小作用の原理，対称性と保存則，正準変換といった普遍的な原理や考え方に立ち返りながら学べるように努めた．また，6 章は第 2 版で新たに追加した内容で，天体力学への応用を紹介した．天体力学は古くて新しい学問の代表であり，ニュートン力学がどれだけ普遍的かつ正確にこの世界を記述するかを実感させてくれる．この普遍性と定量性こそが，ニュートン力学の先にある量子力学と特殊相対論，一般相対論の必然性を明らかにしたのである．

　7 章から 9 章では，古典力学だけでは記述できない量子論的現象を考察することで，解析力学から量子論に至る軌跡を，なるべく歴史に沿いつつ説明した．引き続く 10 章から 13 章が，量子論の基礎である．ここでは主として 1 次元量子系を例

として，量子論の考え方を身につけてもらうことをめざしている．その上で，巻末の文献に紹介してあるより本格的な教科書を手にとって，量子力学をマスターしてほしい．最後の 14 章は，ある意味では本書のまとめであるとともに，読者への問いかけでもある．

　基本的には，半年間にわたり 90 分の講義を毎週 2 回行った内容を 14 章にまとめたものが本書である．ただし，講義では詳しく説明する余裕のなかった電磁場の古典論およびデルタ関数について，付録 A 章と B 章でそれぞれ補足的な解説を加えた．また実際に行った試験問題をもとに作成した例題と詳しい解答を付録 C 章と D 章としてある．

　解析力学と量子力学に関する教科書は，すでに数多く出版されている．にもかかわらずあえて本書を出版しようと思い立ったのは，最小作用の原理という物理学の根底を貫く思想を中心として，解析力学から量子論へと至る道筋をシームレスに伝えたいと考えたからである．

　そのために，著者が意図した本書の特徴は以下の通りである．

(1) 取り扱う題材を厳選したかわりに，読者が消化不良となることなくすっきりと理解できるよう，登場する数式はすべてていねいに導出の過程を示した．

(2) 単なる式の羅列に終わることなく，それらの背後にある物理的な意味を繰り返し強調した．

(3) 講義中に行った雑談も含め，読者の理解に役立つあるいは興味をもってもらえそうな事項を 200 以上の脚注として付け加え，講義の雰囲気をそのまま残すように努めた．

(4) 古典力学と量子論は互いに無関係な，あるいは矛盾する論理体系ではなく，それらがいずれも相補的な極限で自然界の優れた近似となっていることを強調した．

　これらの結果として，通常の教科書に比べると著者自身の個人的な価値観がかなり色濃く反映された記述となってしまった．このスタイルは必ずしもすべての読者に受け入れられるものではないかもしれない．しかし，標準的な記述法の教科書はすでに数多く存在することを考えれば，本書のようなスタイルの教科書も相補的な意味において存在価値があるはずだ．本書を通じて，物理学の考え方の一端に共感

してくれる読者がいたならば，それこそ著者の望外の喜びである．

　本書の執筆にあたってはできる限り誤りのないように努めたが，残念ながら完璧を期することはなかなか困難である（残念ながらこれは初版において証明済みである）．そのため，出版後にみつかった間違いや誤殖は

　http://www-utap.phys.s.u-tokyo.ac.jp/~suto/book/

において随時お知らせするので，適宜参照していただければ幸いである．

　最後に，原稿を丁寧にチェックし多くの有益な助言をくれた東京大学大学院理学系研究科物理学専攻大学院生の白田晶人君，中島正裕君，藤井友香さん，平野照幸君（以上，初版），および林利憲君（第 2 版），また，東京大学出版会の担当編集者である丹内利香さんに厚く感謝の意を表させていただきたい．

　2019 年 5 月

須藤 靖

目 次

はじめに   iii

1   科学を学ぶ意義   **1**
1.1 科学の意義   1
1.2 科学を学ぶ目的   3
1.3 解析力学と量子論   4

2   ニュートンの法則からラグランジュ形式へ：帰納的定式化   **6**
2.1 ラグランジュ形式とは何か   6
2.2 ニュートンの法則   7
2.3 慣性系とガリレイ変換   9
2.4 質点のデカルト座標に対するラグランジュ方程式の導出   10
2.5 拘束条件と一般化座標   12
2.6 ダランベールの原理   13
2.7 ホロノーム系に対するラグランジュ方程式   14
2.8 ラグランジュ方程式の共変性   16
2.9 拘束条件とラグランジュの未定乗数法   18

3   最小作用の原理からニュートンの法則へ：演繹的定式化   **21**
3.1 最小作用の原理：ラグランジュ方程式へのもう1つの道   21
3.2 変分法とオイラー–ラグランジュ方程式   23
3.3 非相対論的自由粒子のラグランジアン   25
3.4 「最小作用の原理」的世界観   28

4   対称性と保存則   **33**
4.1 運動の積分   33
4.2 時間の一様性とエネルギー保存則   34
4.3 空間の一様性と運動量保存則   36
4.4 空間の等方性と角運動量保存則   37
4.5 ネーターの定理   39
     4.5.1 空間の一様性：運動量保存則   39
     4.5.2 空間の等方性：角運動量保存則   40
     4.5.3 時間の一様性：エネルギー保存則   40

5   ハミルトン形式と正準変換   **42**
5.1 ラグランジュ形式とハミルトン形式   42
5.2 ルジャンドル変換   45
5.3 正準変換と母関数   48
5.4 正準変換の例   50

		目 次	vii

	5.5	ポアソン括弧	51
		5.5.1 ポアソン括弧の定義	51
		5.5.2 正準変換に対する不変性	52
		5.5.3 ヤコビの恒等式	54
	5.6	シンプレクティック条件とリウヴィルの定理	56
		5.6.1 位相空間と独立な運動の積分の数	56
		5.6.2 シンプレクティック条件	57
		5.6.3 リウヴィルの定理	60
	5.7	無限小正準変換	61
	5.8	断熱定理	64

6　ハミルトン-ヤコビ方程式と天体力学　　　　　　　　　　　　　　68

	6.1	ハミルトン-ヤコビ方程式	68
	6.2	重力2体問題	70
		6.2.1 ラプラスベクトル	73
		6.2.2 ケプラー軌道要素	74
	6.3	2次元ケプラー問題とハミルトン-ヤコビ方程式	76
	6.4	3次元ケプラー問題とハミルトン-ヤコビ方程式	79
	6.5	ドロネー変数とラグランジュの惑星方程式	84

7　黒体輻射とエネルギー量子　　　　　　　　　　　　　　　　　　　89

	7.1	19世紀物理学にたれこめる2つの暗雲	89
	7.2	黒体輻射	91
		7.2.1 熱平衡にある力学系のエネルギー分布：ボルツマン因子	91
		7.2.2 エネルギー等分配則と真空の比熱	95
		7.2.3 レイリー-ジーンズの式	97
		7.2.4 ウィーンの式からプランクの式へ	98
	7.3	エネルギーの量子化	99
	7.4	プランク分布とウィーンの変位則	102
	7.5	太陽の温度と宇宙の温度	105

8　原子の構造と前期量子論　　　　　　　　　　　　　　　　　　　109

	8.1	水素原子のスペクトル	109
	8.2	長岡の原子モデル	113
	8.3	ラザフォード散乱	114
		8.3.1 ラザフォードの原子モデル	114
		8.3.2 散乱微分断面積	114
		8.3.3 ラザフォード散乱における粒子の軌跡	115
		8.3.4 ラザフォードの式	118
	8.4	ボーアの仮説	120

9　粒子性と波動性　　　　　　　　　　　　　　　　　　　　　　　124

	9.1	量子的実在	124

viii | 目 次

9.2	光電効果	126
9.3	コンプトン散乱	129
9.4	電子の裁判	131
9.5	黒体輻射の粒子性と波動性	135
	9.5.1 波動的描像	138
	9.5.2 粒子的描像	139

10 波動関数とシュレーディンガー方程式　141

10.1 粒子と波束	141
10.2 物質波とシュレーディンガー方程式	146
10.3 波動関数の意味：確率解釈	148
10.4 物理量の期待値と古典的極限：エーレンフェストの定理	151
10.5 ハミルトン-ヤコビの方程式とシュレーディンガー方程式	155
10.6 ハイゼンベルクの不確定性関係	157

11 経路積分による定式化：古典力学から量子論へ　160

11.1 量子力学的経路と確率振幅	160
11.2 経路積分と波動関数	164
11.3 経路積分を用いたシュレーディンガー方程式の導出	166

12 1次元量子系　168

12.1 時間に依存しないシュレーディンガー方程式	168
12.2 1次元波動関数のパリティ	169
12.3 ポテンシャル障壁：非束縛状態とトンネル効果	170
12.3.1 $0 < E < V_0$：トンネル効果	171
12.3.2 $0 < E < V_0$：反射率と透過率	173
12.3.3 $E > V_0$：反射率と透過率	175
12.4 井戸型ポテンシャル $(0 < E < V_0)$：束縛状態と離散スペクトル	176
12.4.1 $0 < E < V_0$ の偶関数解	177
12.4.2 $0 < E < V_0$ の奇関数解	178
12.4.3 $0 < E < V_0$ の波動関数とエネルギー固有値	179
12.5 井戸型ポテンシャル $(E > V_0)$：非束縛状態と連続スペクトル	181
12.5.1 $E > V_0$ の偶関数解	181
12.5.2 $E > V_0$ の奇関数解	182
12.6 井戸型ポテンシャルの波動関数の規格化	183
12.6.1 離散スペクトルの固有関数の規格化	185
12.6.2 連続スペクトルの固有関数の規格化	186
12.7 固有関数の完全性	190
12.8 1次元調和振動子の波動関数	191
12.8.1 級数解とエネルギー固有値	192
12.8.2 エルミート多項式とエネルギー固有関数	194

目次 | ix

13　量子論における物理量と演算子　196

13.1 ヒルベルト空間 196

13.2 双対空間とブラ・ケット 198

13.3 演算子と固有値・固有ベクトル 200

　13.3.1 演算子 200

　13.3.2 正規直交基底による展開と演算子の行列表示 201

　13.3.3 エルミート演算子の固有値と固有ベクトル 203

　13.3.4 離散スペクトルと連続スペクトル 206

13.4 状態ベクトルの座標表示と運動量表示 207

13.5 演算子の交換関係 210

13.6 正準交換関係と座標表示・運動量表示 213

13.7 シュレーディンガー描像とハイゼンベルク描像 215

　13.7.1 シュレーディンガー描像とシュレーディンガー方程式 . . . 217

　13.7.2 ハイゼンベルク描像とハイゼンベルクの運動方程式 219

13.8 小澤の不等式 221

14　物理学的世界観　224

14.1 古典力学と量子論：物理学の階層 224

14.2 自然界の論理階層 225

付録 A　電磁場の古典論　229

A.1 マクスウェル方程式と電磁ポテンシャル 229

A.2 電磁場内の荷電粒子の相互作用 230

A.3 電磁場の 4 元形式 232

　A.3.1 ミンコフスキー時空 232

　A.3.2 4 元ベクトルの例 232

　A.3.3 電磁場テンソル 233

　A.3.4 マクスウェル方程式 234

　A.3.5 運動方程式 235

A.4 電磁場の作用の推定 236

　A.4.1 自由粒子 S_{matter} 236

　A.4.2 粒子と場の相互作用 S_{int} 236

　A.4.3 電磁場 S_{field} 237

A.5 最小作用の原理と電磁場の方程式 238

　A.5.1 マクスウェル方程式の導出 238

　A.5.2 運動方程式の導出 239

A.6 調和振動子からなる力学系としての電磁場 240

付録 B　超関数とデルタ関数　244

B.1 超関数の定義 244

B.2 超関数の微分と積分 245

B.3 デルタ関数の定義と諸性質 246

x | 目 次

  B.4 デルタ関数の微分 247
  B.5 ヘヴィサイド関数 248
  B.6 ラプラシアンとデルタ関数 249

付録 C 例題集：問題編   251
  C.1 極座標表示 251
  C.2 2次元曲面上の測地線 252
  C.3 斜面上に拘束された質点 253
  C.4 二重平面振り子 254
  C.5 サイクロイド振り子 254
  C.6 荷電粒子に対するラグランジアンとラーマーの定理 256
  C.7 ケプラー運動 258
  C.8 ラグランジュ点 259
  C.9 ビリアル定理 261
  C.10 ポアソン括弧を用いた1次元調和振動子の解法 262
  C.11 シンプレクティック数値積分 263
  C.12 アインシュタイン係数とプランク分布 264
  C.13 ハミルトンの方程式とハイゼンベルクの運動方程式 265
  C.14 水素原子の波動関数の級数の解法 266
  C.15 演算子を用いた1次元調和振動子の波動関数の解法 267

付録 D 例題集：解答編   269
  D.1 極座標表示 269
  D.2 2次元曲面上の測地線 271
  D.3 斜面上に拘束された質点 273
  D.4 二重平面振り子 273
  D.5 サイクロイド振り子 275
  D.6 荷電粒子に対するラグランジアンとラーマーの定理 278
  D.7 ケプラー運動 282
  D.8 ラグランジュ点 284
  D.9 ビリアル定理 287
  D.10 ポアソン括弧を用いた1次元調和振動子の解法 288
  D.11 シンプレクティック数値積分 291
  D.12 アインシュタイン係数とプランク分布 292
  D.13 ハミルトンの方程式とハイゼンベルクの運動方程式 294
  D.14 水素原子の波動関数の級数的解法 295
  D.15 演算子を用いた1次元調和振動子の波動関数の解法 299

参考文献   303

索 引   305

第1章

科学を学ぶ意義

- Le savant n'étudie pas la nature parce que c'est utile, il l'étudie parce qu'il y prend plaisir et il y prend plaisir parce qu'elle est belle. Si la nature n'était pas belle elle ne vaudrait pas la peine d'être connue, la vie ne vaudrait pas la peine d'être vécue. –Henri Poincaré: *Science et méthode* (1908)

1.1　科学の意義

　本書を手にしている読者の多くは，これからいよいよ科学を本格的に学ぶ入り口に立っている方々であろう．そこで，解析力学・量子論という具体的な話題に入るまえに，科学の意義を考えることからあえて始めてみたい．もちろんこの問いの答えは1つではなく，無限にあるかもしれない．まったく逆に，そもそも答えなど存在しないかもしれない．いずれにせよ，科学の意義を問い続けるという行為は重要である．さまざまな立場や考え方があり得るし，それらはいずれも尊重すべきものであろう．たたき台として，私がしばしば強調する観点を述べておこう．

世の中の不思議さを認識する：科学は森羅万象を説明することを目的としているものの，つねに発展途上であり，説明できたことと残る謎との間に境界を設定する作業でもある．その了解のもとで，先人が現時点までに構築したそれらの現象に対する説明の理解に努めることは重要である．その結果は，現在の人間社会が拠り所としている科学・技術を支えさらに発展させる原動力となるかもしれない．しかし実は自然の美しさの前にただ呆然とするだけでも十分だと思う．毎日慣れっこになっているためあたりまえだとしか感じ

たことのない現象のなかに，深い自然の摂理が潜んでいることも多い．たとえば，空が青いわけ，夜空が暗いわけ，人間の目が可視光の領域でだけ見えるわけ，物質が安定なわけ，時間は1次元なのに空間が3次元であるわけ，などなど．もちろんそれらの多くは，いわゆる専門家に聞けばその理由を説明してもらえることであろう．しかしさらにその奥に，まだ理解されていないより根元的な謎が残っていることも多い．すでに解明されている現象の理由をすべて理解する必要はない．むしろ，すでに解明されていようといまいと，「なぜだろう」と不思議に思う気持ちを忘れずにいてほしいのである．とにかく世の中は不思議なことに満ちあふれているのだから．それに気がつくことこそ科学的態度の出発点である．

科学は楽しい：科学者の多くは，科学は楽しいからやっている，というはずである*1．しかしこれは必ずしも世間一般の共感を呼ぶとは思えない．音楽や文学，絵画などの芸術作品に対しては，私のようにさほど深い素養を持ち合わせない者であっても，それなりの感動を味わうことはできる．とはいってもさらに深い感動を得るには訓練が必要である．一方，残念ながら科学の場合，ある程度の訓練を積むことなくしてはほとんど感動が得られないという違いがある．そのために，その訓練の過程で科学嫌いが生み出されてしまいがちだ．しかし，この自然界は人間が生み出した芸術作品と同等以上の感動をもたらしてくれるもので満ちあふれている．科学は，その実用性などという付加的な価値を生み出す以前に，本質的に楽しいものであることを理解してほしい．

さて，とはいってもこのような意見は世間知らずの大学教員が陥りがちなあまりにもナイーブな*2考え方だと思われる方もいるであろう．そこであえて，本章の冒頭で引用したポワンカレ (Henri Poincaré) の言葉「科学者は役に立つから自然を研究するのではない．楽しいから研究するのであり，自然が美しいから楽しいのである．もしも自然が美しくなければわざわざ理解しようと努めるには値しないし，生きることすら意味がないかもしれない」を紹介しておきたい．歴史に名を残

---

*1　少なくともかつてはそうだったはずだ．サン=テグジュペリ著の *Le Petit Prince* の冒頭に「すべての大人はかつて子供だったことがある．（でもそれを覚えている人はほとんどいない．）」- Toutes les grandes personnes ont d'abord été des enfants. (Mais peu d'entre elles s'en souviennent.)- とあるように……．

*2　もちろんここでは英語の naive という意味である．日本語ではなぜ「ナイーブ ＝ 繊細な」という偏った意味で使われているのだろう．

す本物の数学者の真摯な科学観をじっくり味わってほしいし，読者1人1人が自分自身の科学観を構築する上での参考にしてほしい．正解がない問いかけであるからこそ，自分でとことん考えまた友人と大いに議論してもらいたい．

1.2 科学を学ぶ目的

次に，科学を学ぶ目的を少し具体的に考えてみよう．たとえば，本書を手にしている読者の大半は大学生であろうから，もっとも多いのは「試験のため」かもしれない．もちろんその重要性は無視できない．誰であっても，試験にそなえてがんばって学んだおかげでさまざまなことを身につけた経験は数え切れないであろう．しかしながら長い人生を考えると，試験勉強で得た知識や記憶は短期間で失われてしまうことのほうが多い．教養とは学んだことをすべて忘れてしまった後に残る何かである，といった言葉を聞くことがあるが，まさにその通りである．

そもそも，通常の試験では「正解が存在することがわかっている問題を，1人だけで文献など何も見ることなく，決められた制限時間内にすみやかに」解くことが要求されている．しかしながら，研究現場や実社会で直面する問題においては，このような制約は存在しない．というかむしろ矛盾することが多い．たとえば研究においては，すでに正解が得られているテーマは練習問題としての意味しかないし，それに関連した文献を調べることを怠るのは単なる怠慢である．さらに，いついつまでにこの研究を完成せよという〆切などあるわけもなく，自分の知らないことや不得意なことを補ってくれる共同研究者をさがしだすことは重要な研究遂行能力の1つですらある．試験という制度にもっともなじむような気がする研究の現場ですらそうなのであるから，広い社会で遭遇するさまざまな場面ではなおさらであろう．

そこで科学を学ぶ目的としてあえて，以下の「実利的な」側面をあげてみたい．

正しいことと間違っていることを自分で見極める：つまり科学を学ぶことによって科学の知識を習得するということよりも，科学的な方法論や価値観を身につけることの大切さである．人間社会におけるさまざまな判断は，つまるところ「みんながそう言っているから」とか「信頼できる専門家がそう言っているから」のごとく，実はほとんど根拠のないことに基づいてあいまいに行われていることが多い．一方，科学（とりわけ物理学）では，すべてをその基本原理から理解することの重要性を学ぶ．その結果として，正しいことと間

違っていることを自分自身で理解するまで納得しないという合理的精神が養われる*3. したがって，変な人（たとえば，詐欺師や，一部の政治家・官僚・大学教員）にだまされることがなくなる.

　物理を専門に学んだ人々は，狭い意味での研究者や技術者にとどまらず，実は社会の幅広い分野で活躍していることが多いが，その方々は狭い意味での物理学の知識はもとより，上述の物理学マインドを会得されたものと推察する.

　このような議論をあまり長々と繰り返しても仕方ないので，ファインマン (Richard P. Feynman) の言葉を引用して締めくくっておこう．これは 1961 年から 1963 年にかけてカリフォルニア工科大学で彼が行った新入生対象の有名な物理学講義に基づいた教科書の最終巻の後書き*4に書かれている.

最後に，この講義の目的は試験の準備などではないことを強調しておこう．ましてや，君たちが会社や軍で活躍できることを目指したものではない．この驚くべき自然界と物理学者たちがそれをどのように理解しようとしているのかを心から堪能してほしい．これに尽きる．これこそが我々の文化の本質と呼ぶに値するものなのだ．（この意見に反対する他分野の先生方もおそらくいらっしゃることであろう．しかし，そのような意見こそ間違っていることを私は確信している.）

1.3 解析力学と量子論

　本書では，まずニュートン力学から出発して解析力学の体系を解説する．引き続き，古典力学から量子論に至る過程を概観しながら，いずれ本格的に学ぶであろう量子力学への橋渡しとなるような量子論の考え方を紹介する．ニュートン力学のより一般的な定式化である解析力学の体系は，物理学という学問自体の構造や自然に

---

*3　物理学者の世界では，それが高じて，他人の意見と違うことをもって尊しとする悪しき風潮すら時として見受けられる.

*4　*The Feynman Lectures on Physics*, volume III, Feynman's Epilogue. 原文は，"Finally, may I add that the main purpose of my teaching has not been to prepare for some examination – it was not even to prepare you to serve industry or the military. I wanted most to give you some appreciation of the wonderful world and the physicist's way of looking at it, which, I believe, is a major part of the true culture of modern times. (There are probably professors of other subjects who would object, but I believe that they are completely wrong.)"

対するアプローチの方法論の本質的な基礎を与える．ニュートンの方程式という具体的な形が，最小作用の原理というより普遍的な考え方によって定式化できることはまさに驚きというしかない．

このように美しい古典物理の論理体系自身が自己矛盾しているわけでもないのに，自然界がそれに盲目的にしたがっているわけではないことはなおさら衝撃的だ．古典物理学ではけっして説明できない事実が厳然として存在するのである．にもかかわらず，それを説明する量子力学は，その論理と帰結のいずれをとっても，日常生活から培われた我々の直観ではとても納得できないほど驚くべきものである．しかしながら，我々の自然界が実はそのような信じがたい論理構造を土台として構築されていることを理解し，また驚嘆してほしい．

本書では「自然界はこのようなものであり，すでにそれを説明する論理体系が完備されているからそれを早く習得せよ」という立場の記述は極力避けた．すでに先人によって解明された確立した事実であろうと，不思議なことはやはり不思議なのだから仕方がない．天下り的に事実を受け止めるのではなく，つねにその驚きを感じ，さらにその新鮮な感覚をもちつづけることこそ科学を学ぶ最大の喜びなのだから．

第2章

ニュートンの法則から
ラグランジュ形式へ：帰納的定式化

2.1 ラグランジュ形式とは何か

大学初年級までに学ぶ力学はニュートンの運動方程式から出発したはずだ．そこでは，質量 m_i，位置ベクトル $\boldsymbol{r}_i$，力 $\boldsymbol{F}_i$ $(i = 1, \cdots, N)$ をもつ i 番めの質点は

$$m_i \frac{d^2 \boldsymbol{r}_i}{dt^2} = \boldsymbol{F}_i \qquad (i = 1, \cdots, N) \tag{2.1.1}$$

という運動方程式にしたがうことになっている[*1]．

解析力学とは，これを一般化して力学を以下のように定式化するものである．力学系を指定する一般化座標とその時間微分を $\{q^k\}$, $\{\dot{q}^k\}$ $(k = 1, \cdots, K)$ とする[*2]．このとき，ラグランジアン (Lagrangian) と呼ばれる量 $L = L(q, \dot{q})$ に対する[*3]オイラー–ラグランジュ方程式（Euler-Lagrange equations: 単にラグランジュ方程式 (Lagrange's equations) とも呼ぶ）:

$$\frac{d}{dt}\left(\frac{\partial L}{\partial \dot{q}^k}\right) - \frac{\partial L}{\partial q^k} = 0 \qquad (k = 1, \cdots, K) \tag{2.1.2}$$

が，その力学系の時間発展を記述する．これをラグランジュ形式と呼ぶ．

[*1] 添字 i が 1 から N までの値をとる場合「i は 1 から N までを走る (run)」と表現する．

[*2] 力学の教科書では，力学変数を区別する k は（べき指数と混同しないようにという配慮であろうか？）下添字にすることが多いようだ．しかし，本書では相対論における座標や運動量の記法にならって上添字を採用する．また (2.1.2) 式の自由度 K は，3 次元粒子系の場合，粒子数を N として $3N$ となる．ただし，後述する拘束条件を考えると，自由度は一般には $3N$ 以下となる．

[*3] 以下，$f(q^1, q^2, \cdots, q^{K-1}, q^K)$ を省略して $f(\{q^k\})$ と記す．ダミー変数 k のとる範囲は適宜文脈から判断すること．さらに文脈から意味が明らかな場合にはそれを省略して $f(q)$ と書くこともある．たとえば $L(q, \dot{q}) = L(\{q^k\}, \{\dot{q}^k\}) = L(q^1, q^2, \cdots, q^{K-1}, q^K, \dot{q}^1, \dot{q}^2, \cdots, \dot{q}^{K-1}, \dot{q}^K)$ である．

むろん，にわかにそういわれても納得できるものではないほど (2.1.1) 式と (2.1.2) 式の表現は異なっている．そこで以下では，まずニュートン力学の復習から始めて，(2.1.1) 式から (2.1.2) 式を導くとともに，ラグランジュ形式がいかに汎用な定式化になっているかを示してみよう．本章の立場は，ニュートンの 3 法則を既知として，そこから帰納的にラグランジュ形式を導くもので，「地から天へ」的アプローチといってもよかろう．逆に，いわゆる最小作用の原理から出発してニュートンの法則を導く方法は 3 章に譲る．

2.2 ニュートンの法則

まず，ニュートンの 3 法則を簡単におさらいしておこう．

第 1 法則と慣性系：「力をうけない質点は慣性系において等速直線運動を行う」

質点 (point particle) とは，その運動が物体の空間的な広がりを無視して空間上の 1 点の軌跡によって記述できる，言い換えれば，内部自由度を無視できるものをさす．単に粒子 (particle) と呼ぶこともある．

第 1 法則によれば，i 番めの自由粒子[*4]の座標を $\boldsymbol{r}_i$ とすれば，「慣性系」(inertia frame) においてその運動は

$$\frac{d\boldsymbol{r}_i}{dt} = 定数 \equiv \boldsymbol{u}_{i,0} \tag{2.2.1}$$

で記述される．したがって，$t = t_0$ のときの座標を $\boldsymbol{r}_i(t_0)$ とすれば

$$\boldsymbol{r}_i(t) = (t - t_0)\boldsymbol{u}_{i,0} + \boldsymbol{r}_i(t_0) \tag{2.2.2}$$

という等速直線運動が得られる．

実は力が働いていようがいまいが，ある 1 つの粒子にだけ着目して，その粒子がうける加速度と同じ加速度のもとで運動する座標系から観測すれば，粒子の運動は等速直線運動となるであろう．一方仮に，複数の自由粒子が図 2.1a のような運動をしているとすれば，第 1 法則は成り立たないことになる．

その意味では第 1 法則の主張の本質は，「慣性系」という特別な座標系では i に

[*4] 物理学では力をうけずに運動する状態をさして自由 (free) と呼ぶことが多い．さらに，力をうけずに運動する質点を「自由粒子」(free particle) という奇妙な名前で呼ぶ．とするならば，重力にしたがって落下する運動を「自由落下」(free-fall) と呼ぶのはおかしいではないか，と思われるかもしれない．その考えもまあもっともなのだが，実は一般相対論によれば，重力は「力」ではないと解釈するほうが自然なのでその意味では無矛盾な命名法ともいえる．

よらず「すべての自由粒子」が図2.1bのような運動をしているように観測される点にある．したがって，第1法則は慣性系という力学の記述にとって本質的な座標系の存在を主張したものであり，次の第2法則に含まれるものではなく，より基本的な原理と解釈すべきものである．

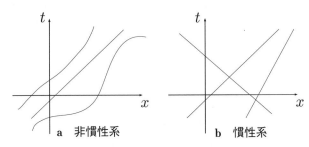

図 **2.1** 自由粒子の1次元運動の軌跡と慣性系．

第2法則と力：「慣性系においては，運動量の時間変化は力に等しい」

質量 m，速度 $\boldsymbol{v}$ の質点の運動量とその時間変化は

$$\boldsymbol{p} \equiv m\boldsymbol{v} = m\frac{d\boldsymbol{r}}{dt} \quad \Rightarrow \quad \frac{d\boldsymbol{p}}{dt} = m\frac{d^2\boldsymbol{r}}{dt^2} = \boldsymbol{F} \tag{2.2.3}$$

で与えられる．(2.2.3) 式を，右辺の「力」が運動学的に決まる左辺によって「定義」される

$$\boldsymbol{F} \equiv \frac{d\boldsymbol{p}}{dt} \tag{2.2.4}$$

という意味に解釈してしまっては，第2法則は何ら物理的な内容を含まないものとなってしまう．したがってこの右辺に表れる力はあくまで何らかの方法で定義ずみと考えるべきである．つまり (2.2.3) 式は，運動学的に観測可能な運動量の時間変化である左辺と，それとは独立にすでに定義されている力である右辺とが一致することを主張している．

第3法則と運動量保存則：「**2つの物体1, 2のみが互いに力をおよぼしあっている場合，1に働く力 $\boldsymbol{F}_1$ と2に働く力 $\boldsymbol{F}_2$ は同じ大きさで逆向きである**」

この物体（質点）の運動量をそれぞれ $\boldsymbol{p}_1$, $\boldsymbol{p}_2$ とすれば，第3法則を第2法則と組み合わせて，

$$\boldsymbol{F}_1 + \boldsymbol{F}_2 = 0 \quad \Rightarrow \quad \frac{d}{dt}(\boldsymbol{p}_1 + \boldsymbol{p}_2) = 0 \tag{2.2.5}$$

を得る．これを一般化すると，N 個の質点からなる系が外力をうけずに互いに相互作用している場合，それらの全運動量は保存することがわかる．

$$\boldsymbol{P} \equiv \sum_{i=1}^{N} \boldsymbol{p}_i \quad \Rightarrow \quad \frac{d\boldsymbol{P}}{dt} = \sum_{i=1}^{N} \frac{d\boldsymbol{p}_i}{dt} \underbrace{=}_{\text{第 2 法則}} \sum_{i=1}^{N} \boldsymbol{F}_i \underbrace{=}_{\text{第 3 法則}} 0. \tag{2.2.6}$$

2.3 慣性系とガリレイ変換

第 1 法則が存在を保証する慣性系は，ある意味では理想化されたものである．また，ニュートン力学 (Newtonian mechanics) では時間は絶対的なものと仮定している一方で，空間はあくまで相対的である．このため空間座標の選び方には自由度があり，厳密な意味での慣性系の例をあげよと聞かれると実は答えに窮する．たとえば，通常の実験では地上を慣性系とみなしてよいであろうが，天体の運動を正確に記述する際には地上が慣性系ではないことを認識することが重要となる．しかし，いったんある系が慣性系であることがわかれば，それをもとに他の慣性系を無数に定義することができる．

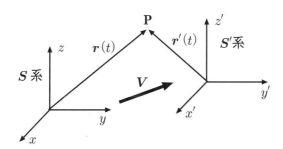

図 **2.2** ガリレイ変換．

図 2.2 のように，S 系を慣性系としたとき，それに対して一定の速度 $\boldsymbol{V}$ で動いている座標系，S' 系を考える．$t=0$ では S 系と S' 系が一致しており，S 系で時刻 t に位置ベクトル $\boldsymbol{r}(t)$ にある粒子が，S' 系では時刻 t' で位置ベクトル $\boldsymbol{r}'(t')$ に観測されたとしよう．ニュートン力学ではこの 2 つの座標系の時間座標は同じであり，$\boldsymbol{r}(t)$ と $\boldsymbol{r}'(t')$ の違いは座標系間の相対速度による．すなわち

$$t' = t, \qquad \boldsymbol{r}' = \boldsymbol{r} - \boldsymbol{V}t \tag{2.3.1}$$

$$\Rightarrow \quad \frac{d\boldsymbol{r}'}{dt'} = \frac{d\boldsymbol{r}}{dt} - \boldsymbol{V} \quad \Rightarrow \quad \frac{d^2\boldsymbol{r}'}{dt'^2} = \frac{d^2\boldsymbol{r}}{dt^2} \tag{2.3.2}$$

が導かれる．つまり，S 系で書かれたニュートンの第 2 法則 (2.2.3) 式は，S' 系でも同じ形：

$$m\frac{d^2\boldsymbol{r}'}{dt'^2} = \boldsymbol{F} \tag{2.3.3}$$

を保つ[*5]．言い換えれば，S' 系もまた慣性系であることが示されたことになる．

(2.3.1) 式で表現される座標変換をガリレイ変換 (Galilean transformation) と呼ぶ．まとめれば，1 つの慣性系とガリレイ変換で結ばれるような座標系はやはり慣性系である．$\boldsymbol{V}$ は任意に選べるから，そのような慣性系は無限に存在する．この結果は，「ニュートン力学はガリレイ変換に対して不変である」と要約され，ガリレイの相対性原理 (Galileo's relativity principle) と呼ばれている．

ではニュートン力学にとどまらず，すべての物理法則はガリレイ変換に対して不変なのであろうか？ 上述の考察を振り返ると，これは直感的には自明であるように思える．しかし実はマクスウェル方程式 (Maxwell's equations)，したがって電磁気学は，ガリレイ変換に対して不変ではない（付録 A 章参照）．自然はもう少し複雑な（ある意味ではより単純ともいえるのだが）驚くべき対称性を有しているのだ．これはローレンツ変換 (Lorentz transformation) と呼ばれる座標変換に対する不変性であり，特殊相対論，さらには一般相対論の出発点であるが，紙面の関係で詳細は他に譲る[*6]．

2.4 質点のデカルト座標に対するラグランジュ方程式の導出

デカルト座標で書かれたニュートンの法則から出発して，ラグランジュ方程式を導いてみよう．まず，運動エネルギー $T = T(\{\dot{\boldsymbol{r}}_k\})$：

$$T \equiv \sum_{k=1}^{N} \frac{1}{2} m_k |\dot{\boldsymbol{r}}_k|^2 \tag{2.4.1}$$

[*5] 実はここでは $m' = m$ と $\boldsymbol{F}' = \boldsymbol{F}$ を暗黙のうちに仮定している．これは厳密には成り立つ保証はない．実際，相対論においては両者ともその定義を再検討する必要がある．

[*6] 興味のある読者は，拙著『一般相対論入門』（日本評論社）などを参照してほしい．

を定義する[*7]．ここでは，i 番めの粒子に働く力 $\boldsymbol{F}_i$ がポテンシャルエネルギー $U = U(\{\boldsymbol{r}_k\})$ の微分：

$$\boldsymbol{F}_i = -\frac{\partial U(\boldsymbol{r}_1, \boldsymbol{r}_2, \cdots, \boldsymbol{r}_{N-1}, \boldsymbol{r}_N)}{\partial \boldsymbol{r}_i} \tag{2.4.2}$$

で与えられる場合を考える[*8]．これは保存力と呼ばれる[*9]．

この場合，運動量を

$$\begin{aligned}
\frac{d\boldsymbol{p}_k}{dt} &= m_k \ddot{\boldsymbol{r}}_k = \frac{d}{dt}\frac{\partial}{\partial \dot{\boldsymbol{r}}_k}\left(\frac{1}{2}m_k|\dot{\boldsymbol{r}}_k|^2\right) \\
&= \frac{d}{dt}\frac{\partial}{\partial \dot{\boldsymbol{r}}_k}\left(\sum_{j=1}^{N}\frac{1}{2}m_j|\dot{\boldsymbol{r}}_j|^2\right) = \frac{d}{dt}\frac{\partial T}{\partial \dot{\boldsymbol{r}}_k}
\end{aligned} \tag{2.4.3}$$

と変形すれば，ニュートンの運動方程式を

$$\frac{d\boldsymbol{p}_k}{dt} = \boldsymbol{F}_k = -\frac{\partial U}{\partial \boldsymbol{r}_k} \quad \Rightarrow \quad \frac{d}{dt}\left(\frac{\partial T}{\partial \dot{\boldsymbol{r}}_k}\right) + \frac{\partial U}{\partial \boldsymbol{r}_k} = 0 \tag{2.4.4}$$

と書き直すことができる．そこで，ラグランジアン L：

$$L = L(\{\boldsymbol{r}_k\}, \{\dot{\boldsymbol{r}}_k\}) \equiv T(\{\dot{\boldsymbol{r}}_k\}) - U(\{\boldsymbol{r}_k\}) \tag{2.4.5}$$

を定義すれば，(2.4.4) 式は

$$\frac{d}{dt}\left(\frac{\partial L}{\partial \dot{\boldsymbol{r}}_k}\right) - \frac{\partial L}{\partial \boldsymbol{r}_k} = 0 \tag{2.4.6}$$

と書け，確かに (2.1.2) 式の形になっている．ラグランジアンは，$\boldsymbol{r}_k$ と $\dot{\boldsymbol{r}}_k$ を独立変数とみなしていることに注意しよう．

しかし，これだけであれば単にニュートンの運動方程式をそのまま書き換えただけにすぎず，ラグランジュ方程式のありがたみは感じられない．次に示すように，粒子の座標をデカルト座標から一般化して初めてその真価が明らかになる．

[*7] $\dot{f}$ は変数 f の時間微分 df/dt を表すものとする．ちなみに，$\dot{f}$ はニュートンの記法，df/dt はライプニッツの記法と呼ばれている．ニュートンは必ずしも時間微分だけをドットで表したわけではないらしいが，現在ではドットは通常，時間変数に関する微分の意味でのみ用いられる．

[*8] 物理学では

$$\left(\frac{\partial}{\partial x}, \frac{\partial}{\partial y}, \frac{\partial}{\partial z}\right) = \mathrm{grad} = \nabla = \frac{\partial}{\partial \boldsymbol{r}}, \quad \left(\frac{\partial}{\partial v_x}, \frac{\partial}{\partial v_y}, \frac{\partial}{\partial v_z}\right) = \frac{\partial}{\partial \boldsymbol{v}}$$

という略記法を用いることがある．

[*9] たとえば，電磁気学で登場するローレンツ力や摩擦力は保存力ではない．ただし，力学の重要な問題のほとんどは保存力の場合である．

2.5 拘束条件と一般化座標

さて，N 個の質点系を考えた場合，それらの座標 $\boldsymbol{r}_i$ は必ずしも互いに独立とは限らない．たとえば，特定の2つの質点間の距離が一定である場合には

$$|\boldsymbol{r}_1 - \boldsymbol{r}_2| = a_{12} \quad (= \text{定数}) \tag{2.5.1}$$

という条件が付加され，系の自由度は1つ減る．さらに系が剛体ならば

$$|\boldsymbol{r}_i - \boldsymbol{r}_j| = a_{ij} \quad (= \text{定数}) \quad (1 \leq i < j \leq N) \tag{2.5.2}$$

という条件がつく[*10]．このように系の独立な自由度を減らす条件を拘束条件 (constraints) あるいは束縛条件と呼ぶ．

以下では，質点のデカルト座標 $\{\boldsymbol{r}_k\}$ $(k = 1, \cdots, N)$ をまとめて $\{x^i\}$ $(i = 1, \cdots, 3N)$ と書くことにする[*11]．むろん，力学系の記述はこの $\{x^i\}$ に限る必要はなく，極座標を用いるほうが便利な場合も多い．より一般に，$3N$ 個の関数 f^i を用いて

$$x^i = f^i(q^1, q^2, \cdots, q^{K-1}, q^K, t) \qquad (i = 1, \cdots, 3N) \tag{2.5.3}$$

という関係式で結びつけられる「独立な」パラメータ $\{q^k\}$ $(k = 1, \cdots, K)$ が存在すれば，それらもまた考えている力学系を同等に記述できる．この $\{q^k\}$ を一般座標 (generalized coordinates) と呼ぶ．

一般座標に対する拘束条件は，以下の2つに分類される．

ホロノーム系 (holonomic system)：拘束条件が

$$h_r(q^1, q^2, \cdots, q^{3N-1}, q^{3N}, t) = 0 \quad (r = 1, \cdots, R) \tag{2.5.4}$$

の形で書き下せる場合，これをホロノミックな拘束条件 (holonomic constraints)，その力学系をホロノーム系と呼ぶ．このとき，系の独立な自由度は $3N - R$ になる．(2.5.1) 式や (2.5.2) 式はホロノミックな拘束条件の具体例である．

[*10]　系全体に対する並進の自由度3と回転の自由度3だけが残るはずなので，独立な拘束条件の数は $3N - 6$ である．

[*11]　この場合，もはや i は質点の番号を示すだけの添字ではない．

非ホロノーム系 (non-holonomic system)：(2.5.4) 式の形以外の拘束条件，た
とえば，速度と座標間に関係がある，あるいは条件が等号ではなく不等号
である，などといった場合は，非ホロノミックな拘束条件 (non-holonomic
constraints)，非ホロノーム系に分類される．

　非ホロノーム系についての一般的な取り扱いは困難であるため，以下では議論を
ホロノーム系に限ることとする．

2.6　ダランベールの原理

デカルト座標を用いて書かれた運動方程式：

$$m_i \frac{d^2 x^i}{dt^2} = F^i \quad (i = 1, \cdots, 3N) \tag{2.6.1}$$

から出発し，ホロノーム系に対するラグランジュ方程式を一般座標を用いて書き下
すことが次の目標である．そのため (2.6.1) 式をいったん別の言い方で表現してみ
る．

　静的つりあいにある力学系では，すべての質点に働く力が $F^i = 0$ $(i = 1, \cdots,$
$3N)$ を満たす．この式は，独立な $3N$ 個の変位 $\{\delta x^i\}$ を導入すれば

$$\sum_{i=1}^{3N} F^i \delta x^i = 0 \tag{2.6.2}$$

と書き直せる．ここで導入した $\{\delta x^i\}$ は，i 番めの座標が運動方程式にしたがって
時間発展したときの変位という意味ではなく，あくまでまったく任意に選んだ変位
である．その意味で仮想的変位 (virtual displacement) と呼ばれる．動力学の場
合には，(2.6.1) 式を用いて

$$\sum_{i=1}^{3N} \left(F^i - m_i \frac{d^2 x^i}{dt^2} \right) \delta x^i = 0 \tag{2.6.3}$$

とすればよい．形式的ではあるが，$3N$ 個の連立方程式が 1 つの方程式に書き換
えられたことになる*12．しかし，$\{\delta x^i\}$ が完全に独立な場合には，(2.6.3) 式は
(2.6.1) 式の単なる書き換えでしかなく，あまり御利益はない．以下に述べるよう
に，それらが独立でなくなった場合に便利となる変形なのである．

───────────
*12　(2.6.2) 式と (2.6.3) 式の左辺はいずれも仕事の次元をもつことを注意しておこう．

14 | 2 ニュートンの法則からラグランジュ形式へ：帰納的定式化

さて拘束条件の存在下で (2.6.3) 式を考える際には，次の 2 点が問題となる.

(i) $3N$ 個の座標 $\{x^i\}$ が独立ではないため，(2.6.1) 式すべてが互いに独立
ではなくなる．これは (2.6.3) 式においてすべての仮想的変位 $\{\delta x^i\}$
を完全に独立に選べなくなることを意味する.

(ii) (2.6.1) 式の右辺に，本来の力 $F^{(a)i}$ 以外の力 $F^{(c)i}$ が現れる：

$$F^i = F^{(a)i} + F^{(c)i}. \tag{2.6.4}$$

この $F^{(c)i}$ は拘束条件を満たすために必要となる力であり，拘束力
(force of constraint) と呼ばれる[*13].

(2.6.4) 式を (2.6.3) 式に代入すると

$$\sum_{i=1}^{3N} \left(F^{(a)i} - m_i \frac{d^2 x^i}{dt^2} \right) \delta x^i + \sum_{i=1}^{3N} F^{(c)i} \delta x^i = 0. \tag{2.6.5}$$

上式の第 2 項は拘束力による仮想的な仕事を表すが，以下ではそれが 0 となる場合：

$$\sum_{i=1}^{3N} \left(F^{(a)i} - m_i \frac{d^2 x^i}{dt^2} \right) \delta x^i = 0 \tag{2.6.6}$$

を考える (滑らかな拘束[*14])．この (2.6.6) 式をダランベールの原理 (D'Alembert's principle) と呼ぶ．加速度が存在しない静的つりあいの場合である (2.6.2) 式を仮想仕事の原理 (principle of virtual work) と呼ぶこともある.

2.7　ホロノーム系に対するラグランジュ方程式

ホロノーム系の場合，前節の (i) のために (2.6.6) 式の δx^i の前の係数をすべて 0 とおくことはできない．$\{\delta x^i\}$ が独立ではないからである．一方，より少数の自由度 $K(<3N)$ からなる互いに独立な一般座標 $\{q^k\}$ $(k=1,\cdots,K)$ を用いれば

[*13]　斜面上を運動する物体がうける力は，拘束力の例である（例題 C.3 参照）．ちなみに添字 a は真の (actual)，c は拘束 (constraint) を意味している.

[*14]　たとえば，剛体の場合，拘束力は内力に対応するが，これらは作用反作用の法則によって仕事は 0 であることがわかる．摩擦のない面上を運動する質点は，明らかに拘束力と変位は直交するから滑らかな拘束の例である．一方，摩擦力は滑らかな拘束ではない.

2.7 ホロノーム系に対するラグランジュ方程式 | 15

$$x^i = x^i(q) \quad \Rightarrow \quad \delta x^i = \sum_{k=1}^{K} \frac{\partial x^i}{\partial q^k} \delta q^k \quad (i = 1, \cdots, 3N) \tag{2.7.1}$$

と書けるはずである. これを用いて, (2.6.6) 式を $\{q^k\}$ に対する独立な K 個の式に書き直してみよう.

まず, (2.6.6) 式より

$$\sum_{k=1}^{K} \left[\sum_{i=1}^{3N} \left(F^{(a)i} - m_i \frac{d^2 x^i}{dt^2} \right) \frac{\partial x^i}{\partial q^k} \delta q^k \right] = 0. \tag{2.7.2}$$

括弧内の第 1 項は, 保存力の場合 $U(q) \equiv U(x(q))$ と書くことにして*15

$$\sum_{i=1}^{3N} F^{(a)i} \frac{\partial x^i}{\partial q^k} \delta q^k = - \sum_{i=1}^{3N} \frac{\partial U}{\partial x^i} \frac{\partial x^i}{\partial q^k} \delta q^k = - \frac{\partial U}{\partial q^k} \delta q^k. \tag{2.7.3}$$

ここで, (2.7.1) 式より

$$\dot{x}^i \equiv \frac{dx^i}{dt} = \frac{\partial x^i}{\partial t} + \sum_{k=1}^{K} \frac{\partial x^i}{\partial q^k} \dot{q}^k \tag{2.7.4}$$

なので, (2.7.4) 式を $\dot{q}^k$ で偏微分すると

$$\frac{\partial \dot{x}^i}{\partial \dot{q}^k} = \frac{\partial x^i}{\partial q^k}. \tag{2.7.5}$$

これを用いると,

$$\begin{aligned}
\ddot{x}^i \frac{\partial x^i}{\partial q^k} &= \frac{d}{dt} \left(\dot{x}^i \frac{\partial x^i}{\partial q^k} \right) - \dot{x}^i \frac{d}{dt} \left(\frac{\partial x^i}{\partial q^k} \right) = \frac{d}{dt} \left(\dot{x}^i \frac{\partial \dot{x}^i}{\partial \dot{q}^k} \right) - \dot{x}^i \frac{\partial \dot{x}^i}{\partial q^k} \\
&= \frac{1}{2} \frac{d}{dt} \frac{\partial |\dot{x}^i|^2}{\partial \dot{q}^k} - \frac{1}{2} \frac{\partial |\dot{x}^i|^2}{\partial q^k}.
\end{aligned} \tag{2.7.6}$$

(2.7.3) 式と (2.7.6) 式を (2.7.2) 式に代入すれば

---

*15 物理学では, 関数をその引数を用いて区別するという悪しき習慣があるので注意してほしい. たとえば, 関数 $f(x)$ と記した場合, 引数 x はあくまで任意のダミー変数であるはずなのに, 変数変換 $x = x(q)$ を考えて, $f(q)$ を $f(x(q))$ の意味で用いたりする. もちろんこの場合, q の関数としての後者の $f(q)$ と x の関数としての前者の $f(x)$ は関数形が異なるので, 本来は $\bar{f}(q) \equiv f(x(q))$ のように異なる記号を用いるべきである. しかしながらこの種の習慣は物理学の世界ではあたりまえのように使われているので, 気をつけてほしい. 以下の L, T, U の記号の使用法は, まさにこのような悪しき習慣の典型例である.

16 | 2 ニュートンの法則からラグランジュ形式へ：帰納的定式化

$$\sum_{k=1}^{K} \left[-\frac{\partial U}{\partial q^k} - \left(\frac{d}{dt}\frac{\partial}{\partial \dot{q}^k} - \frac{\partial}{\partial q^k} \right) \sum_{i=1}^{3N} \frac{m_i |\dot{x}^i|^2}{2} \right] \delta q^k = 0. \tag{2.7.7}$$

したがって，一般座標における系のラグランジアンを

$$L = L(q, \dot{q}) = T(q, \dot{q}) - U(q) = \sum_{i=1}^{3N} \frac{m_i}{2} \left| \frac{dx^i(q)}{dt} \right|^2 - U(q) \tag{2.7.8}$$

で定義すれば，(2.7.7) 式は

$$\sum_{k=1}^{K} \left(\frac{d}{dt}\frac{\partial L(q, \dot{q})}{\partial \dot{q}^k} - \frac{\partial L(q, \dot{q})}{\partial q^k} \right) \delta q^k = 0 \tag{2.7.9}$$

に帰着する．運動エネルギー T は質点のデカルト座標で書くと $\{\dot{x}^i\}$ のみの関数であるが，一般座標を用いると $\dot{q}$ だけでなく q にも依存した関数となることに注意しよう．ここで δq^k は互いに独立な仮想変位であるので，その前の係数はすべて独立に 0 とおけるから

$$\frac{d}{dt}\left(\frac{\partial L(q, \dot{q})}{\partial \dot{q}^k} \right) - \frac{\partial L(q, \dot{q})}{\partial q^k} = 0 \qquad (k = 1, \cdots, K) \tag{2.7.10}$$

が導かれる．これが本章の最初に紹介したオイラー-ラグランジュ方程式，(2.1.2) 式である．

2.8 ラグランジュ方程式の共変性

ラグランジュ方程式（[2.7.10] 式）は力学におけるもっとも基本的な出発点であるが，ここまでは形式論であったため，ニュートンの運動方程式と比較したときの利点がまだ明確でないかもしれない．(2.6.1) 式は，質点のデカルト座標に対してのみ成り立つものであるのに対して，(2.7.1) 式から明らかなように (2.7.10) 式は座標系に対してなんら制限が存在しない．つまり，どのような一般座標を選んでも同じ形の方程式となるのである．この性質を座標変換に関する共変性 (covariance) と呼ぶ．ラグランジュ方程式はこの共変性のおかげで実際に有用なものとなっている．

もっとも単純な例として 2 次元平面内での質点の運動を考えてみよう．(2.6.1) 式の成分を直接書き下せば

$$m\ddot{x} = -\frac{\partial U(x,y)}{\partial x} \equiv -U_{,x}, \quad m\ddot{y} = -\frac{\partial U(x,y)}{\partial y} \equiv -U_{,y} \tag{2.8.1}$$

となる. 一方, この系のラグランジアン：

$$L = \frac{m}{2}(\dot{x}^2 + \dot{y}^2) - U(x,y) \tag{2.8.2}$$

を (2.4.6) 式に代入すれば

$$\begin{cases} \dfrac{d}{dt}\left(\dfrac{\partial L}{\partial \dot{x}}\right) - \dfrac{\partial L}{\partial x} = 0 & \Rightarrow \quad m\ddot{x} - (-U_{,x}) = 0, \\[3mm] \dfrac{d}{dt}\left(\dfrac{\partial L}{\partial \dot{y}}\right) - \dfrac{\partial L}{\partial y} = 0 & \Rightarrow \quad m\ddot{y} - (-U_{,y}) = 0 \end{cases} \tag{2.8.3}$$

となり, (2.8.1) 式と一致する.

では極座標の場合はどうであろうか. (2.6.1) 式が

$$m\ddot{r} = -\frac{\partial U(x(r,\theta), y(r,\theta))}{\partial r}, \quad m\ddot{\theta} = -\frac{\partial U(x(r,\theta), y(r,\theta))}{\partial \theta} \tag{2.8.4}$$

などでないことは自明であろう*16.

ニュートンの運動方程式を用いる場合には, (2.8.1) 式から出発して r と θ に変換することになる. すなわち $(x,y) = (r\cos\theta, r\sin\theta)$ より

$$(\dot{x}, \dot{y}) = (\dot{r}\cos\theta - r\dot{\theta}\sin\theta, \dot{r}\sin\theta + r\dot{\theta}\cos\theta)$$

$$\Rightarrow \begin{cases} \ddot{x} = (\ddot{r} - r\dot{\theta}^2)\cos\theta - (2\dot{r}\dot{\theta} + r\ddot{\theta})\sin\theta, \\[2mm] \ddot{y} = (\ddot{r} - r\dot{\theta}^2)\sin\theta + (2\dot{r}\dot{\theta} + r\ddot{\theta})\cos\theta \end{cases} \tag{2.8.5}$$

を (2.8.1) 式に代入すれば

$$\begin{pmatrix} \cos\theta & -\sin\theta \\ \sin\theta & \cos\theta \end{pmatrix} \begin{pmatrix} m\ddot{r} - mr\dot{\theta}^2 \\ mr\ddot{\theta} + 2m\dot{r}\dot{\theta} \end{pmatrix} = -\begin{pmatrix} U_{,x} \\ U_{,y} \end{pmatrix}$$

$$\Rightarrow \begin{pmatrix} m\ddot{r} - mr\dot{\theta}^2 \\ mr\ddot{\theta} + 2m\dot{r}\dot{\theta} \end{pmatrix} = -\begin{pmatrix} \cos\theta & \sin\theta \\ -\sin\theta & \cos\theta \end{pmatrix} \begin{pmatrix} U_{,x} \\ U_{,y} \end{pmatrix}$$

$$= \begin{pmatrix} -\cos\theta\, U_{,x} - \sin\theta\, U_{,y} \\ \sin\theta\, U_{,x} - \cos\theta\, U_{,y} \end{pmatrix}. \tag{2.8.6}$$

---

*16 が, もしも本当にそうであってくれればどんなに楽なことか！

ここで，

$$\frac{\partial}{\partial r} = \frac{\partial x}{\partial r}\frac{\partial}{\partial x} + \frac{\partial y}{\partial r}\frac{\partial}{\partial y} = \cos\theta\frac{\partial}{\partial x} + \sin\theta\frac{\partial}{\partial y}, \tag{2.8.7}$$

$$\frac{1}{r}\frac{\partial}{\partial\theta} = \frac{1}{r}\frac{\partial x}{\partial\theta}\frac{\partial}{\partial x} + \frac{1}{r}\frac{\partial y}{\partial\theta}\frac{\partial}{\partial y} = -\sin\theta\frac{\partial}{\partial x} + \cos\theta\frac{\partial}{\partial y} \tag{2.8.8}$$

を用いると，(2.8.6) 式は

$$m\ddot{r} - mr\dot{\theta}^2 = -\frac{\partial U}{\partial r}, \qquad mr\ddot{\theta} + 2m\dot{r}\dot{\theta} = -\frac{1}{r}\frac{\partial U}{\partial\theta} \tag{2.8.9}$$

にまとめることができる．このように (2.8.1) 式から出発すると計算はかなり煩雑で，その結果である (2.8.9) 式はデカルト座標での運動方程式とは似ても似つかない．

　同じことをラグランジュ方程式を用いて計算してみよう．この場合，やるべきことは (2.8.2) 式のラグランジアンを

$$L = \frac{m}{2}(\dot{r}^2 + r^2\dot{\theta}^2) - U(r,\theta) \tag{2.8.10}$$

と極座標に変換するだけである．後は (2.7.10) 式の一般的な手続きにしたがうだけで容易に

$$\begin{cases} \dfrac{d}{dt}\left(\dfrac{\partial L}{\partial\dot{r}}\right) - \dfrac{\partial L}{\partial r} = 0 & \Rightarrow \quad m\ddot{r} - mr\dot{\theta}^2 + \dfrac{\partial U}{\partial r} = 0, \\[2mm] \dfrac{d}{dt}\left(\dfrac{\partial L}{\partial\dot{\theta}}\right) - \dfrac{\partial L}{\partial\theta} = 0 & \Rightarrow \quad mr\ddot{\theta} + 2m\dot{r}\dot{\theta} + \dfrac{1}{r}\dfrac{\partial U}{\partial\theta} = 0 \end{cases} \tag{2.8.11}$$

を得る．

　このように，ラグランジュ形式はデカルト座標に限らず任意の一般座標に対して同じ形の方程式を与える．これがすでに述べた共変性という非常に重要な性質である．共変性のおかげで，ラグランジュ形式は理論的な定式化の美しさのみならず，具体的な計算もまたすっきりとかつ機械的に行えるという実用的な側面を兼ね備えている．

2.9　拘束条件とラグランジュの未定乗数法

2.7 節で見たように，ラグランジュ形式は特に拘束系において

(i) 初めから真の自由度の個数に対応する独立な方程式を考えるだけですむ．

(ii) そもそも「力」という（考え始めるとわけがわからなくなる）概念を忘れて
よい．特に拘束力は具体的には登場しない．

という 2 つの利点をもつ．にもかかわらず，場合によっては，拘束力を直接求め
たい，あるいはそれを取り込んだ形で解いたほうが見通しがよい，ということも
起こり得る．実際の力学の問題では，多かれ少なかれなんらかの拘束条件が存在す
る．したがって拘束系を取り扱う一般的な処方箋があると都合がよい．それがラグ
ランジュの未定乗数法 (Lagrange multiplier) である．

K 個の自由度をもつ系が R 個のホロノミックな拘束条件：

$$h_r(q^1, q^2, \cdots, q^{K-1}, q^K, t) = 0 \quad (r = 1, \cdots, R) \tag{2.9.1}$$

をもつ場合を考える．この拘束条件を満たすような座標 $\{q^k\}$ が，微小変位して
$\{q^k + \delta q^k\}$ となったとき，そこでも同じく拘束条件を満たしているとするならば，

$$h_r(q + \delta q, t) - h_r(q, t) \approx \sum_{k=1}^{K} \delta q^k \frac{\partial h_r}{\partial q^k} = 0 \quad (r = 1, \cdots, R) \tag{2.9.2}$$

が成り立つ必要がある．さらに 2.6 節と同じく，拘束力 $\{F^{(c)k}\}$ が仕事をしない
（滑らかな拘束）場合に限れば，

$$\sum_{k=1}^{K} \delta q^k F^{(c)k} = 0 \tag{2.9.3}$$

という条件がつく．(2.9.2) 式は，K 次元ベクトル $\{\delta q^k\}$ が R 個の K 次元ベクト
ル $\{\partial h_r/\partial q^k\}$ とそれぞれ直交していることを意味する．とすれば，(2.9.3) 式か
ら，同じく K 次元ベクトル $\{\delta q^k\}$ と直交している K 次元ベクトル $\{F^{(c)k}\}$ は，
R 個の K 次元ベクトル $\{\partial h_r/\partial q^k\}$ の線形結合で書けるはずである．すなわち，

$$F^{(c)k} = \sum_{r=1}^{R} \lambda_r \frac{\partial h_r}{\partial q^k}. \tag{2.9.4}$$

ここで $\{\lambda_r\}(r = 1, \cdots, R)$ は，（この時点では）未定のパラメータで，一般には座
標と時間の関数であってよい．

これらを考慮すれば，拘束条件がない場合のラグランジアン L を

20 | 2 ニュートンの法則からラグランジュ形式へ：帰納的定式化

$$L'(q, \dot{q}, \lambda, t) = L(q, \dot{q}, t) + \sum_{r=1}^{R} \lambda_r h_r(q, t) \tag{2.9.5}$$

のように修正し $q, \dot{q}$ および λ を独立変数とみなせば，拘束条件下でのラグランジアン L' が得られる．このことは次のように示すことができる．

まず，(2.9.5) 式から q^k に関するラグランジュ方程式を計算すると，

$$\frac{d}{dt}\left(\frac{\partial L'}{\partial \dot{q}^k}\right) - \frac{\partial L'}{\partial q^k} = 0$$

$$\Rightarrow \frac{d}{dt}\left(\frac{\partial L}{\partial \dot{q}^k}\right) - \frac{\partial L}{\partial q^k} = \sum_{r=1}^{R} \lambda_r \frac{\partial h_r}{\partial q^k} = F^{(c)k} \quad (k = 1, \cdots, K) \tag{2.9.6}$$

となる．この右辺は (2.9.4) 式で定義した拘束力を表している．さらに，$\{\lambda_r\}$ を独立変数とみなして，それらに関するラグランジュ方程式を計算すると，

$$\frac{\partial L'}{\partial \lambda_r} = h_r(q^1, q^2, \cdots, q^{K-1}, q^K, t) = 0 \quad (r = 1, \cdots, R) \tag{2.9.7}$$

となり，拘束条件である (2.9.1) 式が自動的にでてくる．

拘束系に対する上述の処方箋をラグランジュの未定乗数法，$\{\lambda_r\}$ をラグランジュの未定乗数と呼ぶ．これらは $K + R$ 個の変数である $\{q^k\}$ と $\{\lambda_r\}$ に対する $K + R$ 個の方程式を与えるので，（原理的には）解くことができる．また，その結果得られる $\{\lambda_r\}$ を (2.9.4) 式に代入すれば，拘束力を求めることもできる．したがって，問題の性質や目的によってはきわめて有用な方法となる（例題 C.3 参照）．

第3章

最小作用の原理から
　　ニュートンの法則へ：演繹的定式化

3.1　最小作用の原理：ラグランジュ方程式へのもう 1 つの道

　2 章では，ニュートンの運動方程式をダランベールの原理に変形し，それを一般座標を用いて書き換えることによってラグランジュ方程式を導いた．言い換えれば帰納的な「地から天への」（ボトムアップ的）アプローチであった．ただしその方法は，すでに知られている方程式を一般座標に対して共変的に表現するという普遍性は保証するものの，対応するニュートンの運動方程式が具体的に既知でなければ応用できない．また，ラグランジアンが運動エネルギーとポテンシャルエネルギーの差で与えられる系に限られる．しかし実は，ラグランジュ形式はそのような特殊な場合に限られるものではない．運動方程式のみならず場の方程式[*1]をも含む広範な物理法則を表現できるきわめて一般的な定式化なのである．

　本章ではラグランジュ形式を天下り的（公理的）[*2]に導くことにする．そのための指導原理が，次の「最小作用の原理」（principle of the least action）[*3]である．

[*1]　電磁場を記述するマクスウェル方程式，重力場を記述するアインシュタイン方程式のように，空間の各点で定義された「場」の量を記述する方程式のこと．

[*2]　これはランダウ-リフシッツ『力学』（東京図書）による導入方法であり，私は「有無を言わせぬランダウ流」と呼んでいる．初めて読んだときには，狐につままれた気がするとともに，自然の自己表現形式の奥深さに感動したものである．

[*3]　ハミルトンの原理 (Hamilton's principle) と呼ばれることもある．一般に「原理」とは，それ自身出発点であり，なぜそれが成り立つのかをより基本的なレベルから証明することはできない．もしそれが可能なのであれば，そのレベルの方を原理と名づけているはずである．したがって「なぜそれが成り立つのか」と詰問されてもただ返答に窮するのみである．むしろまずは，最小作用の原理によって多くの物理現象（方程式）が統一的に導かれることを（再）確認し，その不思議さに感銘をうけてもらいたい．

22 | 3 最小作用の原理からニュートンの法則へ：演繹的定式化

最小作用の原理（ハミルトンの原理）：物理系は，ラグランジアンと呼ばれる，座標とその時間微分（および時間）の関数 $L = L(q, \dot{q}, t)$ で特徴づけられる[*4]．その系が，時刻 $t = t_\mathrm{A}$ に $q = q(t_\mathrm{A})$，時刻 $t = t_\mathrm{B}$ に $q = q(t_\mathrm{B})$，の位置にあるものとする．時刻 t $(t_\mathrm{A} < t < t_\mathrm{B})$ においてこの系は，作用 (action) と呼ばれる次の積分[*5]：

$$S = \int_{t_\mathrm{A}}^{t_\mathrm{B}} L(q, \dot{q}, t)dt \tag{3.1.1}$$

が最小値[*6]をとるような経路 $q = q(t)$ を運動する．

ここで，ラグランジアンが座標とその時間微分（および時間）だけの関数であり，より高階の時間微分を含まないことは，初期座標と初期速度を与えればその力学系の運動が決定されるという経験的事実に基づいた仮定である．

この最小作用の原理という定式化から出発すれば，ラグランジアンが運動エネルギーとポテンシャルエネルギーの差で与えられる必要はなくなる．したがって，より広範な物理系に適用することができる．実際，粒子の運動方程式（例題 C.2）のみならず，電磁気学のマクスウェル方程式（付録 A 章），一般相対論のアインシュタイン方程式など，電磁場や重力場がしたがう方程式を導くこともできる（表 3.1 参照）．

表 **3.1** ニュートン的記述とラグランジュ形式

	ニュートン的記述	ラグランジュ形式
基本原理	ニュートンの法則	最小作用の原理
運動方程式	$\dfrac{d^2 x}{dt^2} = F$	$\delta S = 0 \Rightarrow \dfrac{d}{dt}\left(\dfrac{\partial L}{\partial \dot{q}}\right) - \dfrac{\partial L}{\partial q} = 0$
座標	粒子のデカルト座標	一般座標
力	独立に定義されていることが前提	不要（ラグランジアンに包含ずみ）
座標変換	運動方程式をまずデカルト座標で書き下してから座標変換する	ラグランジュ方程式自体が座標変換に対する共変性をもつ
記述対象	運動方程式	運動方程式および場の方程式

[*4] とりあえず以下では簡単のために 1 自由度であるかのように議論を進めることにするが，もちろん系の自由度が 1 である必要はない．言い換えれば $q, \dot{q}$ はそれぞれ $\{q^k\}$, $\{\dot{q}^k\}$ の意味で用いている．

[*5] 作用は [エネルギー × 時間] の次元をもつ．これはまた角運動量の次元でもある．

[*6] 実は極値あるいは停留値という条件だけでよい．

次の 3.2 節では，変分法 (method of variation) という概念を用いて，上述の最小作用の原理に対応する微分方程式であるオイラー–ラグランジュ方程式を導く．2 章と対比するならば，本章は最小作用の原理から出発して演繹的にラグランジュ形式を，さらにニュートンの方程式を導こうとする「天から地へ」的アプローチといえる．これらの記述法の違いを表 3.1 に要約しておこう．

3.2 変分法とオイラー–ラグランジュ方程式

まず最小作用の原理をもう少していねいに説明することから始めたい．図 3.1 に示しているように，時刻 $t=t_A$ に $q=q(t_A)$，時刻 $t=t_B$ に $q=q(t_B)$ という条件を満たすような経路 $q(t)$ は無数に存在する．それらのなかで (3.1.1) 式で定義された作用 S の値を最小にする経路が実現する，というのがその主張である．微分方程式で書かれたニュートンの法則を局所的な時間発展に基づく定式化と呼ぶならば，この最小作用の原理は大局的な定式化と考えることもできる．そこで，作用を経路 $q(t)$ の関数，すなわち $S=S[q(t)]$ と考えたとき*7，S を最小にするような $q(t)$ の満たすべき微分方程式を求めてみよう．

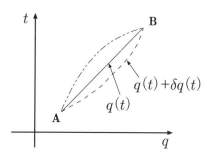

図 3.1 A 点と B 点を結ぶ経路と最小作用の原理．

図 3.1 の $q(t)$ が S を最小にする経路であるとしよう．このとき，$q(t)$ から少しだけずれた経路 $q(t)+\delta q(t)$ を考えて，それに対応する作用を $S+\delta S$ とする．この δS を q に関する変分 (variation) と呼ぶ*8．条件より

---

*7 このようにある関数を指定してその値が決まるようなものを，通常の関数 (function) と区別して汎関数 (functional) と呼ぶ．いわば，関数の関数である．作用 S は，時間の関数である経路 $q(t)$ を与えると積分が実行できて具体的な数値が得られるという意味で，$q(t)$ の汎関数なのである．変分法は，汎関数 $S=S[q(t)]$ の停留値を与えるような関数 $q(t)$ を決定する処方箋を与えてくれる．

*8 変分に対する δ という記法はラグランジュが発案したとのことである．

24 | 3 最小作用の原理からニュートンの法則へ：演繹的定式化

$$\delta q(t_\mathrm{A}) = \delta q(t_\mathrm{B}) = 0 \tag{3.2.1}$$

はつねに満たされる．この場合，δq と $\delta \dot{q}$ の1次の項までに対応した S の変分[*9]を計算すれば[*10]

$$\delta S = \delta \int_{t_\mathrm{A}}^{t_\mathrm{B}} L(q, \dot{q}, t)dt = \int_{t_\mathrm{A}}^{t_\mathrm{B}} [L(q+\delta q, \dot{q}+\delta\dot{q}, t) - L(q, \dot{q}, t)]dt$$

$$\approx \int_{t_\mathrm{A}}^{t_\mathrm{B}} \left(\frac{\partial L}{\partial q}\delta q + \frac{\partial L}{\partial \dot{q}}\delta\dot{q} \right) dt$$

$$\underbrace{=}_{\text{第2項を部分積分}} \underbrace{\frac{\partial L}{\partial \dot{q}}\delta q \Big|_{t_\mathrm{A}}^{t_\mathrm{B}}}_{\text{(3.2.1) 式より 0}} + \int_{t_\mathrm{A}}^{t_\mathrm{B}} \left(\frac{\partial L}{\partial q} - \frac{d}{dt}\frac{\partial L}{\partial \dot{q}} \right)\delta q dt. \tag{3.2.2}$$

ここで $\delta q(t)$ は任意の関数であるから，$\delta S = 0$ が成り立つためには，第2項の被積分関数が0でなくてはならない．したがって，最小作用の原理は

$$\delta S = \delta \int_{t_\mathrm{A}}^{t_\mathrm{B}} L(q, \dot{q}, t)dt = 0 \quad \Leftrightarrow \quad \frac{d}{dt}\left(\frac{\partial L}{\partial \dot{q}} \right) - \frac{\partial L}{\partial q} = 0 \tag{3.2.3}$$

という関係を通じて，オイラー–ラグランジュ方程式に帰着する．より一般に多自由度の場合には，q と $\dot{q}$ をそれぞれ $\{q^k\}$ と $\{\dot{q}^k\}$ に置き換えることで

$$\delta S = \delta \int_{t_\mathrm{A}}^{t_\mathrm{B}} L(\{q^k\}, \{\dot{q}^k\}, t)dt = 0$$

$$\Leftrightarrow \quad \frac{d}{dt}\left(\frac{\partial L}{\partial \dot{q}^k} \right) - \frac{\partial L}{\partial q^k} = 0 \quad (k = 1, \cdots, K) \tag{3.2.4}$$

が導かれる．

ここで，ラグランジアン L に任意の関数の時間に関する全微分を付け加えても，得られるオイラー–ラグランジュ方程式は同じであることを注意しておく．その証明は簡単である．$\Lambda = \Lambda(q, t)$ を q と t の任意関数とする．このとき，

$$L'(q, \dot{q}, t) = L(q, \dot{q}, t) + \frac{d\Lambda(q, t)}{dt} \tag{3.2.5}$$

に対応する作用 S' は

[*9] より正確には第1変分 (first variation).

[*10] 変分と微分はその順序を入れ換えてよいことに注意.

$$S' = \int_{t_A}^{t_B} L'(q, \dot{q}, t) dt = \int_{t_A}^{t_B} L(q, \dot{q}, t) dt + \int_{t_A}^{t_B} \frac{d\Lambda}{dt} dt$$

$$= S + \Lambda(q(t_B), t_B) - \Lambda(q(t_A), t_A). \tag{3.2.6}$$

ここで，(3.2.6) 式の S' と S の違いは，$q(t)$ に関して変分する際には定数でしかなく，オイラー–ラグランジュ方程式には変更を及ぼさない．このように，ラグランジアンには時間の全微分で表される関数を付け加える自由度があることは覚えておいてほしい．

ここまでの議論で用いたのは S が停留値をとる条件 $\delta S = 0$ だけであった．最小作用の原理と呼ぶからには，極小値となる条件 $\delta^2 S > 0$（今は区間を十分小さくとっているのでこれを最小値の条件とみなしてもよい）を確認しておきたいところだが，実は一般的な議論は難しい．$\delta S = 0$ が満たされている場合，(3.2.2) 式を δq と $\delta \dot{q}$ に関する 2 次の項まで計算すると[11]

$$\delta^2 S = \frac{1}{2} \int_{t_A}^{t_B} \left(\frac{\partial^2 L}{\partial q^2} (\delta q)^2 + 2 \frac{\partial^2 L}{\partial q \partial \dot{q}} \delta q \delta \dot{q} + \frac{\partial^2 L}{\partial \dot{q}^2} (\delta \dot{q})^2 \right) dt \tag{3.2.7}$$

となるから，この符号を一般的に調べるのは厄介であることが理解できるだろう．ラグランジュ方程式を書き下す，という目的だけであれば，停留値をとるという条件のみで十分である[12]．したがって通常，最小作用の原理とはいうものの，実際には「停留作用の原理」というべきかもしれない．

3.3 非相対論的自由粒子のラグランジアン

最小作用の原理からオイラー–ラグランジュ方程式が導かれることはわかったが，今までの議論だけではラグランジアンの具体的な関数形は決まらない．何らかの指導原理に基づいて正しくラグランジアンを推測しなくては，その系のしたがう基礎方程式を書き下すことはできない．実は，未知の現象に遭遇してそれに対する新しいモデルを構築する際には，まず初めにラグランジアンを推定し，それから基礎方程式を計算するという手順を踏むしかない．言い換えれば，初めに基礎方程式を導き，その後それに対するラグランジアンを構築するという作業は（発見的な試行錯誤の過程でそのようなステップが介在する場合をのぞくと）ほとんど存在し得ない

---

[11] 第 2 変分.

[12] 本書ではこの問題にはこれ以上立ち入らない．興味がある方は，たとえば寺沢寛一編『自然科学者のための数学概論 応用編』（岩波書店）C 変分法 第 4 章 極小の条件 を参照されたい.

はずだ．その意味でも，ニュートン方程式からラグランジュ形式に定式化したことは単なる言い換えではなく，むしろ今後はその主従関係を逆転させて，すべてをラグランジュ形式から出発するための布石だと解釈すべきである．

2章で，通常のニュートンの方程式の場合にはラグランジアンが運動エネルギーとポテンシャルエネルギーの差で与えられることを示した．しかしその結果がどこまで必然的なものなのかはわからない．そこで，質点に対するラグランジアンの形を理論的にどこまで制限できるかを考えてみたい．これはより一般の力学系に対して，ラグランジアンが未知の場合にどのような要請からその形が制限されるのかを考察する例としても有用である．

まず，自由粒子1個だけからなる系を考える．自由粒子を特徴づけるのは，その位置ベクトル r，速度ベクトル v，時刻 t である．ここで，座標系として慣性系を選べば，空間座標と時間座標の原点には特別の意味もないし，空間座標の向き（たとえば z 軸）も自由に選べる*13．もしもラグランジアンが r と t に陽に依存しているならば，それらの原点が慣性系において特別な意味をもつことになり矛盾する．したがって，ラグランジアンは $v = dr/dt$ だけの関数でなくてはならない．これは微分量であるから r と t の原点の選び方には依存しない．同様に，空間の等方性を考慮すれば，ラグランジアンは v ではなく，その大きさ $|v|$ だけの関数

$$L = L(|v|^2) \tag{3.3.1}$$

となる．ラグランジアンが r に依存しないから，ラグランジュ方程式より

$$\frac{d}{dt}\left(\frac{\partial L}{\partial v}\right) = \frac{\partial L}{\partial r} = 0. \tag{3.3.2}$$

さらに今の場合 $L = L(|v|^2)$ であるから

$$\frac{\partial L}{\partial v} = (v \text{ のみに依存する関数}) = \text{定数} \quad \Rightarrow \quad v = \text{定数} \tag{3.3.3}$$

が結論できる．これはニュートンの第1法則に他ならない．

次に，系がガリレイ変換に対して不変であることの帰結を考えてみよう．まず(2.3.2) 式にしたがって $v' = v - V$ とし，特に V が微小量である場合を考える．$L(|v'|^2)$ を V について展開し，その1次の項までを残して高次の項を無視すれば

---

*13　これを時間と空間の並進対称性 (translational symmetry)，空間の回転対称性 (rotational symmetry) という．時間は一様 (homogeneous)，空間は一様等方 (homogeneous and isotropic) であると表現することもある．時空がもつこれらの対称性の意味については，4章で議論する．

$$L'(|\boldsymbol{v}'|^2) \approx L(|\boldsymbol{v}|^2) - \frac{\partial L}{\partial |\boldsymbol{v}|^2} \times 2\boldsymbol{v} \cdot \boldsymbol{V} = L(|\boldsymbol{v}|^2) - 2\frac{\partial L}{\partial |\boldsymbol{v}|^2}\frac{d}{dt}(\boldsymbol{r} \cdot \boldsymbol{V}) \quad (3.3.4)$$

となる*14. この L' と L が同じラグランジュ方程式を与えるためには，上式の第2項が時間の全微分でなくてはならない*15. そのためには，$\partial L/\partial |\boldsymbol{v}|^2$ が定数となることが必要である．この定数が 0 の場合にはラグランジアン自身が定数となり，物理的に意味をもたない．したがって一般には

$$\frac{\partial L}{\partial |\boldsymbol{v}|^2} \equiv \frac{1}{2}m \,(= 定数) \quad \Rightarrow \quad L = \frac{1}{2}m|\boldsymbol{v}|^2 \quad (3.3.5)$$

が結論される．この定数を $m/2$ とおいたのは，ニュートンの法則と一致するように，いわば慣習にしたがっただけのことである*16. さらに，L に定数を付け加える自由度も残ってはいるが，それはラグランジュ方程式を変更しないので 0 とした．

ここまでの議論は，$\boldsymbol{V}$ が微小量である場合のガリレイ変換に対するラグランジアンの不変性*17の必要条件であった．$\boldsymbol{V}$ が微小量でない場合にもそれが十分条件を与えることは，

$$L' = \frac{1}{2}m|\boldsymbol{v}'|^2 = \frac{1}{2}m|\boldsymbol{v} - \boldsymbol{V}|^2 = \frac{1}{2}m|\boldsymbol{v}|^2 - m\boldsymbol{v} \cdot \boldsymbol{V} + \frac{1}{2}m|\boldsymbol{V}|^2$$
$$= L + \frac{d}{dt}\left(-m\boldsymbol{r} \cdot \boldsymbol{V} + \frac{1}{2}m|\boldsymbol{V}|^2t\right) \quad (3.3.6)$$

と書き直すことで証明できる．

このように，自由粒子のラグランジアンの形は，慣性系の空間並進回転対称性と時間並進対称性，およびガリレイ変換に対する不変性から，経験的な事実に基づくことなく「理論的」に決めることができる．この結果は多自由度の場合にも自明に拡張できる．このように，特に未知の現象を記述するラグランジアンを構築する

---

*14　日本の物理学者はこのような場合，「2 次以上の項をネグる」と表現する．これは，neglect するという日本語風発音に基づいた表現である．同様なものとしてサチるがあり，これは飽和するという意味の動詞である saturate の日本語風発音に由来する．たとえばある物理量の振幅が大きくなりすぎて，もはやほとんど時間変化しなくなったような状況をさして，「振幅がサチった」のように用いる．転じて，覚えることが多すぎてあるいは難しすぎてわからなくなった場合，「頭（理解）がサチった」と表現することもある．このような奇妙な日本語を使う人に出会った場合には，大学で物理の教育をうけた人である可能性を疑ってみたほうがよい．

*15　(3.2.6) 式の議論を参照のこと．

*16　公理的な立場からは，ラグランジアンの速度の 2 乗の前の係数を $m/2$ とおき，この m を粒子の質量と定義する，ということになる．

*17　今の場合，そこから導かれるラグランジュ方程式が同じという意味．

ためには，考えている系がもつ対称性 (symmetry) や不変性 (invariance) の考察が本質的である．実際，自然界における4つの相互作用[*18]は，すべてゲージ対称性 (gauge symmetry) と呼ばれる性質を有していることがわかっており，それらをゲージ理論 (gauge theories) と呼ぶ．これらは自由な系から出発して，対称性を保つようにラグランジアンを決めることで自然に相互作用のある系のラグランジアンが構築できるという著しい性質をもっている．

3.4 「最小作用の原理」的世界観

ニュートンの第2法則によって記述される局所的（微分方程式）な定式化と，最小作用の原理で示されている大域的（変分法的）な定式化が同じ結果を与えることは，あたりまえどころか，私にはむしろ奇跡的とすら思える．前者は，初期座標と初期速度を与えれば後はその運動方程式にしたがって系が発展するという見方である．一方，後者の変分法的見方は，初期座標と最終座標とを与えてそれらを結ぶ経路は作用を最小とするという原理にしたがって決定されることを主張する．時間に関する2階の微分方程式の解は2つの積分定数をもつから，それらをどのようにして指定するか，という「数学的」問題だと割りきってしまえば，別に悩むようなことではないのかもしれない．しかしながら，その表現法の違いは，背後に横たわる「物理学的」世界観の違いを色濃く反映しているように思える．微分方程式的には，初期条件を与えてその後の運動を決めるという因果的な関係が明瞭であるが，変分法では未来の位置を与えるという意味において，運動を完全に解くまでは何か因果関係があいまいなままである．

また，ニュートンの運動方程式を見て，なぜこんな式が成り立つのだろうか，と悩んだことがあるだろうか．実はこの式は，加速度と力との間に成り立つ関係式であるとともに，互いを再帰的に定義しているようにも解釈できるため，そちらに注意を奪われてしまいがちだ（2.2節参照）．そもそもなぜこの式が成り立つのかなどという素朴な疑問に行き着く前に力尽きてしまう．しかし，時間に関する2階微分だけでなぜ3階微分は登場しないのか，などと考えはじめれば，実はきりがない．ニュートンの運動方程式は通常まだ健全な科学的懐疑心が芽生え始める前の比較的若い時期に教えこまれるため，経験的にも明らかだと錯覚してしまうのかも

[*18] 強い相互作用 (strong interaction)，電磁相互作用 (electro-magnetic interaction)，弱い相互作用 (weak interaction)，重力相互作用 (gravitational interaction)．

しれない*19.

　一方，最小作用の原理を初めて習った際には，なぜこのような原理が成り立つのだろうかと，誰でも疑問を抱くのではあるまいか．説明できないからこそ「原理」なのだとあらかじめ釘をさしておいたにもかかわらずである．最小作用の原理と聞くと，「自然は無駄なことをしない」あるいは「自然はもっとも単純なものを好む」とかいうように，何らかの価値観をもちこんで解釈したくなる人も多いことであろう*20.

　しかし，最小作用の原理とニュートンの法則が力学系の定式化としては同値であるならば*21，むろんニュートンの運動の3法則もまた，本来はまとめて「原理」と呼ぶべきものなのだ．その意味ではどちらの表現をとろうと，自然の不思議さには変わりがない．最小作用の原理を学んだことで，あらためてこのような視点から古典力学の原理をじっくりと味わってほしい．

　では，自然はどのようにして最小作用の原理にしたがった運動を選択しているのであろう*22．我々人間がやるのと同じように作用を変分して計算した上で，粒子を動かしているはずはない．さらに，作用を計算する上でもっとも本質的な量であるラグランジアンは，我々人間が単に便宜的に導入しただけのいわば架空の量なのか，それとも本当に自然に実在する量なのか，などと考え始めると一層悩みは尽きない．5章で導入するハミルトニアンの場合，エネルギーという物理量に対応した概念であるためもう少し安心できるような気がする．一方，ラグランジアンにはそのような直接的な対応物はない．にもかかわらず（我々人間が達した）物理学の定式化において本質的な役割を果たしていることはとても不思議な気がする*23.

　学生の頃この最小作用の原理，あるいは変分原理によって世界が記述できるという事実を初めて学んだとき，自分の価値観が変わるほどのショックをうけたことを

---

*19　理由はともかく，少なくとも私は，ニュートンの運動方程式がなぜ成り立つかなどという高尚な疑問を，学生時代に抱いた記憶はない．

*20　確かにそのように言い換えると安心できるような気がする．もちろん解釈は個人の自由であるが，あまりそれを突き詰めて自然科学的態度から逸脱することのないようにしてほしい．いかなる場合でも，過度の原理主義は禁物である．

*21　狭い意味でのニュートンの法則は質点のデカルト座標表示の場合における主張だとしても，座標変換に対する共変性を要求することでラグランジュ形式に至るという意味で，最小作用の原理と同等であると考えることにする．

*22　実は量子力学的な経路の確率振幅という概念を用いて，古典力学における最小作用の原理をさらに別の視点から見直すことができる（11章）．これは古典論の論理体系が実は量子論の論理体系によって支えられている事実を示唆する美しい視点である．

*23　そのような悩みなどまったく無意味であると考えている物理屋のほうが多数なのかもしれないが……．

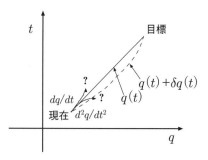

図 3.2 微分方程式的 vs 変分原理的人生.

覚えている．単に物理の問題を解くための定式化にとどまらず，広くものの考え方に対して大きな影響をうけた．たとえば，人生においてある具体的な困難に直面したとき，その時点でもっとも現実的に見える方向で問題を解決しようとするのは，どちらかといえば，微分方程式的な対処法である．その時々の数多くのしがらみや人間関係によって制限される局所的な微係数だけを信じて前に進もうとしても，いったい最終的な目標は何であるのか，本当にそれが達成できるのか，迷走するだけにならないか，心許ない．にもかかわらず，初期条件が与えられてしまった以上，もはや選択の自由は残されていないように思える．一方，変分法的には，まずゴールを設定する．次にそのゴールにたどり着くためのもっとも効率的な方法は何か，と考える．そして試行錯誤しながら，軌道修正を繰り返しつつそのゴールに着実に近づいていく……．

前者はボトムアップ的，後者はトップダウン的な処世術ともいえる．微分方程式で記述されるニュートン力学と変分原理から導かれるラグランジュ方程式が基本的には同等であることを認めれば，一見異なるように思える 2 つの処世術も基本的には同じことなのかもしれないが，個人的には後者の方が格段にすっきりとしているような気がする．

ところで，イギリスの列車には今でもドアを内側から開けられないものがあることを御存じであろうか[*24]．現在の日本の列車はほとんど自動ドアなので，そもそも何をいっているのか意味がわからないかもしれない．もちろんイギリスにも自動ドアは存在するのだが，ある割合の列車は手動で開けるタイプとなっている．にもかかわらず内側にドアの把っ手が存在しないのである．知らないでいると目的地に降りることができずパニックとなることが確実だ．

[*24] 本書のスタイルからいえば，以下の話は明らかに脚注にまわすべき内容である．しかし，あまりに長くなったために「降格」して本文に記すことにした．

電車が目的の駅に到着したらどうするかというと，何とまず窓を開けるのが正しい．そこから手を出して，外側の把っ手を使ってドアを開ける．嘘のような本当の話である．そのような仕組みの車両には，車内に "To open door" という説明書きがあり，まず窓枠を下に降ろして外側の把っ手を使ってドアを開けることがイラスト入りでていねいに説明してある．もちろん，「危険」，「注意」というただし書きも同時に大きく貼られている．話だけではとても信じてもらえないと思うので，2007 年 10 月に撮影した写真（図 3.3）をお見せする．

図 **3.3** イギリスの列車のドアの開け方の注意書き．

これなど，微分方程式的人生観しか持ち合わせていないであろう通常の日本人にはけっしてたどり着けない解だ．変分法的に落ち着いてゴールを見据え，その上でもっとも効率的な方法を冷静に判断するしかない．

ちなみに私は，あらかじめ日本でイギリスのトラベルガイドブックを読んでいたためそのような車両の存在は知っていた．しかし，そのガイドブックには「日本人がこの方法でつつがなくドアを開けることは至難の業である．またおうおうにして窓の建てつけが悪くスムーズに開かないことも多い．したがって降りる際にはけっして列の最初ではなく誰かの後に並ぶべし」という優れたアドバイスが書かれていた．生まれて初めてそのような車両に遭遇した私はもちろんこれに忠実にした

がい，現地人と思しき女性2人組に最前列を譲り，静かにドアの開くのを待った．ところが列車が到着した直後，彼女らは「ドアノブがない」と大声で叫びはじめたのだ．何とイギリス人ではなくアメリカ人旅行者であったらしい．焦った私は，ただちに彼女らの前に行き，あわてて窓を降ろし手を出して外からドアを開けることに成功した．降車後も彼女らは何が起こったのかわからないようで，興奮した調子で何やら2人で議論し続けていた．変分法を考えるたびに必ず思い出す*25エピソードである．

---

*25　このあたり何か無理がある感も否めないが，あくまで主観であるから御容赦いただきたい．2008 年に出版された初版とは違い，これはすでに 10 年以上前の話となってしまった．さすがに今ではこの状況は改善（改悪？）されてしまっている可能性がある．実際，イギリス人若手研究者にこの話をしても，理解してもらえないことがあった．逆に言えば，この記述はすでに十分歴史的意義をもっていると解釈できるので，あえて第2版にも残し，読者の変分法に対する理解に役立てることとしよう．

第4章

対称性と保存則

4.1 運動の積分

一般座標を用いて書かれたラグランジュ方程式:

$$\frac{d}{dt}\left(\frac{\partial L}{\partial \dot{q}^k}\right) - \frac{\partial L}{\partial q^k} = 0 \qquad (k = 1, \cdots, K) \tag{4.1.1}$$

は, $\{q^k\}\,(k=1,\cdots,K)$ に関する 2 階微分方程式であるから, 全部で $2K$ 個の自由度 (degrees of freedom) をもつ. たとえば, ある時刻での位置と速度に対応するそれぞれ K 個の定数を指定すれば, その後の運動は一意的に定まるはずだ. ただし, 理想化された単純な系をのぞけば, そのような初期条件で決まるパラメータを用いて時間の関数 $\{q^k\}(k=1,\cdots,K)$ を具体的に書き下すことはできない[*1].

一方, $\{q^k\}$ と $\{\dot{q}^k\}$ のある関数が力学系の運動を通じて

$$C(q^1, \cdots, q^K, \dot{q}^1, \cdots, \dot{q}^K, t) = 定数 \tag{4.1.2}$$

ことがある. これらは「運動の積分」(integrals of motion), 「運動の定数」(constants of motion), あるいは「保存量」(conserved quantities) と呼ばれ, 系の運動の振舞いを理解する上で重要な役割を果たす. たとえば, 系全体のエネルギー・運動量・角運動量などは, 代表的な運動の積分である[*2].

自由度の数から言えば, この運動の積分も原理的には全部で $2K$ 個存在すると

[*1] たとえば, 重力 3 体問題 (互いに重力を及ぼしながら運動している 3 つの質点からなる系) ですら解析的に解けないことはよく知られている.

[*2] ちなみに, 初期時刻における位置と速度に対応するそれぞれ K 個の定数は, (4.1.2) 式のように具体的に $\{q^k\}$ と $\{\dot{q}^k\}$ の関数として書き下されているわけではない. したがってこれらは運動の積分ではない単なる定数パラメータである.

34 | 4 対称性と保存則

考えられる*3. したがって運動方程式 (4.1.1) を解くとは，$2K$ 個の運動の積分を求め，それらを $\{q^k\}$ と $\{\dot{q}^k\}$ の関数として具体的に書き下すことである，と言い換えることもできる．ただしこれはあくまで原理的な話であり，実際にはそれらをすべて求めることはほとんどの場合不可能である．しかし，力学系が何らかの対称性をもつときには，かならずそれに対応する運動の積分（保存量）が存在する．

その端的な例は，系のラグランジアンがある特定の座標 q^c に陽に依存していない場合，$L = L(q^1, \cdots, q^{c-1}, q^{c+1}, \cdots, q^K, \dot{q}^1, \cdots, \dot{q}^K, t)$，である．このような座標 q^c を循環座標 (cyclic coordinates) と呼ぶ．具体的にラグランジュ方程式を計算すると

$$\frac{d}{dt}\left(\frac{\partial L}{\partial \dot{q}^c}\right) = \frac{\partial L}{\partial q^c} = 0 \;\; \Rightarrow \;\; \frac{\partial L}{\partial \dot{q}^c} = 定数 \equiv p^c \qquad (4.1.3)$$

が成り立つ．ここで一般に

$$\frac{\partial L}{\partial \dot{q}^k} \equiv p^k \qquad (4.1.4)$$

は，q^k に対する共役運動量 (canonial momentum) あるいは一般運動量 (generalized momentum) と呼ばれる*4ので，(4.1.3) 式は「循環座標に対応する共役運動量は運動の積分となる」ことを示している．ラグランジアンが q^c の変化に対して不変であるという対称性に対応した運動の積分が p^c であるといってもよい．

循環座標の存在は，考えている力学系の性質および一般座標の選び方に依存しており，つねに存在するわけではない．一方，エネルギー・運動量・角運動量は，個々の力学系の性質には無関係に存在する運動の積分（保存量）である．これらは，時空がもつ対称性に起因したより本質的な保存量なのである．以下では，ラグランジアンのもつ対称性を利用して，エネルギー・運動量・角運動量の保存則を導く．さらに，ラグランジアンのもつ対称性を運動の積分と結びつける一般的な処方箋であるネーターの定理を 4.5 節で紹介する．

4.2 時間の一様性とエネルギー保存則

時間の原点は任意に選ぶことができる．これは，そもそも我々の住む 4 次元時空が，時間座標を定数 t_0 だけ平行移動：

---

*3 5.6.1 項で示すように，実際には真に独立な運動の積分の数は，$2K$ ではなく $2K-1$ である．

*4 自由粒子の場合，これが通常の運動量に帰着することはすぐわかるであろう．

$$t \to t + t_0 \tag{4.2.1}$$

しても不変であるという時間に対する並進対称性をもっているおかげである. この性質を時間の一様性と呼ぶこともある[*5].

系が時間に関して並進対称性をもつとは, その系のラグランジアンが陽には時間に依存しない[*6], すなわち $L = L(q, \dot{q})$ と言い換えることができる. この場合

$$\frac{dL}{dt} = \underbrace{\frac{\partial L}{\partial t}}_{=0} + \sum_{k=1}^{K} \left(\frac{\partial L}{\partial q^k} \frac{dq^k}{dt} + \frac{\partial L}{\partial \dot{q}^k} \frac{d\dot{q}^k}{dt} \right)$$

$$\underbrace{=}_{(4.1.1) \, \vec{\pm}} \sum_{k=1}^{K} \left[\frac{d}{dt} \left(\frac{\partial L}{\partial \dot{q}^k} \right) \dot{q}^k + \frac{\partial L}{\partial \dot{q}^k} \frac{d\dot{q}^k}{dt} \right] = \frac{d}{dt} \left(\sum_{k=1}^{K} \dot{q}^k \frac{\partial L}{\partial \dot{q}^k} \right)$$

$$= \frac{d}{dt} \left(\sum_{k=1}^{K} p^k \dot{q}^k \right) \tag{4.2.2}$$

が成り立つ. したがって,

$$H(q, p) \equiv \sum_{k=1}^{K} \dot{q}^k \frac{\partial L}{\partial \dot{q}^k} - L = \sum_{k=1}^{K} p^k \dot{q}^k - L \tag{4.2.3}$$

は時間の並進対称性に対応する運動の積分となる. これはハミルトニアン (Hamiltonian) と呼ばれ, 力学において本質的な役割を演じる物理量である. q と $\dot{q}$ を独立変数とするラグランジアン $L(q, \dot{q})$ を, q と p を独立変数とするハミルトニアン $H(q, p)$ に結びつける (4.2.3) 式は, 5 章で説明するルジャンドル変換 (Legendre's transformation) の一例である.

さて, デカルト座標を用いて書いた質点系のラグランジアン:

$$L = T - U = \frac{1}{2} \sum_{i=1}^{3N} m_i \left(\frac{dx^i}{dt} \right)^2 - U(x) \tag{4.2.4}$$

[*5] 外国ではサマータイム (英語では, daylight saving time と呼ぶ) というシステムを導入し, 春と秋に時計をそれぞれ 1 時間進めたり遅らせたりする. これを可能としているのは, まさに時間の一様性という時空の性質である. 単なる時間の原点の移動でありそれによって物理法則が変わることはないとはいえ, 毎年その直後には人々の生活はかなり混乱する.

[*6] たとえば, 時間に依存する外力をうけている系の場合, 対応するラグランジアンは時間に陽に依存するから, 系のエネルギーは保存しない. しかし, その外力を及ぼすものまでを含めて拡張した系を考えれば, この章で行う議論はつねに成立する. 言い換えれば, 現時点ではエネルギー保存則が破れる例は知られていない.

を，(2.5.3) 式で導入した一般座標を用いて書き直すと

$$L = \frac{1}{2} \sum_{k,l=1}^{K} \underbrace{\sum_{i=1}^{3N} m_i \frac{\partial x^i}{\partial q^k} \frac{\partial x^i}{\partial q^l}}_{\equiv M_{kl}} \frac{dq^k}{dt} \frac{dq^l}{dt} - U(q, \dot{q})$$

$$= \frac{1}{2} \sum_{k,l=1}^{K} M_{kl}(q) \dot{q}^k \dot{q}^l - U(q, \dot{q}) \tag{4.2.5}$$

となる．デカルト座標を用いた場合定数であった m_i に対応する係数が $M_{kl}(q)$ になる．また，より一般的には，ポテンシャルエネルギー U は座標の時間微分 $\dot{q}$ に依存する場合がある．

特にポテンシャルエネルギー U が座標 q だけの（速度に依存しない）関数である場合には

$$\frac{\partial L}{\partial \dot{q}^k} = \frac{\partial T}{\partial \dot{q}^k} = \frac{1}{2} \sum_{i,j=1}^{K} M_{ij}(q) \left(\delta_k^i \dot{q}^j + \dot{q}^i \delta_k{}^j \right) = \sum_{i=1}^{K} M_{ik}(q) \dot{q}^i \tag{4.2.6}$$

となるから，(4.2.3) 式は

$$H = \sum_{k=1}^{K} \dot{q}^k \sum_{i=1}^{K} M_{ik}(q) \dot{q}^i - L \underbrace{=}_{(4.2.5) \ \text{式}} 2T - L = T + U \tag{4.2.7}$$

に帰着する．すなわち，H は運動エネルギーとポテンシャルエネルギーの和という通常の全エネルギーと一致しており，この結果はエネルギー保存則 (energy conservation law) である．またこれが，ポテンシャルエネルギーが $U = U(q)$ の形となる場合を保存系と呼ぶ理由でもある．もちろん，U が $\dot{q}$ に依存するより一般の場合においても，(4.2.3) 式は運動の積分なのであるが，単純に運動エネルギーとポテンシャルエネルギーの和という形にはならない．

4.3 空間の一様性と運動量保存則

時間のみならず空間もまた一様性を有する．具体的には，r をデカルト座標としたとき，任意の定数ベクトル r_0 だけの平行移動：

$$r \to r + r_0 \tag{4.3.1}$$

に対して物理法則は不変である．物理法則は空間並進対称性をもつといってもよ

い. その結果, (4.3.1) 式で $\boldsymbol{r}_0$ を微小量に選んだとき, その変化に対してラグランジアンは不変でなければならない. N 個の質点からなる系の場合, $\delta\boldsymbol{r}_a = \boldsymbol{r}_0$ なら

$$\delta L = \sum_{a=1}^{N} \frac{\partial L}{\partial \boldsymbol{r}_a} \cdot \delta\boldsymbol{r}_a = \boldsymbol{r}_0 \cdot \sum_{a=1}^{N} \frac{\partial L}{\partial \boldsymbol{r}_a} \tag{4.3.2}$$

となるので, $\boldsymbol{r}_0$ によらずつねに $\delta L = 0$ となるためには

$$\sum_{a=1}^{N} \frac{\partial L}{\partial \boldsymbol{r}_a} = 0 \tag{4.3.3}$$

が必要である. ここでラグランジュ方程式を用いれば

$$\sum_{a=1}^{N} \frac{\partial L}{\partial \boldsymbol{r}_a} = \sum_{a=1}^{N} \frac{d}{dt} \frac{\partial L}{\partial \boldsymbol{v}_a} = 0 \tag{4.3.4}$$

より,

$$\boldsymbol{P}_{\mathrm{tot}} \equiv \sum_{a=1}^{N} \frac{\partial L}{\partial \boldsymbol{v}_a} = \sum_{a=1}^{N} \boldsymbol{p}_a \tag{4.3.5}$$

が空間の並進対称性に対応する運動の積分となることがわかる. 自由粒子の系に対しては $\boldsymbol{p}_a = m_a \boldsymbol{v}_a$ であるから, (4.3.5) 式は運動量保存則にほかならない.

4.4 空間の等方性と角運動量保存則

最後に, 空間が等方的*7 (空間の回転に対して物理法則が不変) であることから, この回転対称性に対応する運動の積分を求めよう.

図 4.1 にしたがって, ベクトル $\delta\boldsymbol{\varphi}$ の向きを回転軸としたときそれに対して時計

---

*7 空間の一様性 (isotropy) と等方性 (homogeneity) の違いは以下の例から理解できるであろう. ある特別の点に関する等方性は, その点を中心とする球対称性と言い換えてよい. その点を原点とする球座標をとったとき, 周囲の密度や温度が r だけの関数で, 2 つの角度座標 θ, φ に依存しない場合がその点のまわりの等方性である. もちろんこの場合, 異なる点から見ると分布はまったく違って見えるから並進対称性, すなわち一様性は成り立っていない. 逆に, ある 1 次元方向に一定速度の流れをもつ川を考えると, その方向に対する一様性は成り立っているが, 他の方向に対する一様性は成り立っていないし, 等方的でもない. 我々の宇宙の任意の点に関して空間が一様等方である, という主張は「宇宙原理」(cosmological principle) と呼ばれ, 宇宙論におけるもっとも基礎的な仮定である.

まわりに絶対値 $|\delta\boldsymbol{\varphi}|$ の角度だけ座標を回転させる操作を，$\delta\boldsymbol{\varphi}$ に関する空間回転と定義しよう[*8]．この回転に対して，デカルト座標での位置ベクトルと速度ベクトルは

$$\boldsymbol{r} \to \boldsymbol{r} + \delta\boldsymbol{r} = \boldsymbol{r} + (\delta\boldsymbol{\varphi} \times \boldsymbol{r}), \quad \boldsymbol{v} \to \boldsymbol{v} + \delta\boldsymbol{v} = \boldsymbol{v} + (\delta\boldsymbol{\varphi} \times \boldsymbol{v}) \tag{4.4.1}$$

と変化する．

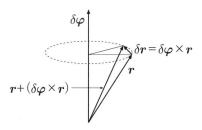

図 **4.1** 空間回転に対するベクトルの変化．

この座標変換に対して，N 質点系のラグランジアンは[*9]

$$\begin{aligned}
\delta L &= \sum_{a=1}^{N} \left(\frac{\partial L}{\partial \boldsymbol{r}_a} \cdot \delta \boldsymbol{r}_a + \frac{\partial L}{\partial \boldsymbol{v}_a} \cdot \delta \boldsymbol{v}_a \right) \\
&= \sum_{a=1}^{N} \left[\frac{d\boldsymbol{p}_a}{dt} \cdot (\delta\boldsymbol{\varphi} \times \boldsymbol{r}_a) + \boldsymbol{p}_a \cdot \left(\delta\boldsymbol{\varphi} \times \frac{d\boldsymbol{r}_a}{dt} \right) \right] \\
&= \delta\boldsymbol{\varphi} \cdot \sum_{a=1}^{N} \left(\boldsymbol{r}_a \times \frac{d\boldsymbol{p}_a}{dt} + \frac{d\boldsymbol{r}_a}{dt} \times \boldsymbol{p}_a \right) = \delta\boldsymbol{\varphi} \cdot \frac{d}{dt} \sum_{a=1}^{N} (\boldsymbol{r}_a \times \boldsymbol{p}_a)
\end{aligned} \tag{4.4.2}$$

と変化する．空間の等方性より，この式は任意の $\delta\boldsymbol{\varphi}$ について 0 となるはずだから

$$\boldsymbol{J}_{\text{tot}} \equiv \sum_{a=1}^{N} (\boldsymbol{r}_a \times \boldsymbol{p}_a) \tag{4.4.3}$$

が運動の積分となる．これは角運動量保存則である．

[*8] 言葉で説明すると長くてわかりにくいが，いわゆる右ねじの法則である．
[*9] この変形でスカラー 3 重積に対する公式 $\boldsymbol{a} \cdot (\boldsymbol{b} \times \boldsymbol{c}) = \boldsymbol{b} \cdot (\boldsymbol{c} \times \boldsymbol{a}) = \boldsymbol{c} \cdot (\boldsymbol{a} \times \boldsymbol{b})$ を用いた．スカラー 3 重積の値は，$\boldsymbol{a}, \boldsymbol{b}, \boldsymbol{c}$ によってつくられる平行 6 面体の体積であることを思い起こせば，この公式が成り立つことは納得できよう．

4.5 ネーターの定理

ラグランジアンがもつ対称性を具体的に運動の積分と結びつけるのがネーターの定理 (Noether's theorem) である. 一般座標 q に対して, あるパラメータ s で記述される変換 $q(s), \dot{q}(s)$ を考える. ただし, $s = 0$ において, $q(0) = q, \dot{q}(0) = \dot{q}$ が成り立っているものとする. ラグランジアン $L(q, \dot{q})$ がこの変換に対して不変である条件は

$$\frac{dL(q(s), \dot{q}(s))}{ds} = \frac{\partial L(q(s), \dot{q}(s))}{\partial q(s)} \frac{\partial q(s)}{\partial s} + \frac{\partial L(q(s), \dot{q}(s))}{\partial \dot{q}(s)} \frac{\partial \dot{q}(s)}{\partial s} = 0 \quad (4.5.1)$$

である. 特に $s \to 0$ の極限を考えれば

$$\begin{aligned}
0 &= \frac{\partial L(q, \dot{q})}{\partial q} \frac{\partial q(s)}{\partial s}\bigg|_{s=0} + \frac{\partial L(q, \dot{q})}{\partial \dot{q}} \frac{\partial \dot{q}(s)}{\partial s}\bigg|_{s=0} \\
&= \frac{d}{dt} \frac{\partial L(q, \dot{q})}{\partial \dot{q}} \frac{\partial q(s)}{\partial s}\bigg|_{s=0} + \frac{\partial L(q, \dot{q})}{\partial \dot{q}} \frac{d}{dt} \frac{d}{dt}\frac{\partial q(s)}{\partial s}\bigg|_{s=0} \\
&= \frac{d}{dt} \left(\frac{\partial L(q, \dot{q})}{\partial \dot{q}} \frac{\partial q(s)}{\partial s}\bigg|_{s=0} \right).
\end{aligned} \quad (4.5.2)$$

(4.5.2) 式より一般に

$$I \equiv \sum_{k=1}^{K} \frac{\partial L(q, \dot{q})}{\partial \dot{q}^k} \frac{\partial q^k(s)}{\partial s}\bigg|_{s=0} \quad (4.5.3)$$

が運動の積分となる. これをネーターの定理と呼ぶ. 具体的に N 個の自由質点系

$$L = \sum_{a=1}^{N} \frac{1}{2} m_a (\dot{x}_a^2 + \dot{y}_a^2 + \dot{z}_a^2) \quad (4.5.4)$$

を例にとり, すでに求めた運動量・角運動量・エネルギーの保存則をネーターの定理からもう一度導いてみよう.

4.5.1 空間の一様性：運動量保存則

x 方向の並進を例として考えれば, 変換 $q(s)$ として

$$x_a(s) = x_a + s \qquad (a = 1, \cdots, N) \quad (4.5.5)$$

を選べばよい. これを (4.5.3) 式に代入すると

40 | 4 対称性と保存則

$$I_x = \sum_{a=1}^N \frac{\partial L}{\partial \dot{x}_a} \frac{\partial x_a(s)}{\partial s}\bigg|_{s=0} = \sum_{a=1}^N m_a \dot{x}_a \tag{4.5.6}$$

となり，ただちに x 方向の運動量保存則が得られる．

4.5.2 空間の等方性：角運動量保存則

次に円筒座標をとり z 軸まわりの回転を考えて，$q(s)$ として

$$x_a(s) = r\cos(\theta+s), \quad y_a(s) = r\sin(\theta+s) \quad (a=1,\cdots,N) \tag{4.5.7}$$

を選ぶ．これを (4.5.3) 式に代入すると

$$\begin{aligned} I &= \sum_{a=1}^N \left(\frac{\partial L}{\partial \dot{x}_a} \frac{\partial x_a(s)}{\partial s}\bigg|_{s=0} + \frac{\partial L}{\partial \dot{y}_a} \frac{\partial y_a(s)}{\partial s}\bigg|_{s=0} \right) \\ &= \sum_{a=1}^N m_a(-\dot{x}_a y_a + \dot{y}_a x_a) \end{aligned} \tag{4.5.8}$$

となり，z 方向の角運動量保存則が得られる．

4.5.3 時間の一様性：エネルギー保存則

(4.5.3) 式を導いたときには，時間以外の座標変換しか考慮していなかった．したがって時間の並進対称性を考えるには，少し工夫が必要である．そこでまず，時間変数を $t \to \tau(t)$ と変換して最小作用の原理を

$$\delta S = \delta \int_{t_A}^{t_B} L\left(q, \frac{dq}{dt}, t\right) dt = \delta \int_{\tau_A}^{\tau_B} L\left(q, \frac{dq/d\tau}{dt/d\tau}, t(\tau)\right) \frac{dt}{d\tau} d\tau = 0 \tag{4.5.9}$$

のように書き直してみる．(4.5.9) 式の右辺の被積分関数を，t と $dt/d\tau$ をあらたな独立変数として追加したラグランジアン：

$$L'\left(q, \frac{dq}{dt}, t, \frac{dt}{d\tau}\right) = L\left(q, \frac{dq/d\tau}{dt/d\tau}, t(\cdot)\right) \frac{dt}{d\tau} \tag{4.5.10}$$

と解釈する．このとき，座標 t に関するラグランジュ方程式は

$$\frac{d}{d\tau}\left(\frac{\partial L'}{\partial(dt/d\tau)}\right) - \frac{\partial L'}{\partial t} = 0 \tag{4.5.11}$$

である．(4.5.10) 式を代入すると，(4.5.11) 式の第 1 項の括弧内は

$$\frac{\partial L'}{\partial(dt/d\tau)} = L - \frac{dq/d\tau}{(dt/d\tau)^2}\frac{\partial L}{\partial(dq/dt)}\frac{dt}{d\tau}$$

$$= L - \frac{dq/d\tau}{dt/d\tau}p = L - p\dot{q}\underbrace{=}_{(4.2.3)\,\text{式}} -H \qquad (4.5.12)$$

となる. 一方, (4.5.11) 式の第 2 項は

$$\frac{\partial L'}{\partial t} = \frac{\partial L}{\partial t}\frac{dt}{d\tau} = \frac{\partial(p\dot{q}-H)}{\partial t}\frac{dt}{d\tau} = -\frac{\partial H}{\partial t}\frac{dt}{d\tau} \qquad (4.5.13)$$

と変形できる. この結果, (4.5.11) 式はハミルトニアン H だけで書き直され

$$\frac{d(-H)}{d\tau} + \frac{\partial H}{\partial t}\frac{dt}{d\tau} = 0 \quad \Rightarrow \quad \frac{dH}{dt} = \frac{\partial H}{\partial t}. \qquad (4.5.14)$$

したがって, H が陽に t に依存しない $(\partial H/\partial t = 0)$ ならば, H すなわちエネルギーが運動の積分となる $(dH/dt = 0)$ ことが示される.

上述の導出を見直せば, 時間変数 τ を導入して, $t(\tau)$ を一般座標とみなして追加したラグランジアン L' に対して $t = \tau + s$ の並進対称性を課したことになっている. この場合, (4.5.3) 式に $dq/dt \to dt/d\tau$, $\partial q/\partial s|_{s=0} \to dt/ds|_{s=0}$ を代入すれば,

$$I = \frac{\partial L'(q,\dot{q})}{\partial(dt/d\tau)}\frac{dt(s)}{ds}\bigg|_{s=0}\underbrace{=}_{(4.5.12)\,\text{式}} -H \qquad (4.5.15)$$

が保存量となるはずだ. こうすればネーターの定理から, 時間の並進対称性に対応するエネルギー保存則も導くことができる.

この章で見たように, エネルギー・運動量・角運動量という普遍的な保存則は個々の力学系の性質に起因するものではなく, 時空間そのものの性質に起源を求めることができる. じっくりと味わうに値する美しい事実である. ニュートンの方程式だけからでもエネルギー・運動量・角運動量の保存則は導けるわけであるが, それを何回繰り返したところで, それらの起源が時空間がもつ対称性にあるという驚くべき結果には到達できまい. ラグランジュ形式というより一般的な定式化のおかげで, 高い視点に立って理論的構造を見抜くことができたのである.

第5章

ハミルトン形式と正準変換

5.1 ラグランジュ形式とハミルトン形式

ラグランジュ形式は，$\{q^k\}$，$\{\dot{q}^k\}$ $(k = 1, \cdots, K)$ の $2K$ 個の力学変数をもつラグランジアン $L = L(q, \dot{q}, t)$ を用いた力学の定式化である．その時間発展は q^k に対する K 個の2階微分方程式であるラグランジュ方程式で記述され，座標の選び方はデカルト座標 x^i に限ることなく，一般座標 q^k に拡張される．これに対して本章で説明するハミルトン形式は，変数を $\{p^k\}$，$\{q^k\}$ $(k = 1, \cdots, K)$ の $2K$ 個に選び直したハミルトニアン $H = H(p, q, t)$ による定式化である．ここで，ハミルトニアンは (4.2.3) 式でみたようにラグランジアンをルジャンドル変換した

$$H(p, q, t) \equiv \dot{q}p - L(q, \dot{q}, t) \tag{5.1.1}$$

で定義される[*1]．すでに述べたように

$$p^k \equiv \frac{\partial L(q, \dot{q}, t)}{\partial \dot{q}^k} \qquad (k = 1, \cdots, K) \tag{5.1.2}$$

は一般運動量，あるいは q^k に対する共役運動量である[*2]．ハミルトニアンの全微分は

$$dH = \frac{\partial H}{\partial p}dp + \frac{\partial H}{\partial q}dq + \frac{\partial H}{\partial t}dt \tag{5.1.3}$$

[*1] 以下の議論では q や p に自由度を区別する添字を省略した記述を用いることが多いが，たとえば $pq \to \sum_{k=1}^{K} p^k q^k$ のように解釈することで多自由度の場合にもそのまま拡張できる.

[*2] 以降，ここで定義した一般座標および一般運動量を，単に座標および運動量と呼ぶこともある.

となるが，(5.1.1) 式の右辺を用いれば

$$dH = \dot{q}dp + pd\dot{q} - dL = \dot{q}dp + pd\dot{q} - \left(\underbrace{\frac{\partial L}{\partial q}}_{=\dot{p}} dq + \underbrace{\frac{\partial L}{\partial \dot{q}}}_{=p} d\dot{q} + \frac{\partial L}{\partial t} dt \right)$$

$$= \dot{q}dp - \dot{p}dq - \frac{\partial L}{\partial t} dt \tag{5.1.4}$$

とも書ける．(5.1.3) 式と (5.1.4) 式とを見比べれば，次の関係式

$$\frac{dq^k}{dt} = \frac{\partial H}{\partial p^k}, \quad \frac{dp^k}{dt} = -\frac{\partial H}{\partial q^k} \quad (k = 1, \cdots, K) \tag{5.1.5}$$

が得られる．これらはハミルトン方程式 (Hamilton's equations)，あるいは正準方程式 (canonical equations) と呼ばれ，ハミルトン形式において力学系の発展を記述する基礎方程式である．ラグランジュ方程式は q に対する時間の 2 階微分方程式 K 個からなるが，ハミルトン方程式は，p と q に対する時間の 1 階微分方程式それぞれ K 個からなる[*3]．また，このような (p, q) を正準変数 (canonical variables) と呼ぶ．

　ここで，一般運動量はあくまで (5.1.2) 式で「定義」された変数であることを強調しておこう．粒子の運動量を $\boldsymbol{p} = m\boldsymbol{v}$ と呼ぶのは間違いではないが，場合によってはこれはハミルトン方程式を満たす正準変数という意味での一般運動量ではなくなる場合もある．たとえば，付録の A 章で示すように，電磁ポテンシャル $\boldsymbol{A}$ が存在する場合，電荷 q をもつ粒子の一般運動量はもはや $m\boldsymbol{v}$ ではなく $m\boldsymbol{v} + q\boldsymbol{A}/c$ となる．さらにハミルトン形式では，通常の座標 q と運動量 p を交換して $Q = p$，$P = -q$ とした (P, Q) もまた正準変数となる (5.4 節参照)．このように正準変数は，今まであいまいなまま経験的に座標および運動量と呼んでいたものをかなり広げた概念となっている．

　(5.1.4) 式から

$$\frac{dH}{dt} = -\frac{\partial L}{\partial t} \tag{5.1.6}$$

が導けるので，L が時間に陽に依存しない場合には H は運動の積分（系の全エネルギー）となる．これはすでに 4.2 節で述べた通りである．

　(5.1.5) 式は変分原理からも導かれる．(3.1.1) 式で定義される作用を

[*3]　最初の式は運動量の定義で，2 番めの式はポテンシャルエネルギー U が与える力 $\boldsymbol{F} = -\mathrm{grad}\ U$ に対応していることを考えれば，ハミルトン方程式の右辺の符号は簡単に覚えられる．

44 | 5 ハミルトン形式と正準変換

表 5.1　ラグランジュ形式とハミルトン形式

	ラグランジュ形式	ハミルトン形式
出発点	ラグランジアン: $L(q, \dot{q}, t)$	ハミルトニアン: $H(p, q, t)$
独立変数	一般座標 q とその時間微分 $\dot{q}$	正準変数 (p, q)
	$\dot{q} = \dfrac{dq}{dt} = \dfrac{\partial H}{\partial p}$	一般運動量: $p = \dfrac{\partial L}{\partial \dot{q}}$
ルジャンドル変換	$L(q, \dot{q}) = \dot{q}p - H$	$H(p, q) = p\dot{q} - L$
基本方程式	オイラー–ラグランジュ方程式	ハミルトンの正準方程式
	$\dfrac{d}{dt}\left(\dfrac{\partial L}{\partial \dot{q}}\right) - \dfrac{\partial L}{\partial q} = 0$	$\dfrac{dq}{dt} = \dfrac{\partial H}{\partial p}, \quad \dfrac{dp}{dt} = -\dfrac{\partial H}{\partial q}$
	時間の 2 階微分方程式	時間の 1 階微分方程式
変数変換	点変換（座標間のみ）	正準変換（座標と運動量間）
	$Q = Q(q)$	$P = P(p, q),\ Q = Q(p, q)$

$$S = \int_{t_{\mathrm{A}}}^{t_{\mathrm{B}}} L\, dt = \int_{t_{\mathrm{A}}}^{t_{\mathrm{B}}} [p\dot{q} - H(p, q)]\, dt \tag{5.1.7}$$

と書き直し，p と q に対して独立な変分をとれば

$$
\begin{aligned}
\delta S &= \int_{t_{\mathrm{A}}}^{t_{\mathrm{B}}} \left(\delta p\, \dot{q} + p\frac{d}{dt}\delta q - \frac{\partial H}{\partial p}\delta p - \frac{\partial H}{\partial q}\delta q \right) dt \\
&= \underbrace{p\delta q \Big|_{t_{\mathrm{A}}}^{t_{\mathrm{B}}}}_{=0} + \int_{t_{\mathrm{A}}}^{t_{\mathrm{B}}} \left[\left(\dot{q} - \frac{\partial H}{\partial p} \right)\delta p - \left(\dot{p} + \frac{\partial H}{\partial q} \right)\delta q \right] dt
\end{aligned}
\tag{5.1.8}
$$

となる．ハミルトン形式では δp と δq を独立な変分とみなしているから，(5.1.8)
式で $\delta S = 0$ とおけば (5.1.5) 式が得られる．

　ハミルトン形式はラグランジュ形式と本質的には等価で，新しい物理を導くよう
なものではない．しかしながら，ラグランジュ形式では座標の間だけに保証されて
いた座標変換（点変換と呼ばれることがある）の自由度が，運動量を含むものにま
で拡張される（表 5.1）．これが 5.3 節で説明する正準変換である．それを通じて
物理法則の記述法の普遍性がより深いレベルで理解できる．また，ハミルトニアン
はエネルギーという運動の積分に直接対応した物理量であるため，量子力学や統計
力学においては，ラグランジアンよりもハミルトニアンのほうが表舞台に登場する
機会が多い．

5.2 ルジャンドル変換

ハミルトニアンとラグランジアンは，力学系を記述する独立変数の選び方の自由度に関係した異なる表現であり，互いに対等な関係にある．これらはルジャンドル変換で結びついている．ルジャンドル変換は熱力学で頻繁に登場するものであるが，この節でその物理的意味を考えておこう[*4]．

2つの変数 x と y の関数 $f = f(x, y)$ の全微分を

$$df = \frac{\partial f}{\partial x}dx + \frac{\partial f}{\partial y}dy \equiv udx + vdy \tag{5.2.1}$$

とする．x のかわりに $u \equiv \partial f/\partial x$ を用いて，2 変数関数

$$g(u, y) = xu - f(x, y) = x\frac{\partial f}{\partial x} - f(x, y) \tag{5.2.2}$$

を定義しよう．ただし，右辺の x は u と y の関数 $x(u, y)$ で書き直されているものと理解する．このとき，

$$dg = xdu + udx - df = xdu - vdy \tag{5.2.3}$$

となるので，確かに g は u と y を独立変数とする関数になっている．また，x と $v = \partial f/\partial y$ は

$$x = \frac{\partial g}{\partial u}, \qquad v = -\frac{\partial g}{\partial y} \tag{5.2.4}$$

によって復元することができる．このように，$g(u, y)$ は $f = f(x, y)$ と同等の情報をもち，(5.2.2) 式を f の x に関するルジャンドル変換と呼ぶ．

(5.2.2) 式で，$x \to \dot{q}$，$y \to q$，$f(x, y) \to L(\dot{q}, q)$，$u = \partial f/\partial x \to p = \partial L/\partial \dot{q}$，$g(u, y) \to H(p, q)$ と置き換えれば，ラグランジアンとハミルトニアンが互いにルジャンドル変換の関係にあることが理解できよう．

形式的にはこれですべてなのだが，何をやったのかはあまりピンとこない．そこで1変数の場合を例としてルジャンドル変換の幾何学的な意味を考えてみよう．やりたいことを再度まとめておけば「関数 $f(x)$ が与えられたときに，$u \equiv \partial f/\partial x$ を独立変数として，$f(x)$ とまったく同等の情報をもつ関数 $g(u)$ を構築する」である．図 5.1a に示したように，関数 $y = f(x)$ はその曲線上の点の集合，あるい

[*4] この節の議論は，キャレン『熱力学および統計物理入門（上）』（吉岡書店）第 5 章を参考とした．さらに詳しい説明が清水明『熱力学の基礎』（東京大学出版会）第 11 章にある．

はその各点での接線の包絡線という2つの表現が可能なことに注目する．図 5.1b で示すように，この曲線上の任意の点 $(x, f(x))$ に，傾きが u で y 切片が $-g$ の接線[*5]を対応づけることができる．むろんこの接線の方程式は

$$y = ux + (-g), \qquad u = \frac{\partial f}{\partial x} \tag{5.2.5}$$

で，点 $(x, f(x))$ がこの接線上にあるから

$$g = ux - f(x) \tag{5.2.6}$$

という関係が成り立つ．実際にはこの式の右辺は u の関数として書き直しておかねばならない．つまり $u = \partial f/\partial x$ を x について解き直して $x = x(u)$ とした上で，g を u の関数：

$$g(u) = ux(u) - f(x(u)) \tag{5.2.7}$$

とみなすのである．

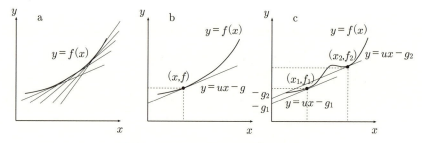

図 5.1　ルジャンドル変換の幾何学的意味．

ただし (u, g) の集合だけから関数 $f(x)$ を完全に復元するためには，$x(u)$ および $g(u)$ が u の1価関数でなければならない．図 5.1c の例は，$x = x_1$ と $x = x_2$ で $y = f(x)$ の接線の傾きが同じ場合を示す．このように，同じ傾き u をもつ点が複数存在すると u だけから x を決めることはできなくなる．したがって，u がわかっただけでは g の値が一意的には決まらなくなってしまう．これでは，$g(u)$ だけから $f(x)$ を完全に復元することはできなくなる．この事態を防ぐためには，u が x の単調関数，すなわち，任意の x に対して

[*5] y 切片に負符号をつけて定義したのは，物理で用いるルジャンドル変換の符号の慣用に合わせるためであり，本質的なものではない．

$$\frac{\partial u}{\partial x} = \frac{\partial^2 f}{\partial x^2} > 0 \quad \text{あるいは} \quad \frac{\partial u}{\partial x} = \frac{\partial^2 f}{\partial x^2} < 0 \tag{5.2.8}$$

のいずれかがつねに成り立っている必要がある. 幾何学的に考えれば, これらの条件はそれぞれ $y = f(x)$ がつねに下に凸の関数あるいは上に凸の関数という意味にほかならない.

この条件が満たされていれば

$$\frac{\partial g}{\partial u} = x(u) + u\frac{\partial x}{\partial u} - \underbrace{\frac{\partial f}{\partial x}}_{=u}\frac{\partial x}{\partial u} = x(u) \tag{5.2.9}$$

として, $g(u)$ から $x(u)$ を求めることができる. このことは, $g(u)$ を再度ルジャンドル変換して

$$f(x) = xu(x) - g(u(x)) \tag{5.2.10}$$

とすれば, $g(u)$ から $f(x)$ が構築できることからも理解できよう. このように, $f(x)$ と $g(u)$ は完全に同等な情報をもつことが示された. ちなみに,

$$\frac{\partial^2 g}{\partial u^2} = \frac{\partial x}{\partial u} = \left(\frac{\partial^2 f}{\partial x^2}\right)^{-1} \tag{5.2.11}$$

であるから, (5.2.8) 式が成り立っていれば, $g(u)$ が u に対して凸関数であるという条件もまた自動的に満たされる.

実際にはルジャンドル変換は1変数関数ではなく多変数関数に対して行われるが, その場合は, 上記の手続きを変数ごとに繰り返せばよい.

$$g(u^1, \cdots, u^J) = \sum_{j=1}^{J} u^j x^j - f(x^1, \cdots, x^J), \quad u^j \equiv \frac{\partial f}{\partial x^j}. \tag{5.2.12}$$

また添字 j についての和は1から J のすべての変数を走る必要はない. 言い換えれば, 一部の変数についてだけルジャンドル変換する, ということも可能である. ラグランジアンをハミルトニアンにルジャンドル変換する場合でいえば, ルジャンドル変換した座標についてはハミルトニアンとして振舞いそれ以外の座標についてはラグランジアンのまま, という関数を構築することもできる. このような関数はラウシアン (Routhian) と呼ばれる.

5.3 正準変換と母関数

すでに 2.8 節で述べたように，ラグランジュ方程式は任意の座標変換：

$$Q^k = Q^k(q^1, q^2, \cdots, q^{K-1}, q^K, t) \qquad (k = 1, \cdots, K) \tag{5.3.1}$$

の下で共変である（ただし，すべての Q^k が独立であるとする）．すなわち，

$$\frac{d}{dt}\left(\frac{\partial L(q, \dot{q}, t)}{\partial \dot{q}^k}\right) - \frac{\partial L(q, \dot{q}, t)}{\partial q^k} = 0 \qquad (k = 1, \cdots, K) \tag{5.3.2}$$

が成り立っている場合，$L(Q, \dot{Q}, t) \equiv L(q(Q), \dot{q}(Q, \dot{Q}), t)$ とすれば

$$\frac{d}{dt}\left(\frac{\partial L(Q, \dot{Q}, t)}{\partial \dot{Q}^k}\right) - \frac{\partial L(Q, \dot{Q}, t)}{\partial Q^k} = 0 \qquad (k = 1, \cdots, K) \tag{5.3.3}$$

もまた成立する．

(5.1.5) 式を満たす正準変数 (p, q) に対して，

$$P^k = P^k(p, q, t), \quad Q^k = Q^k(p, q, t) \qquad (k = 1, \cdots, K) \tag{5.3.4}$$

という変換を考えたとき，ある関数 $H'(P, Q)$ が存在し

$$\frac{dQ^k}{dt} = \frac{\partial H'}{\partial P^k}, \quad \frac{dP^k}{dt} = -\frac{\partial H'}{\partial Q^k} \qquad (k = 1, \cdots, K) \tag{5.3.5}$$

が満たされるとしよう．(5.3.5) 式は (P, Q) が新しいハミルトニアン $H'(P, Q)$ に対する正準変数である条件にほかならない．(5.3.5) 式が成り立つような (5.3.4) 式を正準変換 (canonical transformation) と呼ぶ．

(5.3.4) 式が正準変換となるための条件を調べるには変分原理にたちかえるのがわかりやすい．つまり，新・旧変数が同時に

$$\delta \int [p\dot{q} - H(p, q, t)]\, dt = \delta \int \left[P\dot{Q} - H'(P, Q, t)\right] dt = 0 \tag{5.3.6}$$

を満たすためには，これらの被積分関数の差がある関数 F の時間の全微分

$$p\dot{q} - H(p, q, t) = P\dot{Q} - H'(P, Q, t) + \frac{dF}{dt}$$

$$\Rightarrow \quad dF = pdq - PdQ + [H'(P, Q, t) - H(p, q, t)]dt \tag{5.3.7}$$

となっていることが必要十分である[*6]. この F を正準変換の母関数 (generating function) と呼ぶ.

母関数は新旧変数を結ぶものであるため，一般には $F = F(p, q, P, Q, t)$ となるが，特に以下では，$F_1(q, Q, t)$，$F_2(q, P, t)$，$F_3(p, Q, t)$，および $F_4(p, P, t)$ の4つの場合を考える．実際には，これらが混じったものであってもよい．つまり $k = 1, \cdots, K_1$ に対応する自由度に対しては F_1，$k = K_1 + 1, \cdots, K_2$ に対しては F_2 というように，成分によって新旧変数の変換が異なる場合も考えられる．

(5.3.7) 式は，F が q と Q に関する全微分の形となっているので，$F = F_1(q, Q, t)$ の例であると考えてよい．これをもとにして変形を繰り返せば

$$dF_1 = pdq - PdQ + [H'(P, Q, t) - H(p, q, t)]dt \tag{5.3.8}$$

$$= pdq - d(PQ) + QdP + [H'(P, Q, t) - H(p, q, t)]dt \tag{5.3.9}$$

$$= d(pq) - qdp - PdQ + [H'(P, Q, t) - H(p, q, t)]dt \tag{5.3.10}$$

$$= d(pq - PQ) - qdp + QdP + [H'(P, Q, t) - H(p, q, t)]dt \tag{5.3.11}$$

となることから以下の4つの関係式が導かれる.

(i) $F_1(q, Q, t)$

$$p = \frac{\partial F_1}{\partial q}, \quad P = -\frac{\partial F_1}{\partial Q}, \quad H'(P, Q, t) = H(p, q, t) + \frac{\partial F_1}{\partial t}. \tag{5.3.12}$$

(ii) $F_2(q, P, t) = F_1(q, Q, t) + PQ$

$$p = \frac{\partial F_2}{\partial q}, \quad Q = \frac{\partial F_2}{\partial P}, \quad H'(P, Q, t) = H(p, q, t) + \frac{\partial F_2}{\partial t}. \tag{5.3.13}$$

(iii) $F_3(p, Q, t) = F_1(q, Q, t) - pq$

$$q = -\frac{\partial F_3}{\partial p}, \quad P = -\frac{\partial F_3}{\partial Q}, \quad H'(P, Q, t) = H(p, q, t) + \frac{\partial F_3}{\partial t}. \tag{5.3.14}$$

(iv) $F_4(p, P, t) = F_1(q, Q, t) - pq + PQ$

$$q = -\frac{\partial F_4}{\partial p}, \quad Q = \frac{\partial F_4}{\partial P}, \quad H'(P, Q, t) = H(p, q, t) + \frac{\partial F_4}{\partial t}. \tag{5.3.15}$$

たとえば (i) の場合，母関数 $F_1(q, Q, t)$ が与えられたときに対応する正準変換

[*6] 3.2 節参照.

50 | 5 ハミルトン形式と正準変換

の (5.3.4) 式を具体的に求める手順は,

(a) $p = \partial F_1(q, Q, t)/\partial q$ を Q について解き $Q = Q(p, q)$ を得る.

(b) この $Q = Q(p, q)$ を $P = -\partial F_1(q, Q, t)/\partial Q$ に代入して解くことで $P = P(p, q)$ を得る.

である. (ii) から (iv) の場合も同様にできることは明らかであろう.

5.4 正準変換の例

前節でみたように一般の正準変換に対してはハミルトニアンに $\partial F/\partial t$ の付加項がつく. ただし, 母関数が時間に陽に依存しない場合にはこの付加項は 0 で,

$$H'(P, Q) = H(p(P, Q), q(P, Q)) \tag{5.4.1}$$

となる. 以下では, 時間に陽に依存しない母関数をもつ正準変換の例を 4 つあげておく.

(i) 恒等変換:$F_2(q, P) = qP$ とすると (5.3.13) 式より[*7]

$$p = \frac{\partial F_2}{\partial q} = P, \quad Q = \frac{\partial F_2}{\partial P} = q. \tag{5.4.2}$$

つまり, この F_2 は恒等変換の母関数であり, 恒等変換は正準変換である.

(ii) 点変換:より一般に $F_2(q, P) = f(q)P$ とすると (5.3.13) 式より

$$Q = \frac{\partial F_2}{\partial P} = f(q), \qquad p = \frac{\partial F_2}{\partial q} = \frac{\partial f}{\partial q}P. \tag{5.4.3}$$

また $F_3(p, Q) = -g(Q)p$ とすれば (5.3.14) 式より同様にして

$$q = -\frac{\partial F_3}{\partial p} = g(Q), \qquad P = -\frac{\partial F_3}{\partial Q} = \frac{\partial g}{\partial Q}p. \tag{5.4.4}$$

これらはいずれも通常の座標変換 (点変換ということがある) は正準変換であることを示す. (5.4.3) 式と (5.4.4) 式は互いに逆変換に相当する関係にある.

(iii) 座標と運動量の交換:$F_1(q, Q) = qQ$ とすると (5.3.12) 式より

[*7] $F_3(p, Q) = -pQ$ として (5.3.14) 式を用いても同じ.

$$p = \frac{\partial F_1}{\partial q} = Q, \qquad P = -\frac{\partial F_1}{\partial Q} = -q. \tag{5.4.5}$$

この例からわかるようにハミルトン形式では，座標と運動量という名前は実質的に無意味であり，力学系を特徴づける正準変数であれば選び方は自由である．このため，運動量と座標は互いに共役な関係にあるということのほうが本質的である．その点を強調するために運動量を共役運動量と呼ぶことが多い．

(iv) 力学系の運動：作用を $q_\mathrm{A} = q(t_\mathrm{A})$, $q_\mathrm{B} = q(t_\mathrm{B})$, $p_\mathrm{A} = p(t_\mathrm{A})$ および $p_\mathrm{B} = p(t_\mathrm{B})$ の関数：

$$\begin{aligned} S &= \int_{t_\mathrm{A}}^{t_\mathrm{B}} L\,dt = \int_{t_\mathrm{A}}^{t_\mathrm{B}} \left[p\dot{q} - H(p,q) \right] dt \\ &= \int_{q_\mathrm{A}}^{q_\mathrm{B}} p\,dq - \int_{t_\mathrm{A}}^{t_\mathrm{B}} H(p,q)\,dt \end{aligned} \tag{5.4.6}$$

とみなせば，その微分は

$$dS = p_\mathrm{B}\,dq_\mathrm{B} - p_\mathrm{A}\,dq_\mathrm{A} + \left[H(p_\mathrm{A}, q_\mathrm{A}) - H(p_\mathrm{B}, q_\mathrm{B}) \right] dt \tag{5.4.7}$$

となる．ここで，$(p,q) = (p_\mathrm{A}, q_\mathrm{A})$, $(P,Q) = (p_\mathrm{B}, q_\mathrm{B})$ とみなせば作用 S は q と Q に関する全微分になっている．(5.3.8) 式と比べると，

$$F_1(q,Q) = -S(q,Q) = -S(q_\mathrm{A}, q_\mathrm{B}). \tag{5.4.8}$$

このように，任意の時刻 t_A から t_B までの力学系の運動はそれ自体が正準変換と解釈でき，作用がその母関数である．

5.5　ポアソン括弧

5.5.1　ポアソン括弧の定義

正準変数 $\{p^k\}$, $\{q^k\}$ $(k = 1, \cdots, K)$ の関数 f と g に対して

$$\{f, g\}_{q,p} \equiv \sum_{k=1}^{K} \left(\frac{\partial f}{\partial q^k} \frac{\partial g}{\partial p^k} - \frac{\partial f}{\partial p^k} \frac{\partial g}{\partial q^k} \right) = -\{g, f\}_{q,p} \tag{5.5.1}$$

によってポアソン括弧 (Poisson's bracket) を定義する[8]. このとき, f の時間微分は

$$\frac{df}{dt} = \frac{\partial f}{\partial t} + \sum_{k=1}^{K} \left(\frac{\partial f}{\partial q^k} \frac{dq^k}{dt} + \frac{\partial f}{\partial p^k} \frac{dp^k}{dt} \right)$$

$$= \frac{\partial f}{\partial t} + \sum_{k=1}^{K} \left(\frac{\partial f}{\partial q^k} \frac{\partial H}{\partial p^k} - \frac{\partial f}{\partial p^k} \frac{\partial H}{\partial q^k} \right) = \frac{\partial f}{\partial t} + \{f, H\}_{q,p} \qquad (5.5.2)$$

と書ける.

(5.5.2) 式の左辺は正準変数のとり方にはよらない量なので,

$$\{f(p,q), H(p,q)\}_{q,p} = \{f(P,Q), H'(P,Q)\}_{Q,P}. \qquad (5.5.3)$$

特に, f が時間に陽に依存しない場合 $(\partial f/\partial t = 0)$ には

$$\{f, H\}_{q,p} = 0 \quad \Leftrightarrow \quad f(p,q) \text{ が運動の積分} (df/dt = 0) \qquad (5.5.4)$$

が成り立つ.

またポアソン括弧の定義式 (5.5.1) より, $g = p^k$ あるいは $g = q^k$ の場合を考えれば

$$\{f, p^k\}_{q,p} = \frac{\partial f}{\partial q^k}, \quad \{f, q^k\}_{q,p} = -\frac{\partial f}{\partial p^k}. \qquad (5.5.5)$$

さらにこの式で $f = p^i$ および $f = q^i$ とおけば

$$\{q^i, p^j\}_{q,p} = \delta^{ij}, \quad \{q^i, q^j\}_{q,p} = 0, \quad \{p^i, p^j\}_{q,p} = 0 \qquad (5.5.6)$$

が導ける. ここで δ^{ij} はクロネッカー記号 (Kronecker's delta) で, その値は $i = j$ のときに 1, それ以外では 0 である.

5.5.2 正準変換に対する不変性

時間に陽に依存しない母関数で結びつけられる正準変換に対してポアソン括弧が不変であること:

$$\{f(p,q), g(p,q)\}_{q,p} = \{f(p(P,Q), q(P,Q)), g(p(P,Q), q(P,Q))\}_{Q,P} \qquad (5.5.7)$$

を以下証明する. (5.5.7) 式の意味でより簡便な記法として $\{f, g\}_{q,p} = \{f, g\}_{Q,P}$

---

[8] たとえばランダウ–リフシッツ『力学』(東京図書) のように, 本書の定義とは逆符号を採用する場合もあるので注意してほしい.

を用いることもできる.

まず (5.5.3) 式で $f = Q$ の場合を考えると

$$\{Q^i(p,q), H(p,q)\}_{q,p} = \{Q^i, H'(P,Q)\}_{Q,P}. \tag{5.5.8}$$

(5.5.8) 式の左辺に (5.5.1) 式を,右辺に (5.5.5) 式を用いて偏微分を具体的に実行すると

$$\sum_{k=1}^{K} \left(\frac{\partial Q^i}{\partial q^k} \frac{\partial H}{\partial p^k} - \frac{\partial Q^i}{\partial p^k} \frac{\partial H}{\partial q^k} \right) = \frac{\partial H'(P,Q)}{\partial P^i}$$

$$= \frac{\partial H(p(P,Q), q(P,Q))}{\partial P^i} = \sum_{k=1}^{K} \left(\frac{\partial H}{\partial p^k} \frac{\partial p^k}{\partial P^i} + \frac{\partial H}{\partial q^k} \frac{\partial q^k}{\partial P^i} \right). \tag{5.5.9}$$

これが任意の H について成立する必要があるから

$$\frac{\partial Q^i(p,q)}{\partial q^k} = \frac{\partial p^k(P,Q)}{\partial P^i}, \quad \frac{\partial Q^i(p,q)}{\partial p^k} = -\frac{\partial q^k(P,Q)}{\partial P^i}. \tag{5.5.10}$$

$\{P^i, H\}$ に対して同様の計算を繰り返せば

$$\frac{\partial P^i(p,q)}{\partial q^k} = -\frac{\partial p^k(P,Q)}{\partial Q^i}, \quad \frac{\partial P^i(p,q)}{\partial p^k} = \frac{\partial q^k(P,Q)}{\partial Q^i}. \tag{5.5.11}$$

(5.5.10) 式と (5.5.11) 式を用いれば,以下のように Q と P の間のポアソン括弧が計算できる.

$$\{Q^i, Q^j\}_{q,p} = \sum_{k=1}^{K} \left(\frac{\partial Q^i}{\partial q^k} \frac{\partial Q^j}{\partial p^k} - \frac{\partial Q^i}{\partial p^k} \frac{\partial Q^j}{\partial q^k} \right)$$

$$= -\sum_{k=1}^{K} \left(\frac{\partial Q^i}{\partial q^k} \frac{\partial q^k}{\partial P^j} + \frac{\partial Q^i}{\partial p^k} \frac{\partial p^k}{\partial P^j} \right) = -\frac{\partial Q^i}{\partial P^j} = 0, \quad (5.5.12)$$

$$\{P^i, P^j\}_{q,p} = \sum_{k=1}^{K} \left(\frac{\partial P^i}{\partial q^k} \frac{\partial P^j}{\partial p^k} - \frac{\partial P^i}{\partial p^k} \frac{\partial P^j}{\partial q^k} \right)$$

$$= \sum_{k=1}^{K} \left(\frac{\partial P^i}{\partial q^k} \frac{\partial q^k}{\partial Q^j} + \frac{\partial P^i}{\partial p^k} \frac{\partial p^k}{\partial Q^j} \right) = \frac{\partial P^i}{\partial Q^j} = 0, \quad (5.5.13)$$

$$\{Q^i, P^j\}_{q,p} = \sum_{k=1}^{K} \left(\frac{\partial Q^i}{\partial q^k} \frac{\partial P^j}{\partial p^k} - \frac{\partial Q^i}{\partial p^k} \frac{\partial P^j}{\partial q^k} \right)$$

$$= \sum_{k=1}^{K} \left(\frac{\partial Q^i}{\partial q^k} \frac{\partial q^k}{\partial Q^j} + \frac{\partial Q^i}{\partial p^k} \frac{\partial p^k}{\partial Q^j} \right) = \frac{\partial Q^i}{\partial Q^j} = \delta^{ij}, \quad (5.5.14)$$

$$\Rightarrow \quad \{Q^i, Q^j\}_{q,p} = 0, \quad \{P^i, P^j\}_{q,p} = 0, \quad \{Q^i, P^j\}_{q,p} = \delta^{ij}. \tag{5.5.15}$$

54 | 5 ハミルトン形式と正準変換

(5.5.15) 式を用いて (5.5.1) 式を変形すれば

$$
\begin{aligned}
\{f, g\}_{q,p} &= \sum_{k=1}^{K} \left(\frac{\partial f}{\partial q^k} \frac{\partial g}{\partial p^k} - \frac{\partial f}{\partial p^k} \frac{\partial g}{\partial q^k} \right) \\
&= \sum_{k,i,j=1}^{K} \left(\frac{\partial f}{\partial Q^i} \frac{\partial Q^i}{\partial q^k} + \frac{\partial f}{\partial P^i} \frac{\partial P^i}{\partial q^k} \right) \left(\frac{\partial g}{\partial Q^j} \frac{\partial Q^j}{\partial p^k} + \frac{\partial g}{\partial P^j} \frac{\partial P^j}{\partial p^k} \right) \\
&\quad - \sum_{k,i,j=1}^{K} \left(\frac{\partial f}{\partial Q^i} \frac{\partial Q^i}{\partial p^k} + \frac{\partial f}{\partial P^i} \frac{\partial P^i}{\partial p^k} \right) \left(\frac{\partial g}{\partial Q^j} \frac{\partial Q^j}{\partial q^k} + \frac{\partial g}{\partial P^j} \frac{\partial P^j}{\partial q^k} \right) \\
&= \sum_{i,j=1}^{K} \left(\frac{\partial f}{\partial Q^i} \frac{\partial g}{\partial Q^j} \underbrace{\{Q^i, Q^j\}_{q,p}}_{=0} + \frac{\partial f}{\partial Q^i} \frac{\partial g}{\partial P^j} \underbrace{\{Q^i, P^j\}_{q,p}}_{=\delta^{ij}} \right. \\
&\quad \left. + \frac{\partial f}{\partial P^i} \frac{\partial g}{\partial Q^j} \underbrace{\{P^i, Q^j\}_{q,p}}_{=-\delta^{ij}} + \frac{\partial f}{\partial P^i} \frac{\partial g}{\partial P^j} \underbrace{\{P^i, P^j\}_{q,p}}_{=0} \right) \\
&= \sum_{i}^{K} \left(\frac{\partial f}{\partial Q^i} \frac{\partial g}{\partial P^i} - \frac{\partial f}{\partial P^i} \frac{\partial g}{\partial Q^i} \right) = \{f, g\}_{Q,P}. \quad (5.5.16)
\end{aligned}
$$

というわけでようやく (5.5.7) 式が証明できた. この性質のおかげで, ポアソン括弧の右下につけてきた添字 $_{q,p}$ は実は省略してよいことがわかる.

5.5.3 ヤコビの恒等式

正準変数に対して定義された任意の関数 f, g, h は, ヤコビの恒等式 (Jacobi's identity) と呼ばれる関係式:

$$
\{f, \{g, h\}\} + \{g, \{h, f\}\} + \{h, \{f, g\}\} = 0 \quad (5.5.17)
$$

を満たす. この恒等式は地道に計算しても証明できるが, 計算をすっきりと行うために (5.5.1) 式を

$$
\{f, g\}_{q,p} = \sum_{k=1}^{K} \Big(\underbrace{\frac{\partial f}{\partial q^k}}_{f^{,qk}} \underbrace{\frac{\partial g}{\partial p^k}}_{g_{,pk}} - \underbrace{\frac{\partial f}{\partial p^k}}_{f_{,pk}} \underbrace{\frac{\partial g}{\partial q^k}}_{g^{,qk}} \Big) \equiv f^{,qk} g_{,pk} - g^{,qk} f_{,pk} \quad (5.5.18)
$$

と略記することにする. たとえば $f^{,qk}$ は f の q^k に関する偏微分を意味するが, $f_{,qk}$ と書いてもよいものと決める. さらにここでは上下に同じ添字が繰り返され

るときはその添字について和をとるという規則*9を使うために便宜的に添字を上げ下げする.

(5.5.17) 式をじっと眺めると,そこに現れるすべての項は必ず f, g, h のどれか1つだけについての p と q に関する2階微分を含むことがわかる.たとえば,f の2階微分を含む項だけに注目すると,関係するのは (5.5.17) 式の第2項と第3項である.そこでまず,第3項で f の2階微分を含む項だけを選び出すと

$$\{h, \{f, g\}\} = h^{,qj}(f^{,qk}g_{,pk} - g^{,qk}f_{,pk})_{,pj} - (f^{,qk}g_{,pk} - g^{,qk}f_{,pk})^{,qj}h_{,pj}$$

$$\approx h^{,qj}(g_{,pk}f^{,qk}{}_{,pj} - g^{,qk}f_{,pk,pj}) - (f^{,qk,qj}g_{,pk} - g^{,qk}f_{,pk}{}^{,qj})h_{,pj}$$

$$= (h^{,qj}g^{,pk} + g^{,qj}h^{,pk})f_{,qk,pj} - h^{,qj}g^{,qk}f_{,pk,pj} - g_{,pk}h_{,pj}f^{,qk,qj}. \quad (5.5.19)$$

2行めの変形では f の2階微分を含まない項は無視しており,その意味で $\approx$ という記号を用いることにした.さて (5.5.17) 式の第2項は $\{g, \{h, f\}\} = -\{g, \{f, h\}\}$ であるから,(5.5.19) 式の最後の結果で h と g を入れ換えて符号を変えればよい.ところが (5.5.19) 式の最後の結果は g と h を入れ換えても結果は変わらない(g と h に対して対称である)から,(5.5.17) 式の第2項と第3項を足した結果は f の2階微分の項に関する限り相殺することがわかる.この結果は,g と h の2階微分の項についても同様に成り立つので (5.5.17) 式は恒等的に 0 となることが証明された.

ヤコビの恒等式を用いると,f と g が運動の積分ならば

$$\frac{d}{dt}\{f, g\} = \frac{\partial}{\partial t}\{f, g\} + \{\{f, g\}, H\}$$

$$= \left\{\frac{\partial f}{\partial t}, g\right\} + \left\{f, \frac{\partial g}{\partial t}\right\} + \{f, \{g, H\}\} + \{g, \{H, f\}\}$$

$$= \left\{\frac{\partial f}{\partial t} + \{f, H\}, g\right\} - \left\{\frac{\partial g}{\partial t} + \{g, H\}, f\right\}$$

$$= \left\{\frac{df}{dt}, g\right\} + \left\{f, \frac{dg}{dt}\right\} = 0 \quad (5.5.20)$$

のように $\{f, g\}$ もまた運動の積分であることがわかる.

---

*9 通常,アインシュタインの規則 (Einstein's rule) と呼ばれ,この記法なしでは相対論の計算は(それでなくても大変であるが一層)面倒くさくなる.たとえば

$$A^i B_i \equiv \sum_i A^i B_i$$

であり,和をとる範囲は添字のとり得るすべての値である.ただし,相対論の場合添字の位置には意味があるので勝手に上げ下げしてはならない.

また，時間を陽に含まない関数 f に対して (5.5.2) 式を用いて

$$\frac{df}{dt} = \{f, H\}, \quad \frac{d^2f}{dt^2} = \left\{\frac{df}{dt}, H\right\} = \{\{f, H\}, H\}, \quad \cdots \tag{5.5.21}$$

と繰り返すことで，形式解：

$$f(t) = f(t_0) + (t-t_0)\{f, H\}_0 + \frac{(t-t_0)^2}{2!}\{\{f, H\}, H\}_0$$
$$+ \frac{(t-t_0)^3}{3!}\{\{\{f, H\}, H\}, H\}_0 + \cdots \tag{5.5.22}$$

が得られる．ただし，$\{\ \ \}_0$ はある時刻 $t = t_0$ でのポアソン括弧の値を表す．

5.6　シンプレクティック条件とリウヴィルの定理

5.6.1　位相空間と独立な運動の積分の数

$\{q^k\}, \{p^k\}$ で張られる $2K$ 次元空間を位相空間 (phase space) と呼ぶ．これに対して，座標 q^k が張る K 次元空間は配位空間 (configuration space) と呼ばれる．

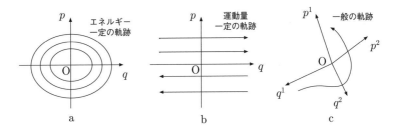

図 **5.2**　運動の積分と位相空間における運動の軌跡．

たとえば，質量 m の粒子がばね定数 k に対応するポテンシャルのもとで運動している 1 次元調和振動子のハミルトニアンは

$$H = \frac{p^2}{2m} + \frac{1}{2}kq^2 \tag{5.6.1}$$

なので，エネルギーが一定となる ($H = E$) 軌跡は位相空間 (q, p) 上で楕円となる (図 5.2a)．一方，等速直線運動をする 1 次元自由粒子は

$$p = 一定 \tag{5.6.2}$$

という軌跡を描く（図5.2b）．力学系がとり得るさまざまな運動に対応するこれら
の軌跡は，エネルギー，あるいは運動量という保存量（運動の積分）を決めると一
意的に定まる．図5.2aとbではそれらの値が異なる一連の軌跡を示してある．こ
の軌跡を決定するという意味では，初期座標と初期運動量という2つの定数を同
時に与える必要はない．それを与えることは，ある初期時刻にこの軌跡上のどの点
を通るかを決める，すなわち $p(t)$ と $q(t)$ を時間の関数として一意的に指定するこ
とに対応するが，運動の軌跡だけを決めるのであればそれは必要ない．これは，時
間の原点の選び方は自由であることに対応している．そのために，独立な運動の積
分は2ではなく1となる．

　この例を一般化すれば，$2K$ 自由度をもつ力学系では運動の積分のなかで独立な
ものは $2K$ 個ではなく $(2K-1)$ 個であることが予想できる．

　$2K$ 次元位相空間のなかで，ある時刻における系の状態は1点で表現される．図
5.2cに示すように，異なる時刻におけるこれらの点をつないだものが，その系の
運動の軌跡であり，時間 t をパラメータとした1次元の線となる．$2K$ 次元位相空
間のなかの1次元の線は，$(2K-1)$ 次元分の定数を与えて初めて確定する．もし
も，独立な定数が $2K$ 個あったとすれば，位相空間内での運動の軌跡は1点となっ
てしまうはずだ．このように考えれば，運動の定数のうち独立なものは $2K-1$
個であることが直感的に理解できる．その上で再度図5.2aとbの例を見ていただ
ければ，この事実が納得してもらえると思う．

　ただし，これは「独立」という言葉の定義にもよる話であり，ある初期時刻にお
いて初期条件を与えるという通常の立場からいえば，厳密に独立であろうがなか
ろうが，$2K$ 個の「定数パラメータ」（初期座標と初期運動量）を指定して運動を
記述するという言い方がまちがっているわけではない．ただしこの意味での「パラ
メータ」は，位相空間内の運動の軌跡を定めるという意味において「独立な運動の
積分」にはなっていないのである．

5.6.2　シンプレクティック条件

　正準変数が張る位相空間内の1点を表すベクトルを

$$\boldsymbol{a} = (q^1, \cdots, q^K, p^1, \cdots, p^K), \tag{5.6.3}$$

別の正準変数が張る位相空間の1点を表すベクトルを

$$\boldsymbol{A} = (Q^1, \cdots, Q^K, P^1, \cdots, P^K) \tag{5.6.4}$$

58 | 5 ハミルトン形式と正準変換

とする. このとき, ハミルトン方程式を

$$\frac{da^i}{dt} = J^{ij}\frac{\partial H}{\partial a^j}, \quad \frac{dA^i}{dt} = J^{ij}\frac{\partial H}{\partial A^j}, \quad J = \begin{pmatrix} \mathbf{0} & \mathbf{1} \\ -\mathbf{1} & \mathbf{0} \end{pmatrix}, \qquad (5.6.5)$$

と書くことができる*10. (5.6.5) 式を用いて dA^i/dt を書き直すと

$$J^{il}\frac{\partial H}{\partial A^l} = \frac{dA^i}{dt} = \frac{\partial A^i}{\partial a^j}\frac{da^j}{dt} = \frac{\partial A^i}{\partial a^j}J^{jk}\frac{\partial H}{\partial a^k} = \frac{\partial A^i}{\partial a^j}J^{jk}\frac{\partial A^l}{\partial a^k}\frac{\partial H}{\partial A^l}. \qquad (5.6.6)$$

ここで, 変換行列:

$$M^i{}_j \equiv \frac{\partial A^i}{\partial a^j}, \quad ({}^{\mathrm{t}}M)^i{}_j \equiv \frac{\partial A^j}{\partial a^i} \qquad (5.6.7)$$

を定義すると,

$$\frac{\partial A^i}{\partial a^j}J^{jk}\frac{\partial A^l}{\partial a^k} = J^{il} \quad \Leftrightarrow \quad MJ\,{}^{\mathrm{t}}M = J \qquad (5.6.8)$$

が成り立つ. (5.6.8) 式をシンプレクティック条件 (symplectic conditions)*11 と呼び, 実は (q,p) と (Q,P) が正準変換で結ばれるための必要十分条件となっている. $Q_{,p} \equiv \partial Q/\partial p$ のように略記し, 1 次元系に対する (5.6.8) 式を具体的に計算すると,

$$\begin{pmatrix} Q_{,q} & Q_{,p} \\ P_{,q} & P_{,p} \end{pmatrix}\begin{pmatrix} 0 & 1 \\ -1 & 0 \end{pmatrix}\begin{pmatrix} Q_{,q} & P_{,q} \\ Q_{,p} & P_{,p} \end{pmatrix}$$
$$= \begin{pmatrix} \{Q,Q\} & \{Q,P\} \\ \{P,Q\} & \{P,P\} \end{pmatrix} = \begin{pmatrix} 0 & 1 \\ -1 & 0 \end{pmatrix}. \qquad (5.6.9)$$

これは (5.5.15) 式を行列を用いて書き直したものであることがわかる.

このように, 正準方程式 ([5.3.5] 式), 母関数 ([5.3.7] 式), ポアソン括弧

---

*10　この成分に表れる $\mathbf{0}$ と $\mathbf{1}$ はいずれも K 行 K 列の正方行列である. また行列 J は

$${}^{\mathrm{t}}J = -J, \quad J^2 = -1, \quad {}^{\mathrm{t}}JJ = J\,{}^{\mathrm{t}}J = 1,$$

あるいは成分で書けば

$$({}^{\mathrm{t}}J)^{ij} = -J^{ij}, \quad \sum_{j=1}^{K} J^{ij}J^{jk} = -\delta^{ik}, \quad \sum_{j=1}^{K}({}^{\mathrm{t}}J)^{ij}J^{jk} = \sum_{j=1}^{K}J^{ij}\,({}^{\mathrm{t}}J)^{jk} = \delta^{ik}$$

を満たす. 上添字の t は行列の要素の転置 (行と列を入れ換える) を示す. すなわち, 行列 B の l 行 m 列成分を B_{lm} とすると, その転置行列 B^{t} の l 行 m 列成分は $B^{\mathrm{t}}{}_{lm} = B_{ml}$ となる.

*11　symplectic とは絡みあわさったという意味で, p と q がまじりあったハミルトン形式の状況をさして使われている.

（[5.5.15] 式），あるいはシンプレクティック条件（[5.6.8] 式）など，いくつかの異なる表現によって (q, p) と (Q, P) が正準変換で結ばれるための条件を表すことができる.

5.4 節で，力学系の運動そのものもまた正準変換とみなせることを示した．当然，力学系の時間発展，すなわち，$(p(t), q(t))$ と $(p(t + \Delta t), q(t + \Delta t))$ はこのシンプレクティック条件を満たしている．しかし，力学系を数値的に解く場合には，その差分化[*12]の過程で必ずしもシンプレクティック条件が満たされていないような解法も存在する．その場合，特に長期間の時間積分を行うと誤差が蓄積して正しい解からかけはなれた振舞いを示すことがある．それを防ぐため，差分化した結果が厳密にシンプレクティック条件を満たすように工夫された解法をシンプレクティック積分法と呼ぶ[*13].

たとえば「我々の太陽系の運動が安定かどうか」という本質的な難問がある．太陽系が誕生してから 46 億年とされているので，その時間スケールでの安定性は経験的に証明されている．しかしこれから数十億年後，数百億年後はどうなのであろう．重力多体問題は 3 体以上になると解析的には解けないから数値積分するしかないが，その間地球は数十億回，数百億回も公転する．わずかな誤差でもただちに蓄積し真の解からずれてしまうであろう．とすれば，太陽系が力学系としてもつ真の不安定性なのか，あるいは数値積分の精度に起因する数値的な不安定性なのかを判別することはきわめて難しい．

高エネルギー実験においてもっとも重要な研究手段である加速器において，その中を運動する荷電粒子の軌道計算も同様である．日本の高エネルギー加速器研究機構の電子・陽電子衝突型加速器では，電子や陽電子は光速の 0.999999998 倍という速度で 1 周 3 km のリングを 10 億回まわる．しかもわずか 2 ミクロンというサイズの標的に衝突するように，軌道を正確に設計する必要がある．そのための数値計算にはきわめて高い精度が要求されることが理解できよう[*14].

これらの問題においてはシンプレクティック積分法を用いることなしには，必要な精度の数値計算は行えない（例題 C.11）.

[*12]　$q(t)$, $\dot{q}(t)$ の微小時間 Δt 後の値を $q(t + \Delta t)$, $\dot{q}(t + \Delta t)$ として，微分方程式を離散的な代数方程式である差分方程式系に置き換えること.

[*13]　詳しくは，たとえば大貫義郎・吉田春夫『力学』（岩波書店，現代物理学叢書）を参照せよ.

[*14]　高エネルギー加速器研究機構の生出勝宣氏の御教示による.

5.6.3　リウヴィルの定理

(5.6.8) 式の両辺の行列式をとると

$$\det M \cdot \det J \cdot \underbrace{\det({}^t M)}_{=\det M} = \det J \quad \Rightarrow \quad \det M = \pm 1. \tag{5.6.10}$$

ここで位相空間の体積要素のある領域にわたる積分は

$$\int dQ^1 \cdots dQ^K \cdot dP^1 \cdots dP^K = \int \underbrace{\left|\det\left(\frac{\partial \boldsymbol{A}}{\partial \boldsymbol{a}}\right)\right|}_{=|\det M|=1} dq^1 \cdots dq^K \cdot dp^1 \cdots dp^K$$

$$= \int dq^1 \cdots dq^K \cdot dp^1 \cdots dp^K, \tag{5.6.11}$$

すなわち，$|\det M|$ は正準変換 $(p,q) \to (P,Q)$ に対するヤコビアン (Jacobian) であり，それが 1 であることから，位相空間内の体積は正準変換に対して不変であることがわかる[*15]．5.4 節 (iv) で示したように力学系の運動はそれ自身が正準変換であるから，位相空間の体積：

$$\int_\Gamma d\Gamma = \int_\Gamma dq^1 \cdots dq^K \cdot dp^1 \cdots dp^K \tag{5.6.12}$$

は，力学系の運動に関する保存量となっている．これをリウヴィルの定理 (Liouville's theorem) と呼ぶ．図 5.3 に示すように，力学系の運動につれて，この位相空間の領域 Γ はもちろん変形する．しかし，その体積の大きさは一定に保たれるという意味である．

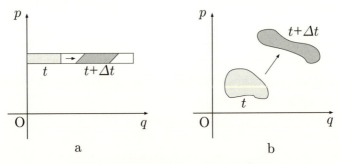

図 **5.3**　位相空間の体積とリウヴィルの定理．

---

*15　$\det M$ の符号は (p,q) と (P,Q) の向きづけの問題である．正準変換は連続変換なので，この符号が突然反転するようなことはないと考えられるため，$\det M = +1$ としてよい．

5.7 無限小正準変換

正準変数 (p, q) に対して

$$P^k = p^k + \delta p^k, \quad Q^k = q^k + \delta q^k \qquad (k = 1, \cdots, K) \tag{5.7.1}$$

となる新たな正準変数 (P, Q) を考える. 特に, δp^k および δq^k が無限小量であるような正準変換 $(p, q) \to (P, Q)$ を無限小正準変換と呼ぶ.

この場合, ε を無限小パラメータとして (5.3.13) 式のタイプの母関数:

$$F_2(q, P, t) = qP + \varepsilon G(q, P, t) \tag{5.7.2}$$

を考えると,

$$p^k = \frac{\partial F_2}{\partial q^k} = P^k + \varepsilon \frac{\partial G}{\partial q^k}, \quad Q^k = \frac{\partial F_2}{\partial P^k} = q^k + \varepsilon \frac{\partial G}{\partial P^k} \tag{5.7.3}$$

となるから,

$$\delta p^k = -\varepsilon \frac{\partial G}{\partial q^k}, \quad \delta q^k = \varepsilon \frac{\partial G}{\partial P^k}. \tag{5.7.4}$$

(P, Q) と (p, q) は互いに ε のオーダーしか違わないから, その 2 次以上の項を無視すれば, $G(q, P, t)$ は, もとの正準変数 (p, q) の関数 $G(q, p, t)$ と近似できる. したがって, ポアソン括弧を用いれば

$$\delta p^k = -\varepsilon \frac{\partial G}{\partial q^k} \approx \varepsilon \{p^k, G\}, \quad \delta q^k = \varepsilon \frac{\partial G}{\partial P^k} \approx \varepsilon \{q^k, G\} \tag{5.7.5}$$

と書ける. この意味において, $G(p, q, t)$ をこの無限小正準変換の生成子, あるいは単に母関数 (本来は F_2 をさすべきなのであるが) と呼ぶことがある.

(5.7.1)-(5.7.4) 式より, $(p, q) \to (P, Q)$ が正準変換であることは明らかだが, ポアソン括弧を計算して直接証明することもできる. 具体的にはまず

$$\{Q^i, Q^j\} = \{q^i + \delta q^i, q^j + \delta q^j\} \approx \{q^i, q^j\} + \{\delta q^i, q^j\} + \{q^i, \delta q^j\}$$
$$= \varepsilon \left(\{\{q^i, G\}, q^j\} + \{q^i, \{q^j, G\}\} \right). \tag{5.7.6}$$

ここでヤコビの恒等式 (5.5.17) と $\{q^j, q^i\} = 0$ より

$$0 = \{\{q^i, G\}, q^j\} + \{\{G, q^j\}, q^i\} + \{\{q^j, q^i\}, G\}$$
$$= \{\{q^i, G\}, q^j\} + \{q^i, \{q^j, G\}\} \tag{5.7.7}$$

62 | 5 ハミルトン形式と正準変換

が成り立つから，(5.7.6) 式の右辺は 0 となる．同様にして

$$\{Q^i, Q^j\} = 0, \quad \{P^i, P^j\} = 0, \quad \{Q^i, P^j\} = \delta^{ij} \tag{5.7.8}$$

となるので，ε の最低次で (P, Q) は (5.5.15) 式を満たす，すなわち正準変数となっていることが示された．

さて (5.7.4) 式を用いれば，この正準変換のもとで p と q の任意関数 $f(p, q)$ は

$$\delta f(p, q) = f(p + \delta p, q + \delta q) - f(p, q) = \sum_{k=1}^{K} \left(\frac{\partial f}{\partial p^k} \delta p^k + \frac{\partial f}{\partial q^k} \delta q^k \right)$$

$$\underbrace{=}_{(5.7.4) \text{式}} \varepsilon \sum_{k=1}^{K} \left(-\frac{\partial f}{\partial p^k} \frac{\partial G}{\partial q^k} + \frac{\partial f}{\partial q^k} \frac{\partial G}{\partial p^k} \right) = \varepsilon \{f, G\} \tag{5.7.9}$$

だけ変化する．

具体的な無限小正準変換として次の 3 つの例を考えてみよう．

(i) 無限小平行移動と運動量：x 方向へ無限小の大きさ ε だけ平行移動する場合を考えると，$(X, Y, Z) = (x + \varepsilon, y, z)$ なので

$$\delta f \equiv f(X, Y, Z) - f(x, y, z) = \varepsilon \frac{\partial f}{\partial x} = \varepsilon \{f, p_x\}. \tag{5.7.10}$$

つまり，x 方向への無限小平行移動の生成子は運動量の x 成分である．任意の物理量と運動量とのポワソン括弧は，その物理量の無限小並進を引き起こす，といってもよい．

(ii) 無限小回転と角運動量：z 軸まわりに無限小角度 ε だけ回転させる場合には，

$$\begin{cases} X = x \cos \varepsilon - y \sin \varepsilon \approx x - \varepsilon y, \\ Y = x \sin \varepsilon + y \cos \varepsilon \approx y + \varepsilon x, \\ Z = z \end{cases} \tag{5.7.11}$$

したがって

$$\delta f \equiv f(X, Y, Z) - f(x, y, z) = \frac{\partial f}{\partial x}(-\varepsilon y) + \frac{\partial f}{\partial y}(\varepsilon x)$$

$$= \varepsilon \left(x\{f, p_y\} - y\{f, p_x\} \right)$$

$$= \varepsilon \left(\{f, xp_y\} - \{f, x\}p_y - \{f, yp_x\} + \{f, y\}p_x \right)$$

$$= \varepsilon \{f, xp_y - yp_x\} = \varepsilon \{f, L_z\} \tag{5.7.12}$$

となる．つまり，z 軸まわりの無限小回転の生成子は角運動量の z 成分である．

このことは円柱座標を用いればもう少し簡単に証明できる．

$$x = r\cos\varphi, \quad y = r\sin\varphi, \quad z = z \tag{5.7.13}$$

とすれば，ポテンシャル $U(r, \varphi, z)$ のもとでの質量 m をもつ粒子のラグランジアンは

$$L = \frac{1}{2}m(\dot{r}^2 + r^2\dot{\varphi}^2 + \dot{z}^2) - U(r, \varphi, z) \tag{5.7.14}$$

となる．一般座標 φ に対する共役運動量は

$$p_\varphi = \frac{\partial L}{\partial \dot{\varphi}} = mr^2\dot{\varphi}, \tag{5.7.15}$$

すなわち，z 軸まわりの角運動量であるから

$$\delta f \equiv f(r, \varphi + \varepsilon, z) - f(r, \varphi, z) = \frac{\partial f}{\partial \varphi}\varepsilon = \varepsilon\{f, p_\varphi\} = \varepsilon\{f, L_z\} \tag{5.7.16}$$

が導かれる．これもまた，物理量と角運動量とのポワソン括弧は，その物理量の無限小回転を引き起こす，と言い換えることができる．

(iii) 無限小時間並進とハミルトニアン：ハミルトニアン $H = H(p, q)$ をもつ系に対して，時間に陽に依存しない関数 $f(p, q)$ は無限小時間 ε 経過後

$$\delta f \equiv f(p(t+\varepsilon), q(t+\varepsilon)) - f(p(t), q(t)) = \varepsilon \left(\frac{\partial f}{\partial p}\frac{dp}{dt} + \frac{\partial f}{\partial q}\frac{dq}{dt} \right)$$

$$= \varepsilon \left(-\frac{\partial f}{\partial p}\frac{\partial H}{\partial q} + \frac{\partial f}{\partial q}\frac{\partial H}{\partial p} \right) = \varepsilon\{f, H\} \tag{5.7.17}$$

だけ変化する．このように，ハミルトニアンは無限小時間並進，あるいは無限小運動の生成子である．すなわち，物理量とハミルトニアンとのポワソン括弧は，その物理量の無限小時間並進（時間発展，運動）を引き起こす．

64 | 5 ハミルトン形式と正準変換

実は (5.7.17) 式は，時間に陽に依存しない関数 f に対する (5.5.2) 式：

$$\frac{df}{dt} = \{f, H\} \tag{5.7.18}$$

にほかならない．この式から，H が時間並進に対して不変，言い換えれば時間に陽に依存しない $(\partial H/\partial t = 0)$ 場合には

$$\frac{dH}{dt} = \{H, H\} = 0, \tag{5.7.19}$$

すなわちハミルトニアンは時間によらない定数であることがわかる．これはエネルギー保存則である．同様にして，ハミルトニアンが x 方向への並進，z 軸まわりの回転に対して不変であるならば，(5.5.2) 式より，それぞれ

$$\delta H = \varepsilon\{H, p_x\} = 0 \quad \Rightarrow \quad \frac{dp_x}{dt} = 0, \tag{5.7.20}$$

$$\delta H = \varepsilon\{H, L_z\} = 0 \quad \Rightarrow \quad \frac{dL_z}{dt} = 0 \tag{5.7.21}$$

となり，x 方向の運動量，z 軸まわりの角運動量の保存則が導かれる．

5.8 断熱定理

ポテンシャル $U = U(q)$ のもとで周期運動している質量 m の粒子を考える．ハミルトニアンは

$$H = \frac{p^2}{2m} + U(q) \tag{5.8.1}$$

であるから，エネルギーが一定値 E をとる運動は，(q, p) の位相空間（今の場合は，2次元平面）内で閉曲線：

$$p = \pm\sqrt{2m[E - U(q)]} \tag{5.8.2}$$

を描く．この閉曲線内の面積は

$$J(E) = \iint_E dp\,dq = \oint p\,dq = 2\int_{q_1}^{q_2} \sqrt{2m[E - U(q)]}\,dq \tag{5.8.3}$$

で与えられ，作用変数と呼ばれる．ここで q_1 と q_2 は $p = \pm\sqrt{2m[E - U(q)]} = 0$ の2つの解で，物理的には周期運動の折り返し点の座標に対応する．J は，保存量である E だけに依存するので，同じく運動の定数である．

(5.8.3) 式を逆に解くと $H = E(J)$ となるので，J を一般運動量とみなすと，それに対応する共役座標 W はハミルトニアンに含まれない循環座標となり，角変数と呼ばれる．このときハミルトン方程式より

$$\frac{dW}{dt} = \frac{\partial E}{\partial J} = \frac{dE}{dJ}. \tag{5.8.4}$$

この式の右辺は E だけで書けるので運動の定数である．つまり，W は時間に比例して増大する．

実際に (5.8.3) 式を用いて計算すると

$$\frac{dJ}{dE} = 2\sqrt{2m[E - U(q)]}\,\frac{dq}{dE}\Big|_{q_1}^{q_2} + 2\int_{q_1}^{q_2} \frac{mdq}{\sqrt{2m[E - U(q)]}}. \tag{5.8.5}$$

ここで q_1 と q_2 は $\sqrt{2m[E - U(q)]} = 0$ の 2 つの解であったから，上式の右辺第 1 項はゼロ．さらに，第 2 項において $\sqrt{2m[E - U(q)]} = p = mdq/dt$ を代入すれば (5.8.5) 式は

$$\frac{dJ}{dE} = 2\int_{q_1}^{q_2} \frac{dq}{dq/dt} = \oint dt = T \tag{5.8.6}$$

となる（T はこの周期運動の周期）．

したがって，(5.8.4) 式から

$$\frac{dW}{dt} = \frac{1}{T} \quad \Rightarrow \quad W = \frac{t}{T} + 定数 \tag{5.8.7}$$

が得られる．

具体的に $U = mw^2q^2/2$ で与えられる単振動の場合を考えてみよう．この場合 (q, p) の軌道は

$$\frac{p^2}{2m} + \frac{mw^2q^2}{2} = E \tag{5.8.8}$$

という楕円なので，その内部の面積は

$$J = \pi\sqrt{2mE}\sqrt{\frac{2E}{mw^2}} = \frac{2\pi E}{w}. \tag{5.8.9}$$

ゆえに，

$$\frac{dW}{dt} = \frac{dE}{dJ} = \frac{w}{2\pi} \quad \Rightarrow \quad 2\pi W = wt + 定数 \tag{5.8.10}$$

となる．すなわち，$2\pi W$ は単振動を記述する角度に対応する（これが W を角変数と呼ぶ理由である）．

さて，より一般にこの系がある外部パラメータ α を含んでいるものとする．た

とえば，振り子の糸の長さやバネ定数などを考えればよい．このとき，J は E のみならず α にも依存する．すなわち

$$J(E, \alpha) = \oint p(q, E, \alpha) dq \tag{5.8.11}$$

となる．

もしパラメータ α の値がゆっくりと変化（断熱変化）するならば，系の振動の振幅やエネルギーの値はそれにつれて徐々に変化する．しかし，その場合でも系の周期 T にわたって平均した J の値は一定に保たれる．すなわち

$$\left\langle \frac{dJ}{dt} \right\rangle \equiv \frac{1}{T} \int_0^T \frac{dJ}{dt} dt = 0 \tag{5.8.12}$$

が成り立つ．これを断熱定理という．その証明は以下の通りである[*16]．

まず，α の変化にともなう作用変数 J の時間微分は

$$\frac{dJ}{dt} = 2p(q, E, \alpha) \frac{dq}{dt} \Big|_{q_1}^{q_2} + \oint \frac{dp}{dt} dq = \oint \left(\frac{\partial p}{\partial E} \frac{dE}{dt} + \frac{\partial p}{\partial \alpha} \frac{d\alpha}{dt} \right) dq. \tag{5.8.13}$$

この時間平均をとると

$$\begin{aligned}
\left\langle \frac{dJ}{dt} \right\rangle &= \oint \left(\frac{\partial p}{\partial E} \left\langle \frac{dE}{dt} \right\rangle + \frac{\partial p}{\partial \alpha} \left\langle \frac{d\alpha}{dt} \right\rangle \right) dq \\
&= \left\langle \frac{dE}{dt} \right\rangle \oint \frac{\partial p}{\partial E} dq + \frac{d\alpha}{dt} \oint \frac{\partial p}{\partial \alpha} dq.
\end{aligned} \tag{5.8.14}$$

ここで，a が断熱変化するという条件より

$$\left\langle \frac{d\alpha}{dt} \right\rangle = \frac{d\alpha}{dt} \tag{5.8.15}$$

を用いた．

(5.8.14) 式の J の時間変化は，α と（それにともなう）E の時間変化によって引き起こされるものである．したがって (5.8.14) 式の最右辺に現れる 2 つの積分では α と E の時間変化を無視して計算しても，J の平均的な時間変化の値は正しく得られるはずである．一方，

$$\left\langle \frac{dE}{dt} \right\rangle = \left\langle \frac{\partial H}{\partial t} \right\rangle = \left\langle \frac{\partial H}{\partial \alpha} \frac{d\alpha}{dt} \right\rangle = \frac{d\alpha}{dt} \left\langle \frac{\partial H}{\partial \alpha} \right\rangle \tag{5.8.16}$$

である．上の説明と同じ理由で，この最後の項の時間平均は α が一定の値をとるものとして計算したものに置き換えてよい．

[*16]　ランダウ–リフシッツ『力学』（東京図書）§49 の証明にしたがっている．

時間平均の定義 (5.8.12) 式より

$$\left\langle \frac{\partial H}{\partial \alpha} \right\rangle = \frac{1}{T}\int_0^T \frac{\partial H}{\partial \alpha} dt = \frac{\displaystyle\int_0^T \frac{\partial H}{\partial \alpha} dt}{\displaystyle\int_0^T dt} = \frac{\displaystyle\oint \frac{dq}{dq/dt}\frac{\partial H}{\partial \alpha}}{\displaystyle\oint \frac{dq}{dq/dt}}$$

$$= \frac{\displaystyle\oint \frac{dq}{\partial H/\partial p}\frac{\partial H}{\partial \alpha}}{\displaystyle\oint \frac{dq}{\partial H/\partial p}}. \tag{5.8.17}$$

この積分において，p は $H(q,p,\alpha) = E$ をみたす q の関数 $p = p(q; E, \alpha)$ とみなされるので，

$$\frac{dH}{d\alpha} = \frac{dE}{d\alpha} = 0 = \frac{\partial H}{\partial \alpha} + \frac{\partial H}{\partial p}\frac{\partial p}{\partial \alpha}. \tag{5.8.18}$$

この関係式を (5.8.17) 式に代入すれば

$$\left\langle \frac{\partial H}{\partial \alpha} \right\rangle = -\frac{\displaystyle\oint dq \frac{\partial p}{\partial \alpha}}{\displaystyle\oint dq \frac{\partial p}{\partial E}} \quad \Rightarrow \quad \left\langle \frac{\partial H}{\partial \alpha} \right\rangle \oint dq \frac{\partial p}{\partial E} + \oint dq \frac{\partial p}{\partial \alpha} = 0. \tag{5.8.19}$$

最後の式の両辺に $d\alpha/dt$ をかけて (5.8.16) 式を用いれば，(5.8.14) 式の右辺が 0 になることがわかる．したがって，断熱定理 (5.8.12) が証明された．

1 次元の調和振動子に対する作用変数は (5.8.9) 式：

$$J = \frac{2\pi E}{w} \tag{5.8.20}$$

であるから，断熱定理により糸の長さをゆっくり変化させたときに E/w は一定値にとどまることがわかる．

この作用変数は，古典力学から量子力学へ進む際に重要な役割を果たしたボーア–ゾンマーフェルトの量子化条件に登場する．これは，n を自然数，h をプランク定数としたとき

$$J = \oint p dq = nh \tag{5.8.21}$$

が成り立つというものである．再び 1 次元調和振動子の場合に戻れば，(5.8.20) 式と (5.8.21) 式より，$E = nhw/(2\pi) = n\hbar w = nh\nu$ が得られる．すなわち，エネルギーが量子化されているという主張になるが，それは古典的に J が断熱変化に対して不変であるという事実に支えられていると考えることもできる．

第6章

ハミルトン–ヤコビ方程式と天体力学

6.1 ハミルトン–ヤコビ方程式

$(q, p) \rightarrow (Q, P)$ という正準変換に対するハミルトニアンを $H(q, p) \rightarrow H'(Q, P)$ とすれば,

$$\frac{dQ^k}{dt} = \frac{\partial H'}{\partial P^k}, \quad \frac{dP^k}{dt} = -\frac{\partial H'}{\partial Q^k} \qquad (k = 1, \cdots, K) \qquad (6.1.1)$$

が成り立つ. したがって, もしも恒等的に $H' = 0$ となるような正準変換をみつけることができれば新たな正準変数の組 (Q, P) が運動の積分となり, その力学系の運動が完全に解けたことになる. つまり, 実際に可能かどうかは別として, 力学系の運動を解くとは $H' = 0$ となるような正準変換をみつけることと等価なのである.

5.3 節で紹介した $F_2(q, P, t)$ のタイプの母関数の場合, (5.3.13) 式より $H' = 0$ の条件は

$$\frac{\partial F_2(q, P, t)}{\partial t} + H\left(q^1, \cdots, q^K, \frac{\partial F_2}{\partial q^1}, \cdots, \frac{\partial F_2}{\partial q^K}, t\right) = 0 \qquad (6.1.2)$$

と書ける. この式の解となる $F_2(q, P, t)$ は, ハミルトンの主関数 (Hamilton's principal function) と呼ばれ, S と書かれることが多いので, 通常は (6.1.2) 式を

$$\frac{\partial S}{\partial t} + H\left(q, \frac{\partial S}{\partial q}, t\right) = 0 \qquad (6.1.3)$$

と書き, ハミルトン–ヤコビ方程式 (Hamilton-Jacobi equation) と呼ぶ.

(6.1.3) 式は, $q^1, \cdots, q^K$ および t, すなわち $(K+1)$ 個の変数をもつ関数 S に対する 1 階偏微分方程式である. したがって, その解は

$$S = \tilde{S}(q^1, \cdots, q^K, t, \alpha^1, \cdots, \alpha^K) + \alpha^0 \tag{6.1.4}$$

のように $\alpha^0, \alpha^1, \cdots, \alpha^K$ の $(K+1)$ 個の積分定数をもつ. ここで (6.1.2) 式は母関数の微分だけを含むので, 積分定数のうちの 1 個は単なる定数項 α^0 に選べることを用いた.

さて今の場合 (P, Q) はいずれも定数なので, $S = S(q, P, t)$ を特に $\alpha^1, \cdots, \alpha^K$ の K 個の積分定数が運動量 $\{P^k\}$ となるような正準変換の母関数 $S(q, \alpha, t)$ であると考える. さらに, Q^k が定数であることを明示的に示すために β^k と書き直すことにすれば, (5.3.13) 式を

$$p^k = \frac{\partial S(q, \alpha, t)}{\partial q^k}, \quad \beta^k (= Q^k) = \frac{\partial S(q, \alpha, t)}{\partial \alpha^k} \tag{6.1.5}$$

と書き換えることができる. この式は q と p に対する代数方程式 (微分方程式ではなく) なので, 原理的にはそれらを連立して解いて $q = q(\alpha, \beta, t)$, $p = p(\alpha, \beta, t)$ が得られる. 実際には, この方法で解くほうが難しいことも多い (例題 C.10) のだが, 一般論としては有用な場合もある. 本章で紹介する天体力学への応用はまさにその例である.

ところで, (6.1.4) 式の時間微分をとると

$$\frac{dS}{dt} = \frac{\partial S}{\partial t} + \frac{\partial S}{\partial q}\frac{dq}{dt} = -H + p\dot{q} = L \quad \Rightarrow \quad S = \int L\,dt \tag{6.1.6}$$

が成り立つことがわかる. つまり実はハミルトンの主関数は (定数を除いて) 作用と一致する. 慣用的に S という記号が使われるのはそのためである.

S に対してもう少し親近感を抱いてもらえるように, 1 次元のハミルトニアン

$$H = \frac{p^2}{2m} + U(x) \tag{6.1.7}$$

に対して, そのハミルトン-ヤコビ方程式:

$$\frac{\partial S(x, t)}{\partial t} + H\left(x, \frac{\partial S}{\partial x}\right) = 0 \tag{6.1.8}$$

を解いて具体的に S を求めてみよう.

まずエネルギー保存則 $H = E$ より,

$$\frac{\partial S(x, t)}{\partial t} = -E. \tag{6.1.9}$$

一方, p の定義より

70 | 6 ハミルトン-ヤコビ方程式と天体力学

$$\frac{\partial S(x,t)}{\partial x} = p = \sqrt{2m[E - U(x)]}. \tag{6.1.10}$$

この2式を組み合わせれば

$$S(x,t) = -Et + \int dx \sqrt{2m[E - U(x)]} \tag{6.1.11}$$

を得る．特に自由粒子 $(U = 0)$ の場合には，定数の自由度を除いて

$$S(x,t) = -Et + x\sqrt{2mE} = -Et + px \tag{6.1.12}$$

となる．これは簡単な結果ではあるが，古典力学のハミルトン-ヤコビ方程式から量子力学のシュレーディンガー方程式へ至る考察において重要となる関係式である（10.5 節および 11 章）．

6.2 重力2体問題

ニュートン力学は太陽系内の天体の運動を驚くべき精度で説明する．これは天体力学と呼ばれる天文学の重要な基礎分野であり，ニュートン力学が内包する多様で豊かな数理物理学的側面はもちろん，一般相対論の検証，人工衛星軌道計算，太陽系外惑星系の力学進化，など現代的な文脈においても本質的な役割を果たしている．本章では，ハミルトン-ヤコビ方程式の天体力学への応用として，ラグランジュの惑星方程式を導いてみる．

重力の逆二乗則のもとで互いに運動する多体系を取り扱うのが天体力学である．特に2質点の運動は解析的に解くことができる（例題 C.7）．通常用いられる変数の定義も兼ねて，ケプラー運動と呼ばれるその解を簡単に要約しておこう．

質量 m_0 の星と m_1 の惑星が互いの重力だけで相互作用している場合，それらの相対運動に対するハミルトニアンは，全質量 $M = m_0 + m_1$ をもつ原点のまわりを換算質量 $\mu = m_0 m_1 / (m_0 + m_1)$ の天体が運動する1体問題に帰着する：

$$\mathcal{H} = \frac{|\boldsymbol{p}|^2}{2\mu} - \frac{G\mu M}{|\boldsymbol{r}|}. \tag{6.2.1}$$

ここで，$\boldsymbol{r}$ は m_0 と m_1 の相対位置ベクトルで $\boldsymbol{p} = \mu d\boldsymbol{r}/dt$ はその共役運動量ベクトルである．

軌道面での2次元極座標を用いれば (6.2.1) 式に対応するラグランジアンは

$$\mathcal{L} = \frac{1}{2}\mu(\dot{r}^2 + r^2\dot{\varphi}^2) + \frac{G\mu M}{r}. \tag{6.2.2}$$

6.2 重力 2 体問題 | 71

この系の軌道の解は通常，図 6.1 のような変数を用いて以下のように表される．

$$r = \frac{a(1-e^2)}{1+e\cos f}.$$
(6.2.3)

ここで，a は軌道長半径，e は離心率，$f = \varphi - \varphi_0$ は焦点からみて近日点 φ_0 となす角度で真近点角 (true anomaly) と呼ばれる．これに対して図 6.1 の u は，離心近点角 (eccentric anomaly) と呼ばれる．

ケプラー運動の保存量である全エネルギー $E(<0)$ と全角運動量 $J(>0)$ は，ケプラー軌道の形を決める軌道長半径 a と離心率 e と，互いに以下の関係にある．

$$e \equiv \sqrt{1 + \frac{2EJ^2}{G^2\mu^3 M^2}}, \quad a \equiv \frac{G\mu M}{2|E|},$$
(6.2.4)

あるいは

$$E = -\frac{G\mu M}{2a}, \quad J = \mu\sqrt{GMa(1-e^2)}.$$
(6.2.5)

(6.2.3) 式に登場する真近点角 f は，楕円軌道の焦点を原点として定義された角度であるため，実際の計算においては使いにくいことが多い．その場合，図 6.1 にあるように，楕円軌道の中心を原点としたときの角度，すなわち離心近点角 u の方が便利である．図 6.1 からわかるように

$$r\cos f = a\cos u - ae$$
(6.2.6)

なので，(6.2.3) 式と組み合わせると

$$r = a(1 - e\cos u).$$
(6.2.7)

離心近点角 u は時刻 t の関数として陽に書き下すことはできないが，以下のように t は u の関数で書き下すことができる．まず，例題 C の問 [7.3] より

$$\frac{dr}{dt} = \pm\sqrt{\frac{2}{\mu}\left(E + \frac{GM\mu}{r}\right) - \frac{J^2}{\mu^2 r^2}}.$$
(6.2.8)

この式に (6.2.5) 式を代入すれば

$$\frac{dr}{dt} = \pm\sqrt{-\frac{GM}{a} + \frac{2GM}{r} + \frac{GMa}{r^2}(e^2-1)}$$
$$= \pm\sqrt{\frac{GM}{ar^2}(-r^2 + 2ar + a^2e^2 - a^2)} = \pm\sqrt{\frac{GM}{ar^2}}\sqrt{a^2e^2 - (r-a)^2}.$$
(6.2.9)

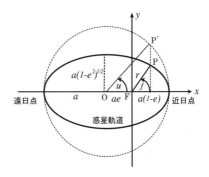

図 6.1 ケプラー軌道. a：軌道長半径, e：離心率, f：真近点角, u：離心近点角.

さらに, (6.2.7) 式を代入して u で書き直すと

$$\frac{du}{dt} = \sqrt{\frac{GM}{a}} \frac{1}{a(1-e\cos u)}. \tag{6.2.10}$$

ここで, u が t の増加関数になるように符号を選んだ. この式を積分すれば次式を得る.

$$t = \sqrt{\frac{a^3}{GM}} \int (1 - e\cos u) du = \sqrt{\frac{a^3}{GM}} (u - e\sin u) + t_0. \tag{6.2.11}$$

ここで, t_0 は, $u=0$ つまり近日点 $r=a(1-e)$ を通過する時刻である.

ところで, u が 0 から 2π まで変化する時間を公転周期 T：

$$T = 2\pi \sqrt{\frac{a^3}{GM}}, \tag{6.2.12}$$

対応する角振動数（天体力学では平均運動 (mean motion) と呼び n で表すのが慣用）を

$$n \equiv \frac{2\pi}{T} = \sqrt{\frac{GM}{a^3}}, \tag{6.2.13}$$

とすれば, (6.2.11) 式は

$$\ell \equiv n(t - t_0) = u - e\sin u \tag{6.2.14}$$

に帰着する. この式はケプラーの方程式 (Kepler's equation), 左辺の ℓ は平均近点角 (mean anomaly) と呼ばれている.

上記の f と u は時間の関数として複雑であるが, ℓ は時間に比例しているので扱いやすい一方, その物理的意味はわかりにくい. この ℓ は, 図 6.1 で示されている

軌道の外接円上を一定の角速度 n で動く仮想的な粒子の位置の角度に対応している．したがって，実際に運動する粒子の位置と一致するのは，近日点と遠日点の2点のみである．

6.2.1 ラプラスベクトル

ケプラー問題にはさまざまな異なる解法がある．例題 C.7 では，もっとも直接的なやり方で導いたのだが，計算は面倒である．そこで，本節では天下り的ではあるものの，ラプラスベクトル[*1]：

$$\boldsymbol{\varepsilon} \equiv \frac{1}{G\mu M}\left(\frac{d\boldsymbol{r}}{dt} \times \boldsymbol{J}\right) - \frac{\boldsymbol{r}}{r} \tag{6.2.15}$$

を用いた解法を紹介しておく．

まず，ラプラスベクトルが運動の定数であることを示す．角運動量 $\boldsymbol{J}$：

$$\boldsymbol{J} = \boldsymbol{r} \times \boldsymbol{p} = \mu \boldsymbol{r} \times \frac{d\boldsymbol{r}}{dt} \tag{6.2.16}$$

は保存量であるから，(6.2.15) 式を時間微分し，運動方程式を用いると

$$\frac{d\boldsymbol{\varepsilon}}{dt} = \frac{1}{G\mu M}\frac{d^2\boldsymbol{r}}{dt^2} \times \boldsymbol{J} - \frac{d}{dt}\left(\frac{\boldsymbol{r}}{r}\right) = -\frac{1}{\mu}\frac{\boldsymbol{r}}{r^3} \times \boldsymbol{J} - \frac{d}{dt}\left(\frac{\boldsymbol{r}}{r}\right). \tag{6.2.17}$$

ここで，ベクトル公式

$$(\boldsymbol{a} \times \boldsymbol{b}) \times \boldsymbol{c} = (\boldsymbol{a} \cdot \boldsymbol{c})\boldsymbol{b} - (\boldsymbol{b} \cdot \boldsymbol{c})\boldsymbol{a} \tag{6.2.18}$$

を用いて，(6.2.17) 式の右辺第1項を変形すれば

$$\begin{aligned}
\frac{1}{\mu}\boldsymbol{J} \times \frac{\boldsymbol{r}}{r^3} &= \left(\boldsymbol{r} \times \frac{d\boldsymbol{r}}{dt}\right) \times \frac{\boldsymbol{r}}{r^3} = \left(\boldsymbol{r} \cdot \frac{\boldsymbol{r}}{r^3}\right)\frac{d\boldsymbol{r}}{dt} - \left(\frac{d\boldsymbol{r}}{dt} \cdot \frac{\boldsymbol{r}}{r^3}\right)\boldsymbol{r} \\
&= \frac{1}{r}\frac{d\boldsymbol{r}}{dt} - \frac{1}{r^2}\frac{dr}{dt}\boldsymbol{r} = \frac{d}{dt}\left(\frac{\boldsymbol{r}}{r}\right).
\end{aligned} \tag{6.2.19}$$

したがって，(6.2.17) 式の右辺は 0 となり，ラプラスベクトルは運動の定数であることが示された．

[*1] ルンゲ-レンツベクトル，レンツベクトル，離心ベクトルなどと呼ばれることもある．逆二乗則にしたがう中心力の元での2体問題において一般に保存されるベクトルであるが，歴史的には繰り返し独立に発見されており，ラプラス，ルンゲ，レンツはその独立な発見者であり，最初の発見者ではない．シカゴ大学の統計学者スティーブン・スティグラーによるスティグラーの法則「科学の発見には本当の発見者の名前がつけられることはない」の一例である．ちなみに，スティグラーは自ら「その法則の真の発見者は社会学者のロバート・マートンである」と主張しているらしい．

74 | 6 ハミルトン-ヤコビ方程式と天体力学

次に, (6.2.15) 式の 2 乗を計算すれば

$$
\begin{aligned}
\varepsilon^2 &= \left| \frac{1}{G\mu M} \frac{d\boldsymbol{r}}{dt} \times \boldsymbol{J} - \frac{\boldsymbol{r}}{r} \right|^2 \\
&= \left| \frac{1}{G\mu M} \frac{d\boldsymbol{r}}{dt} \times \boldsymbol{J} \right|^2 + 1 - 2 \left(\frac{1}{G\mu M} \frac{d\boldsymbol{r}}{dt} \times \boldsymbol{J} \right) \cdot \frac{\boldsymbol{r}}{r} \\
&= \frac{J^2}{G^2 \mu^2 M^2} \left| \frac{d\boldsymbol{r}}{dt} \right|^2 + 1 - \frac{2}{G\mu M r} \left(\boldsymbol{r} \times \frac{d\boldsymbol{r}}{dt} \right) \cdot \boldsymbol{J} \\
&= 1 + \frac{J^2}{G^2 \mu^2 M^2} \left| \frac{d\boldsymbol{r}}{dt} \right|^2 - \frac{2}{G\mu^2 M r} J^2 = 1 + \frac{2J^2 E}{G^2 \mu^3 M^2} = e^2. \quad (6.2.20)
\end{aligned}
$$

つまり, ラプラスベクトルの大きさは離心率そのものである. さらに, $\boldsymbol{r}$ と (6.2.15) 式の内積をとると,

$$
\begin{aligned}
\boldsymbol{r} \cdot \boldsymbol{\varepsilon} &= \boldsymbol{r} \cdot \left(\frac{1}{G\mu M} \frac{d\boldsymbol{r}}{dt} \times \boldsymbol{J} - \frac{\boldsymbol{r}}{r} \right) = \frac{1}{G\mu M} \left(\boldsymbol{r} \times \frac{d\boldsymbol{r}}{dt} \right) \cdot \boldsymbol{J} - r \\
&= \frac{J^2}{G\mu^2 M} - r = a(1 - e^2) - r. \quad (6.2.21)
\end{aligned}
$$

したがって, ラプラスベクトルと位置ベクトルのなす角度を f とすれば, (6.2.21) 式は次式に帰着する:

$$
r = \frac{a(1 - e^2)}{1 + e \cos f}. \quad (6.2.22)
$$

この式は (6.2.3) 式そのものであるから, ラプラスベクトル $\boldsymbol{\varepsilon}$ は, 重心（楕円の焦点）から近日点に向かう離心率の大きさをもつベクトルであることがわかる.

6.2.2 ケプラー軌道要素

ここまでは, 惑星の軌道面上での 2 次元極座標を用いてきた. しかし, 観測者の視線方向は軌道面とは独立であるため, 観測者の座標系と惑星の軌道面を xy 平面とする座標系との関係を記述する必要がある. そのために用いられるのは, 2 つの座標系を結ぶ 3 つのオイラー角で, 図 6.2 に示す, 昇交点経度 (longitude of the ascending node) Ω, 軌道傾斜角 (orbital inclination) I, 近点引数 (argument of periapsis) ω である.

ケプラー運動の楕円の形は軌道長半径 a と離心率 e で決まるので, 3 次元空間内での軌道の向きを決める上述の 3 自由度と合わせた計 5 個のパラメータがケプラー軌道を一意的に決める. さらにその軌道上での惑星の位置を時間の関数として指定するにはもう 1 つのパラメータが必要で, たとえば近日点を通過するときの

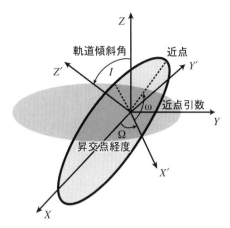

図 6.2 XY 平面を基準面としたときの，ケプラー軌道を特徴付ける軌道要素．Ω：昇交点経度，I：軌道傾斜角，ω：近点引数．

時刻 t_0 を選べばよい．これらを合わせた 6 つの自由度は，より一般にケプラー軌道を決定するケプラー軌道要素の組の一例となっている．ケプラー軌道要素の独立な自由度の数 6 は，これは微分方程式を解く立場からは，初期条件として与える惑星の初期座標と初速度の 6 成分に対応している．

具体的に，惑星の軌道面を xy 平面とする座標系における任意の点の座標の成分 (x, y, z) と，観測者の座標系における成分 (X, Y, Z) の関係式を導いておこう．図 6.2 を見ながら考えればわかるように，XYZ 系の基底ベクトルを，まず Z 軸中心に $+\Omega$ 回転，次に X' 軸中心に $+I$ 回転，最後に $Z'(=z)$ 軸中心に $+\omega$ 回転させると xyz 系になる．それに対応して，任意の点の座標成分は

$$\begin{pmatrix} x \\ y \\ z \end{pmatrix} = R_3(-\omega) R_1(-I) R_3(-\Omega) \begin{pmatrix} X \\ Y \\ Z \end{pmatrix} \quad (6.2.23)$$

と変換することになる．ここで，$R_i(\theta)$ は i 軸を中心とした角度 θ の回転行列を表す．したがって，その逆変換は

$$\begin{pmatrix} X \\ Y \\ Z \end{pmatrix} = R_3(\Omega) R_1(I) R_3(\omega) \begin{pmatrix} x \\ y \\ z \end{pmatrix} \quad (6.2.24)$$

で与えられる．

76 | 6 ハミルトン–ヤコビ方程式と天体力学

たとえば，惑星の軌道面である xy 面上での，惑星の位置 $(r\cos f, r\sin f, 0)$ は，観測者の座標系では

$$
\begin{pmatrix} X \\ Y \\ Z \end{pmatrix} = \begin{pmatrix} \cos\Omega & -\sin\Omega & 0 \\ \sin\Omega & \cos\Omega & 0 \\ 0 & 0 & 1 \end{pmatrix} \begin{pmatrix} 1 & 0 & 0 \\ 0 & \cos I & -\sin I \\ 0 & \sin I & \cos I \end{pmatrix} \begin{pmatrix} \cos\omega & -\sin\omega & 0 \\ \sin\omega & \cos\omega & 0 \\ 0 & 0 & 1 \end{pmatrix} \begin{pmatrix} r\cos f \\ r\sin f \\ 0 \end{pmatrix}
$$

$$
= r \begin{pmatrix} \cos\Omega\cos(\omega+f) - \sin\Omega\sin(\omega+f)\cos I \\ \sin\Omega\cos(\omega+f) + \cos\Omega\sin(\omega+f)\cos I \\ \sin(\omega+f)\sin I \end{pmatrix} \tag{6.2.25}
$$

となる．

6.3 2次元ケプラー問題とハミルトン–ヤコビ方程式

まず2次元におけるケプラー問題をハミルトン–ヤコビ方程式を用いて解いてみよう[*2]．(6.2.2) 式のラグランジアンより

$$
p_r = \frac{\partial \mathcal{L}}{\partial \dot{r}} = \mu\dot{r}, \qquad p_\varphi = \frac{\partial \mathcal{L}}{\partial \dot{\varphi}} = \mu r^2 \dot{\varphi} \tag{6.3.1}
$$

なので，

$$
\mathcal{H} = \frac{1}{2\mu}\left(p_r^2 + \frac{p_\varphi^2}{r^2}\right) - \frac{G\mu M}{r}. \tag{6.3.2}
$$

この系に対する正準変換 $(r, \varphi, p_r, r_\varphi) \to (Q_1, Q_2, P_1, P_2)$ によって新たなハミルトニアンを0にする母関数 $S(r, \varphi, P_1, P_2, t)$ は，(6.1.3) 式：

$$
\frac{\partial S}{\partial t} + \frac{1}{2\mu}\left[\left(\frac{\partial S}{\partial r}\right)^2 + \frac{1}{r^2}\left(\frac{\partial S}{\partial \varphi}\right)^2\right] - \frac{G\mu M}{r} = 0 \tag{6.3.3}
$$

を満たす．

この式を解くために，

$$
S(r, \varphi, t) = S_r(r) + S_\varphi(\varphi) + S_t(t) \tag{6.3.4}
$$

[*2] 6.3 節と 6.4 節の内容は，Maru Valtonen and Hannu Karttunen, *The Three-Body Problem* (Cambridge University Press, 2006) に準拠している．

と変数分離できるものと仮定して[*3]代入すれば

$$\frac{\partial S}{\partial t} + \mathcal{H} = \frac{dS_t}{dt} + \frac{1}{2\mu}\left[\left(\frac{dS_r}{dr}\right)^2 + \frac{1}{r^2}\left(\frac{dS_\varphi}{d\varphi}\right)^2\right] - \frac{G\mu M}{r} = 0. \qquad (6.3.5)$$

したがって，α_1 と α_2 を定数として，

$$\frac{dS_t}{dt} = -\alpha_1, \qquad \frac{dS_\varphi}{d\varphi} = \alpha_2, \qquad \frac{dS_r}{dr} = \sqrt{2\mu\left(\alpha_1 + \frac{G\mu M}{r}\right) - \frac{\alpha_2^2}{r^2}} \qquad (6.3.6)$$

が得られる．これを積分すれば，

$$S = -\alpha_1 t + \alpha_2 \varphi + \int \sqrt{2\mu\left(\alpha_1 + \frac{G\mu M}{r}\right) - \frac{\alpha_2^2}{r^2}}\, dr \qquad (6.3.7)$$

となる．

そこで，この α_1 と α_2 を新たな運動量とするような正準変換を考えれば

$$P_1 = \alpha_1, \qquad P_2 = \alpha_2, \qquad Q_1 = \frac{\partial S}{\partial \alpha_1}, \qquad Q_2 = \frac{\partial S}{\partial \alpha_2}. \qquad (6.3.8)$$

この運動の定数の具体的な関数形は，(6.3.5) 式より

$$\alpha_1 = -\frac{\partial S}{\partial t} = \mathcal{H} = \frac{1}{2}\mu(\dot{r}^2 + r^2\dot{\varphi}^2) - \frac{G\mu M}{r}, \qquad (6.3.9)$$

$$\alpha_2 - \frac{\partial S}{\partial \varphi} - p_\varphi - \mu r^2 \dot{\varphi}. \qquad (6.3.10)$$

つまり，ハミルトン-ヤコビ方程式を解くことで，ケプラー問題の運動方程式が導かれた．実際，この運動の定数である α_1 と α_2 が，それぞれ E と J に対応していることはすぐわかるから，軌道長半径 a と離心率 e を用いて，定数であることが明示的となる

$$P_1 = \alpha_1 = -\frac{G\mu M}{2a}, \qquad P_2 = \alpha_2 = \mu\sqrt{GMa(1-e^2)} \qquad (6.3.11)$$

に書き直せる．

次にこれらに対応する正準座標を計算してみよう．まず，Q_1 は

$$Q_1 = \frac{\partial S}{\partial \alpha_1} = -t + \int \frac{\mu\, dr}{\sqrt{2\mu(\alpha_1 + G\mu M/r) - \alpha_2^2/r^2}}. \qquad (6.3.12)$$

[*3]　むろんこれは自明ではなく，この場合には結果的にうまくいっただけにすぎない．一般には問題ごとに試行錯誤するしかない．したがって，あくまでハミルトン-ヤコビ方程式を具体的に解く例題だとわりきってもらえばよいのだが，この仮定は以下の議論でも有用となる．

78 | 6 ハミルトン-ヤコビ方程式と天体力学

この第 2 項の積分を I_1 とおき，(6.3.11) 式を代入すると

$$I_1 = \frac{1}{\sqrt{GM}} \int \frac{r\,dr}{\sqrt{-r^2/a + 2r - a(1-e^2)}}. \tag{6.3.13}$$

この積分は*4，(6.2.7) 式を用いて r を離心近点角 u に変数変換した結果：

$$r = a(1 - e\cos u), \qquad dr = ae\sin u\,du \tag{6.3.14}$$

を代入すれば

$$
\begin{aligned}
I_1 &= \frac{1}{\sqrt{GM}} \int \frac{a(1-e\cos u)ae\sin u\,du}{\sqrt{-a(1-e\cos u)^2 + 2a(1-e\cos u) - a(1-e^2)}} \\
&= \frac{a^{3/2}}{\sqrt{GM}} \int \frac{e(1-e\cos u)\sin u\,du}{e\sin u} = \frac{a^{3/2}}{\sqrt{GM}}(u - e\sin u)
\end{aligned}
\tag{6.3.15}
$$

と計算できる．(6.2.11) 式よりこれは $t-t_0$ に等しい．したがって，

$$Q_1 = -t + I_1 = -t_0. \tag{6.3.16}$$

すなわち，$-Q_1$ は近点通過時刻である．

　同様に Q_2 を計算してみると，まず

$$Q_2 = \frac{\partial S}{\partial \alpha_2} = \varphi - \frac{\alpha_2}{\mu} \int \frac{\mu\,dr}{r^2\sqrt{2\mu(\alpha_1 + G\mu M/r) - \alpha_2^2/r^2}}. \tag{6.3.17}$$

この第 2 項の積分を I_2 とおき，(6.3.11) 式を代入すると

$$I_2 = \frac{1}{\sqrt{GM}} \int \frac{dr}{r^2\sqrt{-1/a + 2/r - a(1-e^2)/r^2}}. \tag{6.3.18}$$

この積分は，真近点角 f を用いて

$$r = \frac{a(1-e^2)}{1 + e\cos f} \quad \Rightarrow \quad dr = \frac{a(1-e^2)e\sin f}{(1+e\cos f)^2}df = r^2\frac{e\sin f}{a(1-e^2)}df \tag{6.3.19}$$

と変数変換して代入すれば計算できる．(6.3.18) 式の被積分関数の分母の根号の中は

$$-\frac{1}{a} + \frac{2(1+e\cos f)}{a(1-e^2)} - \frac{(1+e\cos f)^2}{a(1-e^2)} = \frac{e^2\sin^2 f}{a(1-e^2)} \tag{6.3.20}$$

となるので，

———————————————

*4　これもまた答えを知っているからできる導出ではあるのだが．

$$I_2 = \frac{1}{\sqrt{GM}} \int \left[\frac{e \sin f}{a(1-e^2)} \times \frac{\sqrt{a(1-e^2)}}{e \sin f} \right] df$$

$$= \frac{1}{\sqrt{GMa(1-e^2)}} \int df = \frac{\mu}{\alpha_2} f. \tag{6.3.21}$$

これを (6.3.17) 式に代入すれば

$$Q_2 = \varphi - f. \tag{6.3.22}$$

したがって, $\varphi = f + Q_2$, すなわち Q_2 は近点引数 ω にほかならない.

以上をまとめると,

$$\begin{cases} Q_1 = -t_0 \quad (\text{近点通過時刻}), \\ Q_2 = \omega \quad (\text{近点引数}), \\ P_1 = -\dfrac{G\mu M}{2a} \quad (\text{エネルギー}), \\ P_2 = \mu\sqrt{GMa(1-e^2)} \quad (\text{角運動量}) \end{cases} \tag{6.3.23}$$

を正準変数に選ぶと, ハミルトニアンは恒等的に 0 になり, これらの量はすべて運動の定数であることがわかる. ここではケプラー運動の解を既知として説明した部分があるのだが, 実はそれは必要ではない. もう一度読み返してみれば, 単にハミルトン-ヤコビ方程式を解いて母関数 (6.3.7) 式を求めただけであることが確認できるはずだ. 2 次元のケプラー問題では, 軌道の形状を決める定数が a と e, 座標系に対する軌道の向きを決める定数が ω, 最後にその軌道上の粒子の位置を決める時間の関数として決める定数が t_0 であり, これらの 4 自由度が, 粒子の座標と速度の 4 成分に対応している. (6.3.7) 式は, $(r, \varphi, p_r, r_\varphi)$ から $(-t_0, \omega, E, J)$ への正準変換の母関数なのである.

6.4　3 次元ケプラー問題とハミルトン-ヤコビ方程式

ではより一般の 3 次元ケプラー問題に対するハミルトン-ヤコビ方程式を解くことにしよう. 図 6.3 で定義された座標 (r, θ, φ) を用いると, 共役運動量は

$$p_r = \mu \dot{r}, \quad p_\theta = \mu r^2 \dot{\theta}, \quad p_\varphi = \mu r^2 \dot{\varphi} \cos^2 \theta \tag{6.4.1}$$

となる. この θ は緯度に対応する角度であり, 通常の極座標における定義とは違うことを注意しておこう. これらに対応するハミルトニアンは

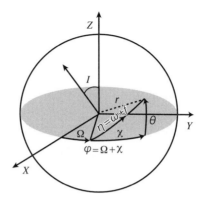

図 6.3 3次元のケプラー問題に対するハミルトン-ヤコビ方程式の積分で用いる角度変数. f：真近点角, Ω：昇交点経度, I：軌道傾斜角, ω：近点引数.

$$\mathcal{H} = \frac{1}{2\mu}\left(p_r^2 + \frac{p_\theta^2}{r^2} + \frac{p_\varphi^2}{r^2\cos^2\theta}\right) - \frac{G\mu M}{r}, \tag{6.4.2}$$

したがってハミルトン-ヤコビ方程式は次式となる：

$$\frac{\partial S}{\partial t} + \frac{1}{2\mu}\left[\left(\frac{\partial S}{\partial r}\right)^2 + \frac{1}{r^2}\left(\frac{\partial S}{\partial \theta}\right)^2 + \frac{1}{r^2\cos^2\theta}\left(\frac{\partial S}{\partial \varphi}\right)^2\right] - \frac{G\mu M}{r} = 0. \tag{6.4.3}$$

2次元の場合と同様に

$$S(r,\theta,\varphi,t) = S_r(r) + S_\theta(\theta) + S_\varphi(\varphi) + S_t(t) \tag{6.4.4}$$

と仮定して変数分離すれば, $\alpha_1, \alpha_2, \alpha_3$ を定数として

$$\frac{dS_t}{dt} = -\alpha_1, \quad \frac{dS_\varphi}{d\varphi} = \alpha_3,$$

$$\left(\frac{dS_\theta}{d\theta}\right)^2 + \frac{\alpha_3^2}{\cos^2\theta} = \alpha_2^2, \quad \left(\frac{dS_r}{dr}\right)^2 + \frac{\alpha_2^2}{r^2} = 2\mu\left(\alpha_1 + \frac{G\mu M}{r}\right) \tag{6.4.5}$$

を得る. これを積分すれば,

$$S = -\alpha_1 t + \alpha_3\varphi + \int\sqrt{\alpha_2^2 - \frac{\alpha_3^2}{\cos^2\theta}}\,d\theta$$
$$+ \int\sqrt{2\mu\left(\alpha_1 + \frac{G\mu M}{r}\right) - \frac{\alpha_2^2}{r^2}}\,dr \tag{6.4.6}$$

となる.

この $(\alpha_1, \alpha_2, \alpha_3)$ を新たな運動量とするような正準変換：

$$P_1 = \alpha_1, \quad P_2 = \alpha_2, \quad P_3 = \alpha_3, \tag{6.4.7}$$

$$Q_1 = \frac{\partial S}{\partial \alpha_1}, \quad Q_2 = \frac{\partial S}{\partial \alpha_2}, \quad Q_3 = \frac{\partial S}{\partial \alpha_3} \tag{6.4.8}$$

を考えると

$$\alpha_1 = -\frac{\partial S}{\partial t} = \mathcal{H} = \frac{1}{2}\mu(\dot{r}^2 + r^2\dot{\theta}^2 + \dot{\varphi}^2 r^2 \cos^2\theta) - \frac{G\mu M}{r}, \tag{6.4.9}$$

$$\alpha_3 = \frac{\partial S}{\partial \varphi} = p_\varphi = \mu\dot{\varphi}(r\cos\theta)^2. \tag{6.4.10}$$

ここで，α_1 は 2 次元の場合と同じく系の全エネルギーに対応するが，α_3 は角運動量の z 成分となっている．したがって，基準座標系の z 軸と軌道面の法線ベクトルがなす傾斜角を I とすれば，$\alpha_3 = \mu\sqrt{GMa(1-e^2)}\cos I$ と書ける．

一方，(6.4.5) 式より α_2 は

$$\alpha_2^2 = \left(\frac{dS_\theta}{d\theta}\right)^2 + \frac{\alpha_3^2}{\cos^2\theta} = p_\theta^2 + \frac{p_\varphi^2}{\cos^2\theta} = (\mu r^2)^2(\dot{\theta}^2 + \dot{\varphi}^2\cos^2\theta) \tag{6.4.11}$$

となる．これは以下で計算するように角運動量 J の 2 乗であることが証明できる．

$$\boldsymbol{r} = r\begin{pmatrix} \cos\theta\cos\varphi \\ \cos\theta\sin\varphi \\ \sin\theta \end{pmatrix} \quad \Rightarrow \quad \dot{\boldsymbol{r}} = \frac{\dot{r}}{r}\boldsymbol{r} + r\begin{pmatrix} -\dot{\theta}\sin\theta\cos\varphi - \dot{\varphi}\cos\theta\sin\varphi \\ -\dot{\theta}\sin\theta\sin\varphi + \dot{\varphi}\cos\theta\cos\varphi \\ \dot{\theta}\cos\theta \end{pmatrix}. \tag{6.4.12}$$

したがって，

$$\begin{aligned} \frac{\boldsymbol{r} \times \boldsymbol{p}}{\mu r^2} &= \begin{pmatrix} \cos\theta\cos\varphi \\ \cos\theta\sin\varphi \\ \sin\theta \end{pmatrix} \times \begin{pmatrix} -\dot{\theta}\sin\theta\cos\varphi - \dot{\varphi}\cos\theta\sin\varphi \\ -\dot{\theta}\sin\theta\sin\varphi + \dot{\varphi}\cos\theta\cos\varphi \\ \dot{\theta}\cos\theta \end{pmatrix} \\ &= \begin{pmatrix} \dot{\theta}\sin\varphi - \dot{\varphi}\cos\theta\sin\theta\cos\varphi \\ -\dot{\theta}\cos\varphi - \dot{\varphi}\cos\theta\sin\theta\sin\varphi \\ \cos^2\theta\,\dot{\varphi} \end{pmatrix} \end{aligned} \tag{6.4.13}$$

となるから，

$$J^2 = |\boldsymbol{r} \times \boldsymbol{p}|^2 = (\mu r^2)^2(\dot{\theta}^2 + \dot{\varphi}^2\cos^2\theta) = \alpha_2^2. \tag{6.4.14}$$

82 | 6 ハミルトン–ヤコビ方程式と天体力学

これらをまとめると

$$\begin{cases} P_1 = \alpha_1 = -\dfrac{G\mu M}{2a}, \\ P_2 = \alpha_2 = \mu\sqrt{GMa(1-e^2)}, \\ P_3 = \alpha_3 = \mu\sqrt{GMa(1-e^2)}\cos I \end{cases} \qquad (6.4.15)$$

ただし，a と e を用いて $J = \mu r^2 \dot{f} = \mu\sqrt{GMa(1-e^2)}$ となることを使った．

引き続き，これらに対応する正準座標を計算しよう．まず $Q_1 = \partial S/\partial\alpha_1$ は，(6.4.6) 式より，2 次元の場合と同じなので，$Q_1 = -t_0$ となる．Q_2 は 2 次元の結果を参考にすると

$$Q_2 = \frac{\partial S}{\partial\alpha_2} = \alpha_2\int\frac{d\theta}{\sqrt{\alpha_2^2 - \alpha_3^2/\cos^2\theta}} - \frac{\alpha_2}{\mu}\int\frac{\mu dr}{r^2\sqrt{2\mu(\alpha_1 + G\mu M/r) - \alpha_2^2/r^2}}$$
$$= \int\frac{d\theta}{\sqrt{1 - \cos^2 I/\cos^2\theta}} - \frac{\alpha_2}{\mu}I_2 = I_3 - f \qquad (6.4.16)$$

となるので，

$$I_3 = \int\frac{\cos\theta d\theta}{\sqrt{\cos^2\theta - \cos^2 I}} \qquad (6.4.17)$$

を計算すればよい．6.2.2 項の (6.2.25) 式を参考にしながら，極座標を軌道面の座標に変換してみる（図 6.3 参照）．すなわち，

$$\sin\theta = \sin(\omega + f)\sin I \equiv \sin\eta\sin I \qquad (6.4.18)$$

と定義して θ を η に変数変換すると，

$$\cos\theta d\theta = \cos\eta\sin I d\eta, \qquad (6.4.19)$$
$$\cos^2\theta - \cos^2 I = 1 - \sin^2\eta\sin^2 I - (1 - \sin^2 I) = \sin^2 I\cos^2\eta \qquad (6.4.20)$$

が成り立つので，(6.4.17) 式は容易に積分できて $I_3 = \eta = \omega + f$ となる．結局

$$Q_2 = \omega + f - f = \omega. \qquad (6.4.21)$$

最後に，Q_3 は

$$Q_3 = \frac{\partial S}{\partial\alpha_3} = \varphi - \alpha_3\int\frac{d\theta}{\cos^2\theta\sqrt{\alpha_2^2 - \alpha_3^2/\cos^2\theta}}$$
$$= \varphi - \int\frac{\cos I d\theta}{\cos^2\theta\sqrt{1 - \cos^2 I/\cos^2\theta}} \qquad (6.4.22)$$

と変形できる. 右辺第2項の積分

$$I_4 = \int \frac{\cos I \cos\theta d\theta}{\cos^2\theta\sqrt{\cos^2\theta - \cos^2 I}} \tag{6.4.23}$$

は, I_3 の場合と同じく, ケプラー軌道要素を用いて θ を χ:

$$\cot I \tan\theta = \sin(\varphi - \Omega) \equiv \sin\chi \tag{6.4.24}$$

と変数変換すれば計算できる.

この関係式は, 球面三角法に馴染んでいれば図 6.3 よりすぐわかるらしいが, それを知らない私には決して思いつけない. しかし, 以下のようにその関係式が成り立つことの確認だけはできる.

再び 6.2.2 項の (6.2.25) 式を参考にすると

$$\cos\Omega\cos\eta - \sin\Omega\sin\eta\cos I = \cos\theta\cos\varphi = \cos\theta\cos(\Omega + \chi)$$
$$= \cos\theta(\cos\Omega\cos\chi - \sin\Omega\sin\chi). \tag{6.4.25}$$

ここで (6.4.18) 式を用いて, η を θ で書き直すと

$$\sin\eta = \frac{\sin\theta}{\sin I}, \tag{6.4.26}$$

$$\cos\eta = \sqrt{1 - \frac{\sin^2\theta}{\sin^2 I}} = \sqrt{\frac{\sin^2 I - \sin^2\theta}{\sin^2 I}} = \sqrt{\frac{\cos^2\theta - \cos^2 I}{\sin^2 I}}$$

$$= \cos\theta\sqrt{\frac{1}{\sin^2 I} - \frac{\cot^2 I}{\cos^2\theta}} = \cos\theta\sqrt{\frac{1}{\sin^2 I} - \cot^2 I(\tan^2\theta + 1)}$$

$$= \cos\theta\sqrt{1 - \cot^2 I \tan^2\theta}. \tag{6.4.27}$$

この式を (6.4.25) 式に代入すると

$$\cos\Omega\cos\theta\sqrt{1 - \cot^2 I \tan^2\theta} - \sin\Omega\sin\theta\cot I$$
$$= \cos\theta(\cos\Omega\cos\chi - \sin\Omega\sin\chi),$$
$$\Rightarrow \quad \cos\Omega\cos\theta(\cos\chi - \sqrt{1 - \cot^2 I \tan^2\theta})$$
$$+ \sin\Omega\cos\theta(\cot I \tan\theta - \sin\chi) = 0. \tag{6.4.28}$$

この式は $\cot I \tan\theta = \sin\chi$ であれば確かに成り立つ.

(6.4.24) 式の変数変換を行えば

$$\frac{d\theta}{\cos^2\theta} = \tan I \cos\chi d\chi, \quad \frac{1}{\cos^2\theta} = 1 + \tan^2\theta = 1 + \tan^2 I \sin^2\chi. \tag{6.4.29}$$

84 | 6 ハミルトン-ヤコビ方程式と天体力学

これを (6.4.23) 式に代入すると

$$I_4 = \int \frac{\cos I \tan I \cos \chi d\chi}{\sqrt{1 - (1 + \tan^2 I \sin^2 \chi) \cos^2 I}}$$

$$= \int \frac{\sin I \cos \chi d\chi}{\sqrt{\sin^2 I(1 - \sin^2 \chi)}} = \int d\chi = \chi. \tag{6.4.30}$$

したがって，$Q_3 = \varphi - \chi = \Omega$ となり，まとめれば

$$Q_1 = -t_0, \qquad Q_2 = \omega, \qquad Q_3 = \Omega \tag{6.4.31}$$

を得る．

ここまでの議論より，ハミルトニアンを恒等的に 0 とするような正準座標・運動量の組として

$$\begin{cases} Q_1 = -t_0, & P_1 = -GM\mu/2a \\ Q_2 = \omega, & P_2 = \mu\sqrt{GMa(1-e^2)} \\ Q_3 = \Omega, & P_3 = \mu\sqrt{GMa(1-e^2)}\cos I \end{cases} \tag{6.4.32}$$

が導かれた．

6.5 ドロネー変数とラグランジュの惑星方程式

さて (6.4.32) 式において Q_2 と Q_3 は角度である一方で Q_1 は時刻なので，次元が異なっている．そこで平均近点角 $\ell = n(t + q_1)$ を正準座標とするような新たな正準変換を探すことにする．そのために，(6.4.32) 式の正準変数を (q, p) と定義し直し，惑星の換算質量 μ はハミルトニアンと運動量の両者で共通の比例係数なので，簡単化のために 1 とおく．したがって具体的には，

$$\begin{pmatrix} q_1 \\ q_2 \\ q_3 \\ p_1 \\ p_2 \\ p_3 \end{pmatrix} = \begin{pmatrix} -t_0 \\ \omega \\ \Omega \\ -GM/2a \\ \sqrt{GMa(1-e^2)} \\ \sqrt{GMa(1-e^2)}\cos I \end{pmatrix} \Rightarrow \begin{pmatrix} Q_1 \\ Q_2 \\ Q_3 \\ P_1 \\ P_2 \\ P_3 \end{pmatrix} = \begin{pmatrix} n(t+q_1) \\ \omega \\ \Omega \\ P_1 \\ \sqrt{GMa(1-e^2)} \\ \sqrt{GMa(1-e^2)}\cos I \end{pmatrix}$$

$$\tag{6.5.1}$$

となるような P_1 と正準変換の母関数 $F_2(q,P,t)$, 変換後のハミルトニアン $\mathcal{K}$ を見つけることを目指す.

この場合, (5.3.13) 式より,

$$p = \frac{\partial F_2}{\partial q}, \quad Q = \frac{\partial F_2}{\partial P}, \quad \mathcal{K}(P,Q,t) = \frac{\partial F_2}{\partial t} \tag{6.5.2}$$

が成り立つ必要がある. 天下り的ではあるが,

$$F_2 = \left(P_1 - \frac{3GM}{2na} \right) n(t+q_1) + q_2 P_2 + q_3 P_3 \tag{6.5.3}$$

はその解となっており,

$$\frac{\partial F_2}{\partial q_1} = nP_1 - \frac{3GM}{2a} = p_1 = -\frac{GM}{2a} \tag{6.5.4}$$

より,

$$P_1 = \frac{GM}{na} = \frac{GM}{a \times \sqrt{GM/a^3}} = \sqrt{GMa}. \tag{6.5.5}$$

また, 新たなハミルトニアンは

$$\mathcal{K} = \frac{\partial F_2}{\partial t} = -\frac{GM}{2a} = -\frac{G^2 M^2}{2P_1^2} \tag{6.5.6}$$

で与えられる.

このように選ばれた正準変数の組をドロネー (Delaunay) 要素あるいはドロネー変数と呼び, 以下の記号を用いるのが慣用となっている. ただし混乱を避けるために $\alpha \equiv GM$ とおいた.

$$\begin{cases} \ell = n(t-t_0), & L = \sqrt{\alpha a} \\ g = \omega, & G = \sqrt{\alpha a(1-e^2)} \\ h = \Omega, & H = \sqrt{\alpha a(1-e^2)} \cos I \end{cases} \tag{6.5.7}$$

$$\mathcal{K} = -\frac{\alpha^2}{2L^2}. \tag{6.5.8}$$

このハミルトニアン $\mathcal{K}$ は L のみの関数なので, g, h, L, G, H が運動の定数となることは自明である. またこれらは 5 つのケプラー軌道要素の組 $(\omega, \Omega, a, e, I)$ に対応する.

最後に残った正準方程式は

$$\frac{d\ell}{dt} = \frac{\partial \mathcal{K}}{\partial L} = \frac{\alpha^2}{L^3} = \sqrt{\frac{GM}{a^3}} = n \tag{6.5.9}$$

となり，平均運動 n の定義を与える．

ここまでは，解析的な解が与えられている重力 2 体問題の異なる解法，あるいは定式化にすぎない．しかし，天体力学では，この 2 体系に何らかの摂動的な相互作用が付け加わる場合を考慮することが多い．たとえば，太陽と地球の運動に対する月の効果，太陽と水星の運動における一般相対論の効果，地球の運動に対する太陽の有限体積効果，などである．それらの運動を記述する際には，純粋なケプラー運動に基づくハミルトニアン $\mathcal{K}$ に，摂動に対応するポテンシャル $-R$ を付け加えたハミルトニアン：

$$\mathcal{H} = \mathcal{K} - R = -\frac{G^2 M^2}{2L^2} - R \tag{6.5.10}$$

を考えればよい．この R は，摂動関数あるいは擾乱関数と呼ばれる．

R が付け加わると，純粋なケプラー軌道はもはやこの系の運動の解ではない．言い換えれば，ドロネー要素はもはや運動の定数ではなくなる．にもかかわらず，各瞬間の惑星の座標と運動量からそれらが摂動を受けずに純粋にケプラー運動をすると仮定した場合のケプラー軌道要素は計算できる．これらは接触要素 (osculating elements) と呼ばれ，それらの摂動による運動方程式はドロネー変数に対する正準方程式を用いて書き下すことができる．具体的には，R を含めたドロネー変数の正準方程式は

$$\dot{\ell} = \frac{\partial \mathcal{H}}{\partial L} = \frac{\alpha^2}{L^3} - \frac{\partial R}{\partial L}, \tag{6.5.11}$$

$$\dot{g} = \frac{\partial \mathcal{H}}{\partial G} = -\frac{\partial R}{\partial G} = \dot{\omega}, \tag{6.5.12}$$

$$\dot{h} = \frac{\partial \mathcal{H}}{\partial H} = -\frac{\partial R}{\partial H} = \dot{\Omega}, \tag{6.5.13}$$

および

$$\dot{L} = -\frac{\partial \mathcal{H}}{\partial \ell} = \frac{\partial R}{\partial \ell} = \frac{d}{dt}\sqrt{\alpha a} = \frac{1}{2}\sqrt{\frac{\alpha}{a}}\dot{a}, \tag{6.5.14}$$

$$\dot{G} = -\frac{\partial \mathcal{H}}{\partial g} = \frac{\partial R}{\partial \omega} = \frac{d}{dt}\sqrt{\alpha a(1-e^2)} = \frac{1}{2}\sqrt{\frac{\alpha(1-e^2)}{a}}\dot{a} - \sqrt{\frac{\alpha a}{1-e^2}}e\dot{e}, \tag{6.5.15}$$

$$\dot{H} = -\frac{\partial \mathcal{H}}{\partial h} = \frac{\partial R}{\partial \Omega} = \frac{d}{dt}\sqrt{\alpha a(1-e^2)}\cos I$$

$$= \frac{1}{2}\sqrt{\frac{\alpha(1-e^2)}{a}}\cos I\dot{a} - \sqrt{\frac{\alpha a}{1-e^2}}e\cos I\dot{e} - \sqrt{\alpha a(1-e^2)}\sin I\dot{I}, \tag{6.5.16}$$

となる.

(6.5.14)-(6.5.16) 式より,

$$\dot{a} = 2\sqrt{\frac{a}{\alpha}}\frac{\partial R}{\partial \ell},$$

$$\dot{e} = -\sqrt{\frac{1-e^2}{\alpha a}}\frac{1}{e}\frac{\partial R}{\partial \omega} + \frac{1-e^2}{2ea}\dot{a},$$

$$\dot{I} = -\frac{1}{\sqrt{\alpha a(1-e^2)}\sin I}\frac{\partial R}{\partial \Omega} + \frac{\cos I}{2a\sin I}\dot{a} - \frac{e}{1-e^2}\frac{\cos I}{\sin I}\dot{e} \tag{6.5.17}$$

となるので, これらは $\dot{a}$, $\dot{e}$, $\dot{I}$ に関してすぐに解き直せる. ここで平均運動 n を用いることにすると

$$n \equiv \sqrt{\frac{GM}{a^3}} = \sqrt{\frac{\alpha}{a^3}}, \qquad \sqrt{\alpha a} = a^2 n, \qquad \sqrt{\frac{\alpha}{a}} = an \tag{6.5.18}$$

より

$$\dot{a} = \frac{2}{na}\frac{\partial R}{\partial \ell}, \tag{6.5.19}$$

$$\dot{e} = -\frac{\sqrt{1-e^2}}{na^2 e}\frac{\partial R}{\partial \omega} + \frac{1-e^2}{na^2 e}\frac{\partial R}{\partial \ell}, \tag{6.5.20}$$

$$\dot{I} = -\frac{1}{na^2 \sin I\sqrt{1-e^2}}\frac{\partial R}{\partial \Omega} + \frac{\cos I}{na^2 \sin I\sqrt{1-e^2}}\frac{\partial R}{\partial \omega} \tag{6.5.21}$$

を得る.

残りの (6.5.11)-(6.5.13) 式に対しては

$$a = \frac{L^2}{\alpha}, \qquad e = \sqrt{1-\frac{G^2}{L^2}}, \qquad \cos I = \frac{H}{G} \tag{6.5.22}$$

を用いると, 摂動関数の微分が

$$-\dot{\ell}+\frac{\alpha^2}{L^3}=\frac{\partial R}{\partial L}=\frac{\partial R}{\partial a}\frac{\partial a}{\partial L}+\frac{\partial R}{\partial e}\frac{\partial e}{\partial L}=\frac{\partial R}{\partial a}\frac{2L}{\alpha}+\frac{\partial R}{\partial e}\frac{G^2/L^3}{\sqrt{1-G^2/L^2}}$$

$$=\frac{\partial R}{\partial a}2\sqrt{\frac{a}{\alpha}}+\frac{\partial R}{\partial e}\frac{1-e^2}{e\sqrt{\alpha a}},\tag{6.5.23}$$

$$-\dot{\omega}=\frac{\partial R}{\partial G}=\frac{\partial R}{\partial e}\frac{\partial e}{\partial G}+\frac{\partial R}{\partial I}\frac{\partial I}{\partial G}=\frac{\partial R}{\partial e}\frac{-G/L^2}{\sqrt{1-G^2/L^2}}+\frac{\partial R}{\partial I}\frac{H}{G^2\sin I},$$

$$=\frac{\partial R}{\partial e}\left(-\frac{\sqrt{1-e^2}}{e\sqrt{\alpha a}}\right)+\frac{\partial R}{\partial I}\frac{\cos I}{\sqrt{\alpha a(1-e^2)}\sin I},\tag{6.5.24}$$

$$-\dot{\Omega}=\frac{\partial R}{\partial H}=\frac{\partial R}{\partial I}\frac{\partial I}{\partial H}=\frac{\partial R}{\partial I}\frac{-1}{G\sin I}$$

$$=\frac{\partial R}{\partial I}\frac{-1}{\sqrt{\alpha a(1-e^2)}\sin I}\tag{6.5.25}$$

となることより，同じく平均運動を用いて

$$\dot{\ell}=n-\frac{2}{na}\frac{\partial R}{\partial a}-\frac{1-e^2}{na^2 e}\frac{\partial R}{\partial e},\tag{6.5.26}$$

$$\dot{\omega}=\frac{\sqrt{1-e^2}}{na^2 e}\frac{\partial R}{\partial e}-\frac{\cos I}{na^2\sin I\sqrt{1-e^2}}\frac{\partial R}{\partial I},\tag{6.5.27}$$

$$\dot{\Omega}=\frac{1}{na^2\sin I\sqrt{1-e^2}}\frac{\partial R}{\partial I}\tag{6.5.28}$$

が得られる.

(6.5.19)-(6.5.21), (6.5.26)-(6.5.28) 式は，ラグランジュの惑星方程式と呼ばれ，天体力学において重要な基礎方程式の1つである.

第7章

黒体輻射とエネルギー量子

7.1 19世紀物理学にたれこめる2つの暗雲

1900年4月27日英国王立研究所において，ケルヴィン卿 (Lord Kelvin) は「熱と光の動力学理論をおおう19世紀の暗雲 (Nineteenth-Century Clouds over the Dynamical Theory of Heat and Light)」という有名な講演を行った[*1].

1つめの暗雲は，地球の公転にともなう光速度の変化の検出を目的としたマイケルソンとモーリーの実験の結果に関するものであった．仮に光が空間を満たす媒質「エーテル」(ether) 中を伝搬しているならば，その速度はエーテルに対する地球の相対速度とその方向に依存するはずである．にもかかわらず，彼らは地球の運動に対して平行な方向と垂直な方向との間で光速度に違いはないという奇妙な事実を発見してしまった（1887年）．これは，エーテルが存在しないことを示した実験であると評されることが多いが，ニュートン力学で成り立っていたガリレイ変換に対する不変性が光には適用できないことを示したというべきかもしれない．

もう1つの暗雲は黒体輻射 (blackbody radiation) の問題である．19世紀後半には，高温に熱せられた物体の輻射スペクトル[*2]が温度だけに依存する特徴的な関数形をとることが知られていた．しかしニュートン力学に基づく気体分子運動論によればスペクトルの紫外発散[*3]が予言され（7.2.3項参照），観測事実とは明らかに矛盾する．

ケルヴィン卿は，これらをさして「物理学の理論がもつ美しさと簡潔さが2つの暗雲によって損なわれている (beauty and clearness of theory was overshad-

---

[*1] http://www.physics.gla.ac.uk/Physics3/Kelvin_online/clouds.htm
[*2] 波長（周波数）の関数としての単位波長（周波数）あたりの輻射強度のこと．
[*3] 短波長にいくほど強度が増加し，やがては無限大になる．

owed by two clouds)」と述べ，物理学の将来に悲観的な見解を示したのだ．しかしこの２つの「暗雲」はいずれも，その直後に待ち受けていた20世紀物理学を切り拓く鍵となった．

1900年10月にプランク (Max Planck) は黒体輻射のスペクトルを記述する経験的な式を発見，その後エネルギー量子 (energy quanta) という革命的な概念を導入することでこの式を理論的に導き出すことに成功した．1905年，アインシュタイン (Albert Einstein) は有名な４つの革命的な論文を発表した．最初が「光の発生と変換に関する１つの発見的な見地について」[*4]で，プランクの量子仮説に基づき光を金属に当てることによって電子が飛び出す光電効果の理論を提案した．これはその後の量子論の基礎を与え，1921年のノーベル物理学賞の業績となった．2つめが「物体の慣性はそのエネルギーに依存するか？」[*5]で，質量とエネルギーに関する有名な公式 ($E = mc^2$) を導いた．3つめが「熱の分子論から要求される静止液体中の懸濁粒子の運動について」[*6]で，ブラウン運動をする粒子の測定から原子・分子の存在を実験的に検証できることを示した．最後が「運動する物体の電気力学について」[*7]である．これは，ニュートン力学がもつガリレイ変換に対する不変性と電磁気学のマクスウェル方程式がもつローレンツ変換に対する不変性とを両立させるべく，「特殊相対性原理」と「光速度一定の原理」を出発点として特殊相対論を構築したものである．

このように，1つめの「暗雲」はアインシュタインが完成させた特殊相対論，2つめはプランクとアインシュタインを初めとする多くの物理学者たちが試行錯誤の末に構築した量子力学，という20世紀を代表する新しい物理学への光明だったのである．以下では黒体輻射の問題に焦点をあて，それを古典的に説明しようとする試みがなぜ観測事実と一致しないのか，さらに，それを克服するためになぜ量子仮説が必要となるのかについて具体的に検討してみたい．

---

*4 "Über einen die Erzeugung und Verwandlung des Lichtes betreffenden heuristischen Gesichtspunkt", *Annalen der Physik*, **17** (1905) 133.

*5 "Ist die Trägheit eines Körpers von seinem Energieinhalt abhängig ?", *Annalen der Physik*, **18** (1905) 639.

*6 "Über die von der molekularkinetischen Theorie der Wärme geforderte Bewegung von in ruhenden Flüssigkeiten suspendierten Teilchen", *Annalen der Physik*, **17** (1905) 549.

*7 "Zur Elektrodynamik bewegter Körper", *Annalen der Physik*, **17** (1905) 891.

7.2 黒体輻射

黒体とは，熱平衡 (thermal equilibrium) にある「理想的」物体のことで，英語
の blackbody を直訳したものである．「黒」とは外からの輻射を反射せず完全に吸
収するという意味であり，黒と呼ぶ以上そこからの「輻射」はないように思える．
しかし実は熱平衡を達成するためにはある普遍的な関数にしたがうスペクトルをも
つ必要があり，これを黒体輻射と呼ぶ．7.5 節で述べるように，太陽の可視光も，
さらにはビッグバン宇宙の名残りである電波もまた黒体輻射スペクトルにしたがっ
ている．このように「黒」は誤解を与えやすい言葉であるが黒体輻射という用語は
すでに定着している[*8]．

本章では古典論にしたがってこの黒体輻射のスペクトルを導き，それが観測事実
とは矛盾することを示す．そのためにまず 7.2.1 項で，「温度 T の熱平衡にある系
がエネルギー E_n をもつ微視的状態 n にある確率は

$$p_T(E_n) = e^{-\beta E_n} = e^{-E_n/k_B T} \tag{7.2.1}$$

で与えられる」ことを気体の分子運動論を用いて簡単に説明する．これは統計力学
でボルツマン因子 (Boltzmann factor)，あるいはカノニカル分布と呼ばれる重要
な結果であり，いくつかの異なる方法を用いて導出できるが，詳細は統計力学の教
科書に譲る[*9]．この結果をすでに理解している読者は 7.2.1 項は飛ばして 7.2.2 項
へ進んでよい．

7.2.1 熱平衡にある力学系のエネルギー分布：ボルツマン因子

図 7.1 のように温度 T の熱浴と接する 2 つの独立な力学系 A と B を考え，それ
らが熱平衡状態にあるものとする．系のエネルギーを計算するためには，その微視
的状態を指定する必要がある．たとえば，A のなかに存在するすべての気体分子
の位置と運動量の値を指定すればエネルギー E_A が計算できる．そのような状態を
区別するラベルとして i や j を用いることにして，A がエネルギー E_{Ai} をもつ状
態 i に，B がエネルギー E_{Bj} をもつ状態 j にあるものとする．このとき A と B を
まとめて 1 つの系とみなせば，それもまた温度 T の熱平衡にあり，その状態は ij

[*8]　空洞輻射，熱輻射，プランク分布などと呼ばれることもある．

[*9]　たとえば，キッテル『熱物理学』(丸善)，キッテル『統計物理』(サイエンス社) などが読み
やすい．

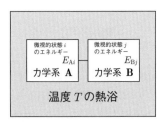

図 **7.1** 温度 T の熱浴と接している力学系 A と B. それぞれの微視的状態を示すラベルを i と j, その状態に対応するエネルギーを $E_{\mathrm{A}i}$, $E_{\mathrm{B}j}$ とする.

という 2 つのラベルで特徴づけられるエネルギー $E_{ij} = E_{\mathrm{A}i} + E_{\mathrm{B}j}$ をもつことになる.

ここで, 温度 T の熱平衡にある系がエネルギー E をもつような状態にある確率を $p_T(E)$ としよう. この確率の意味は混乱しやすい. たとえば, エネルギーが E という値をもつ力学系を選んでしまった後では, その確率という概念には意味がない. 系はその状態に応じてさまざまな値のエネルギーをもち得るが, そのなかで特に $E = E_n$ となる値をもつ状態 n にある確率が $p_T(E_n)$ なのである.

この確率は個々の系の性質には依存しない普遍的なものであるべきだ. このとき, 確率の積の法則より

$$p_T(E_{\mathrm{A}i}) p_T(E_{\mathrm{B}j}) = p_T(E_{ij}) = p_T(E_{\mathrm{A}i} + E_{\mathrm{B}j}) \tag{7.2.2}$$

が成立する. むろんこの式は任意の $E_{\mathrm{A}i}$, $E_{\mathrm{B}j}$ に対して成り立つ必要があるので, 両辺を $E_{\mathrm{A}i}$ で微分すると

$$\left.\frac{dp_T}{dE}\right|_{E=E_{\mathrm{A}i}} p_T(E_{\mathrm{B}j}) = \left.\frac{dp_T}{dE}\right|_{E=E_{\mathrm{A}i}+E_{\mathrm{B}j}}. \tag{7.2.3}$$

(7.2.3) 式と (7.2.2) 式を辺々割り算すると

$$\left.\frac{d \ln p_T}{dE}\right|_{E=E_{\mathrm{A}i}} = \left.\frac{d \ln p_T}{dE}\right|_{E=E_{\mathrm{A}i}+E_{\mathrm{B}j}}. \tag{7.2.4}$$

ここで $E_{\mathrm{A}i}$ と $E_{\mathrm{B}j}$ は任意であるので, ある定数 β を用いて

$$\frac{d \ln p_T}{dE} = -\beta \quad \Rightarrow \quad p_T(E) \propto e^{-\beta E} \tag{7.2.5}$$

と書けるはずだ.

この定数 β は個々の力学系の詳細には依存しないので, 熱平衡を特徴づける唯一のパラメータである温度 T だけの関数であろう. $\beta = \beta(T)$ の関数形を求めるた

めに，体積 V 内にある温度 T の理想気体 (ideal gas) を考える．この気体の圧力を P，分子数[*10]を N とすれば状態方程式

$$PV = Nk_\mathrm{B}T \qquad (k_\mathrm{B} = 1.38 \times 10^{-16}\mathrm{erg\,K^{-1}} : \text{ボルツマン定数}) \qquad (7.2.6)$$

が成り立つ．そこで (7.2.5) 式を用いて気体の圧力 P を具体的に計算することで，(7.2.6) 式が満たされるように $\beta(T)$ を決定してみる．

この気体分子のうち位置が $\boldsymbol{x} \sim \boldsymbol{x} + d\boldsymbol{x}$，速度が $\boldsymbol{v} \sim \boldsymbol{v} + d\boldsymbol{v}$ の範囲にある粒子数を

$$dN = f(\boldsymbol{x}, \boldsymbol{v})d\boldsymbol{x}d\boldsymbol{v} \qquad (7.2.7)$$

とし，$f(\boldsymbol{x}, \boldsymbol{v})$ を位相空間における分布関数 (distribution function) と呼ぼう．ここで，分布関数は (7.2.7) 式を位相空間で積分したときに全粒子数 N :

$$\int_V d\boldsymbol{x} \int d\boldsymbol{v}\, f(\boldsymbol{x}, \boldsymbol{v}) = N \qquad (7.2.8)$$

となるように規格化されているものとする．

理想気体は相互作用しないのでポテンシャルエネルギーは無視できる．したがって理想気体は体積 V 内で完全に無相関（ランダム）に分布しているはずで，その分布関数は $\boldsymbol{x}$ には依存しない．さらにエネルギー E は運動エネルギーと等しいので速度の絶対値 $v \equiv |\boldsymbol{v}|$ の関数

$$f(\boldsymbol{x}, \boldsymbol{v}) \equiv f_v(\boldsymbol{v}) \propto p_T(E) \propto e^{-\beta E(|\boldsymbol{v}|)} \qquad (7.2.9)$$

となる．質量 m の非相対論的気体分子に対しては，

$$f_v(\boldsymbol{v}) = C \exp\left(-\frac{m\beta}{2}v^2\right) \qquad (7.2.10)$$

と書けるから，規格化条件である (7.2.8) 式に代入して比例定数 C を決めると

$$N = C \underbrace{\int d\boldsymbol{x}}_{=V} \int \exp\left(-\frac{m\beta}{2}|\boldsymbol{v}|^2\right) d\boldsymbol{v} = VC \underbrace{\left[\int_{-\infty}^{+\infty} \exp\left(-\frac{m\beta}{2}u^2\right) du\right]^3}_{=(2\pi/m\beta)^{3/2}}$$

$$\Rightarrow \quad f_v(\boldsymbol{v}) = \frac{N}{V}\left(\frac{m\beta}{2\pi}\right)^{3/2} \exp\left(-\frac{m\beta}{2}v^2\right) \qquad (7.2.11)$$

[*10] モル数ではないことに注意.

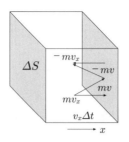

図 **7.2** 気体分子運動論による圧力の計算.

を得る*[11].

この分布関数を用いれば，気体分子運動論にしたがって圧力 P を計算することができる．たとえば x 軸に垂直な壁の面積 ΔS の部分に着目する（図 7.2）．圧力は単位面積あたりの力であり，力は単位時間あたりの運動量の変化であるから，速度 $\boldsymbol{v}=(v_x,v_y,v_z)$ をもつ粒子が微小時間 Δt に ΔS と衝突し完全弾性散乱する個数を考慮して

$$\begin{aligned}
P &= \frac{1}{\Delta S \Delta t}\int (\Delta S v_x \Delta t) f_v(\boldsymbol{v}) 2 m v_x d\boldsymbol{v} \\
&= \frac{N}{V}\left(\frac{m\beta}{2\pi}\right)^{3/2} 2m \int_0^\infty v_x^2 e^{-m\beta v_x^2/2} dv_x \int_{-\infty}^\infty e^{-m\beta v_y^2/2} dv_y \int_{-\infty}^\infty e^{-m\beta v_z^2/2} dv_z \\
&= 2m\frac{N}{V}\left(\frac{m\beta}{2\pi}\right)^{3/2}\frac{1}{4}\sqrt{\pi\left(\frac{2}{m\beta}\right)^3}\left(\frac{2\pi}{m\beta}\right) = \frac{N}{V}\frac{1}{\beta}
\end{aligned} \qquad (7.2.12)$$

が得られる．この式と (7.2.6) 式を比べると

$$\beta = \frac{1}{k_\mathrm{B} T} \qquad (7.2.13)$$

---

*[11] 物理学では正規分布（normal distribution: ガウス分布 (Gaussian distribution) ともいう）の定積分が頻繁に登場する．分散 σ^2 に対応する規格化された正規分布関数が

$$p(x) = \frac{1}{\sqrt{2\pi\sigma^2}}\exp\left(-\frac{x^2}{2\sigma^2}\right)$$

であることさえ記憶しておけば，

$$\int_{-\infty}^{+\infty}\exp\left(-\frac{x^2}{2\sigma^2}\right)dx = \sqrt{2\pi\sigma^2} \ \Rightarrow \ \int_{-\infty}^{+\infty} e^{-\alpha x^2} dx = \sqrt{\frac{\pi}{\alpha}}$$

はすぐわかる．さらに上式を α について繰り返し微分することで次式を得る．

$$\int_{-\infty}^{+\infty} x^{2n} e^{-\alpha x^2} dx = \frac{(2n-1)!!}{2^n}\sqrt{\frac{\pi}{\alpha^{2n+1}}} = \frac{(2n-1)!!}{2^n \alpha^n}\int_{-\infty}^{+\infty} e^{-\alpha x^2} dx.$$

であることがわかる.

このように温度 T の熱平衡にある系がエネルギー E_n をもつ状態にある確率[*12] は (7.2.1) 式:

$$p_T(E_n) = e^{-\beta E_n} = e^{-E_n/k_B T} \tag{7.2.14}$$

で与えられることが示された. これをボルツマン因子と呼ぶ.

7.2.2 エネルギー等分配則と真空の比熱

次に熱平衡にある自由度 $2K$ の力学系を考えよう. ボルツマン因子を適用すれば, この系の座標と運動量が $q \sim q+dq,\ p \sim p+dp$ にある確率は

$$P(q,p)dqdp \equiv P(q^1, \cdots, q^K, p^1, \cdots, p^K)dq^1 \cdots dq^K dp^1 \cdots dp^K$$
$$= Ae^{-E(q^1, \cdots, q^K, p^1, \cdots, p^K)/k_B T}dq^1 \cdots dq^K dp^1 \cdots dp^K \tag{7.2.15}$$

と書ける. ここで A は規格化定数:

$$A = \left[\int \cdots \int e^{-E(q^1, \cdots, q^K, p^1, \cdots, p^K)/k_B T}dq^1 \cdots dq^K dp^1 \cdots dp^K \right]^{-1} \tag{7.2.16}$$

である. (7.2.15) 式を用いれば座標 q と運動量 p の関数である物理量 $F(q,p)$ の期待値 (expectation value:平均値 (mean value) ということもある) を

$$\langle F \rangle = \iint F(q,p)P(q,p)dqdp \tag{7.2.17}$$

にしたがって計算できる.

例として, エネルギーがある力学変数 x の関数として

$$\varepsilon(x) = \varepsilon_0 x^2 \quad (\varepsilon_0 : 定数) \tag{7.2.18}$$

で与えられる系を考えると,

$$\int_{-\infty}^{+\infty} \varepsilon(x) \exp\left[-\frac{\varepsilon(x)}{k_B T} \right] dx = \int_{-\infty}^{+\infty} \varepsilon_0 x^2 \exp\left(-\frac{\varepsilon_0 x^2}{k_B T} \right) dx$$
$$= -\frac{k_B T}{2} x \exp\left(-\frac{\varepsilon_0 x^2}{k_B T} \right) \Big|_{-\infty}^{+\infty} + \frac{k_B T}{2} \int_{-\infty}^{+\infty} \exp\left(-\frac{\varepsilon_0 x^2}{k_B T} \right) dx$$
$$= \frac{k_B T}{2} \int_{-\infty}^{+\infty} \exp\left(-\frac{\varepsilon_0 x^2}{k_B T} \right) dx$$

[*12] この確率の振幅は規格化されていないので, より正確には相対確率というべきである.

96 | 7 黒体輻射とエネルギー量子

$$\Rightarrow \quad \langle \varepsilon \rangle = \frac{\displaystyle\int_{-\infty}^{+\infty} \varepsilon_0 x^2 \exp\left(-\frac{\varepsilon_0 x^2}{k_{\mathrm{B}}T}\right) dx}{\displaystyle\int_{-\infty}^{+\infty} \exp\left(-\frac{\varepsilon_0 x^2}{k_{\mathrm{B}}T}\right) dx} = \frac{1}{2}k_{\mathrm{B}}T \tag{7.2.19}$$

となる．このようにエネルギーが力学変数の2乗に比例する場合には，熱平衡状態での1自由度あたりのエネルギー期待値は $k_{\mathrm{B}}T/2$ となり，その係数（今の場合は ε_0）に無関係である．これをエネルギーの等分配則 (equipartition law) と呼ぶ．

さらに重要なのは，多自由度系のエネルギーが

$$E = \sum_{k=1}^{K} E_k = \sum_{k=1}^{K} \left[\alpha_k (p^k)^2 + \beta_k (q^k)^2 \right] \tag{7.2.20}$$

で与えられる場合である．第1項は運動エネルギー，第2項はポテンシャルエネルギーに対応する．ここで α_k と β_k は任意の定数であるが，たとえば1次元調和振動子 (harmonic oscillator) の集合の場合には，質量 m_k と固有振動数 w_k を用いて

$$\alpha_k = \frac{1}{2m_k}, \quad \beta_k = \frac{m_k w_k^2}{2} \tag{7.2.21}$$

と書くことができる．(7.2.19) 式の結果を用いれば各自由度あたりの運動エネルギーとポテンシャルエネルギーの期待値はいずれも

$$\langle \alpha_k (p^k)^2 \rangle = \langle \beta_k (q^k)^2 \rangle = \frac{k_{\mathrm{B}}T}{2} \tag{7.2.22}$$

で与えられる．したがって等分配則が成り立つ限り，この系のエネルギー期待値は

$$\langle E \rangle = \sum_{k=1}^{K} \langle E_k \rangle = 2K \times \frac{1}{2}k_{\mathrm{B}}T = K k_{\mathrm{B}}T \tag{7.2.23}$$

となるはずだ．

エネルギー等分配則をもう少し詳しく検討してみよう．まず，相互作用が無視できる単原子分子理想気体を考えると，1分子あたりの自由度は並進運動に対応する3である．したがって，エネルギー等分配則より1分子あたりの比熱 (specific heat) は $3k_{\mathrm{B}}/2$ となる．2原子分子の場合には2つの原子を結ぶ軸の回転の自由度2が付け加わるので（2原子系を剛体とみなしているので振動の自由度は無視する），1分子あたりの比熱は $5k_{\mathrm{B}}/2$ となる．1分子あたりではなく分子1モルあた

りの比熱（モル比熱）は，単原子分子と 2 原子分子の場合それぞれ $3R/2$, $5R/2$ となる．ここで，気体定数 R はアボガドロ数 $N_A \approx 6.02 \times 10^{23}$ とボルツマン定数の積：

$$R = N_A k_B \approx \frac{8.31 \text{ J mol}^{-1} \text{ K}^{-1}}{4.19 \text{ J cal}^{-1}} \approx 1.98 \, [\text{cal mol}^{-1} \text{ K}^{-1}] \tag{7.2.24}$$

によって定義される．

通常の固体は原子が格子上に並んだ結晶構造をしている．この場合，運動エネルギーのみならずポテンシャルエネルギーに対応する項[*13]も現れるので 1 原子あたりの自由度は 6，したがってモル比熱は $3R$ となる[*14]．これはデュロン–プティの法則 (Dulon-Petit law) として知られている．固体の比熱に対するこの理論予想は，高温では実験結果をうまく再現するものの，低温になるとずれてしまう．たとえば，水素分子気体の場合，絶対温度で 300 K 程度での比熱は $5R/2$ に近いものの，温度を下げるにつれて比熱も小さくなり，50 K 程度となるとむしろ単原子分子の値 $3R/2$ に近い．つまり低温になるにしたがって，回転の自由度が死んでしまうようだ．固体の場合，低温になると比熱は 0 に近づく．このように現実には低温側ではエネルギー等分配則が破れているらしい．

7.2.3 レイリー–ジーンズの式

電磁場は無限自由度の調和振動子の集まりであると解釈できるから（A.6 節），(7.2.23) 式をそのまま用いて単純に $K \to \infty$ とすれば，真空の比熱は発散してしまう．とすれば，真空は熱浴から無限にエネルギーを得ることになり，熱平衡状態は実現し得ない．もちろん，これは経験事実と相容れない．それを認識した上で，あえてエネルギー等分配則が成り立つ場合に予想される輻射スペクトルを求めてみよう．

1 辺 L の立方体内の電磁場を考えて周期的境界条件 (periodic boundary condition) を課すことにすると，電磁場の波長の整数倍が L と一致する必要がある．これは x, y, z の各成分で成り立つので，波数ベクトル $\boldsymbol{k}$ を $L/(2\pi)$ 倍したものは無次元の整数ベクトル $\boldsymbol{n}$ となる．したがって，波数の大きさ $|\boldsymbol{k}|$ が $k \sim k + dk$ の範囲にある波数ベクトルの個数は，$k \gg L/(2\pi)$ の場合，対応する整数ベクトル

[*13] 格子点上が安定な基準点だとすれば，そこからの変位を $\boldsymbol{q}$ としたとき，ポテンシャルエネルギーはその最低次では (7.2.20) 式のように 2 次関数で近似できる．

[*14] N 個の原子からなる固体を考えるとその自由度は，剛体全体としての並進と回転の自由度それぞれ 3 を差し引いて $6N-6$ であるが，もちろんこれは近似的に $6N$ としてよい．

$n = kL/(2\pi)$ の個数と等しいので

$$N(k)dk = 4\pi n^2 dn = \left(\frac{L}{2\pi}\right)^3 \times 4\pi k^2 dk \tag{7.2.25}$$

で近似できる[*15]. 電磁場は横波だから独立な2つの自由度をもつ調和振動子として振舞う（付録A章参照）. (7.2.23) 式によれば熱平衡にある2自由度の調和振動子のエネルギー期待値は $2k_\mathrm{B}T$ だから，電磁場の単位体積あたりのエネルギーは

$$I(k)dk = \frac{1}{L^3} \times 2k_\mathrm{B}T \times N(k)dk = \frac{k_\mathrm{B}T}{\pi^2}k^2 dk. \tag{7.2.26}$$

通常は，これを周波数 $\nu = w/2\pi = ck/2\pi$ の関数として

$$I(k)dk \equiv I(\nu)d\nu = \frac{k_\mathrm{B}T}{\pi^2}\left(\frac{2\pi}{c}\right)^3 \nu^2 d\nu = \frac{8\pi k_\mathrm{B}T}{c^3}\nu^2 d\nu \tag{7.2.27}$$

と書き，レイリー–ジーンズの式 (Rayleigh-Jeans law) と呼ぶ（図 7.3）. $I(\nu)$ の次元は，単位周波数・単位体積あたりのエネルギー [erg cm^{-3} Hz^{-1}] である. 明らかにこの式は ν が大きくなると発散する. この発散の原因は ν が大きい領域でもエネルギー等分配則が成り立つと仮定したことにある.

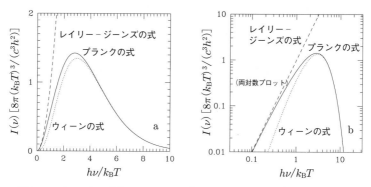

図 7.3 プランクの式と，ウィーンの式，レイリー–ジーンズの式との比較. 右図は左図の横軸と縦軸をともに対数で描き直したもの.

7.2.4　ウィーンの式からプランクの式へ

ウィーン (Wilhelm Wien) は，(7.2.27) 式のかわりに

$$I(\nu) = \frac{8\pi k_\mathrm{B}a}{c^3}\exp\left(-\frac{a\nu}{T}\right)\nu^3 \tag{7.2.28}$$

[*15] $N(k)dk$ が個数なので，$N(k)$ 自体は個数ではなく単位波数あたりの個数密度であることに注意.

とし，定数パラメータ a の値をうまく選べば ν が大きい領域での実験結果が再現できることを発見した（ウィーンの式：Wien's law）．しかし図7.3に示されているように，ν の中間領域では，(7.2.27) 式と (7.2.28) 式のいずれも黒体輻射スペクトルを正確に記述することはできない．

プランクは，(7.2.27) 式と (7.2.28) 式とを滑らかにつなぐ内挿公式：

$$I(\nu) = \frac{8\pi k_{\mathrm{B}} a}{c^3} \frac{1}{e^{a\nu/T} - 1} \nu^3 \tag{7.2.29}$$

が黒体輻射スペクトルの測定データを正確に再現することを見出した．今では a のかわりに $h \equiv a k_{\mathrm{B}} = 6.626 \times 10^{-27}$ erg s を用いて，

$$I(\nu) = \frac{8\pi h}{c^3} \frac{1}{e^{h\nu/k_{\mathrm{B}}T} - 1} \nu^3 \tag{7.2.30}$$

と書かれる（図7.3）．h はプランク定数 (Planck's constant)，(7.2.30) 式はプランクの式 (Planck's law) と呼ばれる．経験的に得られた近似式が観測事実を見事に再現するとなると，実は厳密に成り立つ結果なのではないかと思えてくる．ではこのプランクの式を理論的に導くにはどうすればいいのだろう．レイリー–ジーンズの式の導出で用いた仮定のどこを修正しなくてはいけないのだろう．

7.3 エネルギーの量子化

(7.2.30) 式には $h\nu/k_{\mathrm{B}}T$ という組み合わせが登場する．この比の値に応じて，レイリー–ジーンズの式（低周波数領域，あるいは高温領域）とウィーンの式（高周波数領域，あるいは低温領域）に漸近する．レイリー–ジーンズの式はエネルギー等分配則を前提として計算されたものであるが，実際には低温領域あるいは高周波数領域ではエネルギー等分配則が破れているらしい．それを説明するために導入されたのが「エネルギーはある基本単位の整数倍の値だけをとる」というエネルギー量子仮説である[16]．

具体的に，ある1つの自由度のみをとりだした

$$E = \alpha p^2 + \beta q^2 \tag{7.3.1}$$

の場合を考えてみる．E（すなわち p と q）が連続的な値をとり得る場合には，

---

[16] 物質は連続的なものではなく，素粒子という離散的な存在の集合体であることから類推すれば，エネルギーもまた量子化されているとしてもおかしくはない．しかし論理的にはそこに大きな飛躍があることもまた事実である．

のように (E, θ) に変数変換すれば，位相空間の体積要素を

$$p = \sqrt{\frac{E}{\alpha}} \cos \theta, \quad q = \sqrt{\frac{E}{\beta}} \sin \theta \tag{7.3.2}$$

のように (E, θ) に変数変換すれば，位相空間の体積要素を

$$dpdq = \begin{vmatrix} \partial p/\partial E & \partial p/\partial \theta \\ \partial q/\partial E & \partial q/\partial \theta \end{vmatrix} dEd\theta = \frac{1}{2\sqrt{\alpha\beta}} dEd\theta \tag{7.3.3}$$

と書き直せる．したがって

$$\langle E \rangle = \frac{\displaystyle\int_0^{2\pi} d\theta \int_0^\infty E e^{-E/k_{\mathrm{B}}T} dE}{\displaystyle\int_0^{2\pi} d\theta \int_0^\infty e^{-E/k_{\mathrm{B}}T} dE} = k_{\mathrm{B}}T \tag{7.3.4}$$

となり，全エネルギーの期待値は $k_{\mathrm{B}}T$ である[*17].

一方，エネルギーが量子化されており，基本単位 ε の整数倍：

$$E = \alpha p^2 + \beta q^2 = n\varepsilon \quad (n = 0, 1, 2 \cdots) \tag{7.3.5}$$

のみが許される場合には，積分が和に置き換えられて

$$\langle E \rangle = \frac{\displaystyle\int_0^\infty E e^{-E/k_{\mathrm{B}}T} dE}{\displaystyle\int_0^\infty e^{-E/k_{\mathrm{B}}T} dE} = \frac{\displaystyle\sum_{n=0}^\infty n\varepsilon e^{-n\varepsilon/k_{\mathrm{B}}T}}{\displaystyle\sum_{n=0}^\infty e^{-n\varepsilon/k_{\mathrm{B}}T}} \tag{7.3.6}$$

となる．ここで

$$Z = \sum_{n=0}^\infty e^{-n\varepsilon/k_{\mathrm{B}}T} = \frac{1}{1 - e^{-\varepsilon/k_{\mathrm{B}}T}} \tag{7.3.7}$$

と定義すれば[*18]

[*17] もちろんこの結果は (7.2.23) 式ですでに導かれたものと一致する．

[*18] この Z は分配関数 (partition function) と呼ばれる．

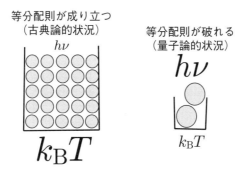

図 **7.4** エネルギーの量子化と等分配則の破れ．左が $h\nu \ll k_{\mathrm{B}}T$，右が $h\nu \gg k_{\mathrm{B}}T$ の場合を表している．

$$\langle E \rangle = \frac{1}{Z}\frac{\partial Z}{\partial(-1/k_{\mathrm{B}}T)} = \frac{1}{Z}\frac{\varepsilon e^{-\varepsilon/k_{\mathrm{B}}T}}{(1-e^{-\varepsilon/k_{\mathrm{B}}T})^2} = \frac{\varepsilon}{e^{\varepsilon/k_{\mathrm{B}}T}-1} \tag{7.3.8}$$

$$\Rightarrow \quad \langle E \rangle \approx k_{\mathrm{B}}T \ \ (\varepsilon \ll k_{\mathrm{B}}T), \quad \langle E \rangle \ll k_{\mathrm{B}}T \ \ (\varepsilon \gg k_{\mathrm{B}}T). \tag{7.3.9}$$

この結果は，量子化されたエネルギー単位 ε が温度に対応するエネルギースケール $k_{\mathrm{B}}T$ に比べて十分小さければ連続分布の場合と同じ振舞いをするものの，逆に温度が低くなるとその量子性が顕著となり，エネルギーの割り当てが非効率となる結果，等分配が破れてしまうことを示している（図 7.4）．

そこで (7.2.27) 式にもどって $k_{\mathrm{B}}T$ を (7.3.8) 式の $\langle E \rangle$ に置き換えれば

$$I(\nu) = 2 \times \frac{4\pi\nu^2}{c^3} \frac{\varepsilon}{e^{\varepsilon/k_{\mathrm{B}}T}-1} \tag{7.3.10}$$

となる．(7.2.30) 式と (7.3.10) 式を比べると，エネルギーの基本単位が

$$\varepsilon = h\nu \tag{7.3.11}$$

であることがわかる．経験的に発見されたプランクの式は，実は「光のエネルギーは連続的な値をとるのではなく $h\nu$ を単位とした整数倍に量子化されている」という驚くべき事実を意味していたのだ．そこに登場するプランク定数 h は，別名作用量子と呼ばれることからもわかるように作用の次元[19]をもち，微視的世界の量子性を特徴づける重要な基礎物理定数である．

---

[19] [エネルギー $\times$ 時間] $=$ [運動量 $\times$ 長さ] $=$ [角運動量].

102 | 7 黒体輻射とエネルギー量子

7.4 プランク分布とウィーンの変位則

前節で，光のエネルギーが $h\nu$ を単位として量子化された場合には，温度 T の熱平衡にある黒体の単位周波数あたりのエネルギー密度が，プランク分布：

$$I(\nu) = \frac{8\pi}{c^3}\frac{h\nu^3}{e^{h\nu/k_\mathrm{B}T}-1} \tag{7.4.1}$$

となることが導かれた．(7.4.1) 式は，高温（低周波数）領域で

$$I(\nu) \approx \frac{8\pi}{c^3}\frac{h\nu^3}{h\nu/k_\mathrm{B}T} = \frac{8\pi k_\mathrm{B}T}{c^3}\nu^2 \qquad (h\nu \ll k_\mathrm{B}T) \tag{7.4.2}$$

となり，レイリー–ジーンズの式に帰着する．この式は h を含んでいないことからもわかるように純粋に古典論からの帰結である．逆に，低温（高周波数）領域では

$$I(\nu) \approx \frac{8\pi h\nu^3}{c^3}\exp\left(-\frac{h\nu}{k_\mathrm{B}T}\right) \qquad (h\nu \gg k_\mathrm{B}T) \tag{7.4.3}$$

となり，ウィーンの式を再現する．このように量子性が関与する場合には h が登場することになる．

プランク分布（[7.4.1] 式）を周波数で積分すると，温度 T の熱平衡にある光子の単位体積あたりのエネルギー密度 $u\,[\mathrm{erg\ cm^{-3}}]$：

$$u = \int_0^\infty I(\nu)d\nu = \frac{8\pi k_\mathrm{B}^4 T^4}{h^3 c^3}\underbrace{\int_0^\infty \frac{x^3 dx}{e^x-1}}_{=\pi^4/15} = a_\gamma T^4 \tag{7.4.4}$$

が得られる[20]．定数 a_γ は輻射定数 (radiation constant) と呼ばれ，その値は

---

[20] (7.4.4) 式に登場するタイプの積分はツェータ関数：

$$\zeta(n) \equiv \sum_{k=1}^\infty \frac{1}{k^n}, \qquad \zeta(2) = \frac{\pi^2}{6}, \quad \zeta(3) \approx 1.202, \quad \zeta(4) = \frac{\pi^4}{90}, \quad \zeta(5) \approx 1.037$$

を用いて表すことができる（ただし，n は 1 以上の実数）．特に n が整数の場合には

$$\int_0^\infty \frac{x^n}{e^x-1}dx = \int_0^\infty \frac{x^n}{e^x}\sum_{k=0}^\infty e^{-kx}dx = \sum_{k=1}^\infty \int_0^\infty x^n e^{-kx}dx = n!\,\zeta(n+1).$$

ここで

$$\int_0^\infty x^n e^{-kx}dx = -\underbrace{\left.\frac{x^n}{k}e^{-kx}\right|_0^\infty}_{=0} + \frac{n}{k}\int_0^\infty x^{n-1}e^{-kx}dx = \frac{n}{k}\int_0^\infty x^{n-1}e^{-kx}dx$$

$$= \frac{n!}{k^n}\int_0^\infty e^{-kx}dx = \frac{n!}{k^{n+1}}$$

$$a_\gamma = \frac{8\pi^5 k_{\rm B}^4}{15 h^3 c^3} = \frac{\pi^2 k_{\rm B}^4}{15 \hbar^3 c^3} \approx 7.6 \times 10^{-15}\ {\rm erg\ cm^{-3}\ K^{-4}} \tag{7.4.5}$$

である[*21]. (7.4.4) 式をステファン–ボルツマンの式と呼ぶこともあるが，通常は黒体の表面から単位面積・単位時間あたりにでてくる輻射エネルギーのフラックス [erg s^{-1} cm^{-2}]：

$$F = \frac{c}{4\pi} \int_0^\infty d\nu \int_0^{\pi/2} 2\pi \sin\theta d\theta\ \cos\theta I(\nu) = \frac{c}{4} u = \frac{c a_\gamma}{4} T^4 \tag{7.4.6}$$

をステファン–ボルツマンの式 (Stefan-Boltzmann law) ということが多いようだ[*22]．この係数がステファン–ボルツマン定数 (Stefan-Boltzmann constant)：

$$\sigma_{\rm SB} = \frac{c a_\gamma}{4} = \frac{2\pi^5 k_{\rm B}^4}{15 h^3 c^2} = \frac{\pi^2 k_{\rm B}^4}{60 \hbar^3 c^2} \approx 5.67 \times 10^{-5}\ {\rm erg\,s^{-1}\ cm^{-2}\ K^{-4}} \tag{7.4.7}$$

である．

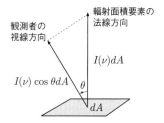

図 **7.5** 微小面積 dA から放出される黒体輻射フラックス．

図 7.3 からもわかるようにプランク分布はある周波数でピークをもつ．(7.3.8) 式に登場する特徴的なエネルギースケールは $k_{\rm B}T$ だけなので，プランク分布のピークの位置は近似的に $h\nu_{\rm peak} \approx k_{\rm B}T$ で与えられることが予想される．実際，$x \equiv h\nu/k_{\rm B}T$ とおいて $I(\nu)$ の極値を計算すれば

を用いた．同様にして次の式も証明できる．

$$\int_0^\infty \frac{x^n}{e^x + 1} dx = \left(1 - \frac{1}{2^n}\right) n!\,\zeta(n+1).$$

[*21] $\hbar \equiv h/2\pi$ は換算プランク定数 (reduced Planck's constant) であるが，単にプランク定数と呼ばれることも多い．
[*22] (7.4.6) 式は，図 7.5 のように黒体の表面の法線方向に対して角度 θ だけ離れた方向へのエネルギー流 ($\propto I(\nu)\cos\theta$) を全立体角・周波数にわたって積分したものである．

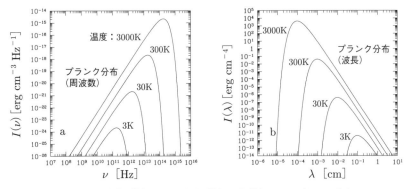

図 7.6 周波数(左)および波長(右)の関数としてのプランク分布.

$$I(\nu) \propto \frac{x^3}{e^x - 1} \Rightarrow \frac{dI}{dx} \propto \frac{3x^2(e^x - 1) - x^3 e^x}{(e^x - 1)^2} = 0$$

$$\Rightarrow (3-x)e^x - 3 = 0 \Rightarrow x_{\text{peak}} = \frac{h\nu_{\text{peak}}}{k_{\text{B}} T} \approx 2.821. \tag{7.4.8}$$

これより,$I(\nu)$ のピークを与える周波数 ν_{peak} と温度 T の間には

$$\frac{T}{\nu_{\text{peak}}} \approx \frac{h}{2.821 k_{\text{B}}} \approx \frac{1}{60} \, [\text{K GHz}^{-1}] \tag{7.4.9}$$

という関係が成り立つ.

ところで,(7.4.1) 式を周波数ではなく波長の関数に変換して,ピークを与える波長の値を計算すると,(7.4.9) 式の結果とは若干ずれてしまう.具体的には

$$\tilde{I}(\lambda) d\lambda \equiv -I(\nu) d\nu \Rightarrow \tilde{I}(\lambda) = \frac{8\pi hc}{\lambda^5} \frac{1}{e^{hc/(\lambda k_{\text{B}} T)} - 1} \tag{7.4.10}$$

より,$x \equiv hc/\lambda k_{\text{B}} T$ とおくと,上述と同様にして

$$\tilde{I}(\lambda) \propto \frac{x^5}{e^x - 1} \Rightarrow \frac{d\tilde{I}}{dx} \propto \frac{5x^4(e^x - 1) - x^5 e^x}{(e^x - 1)^2} = 0$$

$$\Rightarrow (5-x)e^x - 5 = 0 \Rightarrow x_{\text{peak}} = \frac{hc}{k_{\text{B}} T \lambda_{\text{peak}}} \approx 4.965. \tag{7.4.11}$$

したがって,$\tilde{I}(\lambda)$ のピークを与える波長 λ_{peak} は温度と

$$\lambda_{\text{peak}} T \approx \frac{hc}{4.965 k_{\text{B}}} \approx 0.3 \, [\text{cm K}] \tag{7.4.12}$$

という関係にある.このようにプランク分布のピークは,単位波長あたりなのか,それとも単位周波数あたりなのかによって係数が 2 倍程度違ってしまう.こ

れは，$d\nu$ を $d\lambda$ に変換した際に λ^2 という因子が余分につくためである．したがって，(7.4.9) 式と (7.4.12) 式で定義された値は $\nu_{\rm peak}\lambda_{\rm peak} \neq c$ となっているのである．通常は，単位波長あたりで定義した (7.4.12) 式をウィーンの変位則 (Wien's displacement law) と呼んでいる．

プランク分布を周波数および波長の関数としてプロットした図 7.6 を見れば，その温度依存性が明らかである．振幅は温度の単調増加関数であり，そのピークの位置は (7.4.9) 式あるいは (7.4.12) 式にしたがって，単調にシフトする．その結果，異なる温度に対応するプランク分布はけっして交わらないことを注意しておく．

7.5 太陽の温度と宇宙の温度

プランクの式は光のエネルギー量子という概念と直接結びついている．したがって微視的世界の記述において重要であることは自明だが，実は巨視的な物体の象徴ともいえる太陽さらには宇宙そのものの観測においても本質的な意味をもつ．

図 7.7 は，地球で観測される太陽のスペクトルである．大気圏外でのスペクトルの関数形はプランク分布とよく一致している．そのピーク波長は約 5000 Å なので，ウィーンの変位則 (7.4.12) 式によれば太陽の表面温度は約 6000 K であることがわかる．光の三原色は青 (4500-4850 Å)，緑 (5000-5650 Å)，赤 (6250-7400 Å) なので，このピーク波長は青緑色に対応する．ところが実際には太陽は黄色 (5700-5900 Å) に見える．(7.4.12) 式は単位波長あたりのスペクトル強度のピーク波長であるが，単位周波数あたりのスペクトル強度のピーク周波数である (7.4.9) 式から計算すると 8500 Å となってしまい，やはり黄色ではない．

念のため，エネルギースペクトルをエネルギー量子である $h\nu$ で割り算すれば，周波数および波長の関数としての光子数分布：

$$N_\gamma(\nu) = \frac{8\pi\nu^2}{c^2}\frac{1}{e^{hc/(\lambda k_{\rm B}T)}-1}, \quad \tilde{N}_\gamma(\lambda) = \frac{8\pi}{\lambda^4}\frac{1}{e^{hc/(\lambda k_{\rm B}T)}-1} \tag{7.5.1}$$

が得られる．これらの分布は

$$\nu_{N,\rm peak} \approx \frac{1.594 k_{\rm B}T}{h}, \quad \lambda_{N,\rm peak} \approx \frac{hc}{3.921 k_{\rm B}T} \tag{7.5.2}$$

でピークをもつ．太陽の表面温度である $T = 5800$ K を代入すると，ピーク波長はそれぞれ 15580 Å，6330 Å という値となり，やはり黄色ではない．

しばしば「人類の視覚は太陽の強度が最大になる波長域に適応して発達した」という記述をする本を見かけるが，より定量的に考えると若干ずれている．また太

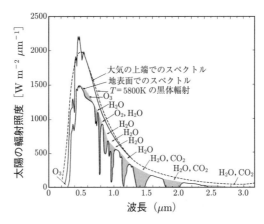

図 **7.7** 太陽のスペクトル (*Handbook of Geophysics and Space Environments*, McGraw-Hill, 1965). 影をつけた部分は大気中の気体による吸収を表す.

陽大気, さらには地球大気による吸収の効果を考える必要もある[*23]. そもそも上述の議論は単色光を念頭においた単純な議論にすぎず, 結局は人類の視覚の応答特性, さらには色認識の心理学的な側面の問題として理解されるべきなのであろう[*24].

現在の宇宙は, 電波からガンマ線にわたる広い波長域においてさまざまな電磁波の輻射で満たされている. 特に周波数 3-30 GHz の電波領域を満たしている背景輻射は, 宇宙マイクロ波背景輻射 (CMB:Cosmic Microwave Background ra-

---

[*23] 黒体輻射は連続スペクトルであるが, 実際に観測される太陽光のスペクトルには, 太陽および地球の大気中に存在する種々の原子分子の吸収線 (absorption line) が加わっている. 特に, 水蒸気, 二酸化炭素, 酸素, オゾンの吸収線が顕著である. この特徴的な吸収線の存在もまた量子論の必然性と関係しているのであるが, それについては 8 章に譲る.

[*24] しかしそもそも人間の視覚が定量的に太陽のスペクトルに一致するべき必然性もあまり高いとは思えない. 人間が夜行性であれば, 生存のために外敵を避けるべく赤外線領域に視覚が発達した, などというまことしやかな後づけの説明がなされていたことであろう. 専門家の間ではすでに理解されていることなのかもしれないが, 個人的には興味深い話題だと考えているので詳しく記述してみた. ちなみに, 私は保育園の頃にお日さまの絵を黄色のクレヨンで塗って, 保母さんに大笑いされたいやな経験をもつ.「お日さまは赤で塗るのがあたりまえよ」と強制されたのであるが, 私にはけっして赤には見えなかった (今でも見えない). 幼心にも, 大人の世界には真実とは異なる不条理な約束事があることを知ってしまい, 納得できないでいた. その後今日にいたるまで, 夕日でもないのに太陽を赤く塗った子供の絵を見るたびに,「ああこの子も世の中の悪しき習慣を無理矢理押しつけられて育っているんだなあ」といやな気持ちになる. 以前米国の子供の絵を見たことがあるが, 確か太陽が正しく黄色に塗られていたように記憶する. やはり米国は自由の国なのである (本当か?).

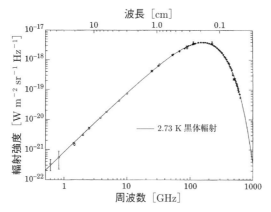

図 **7.8** 宇宙マイクロ波背景輻射のスペクトル．実線は，観測データをもっともよく再現するプランク分布 (Particle Data Group, *Physics Letters B*, **592**(2004) 1).

diation) として有名である．この輻射の存在は，1940 年代末にビッグバン宇宙論 (Big Bang cosmology) の提唱者であるガモフ (George Gamow) が彼の大学院生とともに，高温・高密度であった宇宙初期そのものの痕跡として，理論的に予言していた．1964 年に米国のベル研究所のペンジアス (Arno A. Penzias) とウィルソン (Robert A. Wilson) がその予言を知らないまま偶然に発見した．この結果，それまでむしろ異端とみなされていたビッグバン宇宙論は急速に市民権を得る．発見者の 2 人は 1978 年にノーベル物理学賞を授与された[*25].

初期の CMB 観測はいずれも黒体輻射のピーク波長よりも長波長側のレイリー–ジーンズ領域に限られていた．むろん，スペクトルの全体像をとらえるには短波長側のウィーン領域まで観測する必要がある．しかし大気吸収のためにそのような観測を地上から行うことは困難であった．それを可能としたのは 1989 年に打ち上げられた米国の人工衛星 COBE (COsmic Background Explorer) で，CMB のピークを含む広い波長帯におけるスペクトルの精密測定を行い温度 2.725 ± 0.002 K のプランク分布と見事に一致することを示した．このプロジェクトを率いたマザー (John C. Mather) とスムート (George F. Smoot) の 2 名は 2006 年度ノーベル物理学賞を受賞した．COBE を含めた CMB スペクトル測定の結果を図 7.8 に示す．周波数を横軸にしたこの図では，180 GHz 付近にピークがあるから (7.4.9) 式に代入すると温度にして約 3 K に対応することがすぐに読み取れる．ただし，

[*25] このあたりは拙著『ものの大きさ——自然の階層・宇宙の階層』(東京大学出版会) で詳しく解説している．

CMB はあくまで過去の宇宙が熱平衡であった時期の名残りなのであり，現在の宇宙は熱平衡にはない．熱輻射でない以上，温度を定義することは難しい．「宇宙の温度は 2.7 K である」という場合の「温度」の意味には注意が必要である．

第8章

原子の構造と前期量子論

8.1 水素原子のスペクトル

すべての原子・分子はそれぞれ固有の周波数（波長）をもつ特徴的な線スペクトル (line spectra) を示す．状況に応じて，それらは輝線 (emission line) あるいは吸収線 (absorption line) として観測される．7章の図7.7には，太陽の連続光を背景光としたときに地球大気中の分子が示す吸収線が見えている[*1]．

たとえば水素原子の場合には，リュードベリ定数 (Rydberg's constant) と呼ばれる比例定数 $R = 109737 \text{ cm}^{-1}$ を用いて

$$\text{ライマン系列：} \nu_{n \to 1} = R c \left(\frac{1}{1^2} - \frac{1}{n^2} \right) \quad (n = 2, 3, 4, \cdots), \tag{8.1.1}$$

$$\text{バルマー系列：} \nu_{n \to 2} = R c \left(\frac{1}{2^2} - \frac{1}{n^2} \right) \quad (n = 3, 4, 5, \cdots), \tag{8.1.2}$$

$$\text{パッシェン系列：} \nu_{n \to 3} = R c \left(\frac{1}{3^2} - \frac{1}{n^2} \right) \quad (n = 4, 5, 6, \cdots) \tag{8.1.3}$$

で表される特定の周波数の線スペクトルが存在する．これを一般化すると

$$\nu_{n \to n'} = R c \left(\frac{1}{n'^2} - \frac{1}{n^2} \right) \quad (n = n' + 1, n' + 2, n' + 3, \cdots) \tag{8.1.4}$$

と書け，$n' = 1, 2, 3$ がそれぞれ，ライマン系列（Lyman series：1906年発見），バルマー系列（Balmer series：1885年発見），パッシェン系列（Paschen series：1908年発見）である．さらに $n = n' + 1, n' + 2, n' + 3$ に対応するスペクトルを

[*1] この吸収線の波長は大気中の個々の分子がもつ速度のばらつきによるドップラー効果のために広がっており，その幅は分子の2乗平均速度，あるいは温度に比例する．

110 | 8 原子の構造と前期量子論

表 8.1 水素原子の特性線

名称	波長 [Å]	
ライマン α (Lyα)	1216	紫外
ライマン β (Lyβ)	1025	紫外
ライマン γ (Lyγ)	972	紫外
バルマー α (Hα)	6561	可視（赤）
バルマー β (Hβ)	4860	可視（青緑）
バルマー γ (Hγ)	4340	可視（青）
パッシェン α (Pα)	18746	赤外
パッシェン β (Pβ)	12815	赤外
パッシェン γ (Pγ)	10935	赤外

それぞれ α, β, γ で示す．これらの波長の具体的数値を表 8.1 にまとめておいた．

古典力学の枠内では，この周波数は水素原子内の電子の何らかの周期運動に起因するはずだ．だとすれば，その整数倍の周波数をもつ高調波もまた存在するはずだが，実際には観測されていない．この事実は，電子の運動には古典力学だけでは説明できないある種の力学法則が関与しており，そのため運動が量子化されていることを示唆する．

水素に限らずあらゆる元素はこのような特性線をもつため，それらを利用すれば物質の組成を推定できる．また天文学では，遠方の天体までの距離を決める重要な指標としても用いられている．この点に説明を加えておこう．

現在の宇宙は膨張しており，そのため図 8.1 のように，あらゆる天体は我々の銀河系に対して遠ざかっている．その後退速度 (recession velocity)[*2] v は各々の天体までの距離 d と比例関係：

$$v = H_0 d \tag{8.1.5}$$

にあることが知られている．これがハッブルの法則 (Hubble's law) で，その比例係数 H_0 をハッブル定数 (Hubble's constant) と呼ぶ[*3]．

後退速度 v をもつ天体のスペクトル中の輝線あるいは吸収線の波長はドップラー効果によって静止系での値に比べてシフトする．静止系で λ_{rest} という波長の線が，地上の観測者には λ_{obs} として観測されるとしよう．その波長差の比：

[*2]　我々の視線方向に平行な速度成分．

[*3]　観測的には，$H_0 \approx 70$ km s^{-1} Mpc^{-1} と推定されている．ここで Mpc（メガパーセク）は天文学で用いられる距離の単位で約 3.1×10^{24} cm.

$$\frac{\Delta \lambda}{\lambda} \equiv \frac{\lambda_{\rm obs} - \lambda_{\rm rest}}{\lambda_{\rm rest}} \equiv z = \frac{v}{c} \tag{8.1.6}$$

は，1つの天体に対しては考えている線の波長にはよらず一定で，赤方偏移 (redshift) と呼ばれる[*4]．この法則によれば赤方偏移 z が大きい天体は遠方にあるわけだが，光速 c が有限であるため同時に過去の宇宙に存在しているともいえる．このため，z は宇宙の時間座標としても用いられる．

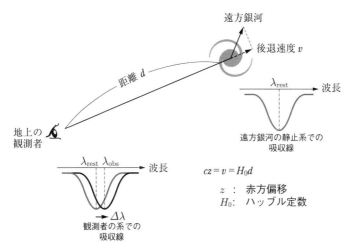

図 **8.1** 赤方偏移とハッブルの法則．

図 8.2 を用いて具体的に説明してみよう．まず，近くにある星のスペクトル（赤方偏移をうけていない）に注目してほしい．連続スペクトル中にあるギザギザが，その星に存在する元素が示す吸収線や輝線に対応する．特に顕著な吸収線である，波長 3934 Å のカルシウム（慣例として K 線と呼ばれている），波長 5177 Å のマグネシウム (Mg)，波長 5890 Å と 5896 Å のナトリウム (Na)[*5] の位置に注目しよ

[*4] rest は rest frame（静止系），obs は observer's frame（観測者の系）の略．宇宙は膨張しているため，どの点から観測しても十分に遠方の領域は互いに遠ざかっている．したがって，$\lambda_{\rm obs} > \lambda_{\rm rest}$ という関係が成り立ち，遠方天体から発せられた光の波長は必ず長くなる．波長が伸びるのは可視光の場合色が赤側にずれることと同じであるため，z を赤方偏移と呼ぶ習慣となっている．もしも宇宙が膨張ではなく収縮していたならば，(8.1.6) 式はマイナスをつけて定義された上で，青方偏移と呼ばれていたことであろう．また厳密には宇宙膨張による波長の赤方偏移とドップラー効果は同一ではなく区別すべきものであるが，直感的にはこのように解釈しておいて差し支えない．

[*5] このようにごく近接した波長にある 2 つの特性線をダブレット (doublet) と呼ぶが，波長分解能が低い場合には分離できず 1 つの線として観測される．

112 | 8 原子の構造と前期量子論

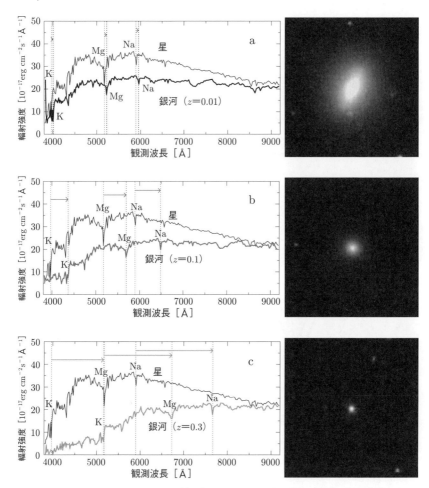

図 8.2 銀河のスペクトル（左図）とイメージ（右図）に対する赤方偏移 (a: $z = 0.01$, b: $z = 0.1$, c: $z = 0.3$) の影響．左図の2本のスペクトルのうち，上は赤方偏移をうけていない星のスペクトル，下は赤方偏移をうけた銀河のスペクトルを表す．ただし，比較しやすいように縦軸の大きさは適宜修正してある．代表的な吸収線 (K, Mg, Na) の位置が点線で示してある．右図の1辺は $60'' \times 60''$ に対応する．赤方偏移の大きな遠方の銀河ほど，見かけの大きさが小さくなることが見てとれる．

う．銀河のスペクトルは，そのなかに存在する無数の星のスペクトルの重ね合わせであるが，星の場合と同じく特性線を同定できる．上述の3本の吸収線の位置のずれを赤方偏移の定義である (8.1.6) 式に代入すれば，図 8.2a, b, c の銀河の赤方偏移がそれぞれ $z = 0.01$, $z = 0.1$, $z = 0.3$ であることがわかる．この赤方偏移の

8.2 長岡の原子モデル | 113

値を，距離に換算すればそれぞれ 1.4 億光年，13 億光年，34 億光年に対応する．仮にこれらの銀河の実サイズがほぼ同じであるとすれば，天球上での見かけのサイズは距離に反比例して小さくなるはずだ．右の 3 枚の図はまさにその予想を裏づける．この図は宇宙が膨張しているというハッブルの法則を直感的にわかりやすいように可視化した結果なのである．

8.2 長岡の原子モデル

19 世紀，ドルトン (John Dalton) は化学反応における質量保存則および定比例の法則という現象論的な法則をもとに，それまでは思弁的な概念であった原子 (atom) が実在のものであることを主張した．20 世紀になると，原子が「点粒子」ではなく内部構造をもつことが認識され始めた．英国の J・J・トムソン (Joseph John Thomson) は 1903 年，一様に正に帯電した広がった球の内側を負電荷の電子がリング状に等間隔に配列しているという「トムソンの原子モデル」(Thomson's atomic model) を提案した．

これに対して同年，帝国大学教授であった長岡半太郎は，負電荷の電子が正電荷球の外側に配列し一様な角速度で回転しているとする「長岡の（土星型）原子模型」を提案した．この結果は 1903 年 12 月 5 日の東京数物学会の会合で講演，その後 1904 年 2 月 2 日発行の数物学会誌『Tokyo Sugaku-Butsurigakukwai kijigaiyo』に論文として発表された[6]．その後英語でも発表されている[7]．現在，世界的にはこのモデルはむしろラザフォードの原子モデル (Rutherford's atomic model) として知られているが，ラザフォード論文[8]にも長岡論文は引用されている．これを考えれば，原子の土星型模型は長岡モデルと呼ばれてしかるべきのようにも思える．事実，日本の高校の教科書ではそう呼ばれているのだが，外国では

---

[6] http://www.journalarchive.jst.go.jp/japanese/から全文を読むことができる．

[7] Nagaoka, H., *Philosophical Magazine*, **7** (1904) 445. 一部抜粋しておくと "The system, which I am going to discuss, consists of a large number of particles of equal mass arranged in a circle at equal angular intervals and repelling each other with forces inversely proportional to the square of distance; at the centre of the circle, place a particle of large mass attracting the other particles according to the same law of force. ··· 中略 ··· There are various problems which will possibly be capable of being attacked on the hypothesis of a Saturnian system, and many such as chemical affinity and valency, electrolysis other subjects connected with atoms and molecules. The rough calculation and rather unpolished exposition of various phenomena above sketched may serve is a hint to a more complete solution of atomic structure."

[8] Rutherford, E., *Philosophical Magazine*, **21** (1911) 669.

114 | 8 原子の構造と前期量子論

そうではない。私自身の研究に関連して長岡モデルの話を序に用いた経験があるのだが、韓国、イギリス、アメリカ、ドイツのどこでも長岡モデルという名前を知っていた人はおらず驚いた。日本の先達の先駆的業績を適切に評価し伝えていくことの大切さを痛感したものだ。

8.3 ラザフォード散乱

8.3.1 ラザフォードの原子モデル

ラザフォード (Ernest Rutherford) は，1909 年のガイガー (Johannes Wilhelm Geiger) とマースデン (Ernest Marsden) による金属箔通過時の α 線の散乱実験結果から，正電荷が原子全体に広がっているようなトムソンの原子モデルではなく，正電荷が原子の中心に集中しているとする「ラザフォードの原子モデル」を提案した（1911 年）。もちろん，このような具体的な実験事実以前に，正しい描像に肉薄した長岡の慧眼は評価すべきものではあるが，「土星型モデル」という言葉からもわかるように，必ずしも中心の正電荷球がきわめて小さな点に集中していることを主張するものではなかったようだ[*9]。この意味では，原子の中心に「原子核が存在することを発見」したのがラザフォードであるというべきだ。以下，このラザフォードの推論をたどってみよう。

8.3.2 散乱微分断面積

図 8.3 のように，$\varphi = \pi$ の無限遠方から速度 v_∞ かつ衝突パラメータ (impact parameter) b で入射した質量 m，電荷 ze の粒子が，原点に固定された標的原子核（電荷 Ze）によって散乱角 θ 方向に散乱されるものとする（ここで e は素電荷である）。実験で測定されるのは，単位時間・単位面積あたり I 個入射された粒子のうち，散乱角が $\theta \sim \theta + d\theta$ に対応する立体角 $d\Omega = 2\pi \sin\theta d\theta$ 方向に散乱される粒子の個数である。これを $I d\sigma$ と書くと，$d\sigma$ は面積の次元をもち，反応の散乱断面積 (scattering cross section) と呼ばれる。衝突パラメータ b と散乱角 θ は一対一の関係にあるはずなので，$b = b(\theta)$ が与えられれば，$d\sigma = 2\pi b(\theta) db(\theta)$ が計算

[*9] ちなみにラザフォードの時代には中心の電荷の符号はわかっていなかったようだ。すでに引用したラザフォードの原論文には "The deductions from the theory so far considered are independent of the sign of the central charge, and it has not so far been found possible to obtain definite evidence to determine whether it be positive or negative." という記述が見られる。

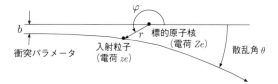

図 8.3 ラザフォード散乱の変数の定義.

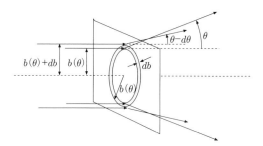

図 8.4 ラザフォード散乱の微分断面積.

できる（図 8.4）．通常はこれを散乱方向の立体角で割り，散乱微分断面積 (scattering differential cross section)：

$$\frac{d\sigma}{d\Omega} = \frac{2\pi b(\theta) db}{|2\pi \sin\theta d\theta|} = \frac{b(\theta)}{\sin\theta} \left|\frac{db}{d\theta}\right| \tag{8.3.1}$$

を定義する．

8.3.3 ラザフォード散乱における粒子の軌跡

この系において，粒子の運動はその角運動量ベクトルに垂直な 2 次元面内[*10]に留まる．図 8.3 のように，原子核の位置を原点とした極座標 (r, φ) をとると，粒子のラグランジアンは

$$L = \frac{1}{2} m(\dot{r}^2 + r^2 \dot{\varphi}^2) - \frac{\alpha}{r} \quad (\alpha \equiv zZe^2) \tag{8.3.2}$$

となる．φ はこのラグランジアンの循環座標（4.1 節）となっているので，それに対応する共役運動量 J：

$$J \equiv \frac{\partial L}{\partial \dot{\varphi}} = mr^2 \dot{\varphi} \tag{8.3.3}$$

[*10] 図 8.3 の場合はこの紙面上．

116 | 8 原子の構造と前期量子論

は運動の積分である. 今の場合, これは粒子の角運動量に対応する. さらに粒子の全エネルギー E:

$$E \equiv \frac{1}{2}m(\dot{r}^2 + r^2\dot{\varphi}^2) + \frac{\alpha}{r} = \frac{m}{2}\dot{r}^2 + \frac{J^2}{2mr^2} + \frac{\alpha}{r} \tag{8.3.4}$$

がもう1つの運動の積分を与える.

この2つの保存量を用いて φ と r の時間微分を表すと,

$$\frac{d\varphi}{dt} = \frac{J}{mr^2}, \tag{8.3.5}$$

$$\frac{dr}{dt} = \pm\sqrt{\frac{2}{m}\left(E - \frac{\alpha}{r}\right) - \frac{J^2}{m^2 r^2}}. \tag{8.3.6}$$

(8.3.6) 式を (8.3.5) 式で辺々割り算して dt を消去すれば, 軌跡の方程式:

$$\frac{dr}{d\varphi} = \pm\frac{mr^2}{J}\sqrt{\frac{2}{m}\left(E - \frac{\alpha}{r}\right) - \frac{J^2}{m^2 r^2}} \tag{8.3.7}$$

が得られる. さらに $u \equiv 1/r$ と変数変換することで次式を得る.

$$\begin{aligned}
d\varphi &= \pm\frac{J}{mr^2}\frac{dr}{\sqrt{\frac{2}{m}\left(E - \frac{\alpha}{r}\right) - \frac{J^2}{m^2 r^2}}} \\
&= \mp\frac{Ju^2}{m}\left(\frac{du}{u^2}\right)\frac{1}{\sqrt{\frac{2}{m}(E - \alpha u) - \frac{J^2 u^2}{m^2}}} = \mp\frac{J\,du}{\sqrt{2m(E - \alpha u) - J^2 u^2}} \\
&= \mp\frac{du}{\sqrt{2mE/J^2 + m^2\alpha^2/J^4 - (u + m\alpha/J^2)^2}}. \tag{8.3.8}
\end{aligned}$$

この軌跡の式は, k が正の定数のときに成り立つ積分公式:

$$\int \frac{dx}{\sqrt{k^2 - x^2}} = -\cos^{-1}\left(\frac{x}{k}\right) \tag{8.3.9}$$

を用いると積分できて,

$$\varphi = \pm\cos^{-1}\left(\frac{u + m\alpha/J^2}{\sqrt{2mE/J^2 + m^2\alpha^2/J^4}}\right) + \varphi_0 \tag{8.3.10}$$

が得られる (φ_0 は定数). (8.3.10) 式を変形すれば

$$\frac{1}{r} + \frac{m\alpha}{J^2} = \sqrt{\frac{2mE}{J^2} + \frac{m^2\alpha^2}{J^4}} \cos(\varphi - \varphi_0)$$

$$= \frac{m\alpha}{J^2} \sqrt{1 + \frac{2EJ^2}{m\alpha^2}} \cos(\varphi - \varphi_0)$$

$$\Rightarrow \quad r = \frac{J^2/(m\alpha)}{-1 + \sqrt{1 + \dfrac{2EJ^2}{m\alpha^2}} \cos(\varphi - \varphi_0)}. \tag{8.3.11}$$

これで運動方程式の解が得られたわけであるがまだ煩雑なので，もう少し物理的な意味がわかりやすい形に直してみよう．まず，系の保存量である E と J は，無限遠での入射粒子の速度 v_∞ と衝突パラメータ b を用いれば

$$E = \frac{1}{2} m v_\infty^2, \quad J = m b v_\infty \tag{8.3.12}$$

と書けることに注意する．粒子が原点（原子核）にもっとも接近できるのは $b = 0\,(J = 0)$ のときで，(8.3.4) 式よりその最近接距離 r_c は

$$\frac{\alpha}{r_c} = E \quad \Rightarrow \quad r_c = \frac{\alpha}{E} = \frac{2\alpha}{m v_\infty^2} \tag{8.3.13}$$

となる．

これらを用いれば (8.3.11) 式は

$$\frac{r}{r_c} = \frac{\beta}{\varepsilon \cos(\varphi - \varphi_0) - 1}, \tag{8.3.14}$$

$$\beta \equiv \frac{J^2}{m\alpha r_c} = \frac{m b^2 v_\infty^2}{\alpha r_c} = 2\left(\frac{b}{r_c}\right)^2, \tag{8.3.15}$$

$$\varepsilon \equiv \sqrt{1 + \frac{2EJ^2}{m\alpha^2}} = \sqrt{1 + 4\left(\frac{b}{r_c}\right)^2} \tag{8.3.16}$$

と書ける．これは双曲線軌道 (hyperbolic orbit) である[*11]．(8.3.14) 式より，$r = \infty$ に対応する角度 χ は

[*11]　φ_0 を x 軸の正の向きに選ぶ（つまり $\varphi_0 = 0$）と，まず (8.3.14) 式より

$$\varepsilon\,(r/r_c) \cos\varphi - (r/r_c) = \beta \quad \Rightarrow \quad (r/r_c)^2 = [\beta - \varepsilon(r/r_c)\cos\varphi]^2.$$

ここで，$x = (r/r_c)\cos\varphi,\ y = (r/r_c)\sin\varphi$ を用いると

$$(r/r_c)^2 = x^2 + y^2 = (\varepsilon x - \beta)^2 = \varepsilon^2 x^2 - 2\varepsilon\beta x + \beta^2$$

$$\Rightarrow \quad (\varepsilon^2 - 1)x^2 - 2\beta\varepsilon x - y^2 = -\beta^2.$$

今の場合，$E > 0$ なので $\varepsilon > 1$ であることを考慮してさらに変形すれば

118 | 8 原子の構造と前期量子論

$$\cos \chi \equiv \cos(\varphi_\infty - \varphi_0) = \frac{1}{\varepsilon} \;\;\Rightarrow\;\; \tan \chi = \pm\sqrt{\varepsilon^2 - 1} = \pm\frac{2b}{r_c} \tag{8.3.17}$$

を満たす. この式から, 角度 φ のとり得る範囲:

$$-\chi < \varphi - \varphi_0 < \chi \;\;\Rightarrow\;\; \varphi_0 - \chi < \varphi < \varphi_0 + \chi \tag{8.3.18}$$

の 2 つの境界が入射角 $\varphi_{\mathrm{in}} = \varphi_0 - \chi$ と出射角 $\varphi_{\mathrm{out}} = \varphi_0 + \chi$ に対応することがわかる. 図 8.3 の φ のように角度の原点と向きを選べば, $\varphi_{\mathrm{in}} = \pi$ となる. したがって $\varphi_0 = \pi + \chi$ であるから出射角は

$$\varphi_{\mathrm{out}} = \varphi_0 + \chi = 2\chi + \pi. \tag{8.3.19}$$

以上より, 散乱角 $\theta = \theta(b)$ は

$$\theta(b) = 2\pi - \varphi_{\mathrm{out}} = \pi - 2\chi(b) \tag{8.3.20}$$

となり, (8.3.17) 式と組み合わせれば

$$b(\theta) = \frac{r_c}{2}\tan\chi = \frac{r_c}{2}\tan\left(\frac{\pi}{2} - \frac{\theta}{2}\right) = \frac{r_c}{2}\cot\frac{\theta}{2} \tag{8.3.21}$$

が得られる.

8.3.4 ラザフォードの式

(8.3.21) 式を代入すれば, 散乱微分断面積 (8.3.1) 式は

$$\begin{aligned}
\frac{d\sigma}{d\Omega} &= \frac{b(\theta)}{\sin\theta}\left|\frac{db}{d\theta}\right| = \frac{r_c}{2}\frac{\cot(\theta/2)}{\sin\theta}\frac{r_c}{2}\frac{1}{2\sin^2(\theta/2)} \\
&= \frac{r_c^2}{16}\frac{1}{\sin^4(\theta/2)} \qquad \left(r_c \equiv 2\frac{zZe^2}{mv_\infty^2}\right)
\end{aligned} \tag{8.3.22}$$

となる. 点電荷による散乱の微分断面積を表す (8.3.22) 式はラザフォードの散乱公式 (Rutherford's formula) として知られている.

ところで (8.3.22) 式を全立体角にわたって積分し, 全断面積:

$$(\varepsilon^2 - 1)\left(x - \frac{\beta\varepsilon}{\varepsilon^2 - 1}\right)^2 - y^2 = -\beta^2 + \frac{\beta^2\varepsilon^2}{\varepsilon^2 - 1} = \frac{\beta^2}{\varepsilon^2 - 1}$$

$$\Rightarrow \;\; \left(\frac{x - A\varepsilon}{A}\right)^2 - \left(\frac{y}{B}\right)^2 = 1.$$

ただし $\quad A \equiv \dfrac{\beta}{\varepsilon^2 - 1} = \dfrac{1}{2}, \quad B \equiv \dfrac{\beta}{\sqrt{\varepsilon^2 - 1}} = \dfrac{b}{r_c}, \quad \varepsilon \equiv \dfrac{\sqrt{A^2 + B^2}}{A}.$

これは, 中心が $A\varepsilon$ で原点を焦点の 1 つとする双曲線である.

$$\sigma_{\text{tot}} \equiv \int \frac{d\sigma}{d\Omega} d\Omega = 2\pi \int_0^\pi \frac{d\sigma}{d\Omega} \sin\theta d\theta \tag{8.3.23}$$

を計算してみると

$$\sigma_{\text{tot}} \propto \int_0^\pi \frac{\sin\theta}{\sin^4(\theta/2)} d\theta \propto \int_0^1 \frac{dx}{x^3} \tag{8.3.24}$$

のように発散する．これは，電磁力が長距離力 ($\propto r^{-2}$) であるため，どれほど大きな衝突パラメータで入射した粒子であっても散乱をうけることに対応している．

無次元化された (8.3.14) 式は，b/r_c の関数である χ だけをパラメータとした

$$\frac{r}{r_c} = \frac{\sin^2\chi}{2\cos\chi} \frac{1}{\cos(\varphi - \chi - \pi) - \cos\chi} \quad (\pi < \varphi < \pi + 2\chi) \tag{8.3.25}$$

の形にまとめられる．これを図 8.5 に示す．原点に置かれた点電荷のごく近傍まで接近した粒子は大角度散乱を起こすことが明白である．逆に言えば，このような大角度散乱が実験的に検証されれば，電荷をもつ中心原子核のサイズが対応する衝突パラメータの値以下であることが結論できる．

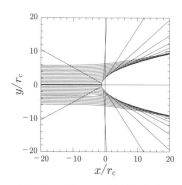

図 **8.5** ラザフォード散乱の軌道．

まさにそのような大角度散乱を示したガイガーとマースデンの実験から，ラザフォードは，約 4×10^{-12} cm の距離までの範囲では散乱角分布が点電荷を仮定した場合と一致することを示した．つまり，原子の中心には，せいぜい 4×10^{-12} cm 以下のサイズしかない点状の核が存在していることを結論したのである．8.4 節で述べるように原子の典型的サイズはボーア半径 (Bohr's radius) $r_B \approx 5 \times 10^{-9}$ cm で与えられるので，原子と原子核の大きさの比は少なくとも 1000 倍以上であることが示唆される．

120 | 8 原子の構造と前期量子論

ところで，我々の太陽系の惑星として最遠の海王星[*12]の軌道半径は約 45 億 km. 一方，中心にある太陽の半径は 70 万 km なのでそれらの比は 6500 となる．ラザフォードの原子モデルにおける原子と原子核の大きさの比の値と桁は一致している．このように，ラザフォードモデルは太陽系のミニチュア版とも考えられることから，太陽系型原子モデルと呼ばれることがある．1 Å の原子と 10 億 km の太陽系という，22 桁もの違いを超えて類似の関係が見出される事実は偶然とはいえ興味深い．

8.4　ボーアの仮説

電子は加速運動すると電磁波を輻射するから，長岡-ラザフォードの原子モデルは古典的には安定ではいられない．しかし仮に安定だとしても，その公転軌道半径は任意の値をとり得るので，古典論から予想される原子の輻射は連続スペクトルとなるはずだ．原子が安定でかつ特性線をもつという事実を説明するために，次の 2 つの大胆な仮定を提案したのがボーア (Niels H. D. Bohr) である．

(i) 定常状態：原子のエネルギーは連続的ではなく，ある離散的な値 E_n $(n = 1, 2, \cdots)$ のみが許される．この状態を定常状態，E_n をエネルギー準位 (energy level) と呼ぶ．この定常状態においては，電子は古典力学の法則にしたがって運動する．

(ii) 光の放出・吸収：原子が 1 つの定常状態 E_n から別の定常状態 $E_{n'}$ へ遷移する際には，光が放出あるいは吸収される．その光のエネルギーは

$$h\nu = \begin{cases} E_n - E_{n'} : 放出 \quad (E_n > E_{n'}) \\ E_{n'} - E_n : 吸収 \quad (E_n < E_{n'}) \end{cases} \tag{8.4.1}$$

で与えられる（図 8.6）．

このボーアの仮説と水素原子のスペクトルに対する経験式（[8.1.1]-[8.1.3] 式）を組み合わせて，その意味するところを検討してみよう．電子の質量を m_e，電荷を e とし，中心の陽子から半径 r の軌道を速度 v で公転しているものとする．こ

[*12] 冥王星は 2006 年の国際天文学連合総会において惑星の分類をはずれ，準惑星と定義されるようになった．ラザフォードの論文は 1911 年であるが，冥王星の発見は 1930 年であるので，当時も現在と同様に海王星が最遠の惑星であった．ただし現在では太陽系のサイズは海王星はもちろん冥王星の軌道よりもずっと先まで広がっていることが認識されている．

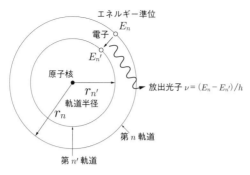

図 **8.6** ボーアの原子モデルとエネルギー準位.

のとき,定常状態の仮定 (i) から電子に対する遠心力とクーロン力[*13]はつりあっているはずなので

$$m_{\mathrm{e}}\frac{v^2}{r} = \frac{e^2}{r^2} \quad \Rightarrow \quad v = \sqrt{\frac{e^2}{m_{\mathrm{e}}r}}. \tag{8.4.2}$$

したがって,全エネルギーは

$$E = \frac{1}{2}m_{\mathrm{e}}v^2 - \frac{e^2}{r} = -\frac{e^2}{2r} \quad \Rightarrow \quad r = -\frac{e^2}{2E}. \tag{8.4.3}$$

このとき電子の公転周期は

$$T = \frac{2\pi r}{v} = \frac{2\pi}{e}\sqrt{m_{\mathrm{e}}r^3} = \pi e^2 \sqrt{\frac{m_{\mathrm{e}}}{2|E|^3}}. \tag{8.4.4}$$

経験的に知られていた (8.1.4) 式と光の放出に関するボーアの仮定 (ii) を組み合わせれば,リュードベリ定数を R として水素原子のエネルギー準位が

$$E_n = -\frac{Rhc}{n^2} \tag{8.4.5}$$

で与えられることが予想できる.したがって,T に対応した公転振動数もまた

$$\nu_n = \frac{1}{\pi e^2}\sqrt{\frac{2|E_n|^3}{m_{\mathrm{e}}}} = \frac{1}{\pi e^2}\sqrt{\frac{2R^3h^3c^3}{m_{\mathrm{e}}}}\frac{1}{n^3} \tag{8.4.6}$$

のように量子化されているはずである.

古典的に考えると水素原子のスペクトルには,電子の公転に対応する振動数

[*13] ここでも cgs ガウス単位系を用いる.

122 | 8 原子の構造と前期量子論

([8.4.6] 式）の整数倍となる高調波成分が含まれていることが予想される．一方
ボーアの仮定 (ii) にしたがえば，E_n から $E_{n'}$ に遷移する際の光の振動数は

$$\nu_{n \to n'} = \left(-\frac{Rc}{n^2} \right) - \left(-\frac{Rc}{n'^2} \right) \tag{8.4.7}$$

となり，この予想とは一見相容れない．そこで，「古典的」とは E_n の離散性の効
果があまり強くない，すなわち n および n' が大きい場合だけに対応するものと考
えてみる．n と n' に比べて $(n-n')$ の値が小さい場合に (8.4.7) 式を近似すれば

$$\nu_{n \to n'} \approx \frac{2Rc}{n^3}(n-n') \tag{8.4.8}$$

が得られる．この $(n-n')$ の前の係数は (8.4.6) 式と同じく $1/n^3$ の依存性をもっ
ているから，ボーアの仮定 (ii) はその古典極限で確かに (8.4.6) 式の高調波成分を
含んでいる．そこで (8.4.6) 式と (8.4.8) 式の係数を等値すれば

$$2Rc = \frac{1}{\pi e^2}\sqrt{\frac{2R^3 h^3 c^3}{m_e}} \Rightarrow R = \frac{2\pi^2 m_e e^4}{ch^3} = \frac{m_e e^4}{2\hbar^2}\frac{1}{hc} \tag{8.4.9}$$

$$\Rightarrow E_n = -\frac{m_e e^4}{2\hbar^2}\frac{1}{n^2} \tag{8.4.10}$$

のように，リュードベリ定数 R と他の物理基本定数との関係を具体的に導くこと
ができる．

　以上の議論から明らかなようにエネルギー準位の量子化は，電子の軌道半径，角
運動量などの量子化：

$$r_n = -\frac{e^2}{2E_n} = \frac{\hbar^2}{m_e e^2}n^2, \tag{8.4.11}$$

$$v_n = \sqrt{\frac{e^2}{m_e r_n}} = \frac{e^2}{\hbar}\frac{1}{n}, \tag{8.4.12}$$

$$J_n = m_e r_n v_n = n\hbar \tag{8.4.13}$$

をともなうことも予想できる．ここで軌道半径の単位となる

$$r_{\text{B}} \equiv \frac{\hbar^2}{m_e e^2} \approx 0.53 \text{ Å} \tag{8.4.14}$$

はボーア半径と呼ばれており，原子の典型的なスケールを与える[*14]．特に最後の
$J_n = n\hbar$ は，プランク定数が角運動量の次元をもっていることを思い出せば，直

[*14]　SI 単位系では $e = 1.602 \times 10^{-19}$ クーロンなので，ε_0 を真空中の誘電率として

8.4 ボーアの仮説 | 123

感的にも納得できるかもしれない.

ところで,微細構造定数 (hyperfine structure constant) と呼ばれる無次元量:

$$\alpha_{\text{E}} = \frac{e^2}{\hbar c} \approx 7.3 \times 10^{-3} \approx \frac{1}{137} \tag{8.4.15}$$

を用いれば[*15],水素原子のエネルギー準位 (8.4.10) 式を

$$E_n = -\frac{\alpha_{\text{E}}^2 m_e c^2}{2n^2} \approx -\frac{13.6\,\text{eV}}{n^2} \approx -\frac{2.2 \times 10^{-11}\,\text{erg}}{n^2} \tag{8.4.16}$$

と書き直すことができる[*16].

微細構造定数は電磁相互作用の強さに対応しており,我々の自然界を特徴づけるもっとも本質的な無次元量の1つである.距離 r におかれた2つの陽子間に働く電磁力は e^2/r^2,重力は Gm_{p}^2/r^2 であるから,α_{E} に対応して重力の強さを示す「重力」微細構造定数を

$$\alpha_{\text{G}} \equiv \frac{Gm_{\text{p}}^2}{\hbar c} \tag{8.4.17}$$

によって定義する($m_{\text{p}} \approx 1.67 \times 10^{-24}\,\text{g}$ は陽子の質量).その具体的な数値は,

$$\alpha_{\text{G}} \approx 5.9 \times 10^{-39} \approx 0.8 \times 10^{-36} \alpha_{\text{E}} \tag{8.4.18}$$

となるので,重力が電磁力に比べて何と40桁近くも小さいことがわかる.古典論で重要なこの2つの相互作用の大きさがここまで異なっていることはきわめて不自然であるが,その深い理由はわかっていない[*17].

$$e\,(\text{ガウス単位系}) = \frac{e\,(\text{SI 単位系})}{\sqrt{4\pi\varepsilon_0 \times 10^{-9}}} \approx \frac{1.602 \times 10^{-19}}{\sqrt{4\pi \times 8.85 \times 10^{-12} \times 10^{-9}}} \approx 4.80 \times 10^{-10}.$$

このようにガウス単位系では $e = 4.80 \times 10^{-10}\,\text{esu}$(静電単位)となりボーア半径の値が

$$r_{\text{B}} = \frac{(1.05 \times 10^{-27}\,\text{erg s})^2}{9.11 \times 10^{-28}\,\text{g} \times (4.80 \times 10^{-10}\,\text{esu})^2} \approx 0.53 \times 10^{-8}\,\text{cm}.$$

と計算される.

[*15] 同様に,ガウス単位系では微細構造定数の値は

$$\alpha_{\text{E}} = \frac{(4.80 \times 10^{-10}\,\text{esu})^2}{1.05 \times 10^{-27}\,\text{erg s} \times 3.00 \times 10^{10}\,\text{cm s}^{-1}} \approx 7.3 \times 10^{-3} \approx \frac{1}{137}$$

と計算される.

[*16] eV はエネルギーの単位で,$1\,\text{eV} = 1.6 \times 10^{-12}\,\text{erg}$.高エネルギー物理学などでは質量の単位としても用いられる.これにしたがえば,電子と陽子の質量はそれぞれ 0.5 MeV, 1 GeV ということになる.

[*17] 拙著『ものの大きさ——自然の階層・宇宙の階層』(東京大学出版会, 2006),『不自然な宇宙』(講談社, 2019).

第9章

粒子性と波動性

9.1 量子的実在

　粒子的性質と波動的性質との共存が量子論の本質である．我々の直観は古典的実在論[*1]に基づいて培われたものであるため，粒子性と波動性とを両立させて理解することは容易ではない．しかしこれは，実空間での関数 $f(r)$ を波数空間で定義された関数 $\tilde{f}(k)$：

$$\tilde{f}(k) = \frac{1}{\sqrt{2\pi}} \int f(r) e^{-ikr} dr \qquad (9.1.1)$$

の重ね合わせとして

$$f(r) = \frac{1}{\sqrt{2\pi}} \int \tilde{f}(k) e^{ikr} dk \qquad (9.1.2)$$

のように書き直すことに対応しているともいえる．$\tilde{f}(k)$ と $f(r)$ は互いに相手のフーリエ変換 (Fourier transform) と呼ばれる[*2]．(9.1.1) 式と (9.1.2) 式は 1 次元のフーリエ変換であり，それらの 3 次元版は

$$\tilde{f}(\boldsymbol{k}) = \frac{1}{(2\pi)^{3/2}} \int f(\boldsymbol{r}) e^{-i\boldsymbol{k}\cdot\boldsymbol{r}} d\boldsymbol{r}, \qquad (9.1.3)$$

[*1]　量子論 (quantum theory) を考慮していない理論のことを物理学では慣例的に古典論 (classical theory) と呼ぶ．単に「古い理論」をさす言葉ではないし，ましてや「間違った理論」という意味ではない．本書の 6 章までで取り扱った解析力学は古典論であるし，付録 A 章の電磁場の理論，さらには特殊相対性理論や一般相対論などはすべて古典論に分類される．

[*2]　もちろん数学的には $f(r)$ がある種の条件を満たす必要がある．ただし通常の物理で扱うような関数はそれらを満たしており，事実上このフーリエ変換の公式は「任意」の関数に適用できると考えてあまり気にしなくてよい．

$$f(\boldsymbol{r}) = \frac{1}{(2\pi)^{3/2}} \int \tilde{f}(\boldsymbol{k}) e^{i\boldsymbol{k}\cdot\boldsymbol{r}} d\boldsymbol{k} \qquad (9.1.4)$$

である.

(9.1.4) 式の右辺は，適当な振幅と位相をもつ関数を重みとして $e^{i\boldsymbol{k}\cdot\boldsymbol{r}}$ を足し合わせれば，任意の関数 $f(\boldsymbol{r})$ を表現できることを意味している．波数ベクトル $\boldsymbol{k}$ に垂直な平面の方程式は，$\boldsymbol{k}\cdot\boldsymbol{r} = $ 一定 で与えられ，それが一定値をとるような等位相面を波面とする周期的な波は $\cos\boldsymbol{k}\cdot\boldsymbol{r}$ と $\sin\boldsymbol{k}\cdot\boldsymbol{r}$ の重ね合わせで表される．これらはまとめて複素数表示で $e^{i\boldsymbol{k}\cdot\boldsymbol{r}}$ と書き，平面波 (plane wave) と呼ばれることが多い．フーリエ変換を物理的にいい直せば，実空間における「存在」は平面「波」の重ね合わせによって表現できることに対応する[*3].

フーリエ変換の関係からもわかるように，$f(\boldsymbol{r})$ と $\tilde{f}(\boldsymbol{k})$ のもつ情報は同じである．その意味において仮に $f(\boldsymbol{r})$ を粒子的描像に基づく記述とするならば，(9.1.4) 式の右辺を通じて，それは同時に波動でもある．この考え方にたつ限り，別に粒子的記述と波動的記述の間には何の矛盾もないし，古典論の世界でも存在する 2 つの同等な記述法にすぎない．

しかしながら，量子論ではこの $f(\boldsymbol{r})$ に対応する量 $\psi(\boldsymbol{r})$ は，実在の物質そのものを表す実在波ではなく，$|\psi(\boldsymbol{r})|^2$ がその物質の存在確率を表すという意味での確率波であると解釈する．これが波動関数 (wave function) である（10 章参照）が，そのような解釈を心の底から納得することは容易ではあるまい．

量子論の不思議さを紹介する際に「電子は粒子であって波でもあるという矛盾を

[*3]　フーリエ変換における積分内の指数の肩の符号と規格化定数の値の定義は文献によって若干異なっていることがあるので注意が必要である．手元にある 10 冊程度の量子力学の教科書を眺めたところ，量子力学の波動関数の場合，(9.1.3) 式および (9.1.4) 式のように同じ規格化定数 $1/(2\pi)^{3/2}$ を用いることが慣用のようである．しかし，その場合には後述の 1 次元デルタ関数 (delta function)：

$$\delta^D(x) = \frac{1}{2\pi} \int_{-\infty}^{\infty} e^{+ikx} dk = \frac{1}{\sqrt{2\pi}} \int_{-\infty}^{\infty} \frac{1}{\sqrt{2\pi}} e^{+ikx} dk$$

のフーリエ変換は 1 ではなく $1/\sqrt{2\pi}$ になってしまい，違和感が残る（付録 B 章参照）．このためかどうかはわからないが実空間で定義された関数 $F(r)$ のフーリエ変換と逆フーリエ変換 (inverse-Fourier transform) を

$$\tilde{F}(k) = \int F(r) e^{-ikr} dr, \quad F(r) = \frac{1}{2\pi} \int \tilde{F}(k) e^{+ikr} dk$$

あるいは

$$\tilde{F}(k) = \int F(r) e^{+ikr} dr, \quad F(r) = \frac{1}{2\pi} \int \tilde{F}(k) e^{-ikr} dk$$

と定義することも多い．こうすればデルタ関数のフーリエ変換は 1 となり，すっきりする（？）．ただしこれらはあくまで単に定義の違いでしかなく，本質が同じであることはいうまでもない．

126 | 9 粒子性と波動性

抱えている」といった表現をする一般啓蒙書が見うけられる．確かに電子は粒子で
あり波であるともいえるが，粒子でも波でもないともいえる．しかもそれは別に矛
盾というわけでもない．電子はいわば量子的実在とでも呼ぶべきものなのだ．古典
論的直観しかもたない我々が，ある側面をとらえて粒子的であると評し，他の側面
をとらえて波動的であると評しているだけのことである．量子論ではその両者は矛
盾するものではないし，むしろその二重性こそが量子的実在の本質である[*4]．

　この点に関してもファインマンの言葉「微視的世界の振舞いは通常の経験から予
想されるものとはまったくかけはなれている．初学者のみならずプロの物理学者
にとっても，それに慣れることは難しいし，いつまでたっても奇妙で不可解なもの
だ．専門家であっても，自分の理解と本当はこうあってほしいという期待とが一致
しているわけではない．そもそも我々の経験と直観は巨視的物体の振舞いによって
培われたものである以上，これは至極当然のことである．我々は巨視的物体がどの
ように動くかを知っているだけなのであり，微視的世界での振舞いはそれとは異な
っているのだから」を引用しておこう[*5]．

　日常生活のなかで正確に認識できるかどうか，さらには心から納得できるかどう
かは別として，量子論的描像こそが自然界に存在する森羅万象の背後に潜む本質な
のである．自然科学においては実験・観測事実は絶対であり，それを認めて進む以
外の解はあり得ない．にもかかわらず，量子論を学ぶにつれて「実は自然は間違っ
ているのではないか」という無意味な疑問を発したくなることすらある．それほど
に量子論の本質的な理解は困難であり，だからこそ魅力的なのだ．

9.2 光電効果

　光の粒子性を示す現象の1つが光電効果 (photoelectric effect) である．これは
紫外線を照射された金属表面から電子が飛び出す現象（図9.1）で，以下の3つの

[*4] もしも人魚姫が実在するのであれば，それをさして，人間なのかあるいは魚なのかという二者
背反的観点からの矛盾をつらつらと議論しても不毛なだけである．人魚という新たな概念を認め
たうえで，人間社会と魚社会とがいかに調和的に共生すべきかを探るのが正しい道であろう．

[*5] 原文は，*The Feynman Lectures on Physics*, volume III, §1-1 にある．"Because
atomic behavior is so unlike ordinary experience, it is very difficult to get used to,
and it appears peculiar and mysterious to everyone – both to the novice and to the
experienced physicist．Even the experts do not understand it the way they would
like to, and it is perfectly reasonable that they should not, because all of direct, hu-
man experience and of human intuition applies to large objects．We know how large
objects will act, but things on a small scale just do not act that way."

特徴をもつことが実験的に確認されている.

(a) 電子を放出させるにはある値以上の周波数の光を照射する必要がある. それ以下の周波数の光をどれほど強くあるいは長い時間照射しても, 光電効果は起こらない.

(b) 飛び出る電子のエネルギーは照射する光の強度には関係なく, その周波数のみで決まる. 一方, 照射光の周波数が同じであれば, 強度が大きくなっても飛び出る電子のエネルギーは変化せず, その数が増えるだけである.

(c) 電子は光の照射後, 瞬時に飛び出す.

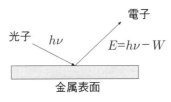

図 9.1　光電効果.

これらは光を波動と考えたのでは説明が困難である. 波動的描像にしたがえば, 光の強さを増せばエネルギーも大きくなるはずだから, 飛び出す電子の個数とエネルギーはともに増えることが予想される. これは (a) と (b) のいずれとも矛盾する. さらに以下に示すように, 光電効果を起こすためには非常に長い時間が必要となり (c) とも矛盾する.

ボーアの原子モデルにしたがえば水素原子の大きさは $2r_\mathrm{B} \approx 1\,\text{Å}$ で, 電子を外に飛び出させるためには原子に $|E_1| \approx 13.6\,\text{eV} \approx 2.2 \times 10^{-11}\,\text{erg}$ 程度のエネルギーを与える必要がある. 具体的な例として, $1\,\text{m}$ 先においた $1\,\text{W} = 10^7\,\text{erg}\,\text{s}^{-1}$ の単色点光源から金属に光を照射することを考えよう. このとき金属表面上で単位時間・単位面積あたりに受け取るエネルギーは

$$F = \frac{10^7\,\text{erg}\,\text{s}^{-1}}{4\pi(100\,\text{cm})^2} \approx 80\,\text{erg}\,\text{cm}^{-2}\,\text{s}^{-1} \tag{9.2.1}$$

となる. したがって, 原子 1 個の面積に $|E_1|$ のエネルギーが蓄積されるためには

$$\frac{|E_1|}{\pi r_\mathrm{B}^2 \times F} \approx \frac{2.2 \times 10^{-11}}{\pi \times (0.5 \times 10^{-8})^2 \times 80} \approx 3000\,\text{秒} \tag{9.2.2}$$

程度の時間が必要となるはずだ. この予想と光電効果が瞬時に起こるという事実

128 | 9 粒子性と波動性

(c) とは明らかに矛盾する.

逆に光電効果の特徴である (a), (b), (c) はいずれも，光のエネルギーが $h\nu$ の整数倍に量子化されていると仮定すればうまく説明できる．つまり，光は粒子性をもつことが示唆される．この粒子説に基づけば，入射光子のエネルギーを $h\nu$ としたとき，光電効果によって放出される電子のエネルギー E は

$$E = h\nu - W \tag{9.2.3}$$

となる．閾値 W は照射先の金属によって決まる定数で仕事関数 (work function) と呼ばれる． $h\nu < W$ の場合には $E < 0$ となるので電子は放出されない．上の考察では，水素原子のイオン化エネルギー (13.6 eV) を W の目安として代用したが，金属の仕事関数の値は金属中での電子のエネルギー準位の状態によって決まり，典型的には 2-6 eV 程度である.

(9.2.2) 式と類似の議論を用いると，実は暗い星が肉眼で見えるという事実もまた光の粒子性を示唆することがわかる．地球から距離 20 パーセク ($\approx 6 \times 10^{19}$ cm) の位置にある太陽と同じ光度 ($1 L_\odot \approx 4 \times 10^{33}$ erg s^{-1}) の星は，見かけの等級 (apparent magnitude) が約 6 等級で人間の肉眼で見える限界に近い[*6]．地球表面の単位面積あたりに受け取るこの星からのエネルギーは

$$F = \frac{4 \times 10^{33} \text{ erg s}^{-1}}{4\pi(6 \times 10^{19} \text{ cm})^2} \approx 10^{-7} \text{ erg cm}^{-2} \text{ s}^{-1}. \tag{9.2.4}$$

人間の視細胞には，色を識別する錐体細胞と明暗を識別する桿体細胞の 2 種類がある．これらは 2 ミクロン程度の大きさであるらしい．また，視覚のメカニズムはきわめて複雑であるが，極度に簡単化して，典型的な化学反応のエネルギースケールである 1 eV ($\approx 1.6 \times 10^{-12}$ erg) を視細胞が受け取れば光を認識できるものとしよう．これらの仮定の下で (9.2.2) 式と同じ計算を繰り返すと

$$\frac{1.6 \times 10^{-12} \text{ erg}}{\pi(10^{-4} \text{ cm})^2 \times 10^{-7} \text{ erg cm}^{-2} \text{ s}^{-1}} \approx 400 \text{ 秒} \tag{9.2.5}$$

程度じっと見つめていなくては星は認識できないことになり，明らかに矛盾する.

一方，これも光が波動としてではなく粒子として入射するならば解決する．人間の瞳孔の大きさは数 mm であるから，仮に星からの光を典型的に波長 5000 Å の光子だとすれば，瞳孔に単位時間あたり入射する光子数は

[*6] 天文学では太陽と地球を表す記号として $\odot$ と $\oplus$ をそれぞれ用いる.

$$\frac{F}{hc/5000 \text{ Å}} \times \pi(1 \text{ mm})^2 \approx \frac{10^{-7} \text{ erg cm}^{-2} \text{ s}^{-1}}{4 \times 10^{-12} \text{ erg}} \times 0.01\pi \text{ cm}^2 \approx 1000 \text{ 個 秒}^{-1}$$

$$(9.2.6)$$

となる．錐体細胞の反応には 100 個以上の光子を必要とするが，桿体細胞は光子数個程度にも反応するらしいから，目にとびこんだ光子を 0.01 秒程度以上蓄積することができるならば，この星を認識することは可能だという結論になる．といってもこれはかなりおおざっぱな計算であるし，瞳孔に飛び込んだ光が視覚情報として伝達される効率や，人間が視覚情報をリセットすることなく蓄積することのできる時間間隔などを適切に考慮する必要もあろう．しかしながら，人間が満天の星を観賞できることもまた光の粒子性のおかげのようである．さらに，我々の目は光を粒子として数えることができるほどの高性能量子デバイスであるということもできよう．

9.3 コンプトン散乱

光の粒子性を示すもう 1 つの代表的な現象がコンプトン散乱 (Compton scattering) である．図 9.2 のように波長 λ（周波数 ν）の X 線を結晶に照射する．このとき，h をプランク定数，m_e を電子の質量，c を光速度とすれば，入射方向から角度 ϕ の方向に散乱した成分の波長は

$$\lambda' = \lambda + \frac{h}{m_e c}(1 - \cos\phi) \tag{9.3.1}$$

のように変化する．この過程を特徴づける唯一の定数は

$$\lambda_e \equiv \frac{h}{m_e c} \approx 2.4 \times 10^{-10} \text{ cm} \tag{9.3.2}$$

であり電子のコンプトン波長 (Compton wavelength) と呼ばれる．コンプトン散乱は，光（X 線）が粒子的に振舞い結晶中の電子と衝突するものと考えれば理解できる．この描像にたって (9.3.1) 式を導いてみよう．

特殊相対論によれば，運動量 p，質量 m の粒子のエネルギー E は

$$E = \sqrt{(pc)^2 + (mc^2)^2} \tag{9.3.3}$$

で与えられる．周波数 ν の光子のエネルギーは $E = h\nu$ であることをすでに示したが，光子は質量がゼロなので (9.3.3) 式に代入すればその運動量の大きさは

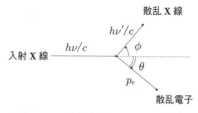

図 9.2 X 線と電子のコンプトン散乱.

$$p = \frac{E}{c} = \frac{h\nu}{c}. \tag{9.3.4}$$

これらを用いれば (9.3.1) 式は以下のように証明できる.

図 9.2 のように入射した運動量 $h\nu/c$ の X 線が，静止していた電子に衝突した後，角度 ϕ の方向に運動量 $h\nu'/c$ で散乱し，電子は角度 θ の方向に運動量 p_e で跳ね飛ばされたものとする．このとき，エネルギー保存則：

$$h\nu + m_e c^2 = \sqrt{(p_e c)^2 + (m_e c^2)^2} + h\nu' \tag{9.3.5}$$

より

$$\begin{aligned}(p_e c)^2 &= (h\nu - h\nu' + m_e c^2)^2 - (m_e c^2)^2 \\ &= (h\nu)^2 + (h\nu')^2 - 2h\nu h\nu' + 2m_e c^2 (h\nu - h\nu').\end{aligned} \tag{9.3.6}$$

一方，運動量保存則：

$$\begin{cases} \dfrac{h\nu}{c} = \dfrac{h\nu'}{c}\cos\phi + p_e \cos\theta, \\ \dfrac{h\nu'}{c}\sin\phi = p_e \sin\theta \end{cases} \tag{9.3.7}$$

より，

$$\begin{aligned}(p_e c)^2 &= (h\nu' \sin\phi)^2 + (h\nu - h\nu' \cos\phi)^2 \\ &= (h\nu)^2 + (h\nu')^2 - 2h\nu h\nu' \cos\phi.\end{aligned} \tag{9.3.8}$$

(9.3.6) 式と (9.3.8) 式から p_e を消去すれば

$$h\nu'(h\nu + m_e c^2 - h\nu\cos\phi) = m_e c^2 h\nu$$

$$\Rightarrow \quad h\nu' = \frac{h\nu}{1 + \dfrac{h\nu}{m_e c^2}(1-\cos\phi)} \tag{9.3.9}$$

が導かれる. これを光子の波長 $\lambda = c/\nu$ で書き直すと

$$\Delta\lambda \equiv \lambda' - \lambda = \frac{h}{m_{\mathrm{e}}c}(1 - \cos\phi) \equiv 2\lambda_{\mathrm{e}}\sin^2\frac{\phi}{2} \tag{9.3.10}$$

となり, (9.3.1) 式に帰着する. この式から, コンプトン散乱における光子の波長の変化分 $\Delta\lambda$ は, 入射波長によらず λ_{e} だけで決まることと, 散乱角 ϕ が大きくなるほど長くなることがわかる. $\phi = 0$ なら $\lambda' = \lambda$, $\phi = \pi/2$ なら $\lambda' = \lambda + \lambda_{\mathrm{e}}$ である. 一般に質量 m の粒子に対するコンプトン波長を

$$\lambda_{\mathrm{comp}} \equiv \frac{h}{mc}, \tag{9.3.11}$$

「換算」コンプトン波長を

$$\lambdabar_{\mathrm{comp}} \equiv \frac{\lambda_{\mathrm{comp}}}{2\pi} = \frac{\hbar}{mc} \tag{9.3.12}$$

と定義する[*7]. 特に, 電子の換算コンプトン波長は

$$\lambdabar_{\mathrm{e}} = \frac{\hbar}{m_{\mathrm{e}}c} = \frac{e^2}{\hbar c} \times \frac{\hbar^2}{m_{\mathrm{e}}e^2} = \alpha_{\mathrm{E}}r_{\mathrm{B}} \approx 3.9 \times 10^{-11}\ \mathrm{cm} \tag{9.3.13}$$

である.

9.4 電子の裁判

9.2 節と 9.3 節で, 光が粒子的性質をもつ「光子」であることを示す現象を紹介した. といっても日常的な感覚としては, 屈折・回折・干渉のように光が波としての性質を示すことのほうがなじみ深いであろう.

なかでも有名なのはヤングの干渉実験である. 図 9.3 はその概念図を示したもので, 左から光を入射させそれを二重スリットを通して右のスクリーン上でそのパターンを観測する. $l \gg a$ かつ $l \gg d$ の場合, 光の波動説にたてば, 波長 λ の波が干渉によって強め合う条件は

[*7] 量子論では, プランク定数に $1/(2\pi)$ をかけた換算プランク定数 $\hbar \equiv h/(2\pi)$ が頻出する. これに対応して, ある物理量を 2π で割ったものを「換算」という接頭辞をつけて呼ぶことがある. 換算とは変な日本語だが, reduced という英語を訳したもので, 対応する記号に斜め線をつけて区別することが多い. たとえば, 波長 λ を 2π で割ったものは換算波長 $\lambdabar$ である. やっかいなことに, 文献によっては「換算」という接頭辞を省略することもあり, $\hbar$ をプランク定数, λ_{comp} をコンプトン波長と呼ぶことも珍しくない. したがって, 文献ごとに記号の定義を確認しておくべきである.

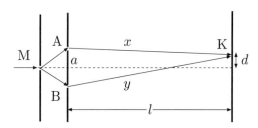

図 9.3 ヤングの干渉実験. 小孔 M を通った光が A と B を通過した後, スクリーン上の K において干渉する.

$$\begin{cases} x = \sqrt{l^2 + \left(\dfrac{a}{2} - d\right)^2} \approx l + \dfrac{1}{2l}\left(\dfrac{a}{2} - d\right)^2, \\ y = \sqrt{l^2 + \left(\dfrac{a}{2} + d\right)^2} \approx l + \dfrac{1}{2l}\left(\dfrac{a}{2} + d\right)^2, \end{cases} \quad (9.4.1)$$

$$\Rightarrow \quad y - x \approx \frac{ad}{l} = n\lambda \quad \Rightarrow \quad d = n\frac{l\lambda}{a} \ (n \text{ は整数}) \quad (9.4.2)$$

で与えられる. この干渉パターンが実験結果とよい一致を示すことから, 光が古典的な波動的性質をもつことが確認される.

光が干渉を起こすこと自体は別に驚くには値しないかもしれない. しかし, 古典的には粒子としか考えられない電子もまた同様に干渉現象を示すことが実験的にも確立している (図 9.4, 9.5). つまり, 粒子の代表のように思われる電子ですら波動的性質をあわせもつのである. これらの事実から, いわゆる粒子と波動の二重性の存在が予想できる. つまり, 運動量 p をもつ粒子はド・ブロイ波長 (de Broglie wavelength):

$$\lambda = \frac{h}{p} \quad (9.4.3)$$

をもつ波としての性質を兼ね備えていると考えるのである. 9.3 節で, エネルギー $h\nu$ をもつ光子の運動量が $h\nu/c$ であることを示したが, これを (9.4.3) 式に代入すれば $\lambda = c/\nu$ となり, 確かに古典的な意味での光の波長と一致する.

さらに敷衍すれば, 光や電子に限らず, 世の中のすべての物体は, 粒子性と波動性という古典的に考えると矛盾するとしか思えない性質を兼ね備えているのであろう. この事実は日常的な直観とは相容れない. しかし, 粒子性と波動性を共存させた量子的実在こそが, 世の中の物体のより真実に近い姿なのであり, その一方だけですべてが説明できるように見えるのは, あくまで巨視的なスケールでの挙動という近似のもとでしかない. 9.1 節で見たように, すべての関数が波の重ね合わせで表現できることを思い起こせば, この二重性そのものは論理的に受け入れられない

ことはなかろう．しかし，量子論の本質的な不思議さは実はその先にある．

　朝永振一郎は「光子の裁判」において，量子論の不思議さを魅力溢れる文章で見事に表現した*8．波乃光子という被告の侵入経路をめぐって行われる検察官・弁護人・被告の法廷でのやりとりを朝永振一郎が傍聴する，という設定である．図9.3でいえば，門衛によって M を通過したことを確認された光子が，その後 2 つの窓 A と B のどちらから室内の K 点まで侵入したか，という経路を特定するための尋問が繰り広げられる．光子は「私は二つの窓の両方を一緒に通って室内に入ったのです」というはなはだ奇想天外な答弁をする．この答弁の真偽をめぐって実際に検証実験が行われ，その結果をもとに弁護人が被告の証言が真実であることを示す，という流れで話がすすむ．巧みな比喩を用いて量子論の本質を伝えた「光子の裁判」はまさに歴史的傑作といえる．

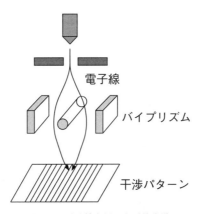

図 9.4　電子線を用いた干渉実験．

　この小説の主人公を「電子」に置き換えて見事な実験を行ったのが外村彰らである．彼らは図 9.4 のような装置を用いて，入射電子線の干渉パターンを測定した．電子が粒子的性質に加えて波動的性質をもつことを認めれば，干渉パターンを示すことは納得できる．しかしこの実験の本質は，入射電子線の強度を弱くして複数の電子が 2 つの孔を同時に通過することができないような状況を実現したことにある．粒子的描像にたてば，図 9.4 の上から 1 個だけ入射した電子は，その下の 2

---

*8　『朝永振一郎著作集 第 8 巻』（みすず書房），および『量子力学と私』（岩波文庫）に掲載されている．朝永振一郎が卓越した物理学者であることは論をまたないが，優れた教科書や解説，美しい随筆を数多く著したことでもまたよく知られている．彼の著作集は真に独創的な物理学者による一流の随筆・思想集として世界に誇り得るものである．これらを原語で読める幸せをぜひとも実感してほしい．

134 | 9 粒子性と波動性

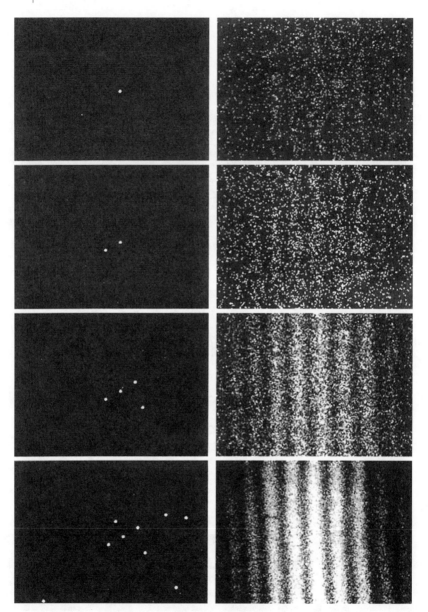

図 9.5 「1 個の電子」による干渉縞の形成実験の時系列画像: A. Tonomura *et al.*, *American Journal of Physics*, **57**(1989) 117 より転載.

つの孔のどちらか一方しか通過できない．したがって，幾度となく実験を繰り返した結果としてスクリーン上に表れる電子の到着点の分布パターンは，左および右の孔だけを隠して行った独立な2つの実験によって得られるパターンの単純な足し合わせで説明できるはずだ．

　この予想はあたりまえすぎて間違えようがないように思える．にもかかわらず，驚くべきことに実験結果はそうならない．やはり干渉パターンが観察されるのである．図9.5は，図9.4の装置を用いて上から1個ずつ電子を入射させたとき検出面に到達した電子の位置を記録したものである．10個程度の電子の分布だけではランダムにしか見えないが，その数が増えるにしたがって次第にはっきりした干渉パターンが生じていることが明らかとなる．電子が1個しか入射しないような状況であっても同じく干渉が起こるという事実は，電子が「単に」波動的性質をもつだけでは理解困難な驚くべきものである．いや驚くなどというレベルではなく，論理的にあり得ないのではとすら思えてくる．この電子の干渉実験は量子論の本質を端的に示すものと認識されていた．にもかかわらず，その技術的困難さのために長い間あくまで「思考」実験でしかないと考えられていた．それを実際に成功させたのが外村彰なのである[*9]．この実験は *Physics World* というイギリスの雑誌の読者に対して行われた「もっとも美しい科学の実験は何か」というアンケートで第1位となった．それほどに量子論の不思議さの本質を語りかけてくれる歴史的な成果である[*10]．

　「光子の裁判」およびここで紹介した「電子の裁判」実験は，「粒子が波動的振舞いを示す」とは，単に物質波として空間に広がっているのではなく，あくまで各点における粒子の存在確率が波として広がっていることを示唆する．これが量子論の確率解釈であるが，より詳しい説明は10章以降に譲る．

9.5　黒体輻射の粒子性と波動性

　ここまでは，光の粒子性が顕著になる現象と波動性が顕著になる現象を個別に考えた．最後に，プランク分布にしたがう輻射のエネルギーのゆらぎ (fluctuation) を計算することで，波動性と粒子性は共存していることを式の上からも実感しても

[*9]　私などはいくらこの美しい実験結果を突きつけられても「自然はなぜそのように振舞うことを選択したのだろうか」とどうしても不思議で仕方がない．
[*10]　ロバート・クリース『世界でもっとも美しい10の科学実験』（日経 BP 社）．

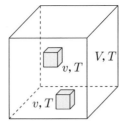

図 9.6 温度 T の熱浴と接して熱平衡状態にある体積 V の領域と，そのなかの小体積 v の領域．

らおう[*11]．

図 9.6 のように，温度が T の熱浴 (thermal bath) の壁に囲まれて熱平衡に達している体積 V の領域を準備する．そのなかに仮想的に小体積 $v(\ll V)$ の領域を考え，そこに存在する周波数 $\nu \sim \nu + d\nu$ の範囲の光だけに注目する．A.6 節で示されるように，電磁場は互いに独立な調和振動子の重ね合わせとして表現できる ([A.6.28] 式)．この周波数範囲にある電磁場の固有振動（およびその横波としての 2 自由度）を表す添字を s とする．(7.2.25) 式と同様にすれば体積 v 内にある電磁場の独立なモードの総数（s の走る範囲）は

$$N_s = v \times \frac{8\pi\nu^2}{c^3} d\nu. \tag{9.5.1}$$

(9.5.1) 式の個々のモードがもつエネルギー E_s は，体積 V の領域の壁に接している熱浴との相互作用を通じて，時間的に変化している（ゆらいでいる）はずだ[*12]．E_s の時間に関する平均値 $\langle E_s \rangle$ は，7.3 節で導いたように

$$\langle E_s \rangle = \frac{h\nu}{e^{h\nu/k_\mathrm{B} T} - 1} \tag{9.5.2}$$

と計算できる[*13]．(9.5.1) 式と (9.5.2) 式より，体積 v の領域中の周波数 $\nu \sim \nu +$

[*11] この節の議論は，朝永振一郎『量子力学 1』（みすず書房）§11 に基づいている．

[*12] 電磁場が「独立な」調和振動子の系の重ね合わせであるということは，異なるモード間の相互作用は存在しない（無視している）ことになる．とすれば，異なるモードがすべてエネルギー等分配を満たす（＝ 同じ温度をもつ）必然性も失われてしまう．したがって熱平衡に達するはずがない．そのために，各モードが独立に熱浴と相互作用することを仮定し，すべて同じ温度の熱平衡となることを正当化しているわけである．しかしより現実的な系の場合，熱平衡はいかにして達成されるのかは非自明な興味深い問題である．非線形性を導入することでこの問題の解決を図ったのが有名なフェルミ-パスタ-ウラムの仕事である．彼らはロスアラモス研究所にあった MANIAC I というコンピュータを用いた数値実験を行い，もともとの予想とは異なりある時間が経過した後に系は初めの状態に戻ってしまうことを発見した．この再帰現象の発見はその後の統計力学の発展に大きな影響を及ぼしたのだが，詳しくは統計物理学の文献に譲る．

[*13] ここでの「平均値」とは，ある領域に対してエネルギーを測定する操作を異なる時刻で多数

9.5 黒体輻射の粒子性と波動性 | 137

$d\nu$ の範囲の光のエネルギーの平均値は,

$$\langle E_v(\nu)\rangle = \sum_{s=1}^{N_s}\langle E_s\rangle = N_s\langle E_s\rangle = \frac{8\pi\nu^2}{c^3}\frac{h\nu}{e^{h\nu/k_{\mathrm{B}}T}-1}vd\nu. \qquad (9.5.3)$$

では,この平均値のまわりでエネルギーは時間的に[*14]どの程度ばらついているのであろうか. そのゆらぎの 2 乗平均値は

$$\langle(\Delta E_v)^2(\nu)\rangle \equiv \left\langle\left(\sum_{s=1}^{N_s}E_s - \sum_{s=1}^{N_s}\langle E_s\rangle\right)^2\right\rangle$$
$$= \sum_{s=1}^{N_s}\sum_{s'=1}^{N_s}\langle(E_s - \langle E_s\rangle)(E_{s'} - \langle E_{s'}\rangle)\rangle \qquad (9.5.4)$$

で定義される. ここではすべてのモードは互いに独立であると考えているので, s と s' が等しくない場合の寄与は平均すれば互いに打ち消しあうから

$$\langle(\Delta E_v)^2(\nu)\rangle = \sum_{s=1}^{N_s}\langle(E_s - \langle E_s\rangle)^2\rangle = \sum_{s=1}^{N_s}\langle E_s^2 - 2E_s\langle E_s\rangle + \langle E_s\rangle^2\rangle$$
$$= \sum_{s=1}^{N_s}(\langle E_s^2\rangle - \langle E_s\rangle^2) \equiv \sum_{s=1}^{N_s}\langle(\Delta E_s)^2\rangle \qquad (9.5.5)$$

に帰着する. ところで平均値の定義である (7.2.17) 式に (7.3.3) 式を用いれば, $\beta = 1/k_{\mathrm{B}}T$ として

$$\langle(E_s)^n\rangle = \frac{\iint E^n e^{-\beta E}dq_s dp_s}{\iint e^{-\beta E}dq_s dp_s} = \frac{\int E^n e^{-\beta E}dE}{\int e^{-\beta E}dE}. \qquad (9.5.6)$$

ただし以前と同様に E の値が連続的ではなく量子化されている場合には, 積分を和に置き換えるものと理解する ([7.3.6] 式).

この式を眺めていると, 計算上便利な以下の関係:

回繰り返して得られる「時間平均」(time average) のことである. これとは別に図 9.6 のように, ある時刻で同じ体積 v をもつ領域を数多く選び, それらのエネルギーを平均して得られる「アンサンブル平均」(ensemble average) という概念も考えられる. この 2 つの平均値が等しいかどうかは統計力学で「エルゴード問題」と呼ばれる重要なテーマである. ただし本節では, これらを区別することなくどちらも同じであると仮定して議論する.

[*14] これもまた, 同じ体積 v をもつ独立な多数個の領域を考えてそれらの間のエネルギーのバラツキと考えてもよい.

138 | 9 粒子性と波動性

$$\frac{\partial \langle E_s \rangle}{\partial \beta} = \frac{-\int E^2 e^{-\beta E} dE \int e^{-\beta E} dE + \left(\int E e^{-\beta E} dE \right)^2}{\left(\int e^{-\beta E} dE \right)^2}$$

$$= -\langle E_s^2 \rangle + \langle E_s \rangle^2 = -\langle (\Delta E_s)^2 \rangle \tag{9.5.7}$$

に気づく. この式の左辺に (9.5.2) 式を代入して計算すれば

$$\langle (\Delta E_s)^2 \rangle = -h\nu \frac{\partial}{\partial \beta} \left(\frac{1}{e^{\beta h \nu} - 1} \right) = (h\nu)^2 \left[\frac{1}{e^{\beta h \nu} - 1} + \frac{1}{(e^{\beta h \nu} - 1)^2} \right]$$

$$= h\nu \langle E_s \rangle + \langle E_s \rangle^2. \tag{9.5.8}$$

したがって (9.5.3) 式と合わせて, 体積 v の領域のエネルギーのゆらぎである (9.5.5) 式は

$$\langle (\Delta E_v)^2 (\nu) \rangle = \sum_{s=1}^{N_s} \langle (\Delta E_s)^2 \rangle = N_s \left(h\nu \langle E_s \rangle + \langle E_s \rangle^2 \right)$$

$$= h\nu \langle E_v(\nu) \rangle + \frac{\langle E_v(\nu) \rangle^2}{N_s} \tag{9.5.9}$$

となる. (9.5.8) 式および (9.5.9) 式において, 第 1 項はウィーン領域, 第 2 項はレイリー–ジーンズ領域に対応する項の寄与を表している. これらはそれぞれ光の粒子性と波動性に対応していることが以下の議論によって理解できる.

9.5.1 波動的描像

長波長側のレイリー–ジーンズ領域では, 光の波動性が顕著である. 波動説によれば, いろいろな位相の波が空間を満たしている場合, それらがある場所では強め合い, 別の場所では弱め合うといった「うなり」が生じるはずである. 仮に個々のモードの振幅が一定であっても, エネルギーは振幅の 2 乗に比例するから, このうなりの現象を通じて時間的/空間的なエネルギーのゆらぎが必然的に生じる. たとえば, 周波数 ν の波とわずかに異なる周波数 $\nu + \Delta\nu$ の波が同じ振幅 A をもつ場合, 同じ場所でその 2 つの波を重ね合わせれば

$$A \cos(2\pi\nu t + \delta_1) + A \cos(2\pi\nu t + 2\pi\Delta\nu t + \delta_2)$$

$$= 2A \cos \left(\frac{4\pi\nu t + 2\pi\Delta\nu t + \delta_1 + \delta_2}{2} \right) \cos \left(\frac{-2\pi\Delta\nu t + \delta_1 - \delta_2}{2} \right)$$

$$\approx 2A \cos \left(\frac{2\pi\Delta\nu t + \delta_2 - \delta_1}{2} \right) \cos \left(2\pi\nu t + \frac{\delta_1 + \delta_2}{2} \right) \tag{9.5.10}$$

9.5 黒体輻射の粒子性と波動性 | 139

となる. ここで2つの波の位相を δ_1 と δ_2 とした. これからわかるように, 重ね合わされた波は $-2A$ から $2A$ の振幅で時間的にゆるやかに変動する. これが波動的描像でのゆらぎの起源である.

この場合, 波動のエネルギー E_s は, 重ね合わされる前であれ後であれ, もとの波の振幅の2乗に比例することは同じであるから, $\langle E_s \rangle \propto (振幅)^2$ および $\langle E_s^2 \rangle \propto (振幅)^4$ となり, (9.5.5) 式より $\langle (\Delta E_s)^2 \rangle \propto (振幅)^4 \propto \langle E_s \rangle^2$ が導かれる. これが (9.5.8) 式および (9.5.9) 式の第2項に対応する.

9.5.2 粒子的描像

逆に短波長側のウィーン領域では, 光を粒子として扱う方が適切である. この場合, 体積 V の熱浴内にある任意の光子に着目すれば, それが体積 v 内にある確率は

$$p = \frac{v}{V}. \tag{9.5.11}$$

全部で N 個の光子が完全にランダムに分布しているとすれば, 体積 v 中に n 個の光子が存在する確率は

$$P_v(n) = {}_N C_n p^n q^{N-n} \quad (q \equiv 1 - p). \tag{9.5.12}$$

ここで2項定理

$$(p+q)^N = \sum_{n=0}^N {}_N C_n p^n q^{N-n} \tag{9.5.13}$$

を用いれば, 体積 v 中に存在する光子数 N_v の期待値と2乗平均値が

$$\langle N_v \rangle = \sum_{n=1}^N n P_v(n) = p \frac{\partial}{\partial p} (p+q)^N = Np(p+q)^{N-1} = Np, \tag{9.5.14}$$

$$\begin{aligned}
\langle N_v^2 \rangle &= \sum_{n=1}^N n^2 P_v(n) = p \frac{\partial}{\partial p} \left[p \frac{\partial}{\partial p} (p+q)^N \right] \\
&= p[N(p+q)^{N-1} + N(N-1)p(p+q)^{N-2}] \\
&= Np + N(N-1)p^2
\end{aligned} \tag{9.5.15}$$

と計算できる. したがって, 体積 v 中の光子数の分散は

140 | 9 粒子性と波動性

$$\langle N_v^2 \rangle - \langle N_v \rangle^2 = Np + N(N-1)p^2 - N^2p^2$$
$$= Np - Np^2 = \langle N_v \rangle - \frac{\langle N_v \rangle^2}{N}. \tag{9.5.16}$$

この光子1つ1つがエネルギー $h\nu$ をもっているとすれば，体積 v 内のエネルギーのゆらぎは

$$\langle (\Delta E_v)^2(\nu) \rangle = (h\nu)^2 [\langle N_v^2 \rangle - \langle N_v \rangle^2] = h\nu \langle E_v \rangle - \frac{\langle E_v \rangle^2}{N} \tag{9.5.17}$$

となり，$N \to \infty$ の極限で (9.5.8) 式および (9.5.9) 式の第1項を再現する．

このように，プランク分布のゆらぎを表す (9.5.9) 式の第1項は光の粒子性，第2項は光の波動性に対応している．つまり，黒体輻射のエネルギー分布を表すプランクの式は，光の粒子性と波動性という量子的二重性が共存していることを定量的に表現する式であったのだ．

第10章

波動関数とシュレーディンガー方程式

10.1 粒子と波束

粒子と波動の二重性を説明するモデルをつくる手始めとして，9.1 節で考えたように平面波 $e^{i\boldsymbol{k}\cdot\boldsymbol{r}}$ を適度な重みをつけて足し合わせることで，粒子的に振舞うような波の塊（波束：wave packet）を構築してみる．実空間での波の振幅 $\psi(\boldsymbol{r},t)$ を

$$\psi(\boldsymbol{r},t) = \frac{1}{(2\pi)^{3/2}} \int \tilde{\psi}(\boldsymbol{k},t) e^{i\boldsymbol{k}\cdot\boldsymbol{r}} d\boldsymbol{k} \tag{10.1.1}$$

のように書き下せば，平面波 $e^{i\boldsymbol{k}\cdot\boldsymbol{r}}$ に対する波数空間での重み $\tilde{\psi}(\boldsymbol{k},t)$ は

$$\tilde{\psi}(\boldsymbol{k},t) = \frac{1}{(2\pi)^{3/2}} \int \psi(\boldsymbol{r},t) e^{-i\boldsymbol{k}\cdot\boldsymbol{r}} d\boldsymbol{r} \tag{10.1.2}$$

となる．数学的に言えば，実空間での振幅 $\psi(\boldsymbol{r},t)$ と波数空間での振幅 $\tilde{\psi}(\boldsymbol{k},t)$ は，(9.1.3) 式と (9.1.4) 式で表されるように互いにフーリエ変換の関係にある．

計算を簡単にするために，この節では 1 次元の場合を考える．さらに波数空間の振幅が $\tilde{\psi}(k,t) = \tilde{\psi}(k)e^{-iwt}$ という形のものだけに限って考える[*1]．その場合，$\tilde{\psi}(k,t)$ と実空間の波の振幅 $\psi(x,t)$ は

$$\psi(x,t) = \frac{1}{\sqrt{2\pi}} \int \tilde{\psi}(k,t) e^{ikx} dk = \frac{1}{\sqrt{2\pi}} \int \tilde{\psi}(k) e^{i(kx-wt)} dk, \tag{10.1.3}$$

$$\tilde{\psi}(k,t) = \frac{1}{\sqrt{2\pi}} \int \psi(x,t) e^{-ikx} dx \tag{10.1.4}$$

という関係を満たす．(10.1.3) 式の被積分関数の中の $e^{i(kx-wt)}$ は，位相 $\theta \equiv kx - wt$ が一定となる面が

[*1] 一般にはさまざまな値の周波数 w に関して重ね合わせる必要がある．

142 | 10 波動関数とシュレーディンガー方程式

$$v_{\mathrm{p}} = \frac{w}{k} \tag{10.1.5}$$

の速さで動く平面波を表す．このことは

$$x = x_0 + v_{\mathrm{p}}(t - t_0)$$

$$\Rightarrow \quad \theta = kx - wt = kx_0 + w(t - t_0) - wt = kx_0 - wt_0 \tag{10.1.6}$$

となることより明らかであろう．(10.1.5) 式を位相速度 (phase velocity) と呼ぶ．

これらの関係を利用して，空間的に局在化したガウス波束を具体的に構成してみよう．まず，時刻 $t = 0$ で原点 $x = 0$ 付近に局在化した 1 次元の波：

$$\psi(x, 0) = A \exp\left(-\frac{x^2}{2\Delta_x^2} + ik_0 x\right) \tag{10.1.7}$$

を考える（k_0 は定数）．振幅 A は一般には複素数であり，実数 Δ_x がこの波の空間的広がりに対応する．このとき (10.1.4) 式より

$$
\begin{aligned}
\tilde{\psi}(k, 0) &= \frac{1}{\sqrt{2\pi}} \int_{-\infty}^{\infty} \psi(x, 0) e^{-ikx} \, dx \\
&= \frac{A}{\sqrt{2\pi}} \int_{-\infty}^{\infty} \exp\left\{-\frac{1}{2\Delta_x^2}\left[x + i(k - k_0)\Delta_x^2\right]^2 - \frac{\Delta_x^2}{2}(k - k_0)^2\right\} dx \\
&= \frac{A}{\sqrt{2\pi}} \exp\left[-\frac{\Delta_x^2}{2}(k - k_0)^2\right] \underbrace{\int_{-\infty}^{\infty} \exp\left(-\frac{u^2}{2\Delta_x^2}\right) du}_{= \sqrt{2\pi}\Delta_x} \\
&= A\Delta_x \exp\left[-\frac{\Delta_x^2}{2}(k - k_0)^2\right]
\end{aligned}
\tag{10.1.8}
$$

となるので，(10.1.7) 式に対応する波数空間の振幅は，波数 $k = k_0$ のまわりで Δ_x^{-1} 程度の広がりをもつことがわかる[*2]（図 10.1）．

次に $t = 0$ で与えられたこれらの波の時間依存性を考えてみよう．w は必ずしも定数である必要はないが，(10.1.8) 式から $k = k_0$ の近傍でのみ寄与が大きいことを考慮して，まず $k = k_0$ のまわりで

$$
\begin{aligned}
w(k) &= w(k_0) + \left.\frac{dw}{dk}\right|_{k_0}(k - k_0) + \frac{1}{2}\left.\frac{d^2w}{dk^2}\right|_{k_0}(k - k_0)^2 + \cdots \\
&\equiv w_0 + v_{\mathrm{g}}k' + \frac{1}{2}\xi k'^2 + \cdots \qquad (k' \equiv k - k_0)
\end{aligned}
\tag{10.1.9}
$$

[*2] これはガウス分布のフーリエ変換はやはりガウス分布になる，というよく知られた結果の具体例でもある．

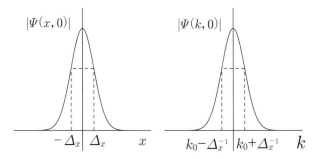

図 10.1 実空間と波数空間におけるガウス波束.

と展開する．(10.1.9) 式の 2 次の項までを (10.1.3) 式に代入すると，

$$\psi(x,t) = \frac{A\Delta_x}{\sqrt{2\pi}} e^{i(k_0 x - w_0 t)}$$
$$\times \int_{-\infty}^{\infty} \exp\left[-\frac{\Delta_x^2}{2}k'^2 + i(x-v_{\mathrm{g}}t)k' - \frac{i}{2}\xi k'^2 t\right] dk' \quad (10.1.10)$$

が時刻 $t(>0)$ における波束を表す．この右辺の被積分関数の指数部は

$$-\frac{\Delta_x^2 + i\xi t}{2}k'^2 + i(x-v_{\mathrm{g}}t)k'$$
$$= -\frac{\Delta_x^2 + i\xi t}{2}\left(k' - i\frac{x-v_{\mathrm{g}}t}{\Delta_x^2 + i\xi t}\right)^2 - \frac{(x-v_{\mathrm{g}}t)^2}{2(\Delta_x^2 + i\xi t)} \quad (10.1.11)$$

と変形できるので，(10.1.10) 式は

$$\psi(x,t) = \frac{A\Delta_x}{\sqrt{2\pi}} e^{i(k_0 x - w_0 t)}$$
$$\times \exp\left[-\frac{(x-v_{\mathrm{g}}t)^2}{2(\Delta_x^2 + i\xi t)}\right] \underbrace{\int_{-\infty}^{\infty} \exp\left(-\frac{\Delta_x^2 + i\xi t}{2}u^2\right) du}_{=\sqrt{2\pi}/\sqrt{\Delta_x^2 + i\xi t}}$$
$$= \frac{A}{\sqrt{1 + i\xi t/\Delta_x^2}} \exp\left[-\frac{(x-v_{\mathrm{g}}t)^2}{2(\Delta_x^2 + i\xi t)}\right] e^{i(k_0 x - w_0 t)} \quad (10.1.12)$$

に帰着する．

ここで計算された $\psi(x,t)$ は複素量であるが，観測可能量が複素数で表されるというのはいかにも不自然である．9.1 節でもふれたように，本来は $\sin(kt-wt)$ と $\cos(kt-wt)$ の重ね合わせである波を計算上および記法上の簡便さから便宜的に複素数の平面波 $e^{i(kx-wt)}$ で表現し，必要に応じて結果の実数部をとることが暗黙の了解なのである．たとえば古典的な波の強度はその振幅ではなく絶対値の 2 乗

144 | 10 波動関数とシュレーディンガー方程式

に対応する. そこで (10.1.12) 式の絶対値の 2 乗をとってみると

$$|\psi(x,t)|^2 = \frac{A^2}{\sqrt{1+\xi^2t^2/\Delta_x^4}} \exp\left[-\frac{(x-v_\mathrm{g}t)^2}{\Delta_x^2+\xi^2t^2/\Delta_x^2}\right] \tag{10.1.13}$$

となる. この式の意味を物理的に解釈すると中心が速度 $v_\mathrm{g} = dw/dk|_{k=k_0}$ で運動しつつ, 空間的には $\Delta_x\sqrt{1+(\xi t/\Delta_x^2)^2}/\sqrt{2}$ で広がる波束に対応する*3.

上の意味でこの波束を特徴づける波数 k_0 を k と呼び直すことにし, 波束が古典的な粒子の運動を記述することを要請すれば,

$$\text{粒子の速度}: v = \frac{dE}{dp} \quad\Leftrightarrow\quad \text{波束の群速度}: v_\mathrm{g} = \frac{dw}{dk} \tag{10.1.14}$$

という対応が成り立つ*4. ここで, 光子に対する関係式:

$$E = h\nu = \hbar w \tag{10.1.15}$$

が一般の波に対しても成り立つものとすれば, (10.1.14) 式の要請より

$$\frac{dE}{dp} = \frac{dw}{dk} \quad\Rightarrow\quad p = \hbar k = \frac{h}{2\pi}\frac{2\pi}{\lambda} = \frac{h}{\lambda}. \tag{10.1.16}$$

これは, 運動量 p をもつ粒子は波長 λ

$$\lambda = \frac{h}{p} \tag{10.1.17}$$

をもつ波のように振舞うというド・ブロイの関係式 ([9.4.3] 式) にほかならない. ちなみに, 3 次元の場合には

$$\boldsymbol{p} = \hbar\boldsymbol{k} \tag{10.1.18}$$

─────────────

*3 この速度を波の群速度 (group velocity) と呼ぶため, 添字 g をつけている.
*4 非相対論的粒子の場合

$$\frac{dE}{dp} = \frac{d}{dp}\left(\frac{p^2}{2m}\right) = \frac{p}{m} = v$$

は明らかである. 相対論的粒子の場合には, その質量を m, 速度を v としたとき,

$$E = \frac{mc^2}{\sqrt{1-v^2/c^2}}, \quad p = \frac{mv}{\sqrt{1-v^2/c^2}}$$

が成り立つことを用いると

$$\frac{dE}{dp} = \frac{d\sqrt{(mc^2)^2+(pc)^2}}{dp} = \frac{pc^2}{\sqrt{(mc^2)^2+(pc)^2}} = \frac{pc^2}{E} = \frac{c^2 \times mv/\sqrt{1-v^2/c^2}}{mc^2/\sqrt{1-v^2/c^2}} = v$$

が導かれる. つまり, $dE/dp = v$ は非相対論的・相対論的のいずれの粒子の場合にも成り立つ関係式である.

となる．この式は非相対論的粒子のみならず，相対論的粒子（たとえば光子）に対しても正しい結果であることを注意しておく．

質量 m の非相対論的自由粒子に対して (10.1.15) 式と (10.1.18) 式を用いれば，分散関係[*5]：

$$E = \frac{p^2}{2m} \quad \Rightarrow \quad w = \frac{\hbar k^2}{2m} \tag{10.1.19}$$

が得られる．したがって，(10.1.9) 式より

$$v_{\mathrm{g}} = \frac{dw}{dk} = \frac{\hbar k}{m}, \quad \xi = \frac{d^2 w}{dk^2} = \frac{\hbar}{m} \tag{10.1.20}$$

となり，時刻 $t = 0$ で Δ_x の広がりをもつ波束によって記述された「粒子」はその後

$$\Delta_x \sqrt{1 + \left(\frac{\xi t}{\Delta_x^2} \right)^2} = \Delta_x \sqrt{1 + \left(\frac{\hbar t}{m \Delta_x^2} \right)^2} = \Delta_x \sqrt{1 + \left(\frac{\lambda_{\mathrm{comp}} ct}{\Delta_x^2} \right)^2} \tag{10.1.21}$$

のように広がることがわかる[*6]．

このように，粒子をある時刻でごく狭い空間領域に閉じ込めたとしても，その粒子に対応する波の空間的な広がりは時間の経過とともに必ず増大する．その増加率を決めるのは光速度 c とその粒子のコンプトン波長 λ_{comp} である．後者は粒子の質量の逆数に比例するから，ミクロな物体を考えるほど対応する波の空間的広がりは速やかに増大することがわかる．

今の場合，粒子の位置の広がり δx を決めるパラメータ Δ_x の値は任意に選べるが，これに対応する波数空間での波束の広がり δk は $\approx \Delta_x^{-1}$ に決まってしまう（図 10.1）．したがって (10.1.18) 式より，粒子の位置と運動量の広がり δp の積は Δ_x の値とは無関係に

$$\delta x \, \delta k \approx 1 \quad \Rightarrow \quad \Delta x \Delta p \approx \hbar \tag{10.1.22}$$

を満たすことがわかる．これは 10.6 節で述べる不確定性関係の例となっており，この 2 つの物理量の値を同時に無限の精度で決定することの原理的困難を示す．

[*5] 角振動数 w と波数 k の関係式を分散関係と呼ぶ．

[*6] このように群速度 v_{g} は波束が全体として移動する速度を表している．非相対論的粒子の場合，位相速度は $v_{\mathrm{p}} = E/p = p/2m = v/2$ となり粒子の速度とは対応しない．

146 | 10 波動関数とシュレーディンガー方程式

10.2 物質波とシュレーディンガー方程式

前節の議論より，運動量が $\boldsymbol{p}$ でエネルギーが E の古典的粒子は平面波：

$$e^{i(\boldsymbol{k}\cdot\boldsymbol{r}-wt)} = e^{i(\boldsymbol{p}\cdot\boldsymbol{r}-Et)/\hbar} \tag{10.2.1}$$

によって表現できることがわかった[*7]．そこで，実空間および運動量空間における「波動関数」をそれぞれ

$$\text{実空間：}\psi(\boldsymbol{r},t) = \frac{1}{(2\pi\hbar)^{3/2}} \int \tilde{\psi}(\boldsymbol{p},t)\, e^{i(\boldsymbol{p}\cdot\boldsymbol{r})/\hbar} d\boldsymbol{p}$$

$$\equiv \frac{1}{(2\pi\hbar)^{3/2}} \int \tilde{\psi}(\boldsymbol{p})\, e^{i(\boldsymbol{p}\cdot\boldsymbol{r}-Et)/\hbar} d\boldsymbol{p}, \tag{10.2.2}$$

$$\text{運動量空間：}\tilde{\psi}(\boldsymbol{p},t) = \frac{1}{(2\pi\hbar)^{3/2}} \int \psi(\boldsymbol{r},t)\, e^{-i(\boldsymbol{p}\cdot\boldsymbol{r})/\hbar} d\boldsymbol{r} \tag{10.2.3}$$

で定義する[*8]．この場合

$$i\hbar\frac{\partial}{\partial t}\psi(\boldsymbol{r},t) = \frac{1}{(2\pi\hbar)^{3/2}} \int E\,\tilde{\psi}(\boldsymbol{p})\, e^{i(\boldsymbol{p}\cdot\boldsymbol{r}-Et)/\hbar} d\boldsymbol{p}, \tag{10.2.4}$$

$$\frac{\hbar}{i}\frac{\partial}{\partial \boldsymbol{r}}\psi(\boldsymbol{r},t) = \frac{1}{(2\pi\hbar)^{3/2}} \int \boldsymbol{p}\,\tilde{\psi}(\boldsymbol{p})\, e^{i(\boldsymbol{p}\cdot\boldsymbol{r}-Et)/\hbar} d\boldsymbol{p}, \tag{10.2.5}$$

$$\left(\frac{\hbar}{i}\right)^2 \Delta\psi(\boldsymbol{r},t) = \frac{1}{(2\pi\hbar)^{3/2}} \int |\boldsymbol{p}|^2\,\tilde{\psi}(\boldsymbol{p})\, e^{i(\boldsymbol{p}\cdot\boldsymbol{r}-Et)/\hbar} d\boldsymbol{p} \tag{10.2.6}$$

が成り立つ．これより，$\psi(\boldsymbol{r},t) \propto e^{i(\boldsymbol{p}\cdot\boldsymbol{r}-Et)/\hbar}$ に対しては古典的な意味でのハミルトニアン（エネルギー）と運動量が，

$$\hat{H} \;\Leftrightarrow\; i\hbar\frac{\partial}{\partial t}, \qquad \hat{\boldsymbol{p}} \;\Leftrightarrow\; \frac{\hbar}{i}\frac{\partial}{\partial \boldsymbol{r}} = -i\hbar\frac{\partial}{\partial \boldsymbol{r}} \tag{10.2.7}$$

という演算子 (operator) に置き換えられることが予想できる[*9]．これに限らず，

[*7] ただし，この指数関数の肩において，空間部分を正符号とし時間部分を負符号と選ぶのは，単なる量子力学の慣用でしかない．

[*8] (10.1.1) 式に $\boldsymbol{p} = \hbar\boldsymbol{k}$ をそのまま代入すれば，(10.2.2) 式の前の規格化定数は $(2\pi\hbar)^{-3/2}$ ではなく $(2\pi\hbar^2)^{-3/2}$ となり，(10.1.2) 式に対応する逆変換の規格化定数は変わらず $(2\pi)^{-3/2}$ のままのはずだ．そこで，ここではそれらが対称となるように (10.2.2) 式と (10.2.3) 式の規格化定数をどちらも $(2\pi\hbar)^{-3/2}$ と選んだ．つまり $\psi(\boldsymbol{r})$ はそのままで，$\tilde{\psi}(\boldsymbol{p}) = \tilde{\psi}(\boldsymbol{k})/\sqrt{\hbar}$ と定義し直したものと理解すればよい．

[*9] この符号は平面波を $e^{i(\boldsymbol{p}\cdot\boldsymbol{r}-Et)/\hbar}$ と選んだことに対応する．位相の符号は本来自由に選べるはずなので，$e^{i(Et-\boldsymbol{p}\cdot\boldsymbol{r})/\hbar}$ としてもよい．これは今の選び方でいえば，波動関数の複素共役

10.2 物質波とシュレーディンガー方程式 | 147

古典論で登場する物理量は，量子論において波動関数に作用する演算子に対応づけることができる．その対応関係については 13 章で詳しく議論する．

さらに，非相対論的粒子に対するハミルトニアン：

$$H = \frac{p^2}{2m} + U(\boldsymbol{r}) \tag{10.2.8}$$

を (10.2.4) 式および (10.2.6) 式と見比べて演算子に置き換えれば

$$i\hbar\frac{\partial}{\partial t}\psi(\boldsymbol{r},t) = \hat{H}\psi(\boldsymbol{r},t) = \left[-\frac{\hbar^2}{2m}\Delta + U(\boldsymbol{r})\right]\psi(\boldsymbol{r},t) \tag{10.2.9}$$

が得られる[*10]．これが（非相対論的粒子に対する）シュレーディンガー方程式 (Schrödinger equation) である[*11]．

古典力学の基礎方程式であるニュートンの運動方程式（およびラグランジュ方程式）は，粒子の位置座標に対する時間の 2 階微分方程式である．一方，シュレーディンガー方程式は時間に関する 1 階微分方程式である．これは波動関数自身がすでに運動量を含む関数であるためと解釈できる．実際，q と p を独立な変数とみるハミルトン形式では，それらに対する基礎方程式は時間の 1 階微分方程式となっている．そもそもシュレーディンガー方程式がハミルトニアンから出発していることからも明らかなように，シュレーディンガー方程式はハミルトン形式と対応させるほうがより直接的である．

$\psi^*(\boldsymbol{r},t)$ の場合に対応する．この $\psi^*(\boldsymbol{r}) \propto e^{i(Et-\boldsymbol{p}\cdot\boldsymbol{r})/\hbar}$ に対して作用させるときには，

$$（慣用ではない符号の選び方）\quad \hat{H} \ \Leftrightarrow \ -i\hbar\frac{\partial}{\partial t}, \qquad \hat{\boldsymbol{p}} \ \Leftrightarrow \ +i\hbar\frac{\partial}{\partial \boldsymbol{r}}$$

のように (10.2.7) 式とは逆符号になる．$e^{i(\boldsymbol{p}\cdot\boldsymbol{r}-Et)/\hbar}$ を $\psi(\boldsymbol{r})$ とするか $\psi^*(\boldsymbol{r})$ とするかは本来単なる定義にすぎず任意なのであるが，量子力学では ψ に選ぶのが慣用のようだ．したがって (10.2.7) 式のような対応となる．シュレーディンガー方程式を書いたときに，$-i\hbar\partial\psi/\partial t = \hat{H}\psi$ のように最初から負符号が表れるのを避けるように決められている，と覚えておけばよい．もっともこれが (10.2.7) 式の符号が慣用となっている本当の理由なのかどうかは保証の限りではない．

[*10] この右辺の $U(\boldsymbol{r})$ も，厳密には位置ベクトルを演算子 $\hat{\boldsymbol{r}}$ と考えたとき，その関数 $U(\hat{\boldsymbol{r}})$ として定義される演算子である．一般に演算子の関数は，それを級数展開した演算子のべき関数の和として定義される．詳しくは，13 章で議論する．この段階では，単に $\psi(\boldsymbol{r},t)$ に $U(\boldsymbol{r})$ を掛け算するものと理解しても差し支えない．

[*11] 日本ではシュレディンガーではなく「シュレーディンガー」と書くことに決まっているらしい．これは Schrödinger の発音になるべく近いようにという取り決めなのであろう．にもかかわらず私の知っている限り，シュレーディンガーと発音している日本人物理関係者を聞いたことがない．シュレディンガーとしか聞こえない．したがって個人的にはシュレディンガーで通したいところであるが，種々の事情でやはりシュレーディンガーと書くことにする．そもそもカタカナで正確な発音を表すこと自体ができない相談であるから，気になる人は原綴の Schrödinger 方程式で通すべきである．実際，日本語の量子力学の教科書の 2 割程度は原綴を採用しているようだ．

148 | 10 波動関数とシュレーディンガー方程式

10.3　波動関数の意味：確率解釈

ここまでの議論では，波動関数 $\psi(\boldsymbol{r}, t)$ をあたかも実空間上の物質分布を表現する実在波であるかのように扱ってきた．しかし量子力学においては，そのような解釈はなぜか観測事実と相容れない．まさに「百聞は一見にしかず」で，それを端的に示しているのが外村らの実験結果である（図 9.5）．古典実在論的立場から納得できるかどうかは別として，波動関数は「実在波」ではなくあくまで「粒子が存在する確率を表す波」と理解すべきなのだ．これが量子力学の確率解釈である．

しかし ψ は複素数であるためそのままでは確率と解釈することはできない．そこで，正定値である $|\psi(\boldsymbol{r}, t)|^2$ を用いて，

$$\rho(\boldsymbol{r}, t) dV \equiv |\psi(\boldsymbol{r}, t)|^2 dV = \psi^*(\boldsymbol{r}, t)\psi(\boldsymbol{r}, t) dV \tag{10.3.1}$$

を粒子が $\boldsymbol{r} \sim \boldsymbol{r} + d\boldsymbol{r}$ の無限小空間領域 dV に存在する「確率」であると解釈する（$*$ は複素共役を表す）．より正確にはこの $\rho(\boldsymbol{r}, t)$ は相対確率密度[*12]であり，絶対確率密度は

$$\tilde{\rho}(\boldsymbol{r}, t) \equiv \frac{|\psi(\boldsymbol{r}, t)|^2}{\displaystyle\int |\psi(\boldsymbol{r}, t)|^2 dV} \tag{10.3.2}$$

となる．この式からわかるように，波動関数を定数倍して $\psi(\boldsymbol{r}, t) \to \alpha\psi(\boldsymbol{r}, t)$ としても $\tilde{\rho}$ は不変であるから，波動関数を定数倍したものは同じ物理状態に対応するものとみなしてよい．つまり，その比例係数（$e^{i\delta}$ 倍も含む）は自由に選んでよい．そこで，通常，

$$\int \rho(\boldsymbol{r}, t) dV = \int |\psi(\boldsymbol{r}, t)|^2 dV = 1 \tag{10.3.3}$$

という規格化がされていることを仮定することが多い[*13]．この場合，$|\psi(\boldsymbol{r}, t)|^2$

[*12]　単位体積あたりの確率．

[*13]　これは，(10.3.3) 式の積分が収束する場合にのみ可能であり，そのような波動関数は 2 乗可積分であるといわれる．粒子の運動がある有限の領域に留まる場合を束縛状態 (bound state)，そうでない場合を非束縛状態 (unbound state) と呼ぶが，束縛状態の波動関数は 2 乗可積分だが，非束縛状態はそうではない．したがって，非束縛状態の場合，有限な体積内に制限して規格化する，あるいはデルタ関数（付録 B 章）を用いて規格化するなどの方法がとられる．これらは絶対確率密度を考えるときには重要であるが，多くの場合は $|\psi(\boldsymbol{r}, t)|^2$ を相対的な確率として用いるため影響がない．規格化の方法に関する具体例は 12 章で，一般論は 13 章で説明する．

10.3 波動関数の意味：確率解釈 | 149

自身が絶対確率密度となる.

この確率解釈で強調すべきなのは，波動関数は重ね合わせの原理 (principle of superposition) を満たすのだが確率はそうではないことである．たとえば，シュレーディンガー方程式 ([10.2.9] 式) の 2 つの解を ψ_1 と ψ_2 とするとき，それらの重ね合わせである $\varphi = \psi_1 + \psi_2$ はもちろん同じシュレーディンガー方程式の解となる．しかし，確率密度は

$$|\varphi|^2 = |\psi_1 + \psi_2|^2 = |\psi_1|^2 + |\psi_2|^2 + \psi_1 \psi_2^* + \psi_1^* \psi_2 \tag{10.3.4}$$

となり，一般には

$$|\varphi|^2 \neq |\psi_1|^2 + |\psi_2|^2 \tag{10.3.5}$$

となってしまう．これらの違いを生む項である $\psi_1 \psi_2^* + \psi_1^* \psi_2$ を干渉項 (interference term) と呼ぶ.

さて，局所的な確率密度はむろん時間の関数であるが，それを全空間で積分して得られる確率は定数でなくてはならない．この確率の保存則は次のようにして証明できる．ハミルトニアンは実数の演算子なので

$$\hat{H} = \hat{H}^* = -\frac{\hbar^2}{2m}\Delta + U \tag{10.3.6}$$

となるから，通常のシュレーディンガー方程式とその複素共役は

$$i\hbar \frac{\partial}{\partial t}\psi = \hat{H}\psi, \quad -i\hbar \frac{\partial}{\partial t}\psi^* = (\hat{H}\psi)^* = \hat{H}\psi^* \tag{10.3.7}$$

と書ける*14.

(10.3.6) 式と (10.3.7) 式より

$$\frac{\partial}{\partial t}|\psi|^2 = \psi^* \frac{\partial \psi}{\partial t} + \frac{\partial \psi^*}{\partial t}\psi = \frac{1}{i\hbar}[\psi^*(\hat{H}\psi) - (\hat{H}\psi^*)\psi]$$
$$= -\frac{\hbar}{2im}[\psi^*\Delta\psi - (\Delta\psi^*)\psi] = -\frac{\hbar}{2im}\nabla \cdot [\psi^*\nabla\psi - (\nabla\psi^*)\psi]. \tag{10.3.8}$$

そこで，

$$\boldsymbol{j}(\boldsymbol{r}, t) \equiv \frac{\hbar}{2im}[\psi^*\nabla\psi - (\nabla\psi^*)\psi] \tag{10.3.9}$$

を定義すれば，(10.3.8) 式を

---

*14 すでに 10.2 節の脚注 9 で述べたように，$\psi^*(\boldsymbol{r}) \propto e^{i(Et-\boldsymbol{p}\cdot\boldsymbol{r})/\hbar}$ に作用させる場合は，演算子 $\hat{H}$ と $\hat{\boldsymbol{p}}$ の符号が $\psi(\boldsymbol{r}) \propto e^{i(\boldsymbol{p}\cdot\boldsymbol{r}-Et)/\hbar}$ の場合とは逆になることに注意.

150 | 10 波動関数とシュレーディンガー方程式

$$\frac{\partial \rho}{\partial t} + \nabla \cdot \boldsymbol{j} = 0 \tag{10.3.10}$$

と書き直すことができる．これはいわゆる連続の式 (continuity equation) の形なので，$\boldsymbol{j}$ は確率密度 ρ の流れを表す量であることがわかる．この式を全空間で積分して，ガウスの定理 (Gauss's theorem)[*15]を用いれば

$$\frac{\partial}{\partial t} \left(\int \rho dV \right) = -\int \nabla \cdot \boldsymbol{j} dV = -\int \boldsymbol{j} \cdot d\boldsymbol{S} \to 0 \tag{10.3.11}$$

より，全確率 $(= \int \rho dV)$ が保存することが示された．

　ここまで述べてきた確率解釈は量子力学の土台をなす標準的なものである．しかしながら，言われるがままに「はいそうですか」と納得できるほど明快ではないし，（少なくともすぐには）納得すべきでもない．それほどに重大な主張である．実際この解釈をめぐって多くの物理学者が悩んできたのみならず，量子力学の観測問題として今でも活発に研究されている．というか，むしろ精密実験が可能となった今だからこそ本質的な検証の段階になったというべきなのかもしれない[*16]．

　そこで再度，図9.4と図9.5を御覧いただきたい．そこでも述べたように，この実験は古典的には粒子であるはずの電子が干渉を起こすという意味で電子の波動的性質を示している．むろんこれ自体重要な結果であるが[*17]，必ずしもこの実験の本質ではない．さらに注目すべきは，この実験では電子は事実上1個ずつしか通

[*15] 閉曲面 S で囲まれた空間領域を V とし，その空間内で定義されたベクトル関数 $\boldsymbol{A}(\boldsymbol{r})$ の発散の体積積分は，S 上の表面積分

$$\int_V \mathrm{div}\boldsymbol{A}\, dV = \int_S \boldsymbol{A} \cdot d\boldsymbol{S} = \int_S A_n dS$$

で書き直すことができる．ここで，$d\boldsymbol{S}$ は S の法線方向を向いた面積要素，A_n は $\boldsymbol{A}$ の S に対する法線方向成分を表す．

[*16] 私が学生の頃は，量子力学の確率解釈はとりあえずそのまま認めて先に進み，量子力学の理解が深まってから考え直すものであると教えられた．そこに疑問をもち悩みはじめるときりがなくなり，結局量子力学の実用的な意味での理解ができなくなる危険性が高いからである．それは確かに1つの立場である．実際には量子力学を「使い慣れ」てしまうと，その確率解釈の正当性などという深くて難しい問題にたちかえる余裕はなくなってしまうものだ．先生方は若い学生の将来を心配して，けっして道を踏み外すことのないように堅実な人生の道へのアドバイスを与えてくれていたのであろう．にもかかわらずこのような平均的な道を選ばず，深入りを禁じられたはずの波動関数の確率解釈の基礎を追求しようとした数少ない一人が外村であり，その事情は彼の著書『量子力学への招待』（岩波講座　物理の世界）に生き生きと描かれている．昨今の実験技術の進歩にともなって，量子力学の基礎である確率解釈・観測問題は思考実験だけの場ではなく，実験的検証が可能な分野となっている．

[*17] 電子の干渉を初めて示したのは1927年のデビッソン (Clinton J. Davisson) とガーマー (Lester H. Germer) の実験である．

過できず，複数個が同時にスリットを通過することはない，という点にある．いわば，1 個の電子が「自分自身と干渉」するのである．

　波動関数の絶対値の 2 乗 $|\psi(\boldsymbol{r}, t)|^2$ が時刻 t，座標 $\boldsymbol{r}$ における粒子の存在確率を表すと述べた．実はこれはかなりあいまいな表現である．この説明からは，「波動関数が表現する対象はつねに粒子として存在するのだが，それがどこにいるかはあくまで確率的にしかわからず，その無知の度合を表す確率分布が $|\psi(\boldsymbol{r}, t)|^2$ で与えられる」と解釈してしまいがちだ．しかし，これでは図 9.5 の結果を理解することはできない．電子がどこにあるかを知っていようといまいと，つねに 1 個の粒子として存在している限り，図 9.4 のスクリーンの手前におかれた 2 つのスリットのいずれか一方だけを通過することしか許されない．そのような電子に対して実験をいくら繰り返したところで，図 9.5 のような干渉パターンが生じるはずがない．実際，2 つのスリットのいずれかを閉じた状況で実験を多数回繰り返し，その結果得られる電子のスクリーン上の分布を重ね合わせても，干渉パターンが再現されないことは確認されている．

　さらに奇妙なことに，2 つのスリットを開けたままにしておき，ただし電子がどちらのスリットを通過したかを測定できるようなセットアップで実験をすると，干渉パターンはもはや生じない．これらの実験事実は，満足のゆく理論的説明の有無とは関係なく，波動関数の確率解釈を認めざるを得ないことを明確に示している．つまり「波動関数が表現する対象は，実際に測定されるまでは（1 個の粒子に対応するものであるにせよ）あくまで $|\psi(\boldsymbol{r}, t)|^2$ の確率密度にしたがって空間に広がって分布している」と考えざるを得ない．同時に量子論においては，「測定」あるいは「観測」という行為がその力学系に影響を及ぼすことは不可避であることを意味している．

　つまるところ，古典的物理学の世界で親しんできた論理だけでは，このような量子的実在を適切に表現し想像することは困難なようだ．残念ながら，この解釈についてこれ以上深く掘り下げて議論することは，私の力量を越える．ぜひとも他のより進んだ書物を参照して，大いに悩みつつ微視的世界の挙動の不思議さに感嘆していただきたい．

10.4　物理量の期待値と古典的極限：エーレンフェストの定理

　量子論においては，実空間での波動関数 $\psi(x, t)$ が与えられたとき，実空間で定義された関数 $f(x)$ の期待値（平均値とも呼ばれる）を

152 | 10 波動関数とシュレーディンガー方程式

$$\langle f(x) \rangle \equiv \int \psi^*(x,t) f(x) \psi(x,t) dx \tag{10.4.1}$$

で定義する[18]．同様に，運動量空間での波動関数 $\tilde{\psi}(p,t)$ が与えられたとき，運動量空間で定義された関数 $g(p)$ の期待値を

$$\langle g(p) \rangle \equiv \int \tilde{\psi}^*(p,t) g(p) \tilde{\psi}(p,t) dp \tag{10.4.2}$$

とする[19]．

特に $g(p)$ が p の整関数の場合，(10.4.2) 式は，$p \to \hat{p} = -i\hbar\partial/\partial x$ および $\tilde{\psi} \to \psi$ と置き換えた

$$\langle g(p) \rangle = \int \psi^*(x,t) g\left(\frac{\hbar}{i}\frac{\partial}{\partial x}\right) \psi(x,t) dx \tag{10.4.3}$$

に等しい．これは次のように証明できる．まず，

$$\tilde{\psi}(p) = \frac{1}{\sqrt{2\pi\hbar}} \int \psi(x) e^{-ixp/\hbar} dx \tag{10.4.4}$$

の両辺[20]に p^n（n は負でない整数）を掛けると

$$\begin{aligned} p^n \tilde{\psi}(p) &= \frac{1}{\sqrt{2\pi\hbar}} \int \psi(x) p^n e^{-ixp/\hbar} dx \\ &= \frac{1}{\sqrt{2\pi\hbar}} \int \psi(x) \left(-\frac{\hbar}{i}\frac{\partial}{\partial x}\right)^n e^{-ixp/\hbar} dx \end{aligned} \tag{10.4.5}$$

だから[21]，

$$\begin{aligned} &\int \tilde{\psi}^*(p) p^n \tilde{\psi}(p) dp \\ &= \frac{1}{2\pi\hbar} \iiint \psi^*(x') e^{+ix'p/\hbar} \psi(x) \left(-\frac{\hbar}{i}\frac{\partial}{\partial x}\right)^n e^{-ixp/\hbar} dx\,dx'\,dp. \end{aligned} \tag{10.4.6}$$

この右辺で x に関する部分積分を繰り返した後，波動関数が無限遠では消えることを仮定して表面積分項を無視すれば

---

[18] ここでは簡単化のために 1 次元の場合を考えるが，3 次元の場合へもそのまま一般化できる．

[19] これらの式の左辺の括弧の中の x と p は右辺では積分された変数であるから，左辺の平均値はその変数に依存するわけではない．その意味では誤解を与えやすい記法ではあるが，何に対して平均操作を行ったのかを明示するためにそのまま残しておくことにする．

[20] 今の議論では t 依存性は関係ないので，ここではそれを省略した記法をとる．

[21] p を $\tilde{\psi}(p)$ に作用させる場合には，(10.2.7) 式とは符号が異なることに注意．

$$\int \tilde{\psi}^*(p) p^n \tilde{\psi}(p) dp$$

$$= \frac{1}{2\pi\hbar} \iint dx\, dx'\, \psi^*(x') \left(+\frac{\hbar}{i}\frac{\partial}{\partial x} \right)^n \psi(x) \underbrace{\int e^{+ip(x'-x)/\hbar}\, dp}_{= 2\pi\hbar\delta(x-x')}$$

$$= \int \psi^*(x) \left(\frac{\hbar}{i}\frac{\partial}{\partial x} \right)^n \psi(x)\, dx. \tag{10.4.7}$$

$g(p)$ が p の整関数ならばこの結果からただちに (10.4.3) 式が示される．また整関数に限らず任意の $g(p)$ の場合でも，まず級数展開してその各項に対して上述の置き換えを行いその結果を足し合わせるものと理解すれば，(10.4.3) 式はより一般に成立する．この表式は波動関数 $\psi(x,t)$ が与えられているときに，わざわざ $\tilde{\psi}(p,t)$ を計算してから (10.4.2) 式に代入することなく直接 p の関数の平均値を計算する場合に便利である．

(10.4.1) 式と (10.4.3) 式に (10.3.7) 式を代入して，座標と運動量の平均値 $\langle x \rangle$，$\langle p \rangle$ の時間微分を具体的に計算してみよう．

$$\frac{d}{dt}\langle p \rangle = \frac{d}{dt}\int \psi^* \frac{\hbar}{i}\frac{\partial\psi}{\partial x} dx = \frac{\hbar}{i}\left[\int \frac{\partial\psi^*}{\partial t}\frac{\partial\psi}{\partial x} dx + \int \psi^* \frac{\partial}{\partial x}\left(\frac{\partial\psi}{\partial t} \right) dx \right]$$

$$= \int \left(-\frac{\hbar^2}{2m}\frac{\partial^2\psi^*}{\partial x^2} + U\psi^* \right) \frac{\partial\psi}{\partial x} dx - \int \psi^* \frac{\partial}{\partial x}\left(-\frac{\hbar^2}{2m}\frac{\partial^2\psi}{\partial x^2} + U\psi \right) dx$$

$$= -\frac{\hbar^2}{2m}\underbrace{\int \left(\frac{\partial^2\psi^*}{\partial x^2}\frac{\partial\psi}{\partial x} - \psi^*\frac{\partial^2}{\partial x^2}\frac{\partial\psi}{\partial x} \right) dx}_{2\,回部分積分すると相殺して\,0\,となる} - \int \psi^* \frac{\partial U}{\partial x}\psi dx$$

$$= -\int \psi^* \frac{\partial U}{\partial x}\psi dx = -\left\langle \frac{\partial U}{\partial x} \right\rangle. \tag{10.4.8}$$

また，

$$\frac{d}{dt}\langle x \rangle = \frac{d}{dt}\int \psi^* x\psi\, dx = \int \frac{\partial\psi^*}{\partial t} x\psi\, dx + \int \psi^* x\frac{\partial\psi}{\partial t}\, dx$$

$$= \frac{1}{i\hbar}\left(-\frac{\hbar^2}{2m} \right) \int \left(\psi^* x\frac{\partial^2\psi}{\partial x^2} - \frac{\partial^2\psi^*}{\partial x^2} x\psi \right) dx. \tag{10.4.9}$$

ここで

154 | 10 波動関数とシュレーディンガー方程式

$$\int \frac{\partial^2 \psi^*}{\partial x^2} x\psi \, dx = \underbrace{\frac{\partial \psi^*}{\partial x} x\psi \Big|_{-\infty}^{\infty}}_{=0} - \int \frac{\partial \psi^*}{\partial x} \frac{\partial(x\psi)}{\partial x} \, dx$$

$$= -\underbrace{\psi^* \frac{\partial(x\psi)}{\partial x} \Big|_{-\infty}^{\infty}}_{=0} + \int \psi^* \frac{\partial^2(x\psi)}{\partial x^2} \, dx = \int \psi^* \left(2\frac{\partial \psi}{\partial x} + x\frac{\partial^2 \psi}{\partial x^2} \right) \, dx \quad (10.4.10)$$

を用いると,

$$\frac{d}{dt}\langle x \rangle = \frac{i\hbar}{2m} \int \psi^* \left(-2\frac{\partial \psi}{\partial x} \right) \, dx = \frac{1}{m} \int \psi^* \left(\frac{\hbar}{i} \frac{\partial}{\partial x} \right) \psi \, dx = \frac{1}{m}\langle p \rangle. \quad (10.4.11)$$

つまり,1粒子を表す波動関数の座標と運動量の期待値は,古典力学の運動方程式に対応する式:

$$\frac{d}{dt}\langle x \rangle = \frac{1}{m}\langle p \rangle, \quad \frac{d}{dt}\langle p \rangle = -\left\langle \frac{\partial U}{\partial x} \right\rangle \quad (10.4.12)$$

にしたがって時間変化することがわかる.さらに,この式が古典力学の結果とより正確に一致するためには

$$\left\langle \frac{\partial U(x)}{\partial x} \right\rangle = \frac{\partial U(\langle x \rangle)}{\partial \langle x \rangle} \quad (10.4.13)$$

となる必要がある.

具体的に,ポテンシャル $U(x)$ を x の平均値 $\langle x \rangle$ のまわりで展開すれば,

$$\frac{\partial U(x)}{\partial x} = \frac{\partial U(x)}{\partial x}\bigg|_{\langle x \rangle} + \frac{\partial^2 U(x)}{\partial x^2}\bigg|_{\langle x \rangle} (x - \langle x \rangle)$$

$$+ \frac{1}{2}\frac{\partial^3 U(x)}{\partial x^3}\bigg|_{\langle x \rangle} (x - \langle x \rangle)^2 + \cdots \quad (10.4.14)$$

となるので,この展開の第2項以降が無視できる場合に限って

$$\left\langle \frac{\partial U(x)}{\partial x} \right\rangle = \int |\psi(x)|^2 \frac{\partial U(x)}{\partial x} \, dx$$

$$\approx \frac{\partial U(\langle x \rangle)}{\partial \langle x \rangle} \underbrace{\int |\psi(x)|^2 \, dx}_{=1} = \frac{\partial U(\langle x \rangle)}{\partial \langle x \rangle} \quad (10.4.15)$$

と置き換えられることがわかる[22].つまり波動関数が $\langle x \rangle$ のまわりに十分局在化

---

[22] ちなみに,$U(x) = U_0 x^n$ という形のポテンシャルの場合,$n = 0$(自由粒子),$n = 1$(一様な力の場),$n = 2$(調和振動子)であれば,この展開の第2項以降の微係数はすべて厳密に 0 となるので,つねに古典力学を再現する.

している場合，粒子の座標と運動量の量子力学的期待値は古典力学の運動方程式：

$$\frac{d}{dt}\langle x \rangle = \frac{1}{m}\langle p \rangle, \quad \frac{d}{dt}\langle p \rangle = -\frac{\partial U(\langle x \rangle)}{\partial \langle x \rangle} \tag{10.4.16}$$

にしたがうことが結論される．(10.4.12) 式あるいは (10.4.16) 式をエーレンフェストの定理 (Ehrenfest's theorem) と呼ぶ.

10.5　ハミルトン-ヤコビの方程式とシュレーディンガー方程式

10.2 節では古典的な波動が満たす方程式から出発してシュレーディンガー方程式を推測した．これとは別にハミルトン-ヤコビの方程式（[6.1.8] 式）から出発して，強引にシュレーディンガー方程式をひねり出すこともできる．まず，運動量とエネルギーは波数と角振動数を用いて $p = \hbar k$, $E = \hbar w$ と書けることを思い出すと，平面波 $\psi(x,t)$ を自由粒子に対する作用関数 $S(x,t)$（[6.1.12] 式）によって

$$\psi(x,t) = e^{i(kx-wt)} = e^{i(px-Et)/\hbar} = e^{iS(x,t)/\hbar} \tag{10.5.1}$$

と書き直すことができる．この式を逆に解いて得られる

$$S(x,t) = \frac{\hbar}{i}\ln\psi(x,t) \tag{10.5.2}$$

という関係が，自由粒子に限らずより一般に成り立つものと仮定する．このとき，(10.5.2) 式から得られる

$$\frac{\partial S(x,t)}{\partial t} = -\frac{i\hbar}{\psi}\frac{\partial \psi}{\partial t}, \tag{10.5.3}$$

$$H\left(x,\frac{\partial S}{\partial x}\right) = \frac{1}{2m}\left(\frac{\partial S}{\partial x}\right)^2 + U(x) = -\frac{\hbar^2}{2m}\frac{1}{\psi^2}\left(\frac{\partial \psi}{\partial x}\right)^2 + U(x) \tag{10.5.4}$$

を，空間 1 次元のハミルトン-ヤコビの方程式（[6.1.8] 式）：

$$\frac{\partial S(x,t)}{\partial t} + H\left(x,\frac{\partial S}{\partial x}\right) = 0 \tag{10.5.5}$$

に代入すれば

$$i\hbar\frac{\partial \psi}{\partial t} = -\frac{\hbar^2}{2m}\frac{1}{\psi}\left(\frac{\partial \psi}{\partial x}\right)^2 + U(x)\psi \tag{10.5.6}$$

となる.

しかしこの式は ψ に関して線形ではないので，「重ね合わせの原理」という波の基本的な性質が満たされない．一方 (10.5.1) 式から

156 | 10 波動関数とシュレーディンガー方程式

$$\frac{\partial^2 \psi}{\partial x^2} = \frac{i}{\hbar} \frac{\partial}{\partial x} \left(\frac{\partial S}{\partial x} e^{iS/\hbar} \right) = \frac{i}{\hbar} \frac{\partial^2 S}{\partial x^2} e^{iS/\hbar} - \frac{1}{\hbar^2} \left(\frac{\partial S}{\partial x} \right)^2 e^{iS/\hbar}$$

$$= \left[\frac{i}{\hbar} \frac{\partial^2 S}{\partial x^2} - \frac{1}{\hbar^2} \left(\frac{\partial S}{\partial x} \right)^2 \right] \psi \tag{10.5.7}$$

となるので，次の条件：

$$\left| \frac{\partial^2 S}{\partial x^2} \right| \ll \frac{1}{\hbar} \left| \frac{\partial S}{\partial x} \right|^2 \tag{10.5.8}$$

が満たされるならば (10.5.7) 式は，

$$\frac{\partial^2 \psi}{\partial x^2} \approx -\frac{1}{\hbar^2} \left(\frac{\partial S}{\partial x} \right)^2 \psi = \frac{1}{\psi} \left(\frac{\partial \psi}{\partial x} \right)^2 \tag{10.5.9}$$

に置き換えることができる．これを (10.5.6) 式に代入すれば，(10.2.9) 式の空間 1 次元版であるシュレーディンガー方程式：

$$i\hbar \frac{\partial \psi(x,t)}{\partial t} = -\frac{\hbar^2}{2m} \frac{\partial^2 \psi(x,t)}{\partial x^2} + U(x)\psi(x,t) \tag{10.5.10}$$

が得られる．

Δx のスケールでの作用の変化分を ΔS とすれば，(10.5.8) 式をごく大雑把に

$$\frac{1}{\hbar} \frac{\Delta S}{(\Delta x)^2} \ll \frac{1}{\hbar^2} \frac{(\Delta S)^2}{(\Delta x)^2} \quad \Rightarrow \quad \hbar \ll \Delta S \tag{10.5.11}$$

と見積もることができる．ここまでの論理にしたがえば，ハミルトン-ヤコビ方程式で記述される古典的波動の描像は，$\hbar$ の値に比べて作用の変化分が十分に大きい（量子性が無視できる）場合にシュレーディンガー方程式に帰着することを意味しているように思える．言い換えると，$\hbar$ が十分無視できる場合には古典力学からシュレーディンガー方程式が導けるかのような印象を与えたかもしれない．もちろんこの解釈は変である．肝心の量子的効果が効くはずの $\Delta S \approx \hbar$ では用いた近似 (10.5.8) 式が成り立たないから，上述の論理から導き出された (10.5.10) 式は量子論の世界では正当化されていないことになる．

このあたりの事情は，結局のところ古典論から出発して量子論を論理的に導くことはできないことに起因する．むしろ「量子論こそより根本的な体系であって，その $\hbar \to 0$ の極限が歴史的に古典力学と呼ばれているものに帰着する」と解釈すべきなのだ．つまり，「量子論的なシュレーディンガー方程式は，(10.5.11) 式が成立する条件のもとで近似的に古典力学におけるハミルトン-ヤコビ方程式と一致する」のである．

10.2 節と本節で紹介したシュレーディンガー方程式導出の議論は，あくまで古

典論しか知られていない状況から量子論を発見する過程での試行錯誤あるいは外挿として理解すべきことであり，論理的には完全に整合的なものではない．量子論は古典論を包含するが古典論は量子論を包含していない，という意味では論理の飛躍が必然なのである．この論理的関係は落ち着いて考えてみればあたりまえかもしれないが，あえて強調しておきたい．

10.6　ハイゼンベルクの不確定性関係

1次元の粒子の座標と運動量のゆらぎを

$$\Delta x \equiv \sqrt{\langle x^2 \rangle - \langle x \rangle^2}, \quad \Delta p \equiv \sqrt{\langle p^2 \rangle - \langle p \rangle^2} \tag{10.6.1}$$

で定義する．このとき，これらはハイゼンベルクの不確定性関係 (Heisenberg's uncertainty relation) と呼ばれる

$$\Delta x \Delta p \geq \frac{\hbar}{2} \tag{10.6.2}$$

という不等式を満たす．つまり，量子力学では座標と運動量を同時に確定する（$\Delta x = 0$ かつ $\Delta p = 0$）ことはできない．これは量子論が内在する本質的な性質であり，古典論の世界からはけっして想像することができない．

天下り的ではあるが，ハイゼンベルクの不確定性関係は次のようにして証明できる．まず実パラメータ α の関数：

$$F(\alpha) \equiv \int_{-\infty}^{\infty} dx \left| \alpha(x - \langle x \rangle)\psi(x) + i\left(\frac{\hbar}{i}\frac{\partial}{\partial x} - \langle p \rangle\right)\psi(x) \right|^2 \tag{10.6.3}$$

を定義する．右辺の被積分関数は

$$\left[\alpha(x - \langle x \rangle)\psi^* + \hbar\frac{\partial \psi^*}{\partial x} + i\langle p \rangle\psi^* \right]\left[\alpha(x - \langle x \rangle)\psi + \hbar\frac{\partial \psi}{\partial x} - i\langle p \rangle\psi \right]$$

$$= \alpha^2(x - \langle x \rangle)^2\psi^*\psi + \hbar^2\frac{\partial \psi^*}{\partial x}\frac{\partial \psi}{\partial x} + \langle p \rangle^2\psi^*\psi$$

$$+ \alpha\hbar(x - \langle x \rangle)\left(\psi^*\frac{\partial \psi}{\partial x} + \psi\frac{\partial \psi^*}{\partial x}\right) + i\hbar\langle p \rangle\left(\psi^*\frac{\partial \psi}{\partial x} - \psi\frac{\partial \psi^*}{\partial x}\right) \tag{10.6.4}$$

と展開される．(10.6.4) 式の右辺第2項を積分すると

158 | 10 波動関数とシュレーディンガー方程式

$$\hbar^2 \int \frac{\partial \psi^*}{\partial x} \frac{\partial \psi}{\partial x} \, dx = \hbar^2 \underbrace{\psi^* \frac{\partial \psi}{\partial x}\bigg|_{-\infty}^{\infty}}_{=0} - \hbar^2 \int \psi^* \frac{\partial^2 \psi}{\partial x^2} \, dx$$

$$= \int \psi^* \left(\frac{\hbar}{i} \frac{\partial}{\partial x} \right)^2 \psi \, dx = \langle p^2 \rangle. \tag{10.6.5}$$

また，(10.6.4) 式の右辺第 4 項と第 5 項も積分すればそれぞれ

$$\int (x - \langle x \rangle) \frac{\partial (\psi^* \psi)}{\partial x} \, dx = \underbrace{(x - \langle x \rangle)|\psi|^2 \bigg|_{-\infty}^{\infty}}_{=0} - \int |\psi|^2 \, dx = -1, \tag{10.6.6}$$

$$i\hbar \int \left(\psi^* \frac{\partial \psi}{\partial x} - \psi \frac{\partial \psi^*}{\partial x} \right) dx$$

$$= -\int \psi^* \left(\frac{\hbar}{i} \frac{\partial}{\partial x} \right) \psi \, dx - \int \psi \left(-\frac{\hbar}{i} \frac{\partial}{\partial x} \right) \psi^* \, dx = -2\langle p \rangle \tag{10.6.7}$$

となる．これらを用いれば (10.6.3) 式は，

$$F(\alpha) = \alpha^2 \langle (x - \langle x \rangle)^2 \rangle + \langle p^2 \rangle + \langle p \rangle^2 - \alpha \hbar - 2 \langle p \rangle^2$$

$$= \alpha^2 (\Delta x)^2 - \alpha \hbar + (\Delta p)^2 \tag{10.6.8}$$

に帰着する．$F(\alpha)$ が正定値であることから，α の関数として見たときその判別式が負あるいは 0 でなくてはならない．したがって

$$\hbar^2 - 4(\Delta x)^2 (\Delta p)^2 \leq 0 \quad \Rightarrow \quad \Delta x \Delta p \geq \frac{\hbar}{2} \tag{10.6.9}$$

となり，(10.6.2) 式が導かれた．

　座標と運動量の間の不確定性関係は，量子論に内在する本質的な特徴である．ハイゼンベルク (Werner K. Heisenberg) はこの不等式に対して次のような物理的説明を与えた．光を用いて粒子の座標を誤差 Δx より正確に決定するためには，その光の波長は

$$\lambda < \Delta x \tag{10.6.10}$$

でなければならない．一方この光は $h\nu/c = h/\lambda$ の運動量をもち，粒子の位置を測定する際にほぼ同程度の運動量を粒子に与えるはずだから（9.3 節参照），粒子は

$$\Delta p \approx h/\lambda > \frac{h}{\Delta x} \tag{10.6.11}$$

程度の運動量の擾乱（反作用）をうける．つまり観測という操作自体が対象に必然

的に攪乱を与える結果として，定性的ではあるが $\Delta p \Delta x > h$ が成り立つことが予想できる．

この例からもわかるように，観測するという行為そのものが観測される対象に攪乱を与えることが，ハイゼンベルクによる不確定性関係の解釈である．その不確定性の大きさはプランク定数で決まっているから，座標と運動量の積がプランク定数よりもはるかに大きいマクロな世界では，この不確定性は無視できる[*23]．

具体的に人間の運動を考えてみよう．典型的なサイズを 1.5 m，体重を 60 kg，速度を時速 4 km として，$\hbar \approx 1 \times 10^{-27}$ erg s を用いると

$$\frac{1 \times 10^{-27} \text{ erg s}}{150 \text{ cm} \times (6 \times 10^4 \text{ g}) \times (4000/3600 \times 10^2 \text{ cm s}^{-1})} \approx 10^{-36}. \tag{10.6.12}$$

つまり，36 桁の精度が必要とならない限り量子論的不確定性の存在は完全に無視できる．というか巨視的世界の現象においては，事実上そのような限界の存在を認識することは不可能である．もちろん微視的世界では話が異なる．たとえば水素原子中の電子の第 n 軌道を考えれば，(8.4.11) 式より

$$r_n \times m_e v_n = \frac{\hbar^2}{m_e e^2} n^2 \times m_e \frac{e^2}{\hbar} \frac{1}{n} (= J_n) = n\hbar \tag{10.6.13}$$

となり，軌道半径と運動量の積はまさに不確定性関係を決めるプランク定数の大きさそのものなのだ[*24]．このようなスケールの現象では不確定性関係を無視することは不可能である．むしろ逆に，水素原子の典型的サイズであるボーア半径は不確定性関係によって決まっているといってもよい．

[*23] といっても，観測が対象に影響を与える例は日常生活において数多く見うけられる．選抜試験の際の筆記試験さらには面接試験では，受験者が感じる精神的なプレッシャーのために本当の実力がどれだけ正確に判定できているかはわからない．計算機の CPU の使用状況を知るために計測プログラムを走らせると，そのプログラム自身が負荷となり厳密には CPU の使用率を過大評価してしまう．むろんこれらは量子性とは何の関係もない．

[*24] プランク定数の次元は角運動量と一致することを思い出そう．

第11章

経路積分による定式化：古典力学から量子論へ

11.1 量子力学的経路と確率振幅

　古典力学では作用 S が最小値（より正確には停留値）をとるという条件によって，時空間における2つの点を結ぶ経路（すなわち運動方程式）が一意的に決まることを学んだ．この「最小作用の原理」的思想は，量子論にも適用できるのだろうか？　もしそうであるならば古典力学的経路に対応する「量子力学的経路」という概念は存在するのだろうか？

　10章では，2つの異なる方法でシュレーディンガー方程式に到達した．古典的な波の概念を用いて物理量を演算子とみなすやり方（10.2節）とハミルトン–ヤコビの方程式から出発して波の重ね合わせの原理が成り立つように修正するやり方（10.5節）である．これらはいずれも重要な考え方ではあるが，背後に潜む思想らしきものはあまり感じられない．また，ラグランジュ形式による古典力学の定式化との関連も不明である．

　本章ではファインマンが導入した経路積分 (path integral) という考え方を用いて，解析力学の原理の自然な「外挿」によりシュレーディンガー方程式が導かれることを示す．経路積分は量子論においてきわめて重要な役割を占めるが，ここではごく簡単な紹介にとどめる[*1]．

　まず，量子力学的な意味での「経路」(path) という概念を定義する必要がある．ここで重要なのは，古典力学とは異なり量子論では2点を結ぶ経路が一意的に決まるとは考えないことである．「経路が一意的に定まる」という古典力学的な考え

[*1]　詳しくはファインマン本人によって書かれた教科書，R. P. Feynman and A. R. Hibbs, *Quantum Mechanics and Path Integrals* (McGraw-Hill)，邦訳『ファインマン経路積分と量子力学』（北原和夫訳，マグロウヒル）を参照されたい．

方はある意味では自然かもしれないが，よく考えればきわめて非民主的なようにも思えてくる．その対極にあるのは「あらゆる経路が可能」という完全に民主的な思想であろう．量子論はこの後者の考え方を採用しているらしい．そういわれてみれば，こちらの方がより自然な気がしないであろうか*2．価値観を比較してもきりがないのでこの程度にして，図 11.1 を参照しながら時空上の点 a と点 b を結ぶ経路に対する具体的な規則を考えてみよう．

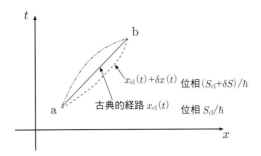

図 **11.1**　量子力学的経路と位相．

点 a と点 b を結ぶ経路 $x(t)$ はすべて採用するといったものの，それぞれの経路に対して重み $\varphi[x(t)]$ を割り当てることにする．その重みは以下の規則にしたがって決定する．

(i) 位相：経路 $x(t)$ に対応する作用を $S[x(t)]$ とする．プランク定数 h は作用量子と呼ばれることからもわかるように作用 S と同じ次元をもつので，S/h は無次元量だ．そこで，それぞれの経路に位相 $2\pi S/h = S/\hbar$ を割り当てて

$$\varphi[x(t)] \propto \exp\left(i\frac{S[x(t)]}{\hbar}\right) \tag{11.1.1}$$

を重みとする．上式の比例定数は別途定めるものとする（11.2 節）．

---

*2　娘に「直列接続された 2 個の豆電球のうちの 1 個の両端を導線でショートさせるとその豆電球がつかなくなるのはなぜか」と質問されたことがある．「豆電球のなかを通る方が抵抗が大きいので電流が流れにくいから，もっと流れやすい導線のなかを通る方を選ぶのだ」と答えたところ，さらに「電流はどうしてそんなことを知っているのか，電流は天才なのか」と詰め寄られ絶句してしまった．確かに私の「回答」は単なる事実提示でしかなく，「なぜそのようなことが起こるのか」に関して十分納得できるような「説明」とはいいがたい．質点がニュートンの法則にしたがって運動する理由であれ，力学系が作用を最小とするような方程式にしたがう理由であれ，「ではそれはなぜ？」と再度聞かれてしまうと説得力のある答えをすることは困難である．あることを説明したとたんにさらにその奥に説明すべきことが浮かびあがる．自然法則とは階層的であることをしみじみ思い知る．

162 | 11 経路積分による定式化：古典力学から量子論へ

この規則はかなり唐突に思えるであろう．しかし，自由粒子に対する作用 (6.1.12) 式を思い出すと，運動量とエネルギーを $p = \hbar k$, $E = \hbar w$ とおいて

$$\exp\left\{i\frac{S[x(t)]}{\hbar}\right\} = \exp\left[\frac{i}{\hbar}(px - Et)\right] = e^{i(kx - wt)} \tag{11.1.2}$$

となる．実はこの式は (10.5.1) 式でも考えた平面波そのものである．そこではあまり強調しなかったが，経路積分による定式化では $\varphi[x(t)]$ が複素数であることが重要である．これは言い換えれば位相 $S/\hbar$ の値に帰着する．古典力学の作用 S がこのような形で登場するとは驚きである．

次に，点 a と点 b を結ぶ確率振幅 $K(b, a)$ という概念を導入する．これは次の 2 つの規則によって定義される．

(ii) 重ね合わせの原理：点 a から点 b に至る任意の経路 $x(t)$ は，それぞれが確率振幅 $K(b, a)$ に $\varphi[x(t)]$ という寄与をする．それらをすべての経路に対して足し合わせたものが $K(b, a)$ である．

$$K(b, a) = \sum_{\text{すべての } x(t)} \varphi[x(t)]. \tag{11.1.3}$$

(iii) 確率と確率振幅：点 a から点 b に至る確率 $P(b, a)$ は，確率振幅 $K(b, a)$ の絶対値の 2 乗で与えられる．

$$P(b, a) = |K(b, a)|^2. \tag{11.1.4}$$

一見すると上記の処方箋 (i)-(iii) は，古典力学における最小作用の原理とはまったく関係ないように思えるが，実は古典的極限においてはそれに帰着する．まず，古典力学が対象とする系では，S は $\hbar$ に比べて圧倒的に大きいことに注意しよう．たとえば，秒速 10 m で運動するビリヤード球[*3]が 1 秒間に描く軌道に対応する作用の大きさは

$$S \sim Et \approx 100\,\text{g} \times (1000\,\text{cm s}^{-1})^2 \times 1\,\text{s} = 10^8\,\text{erg s} \approx 10^{35}\hbar \tag{11.1.5}$$

となる．したがって，$\varphi(x) = e^{iS[x]/\hbar}$ は S のわずかな変化に応じて激しく振動するため，無限小だけ異なる隣り合った経路 $x + \delta x$ の重み $\varphi(x + \delta x) = e^{iS[x + \delta x]/\hbar}$

[*3] 世界プールビリヤード連盟では，球の質量は 5.5 オンスから 6.0 オンス（約 156 g から約 170 g）の範囲に決めているそうだ．

を足し合わせるとほとんどの場合互いに打ち消しあって (11.1.3) 式には寄与しない。唯一の例外は、S が停留値をとるような経路 $\bar{x}(t)$ であり、その近傍では少しだけ経路を変えたとしても S、すなわち位相は変化しない。したがって、$S \gg \hbar$ となるような状況では、確率振幅 (11.1.3) 式の値は作用が停留値をとる古典的な軌道 $x_{\mathrm{cl}}(t) = \bar{x}(t)$ によって決まる。このように量子力学的な経路に対応する (11.1.3) 式は古典力学を再現することが示された[*4]。

さらに大胆な言い方をするならば、上述のように 2 点を結ぶ可能な経路をすべて考慮するという（量子力学的な）民主主義を認めることによって、古典力学の最小作用の原理を「導く」ことができる。つまり、より根元的な量子論的原理により、古典力学における最小作用の原理はもはや「原理」ではなく「帰結」となったわけである。古典論理が量子論理によって初めてより基本的なレベルから説明されたといってもよい。

3 章で「自然はどのようにして最小作用の原理にしたがった運動を選択しているのだろう」という奇妙な問いかけをした。自然は何らかの計算をしてものの運動を決めているとは思いがたい。ましてや変分法を用いているわけはなかろう。したがって、自然が最小作用の原理を採用しているのは「不自然」であるように思える。この経路積分の方法から解釈できることは、「自然は何も計算せずすべての可能性を同等に実現しているだけだ」というきわめて「自然な」（？）可能性である。つまり、自然は何も計算しないのである。すべての経路を同時に実現した結果として位相が相殺し、停留値を与える経路のみが残り古典的軌道として認識される。本当に驚異的な解決策である。

一方、古典力学の代表であるビリヤードの運動のかわりに、水素原子内の電子の運動を考えると

$$\frac{S}{\hbar} \approx \frac{13.6\,\mathrm{eV} \times 1\,\text{Å}}{200\,\mathrm{MeV\,fm}} \approx \frac{14 \times 10^{-8}\,\mathrm{eV\,cm}}{2 \times 10^{-5}\,\mathrm{eV\,cm}} \approx 7 \times 10^{-3} \tag{11.1.6}$$

なので、停留値かどうかはあまり問題とならず、量子論的な位相の効果が現れるはずだ。したがって、陽子のまわりを電子が公転しているという古典力学的な水素原子のイメージは、現実とはかなりかけ離れていることが予想される。

[*4]　さもなければビリヤードにおいて確率的要素が入り込むこととなり、名プレイヤーが存在しなくなる、あるいは「運のいい人、ツキがある人」のごとくその性格が大きく変わってしまう。ゴルフやバスケットボール、さらにはパチンコのような球技（？）一般についても同様で、それらの超人的テクニックの醍醐味は不確定性関係が無視できる、言い換えればプランク定数が十分小さいことによって保証されているのだ。

11.2 経路積分と波動関数

前節で紹介した定式化においては，(11.1.3) 式で概念的に定義した確率振幅 $K(b,a)$ を具体的に計算可能とする表式が必要である．たとえば図 11.2 のように，点 $\mathrm{a}(t_\mathrm{a}, x_\mathrm{a})$ から点 $\mathrm{b}(t_\mathrm{b}, x_\mathrm{b})$ に至る経路 $x(t)$ を時刻 t_n で座標 x_n にある N 個の点の集合で近似することにする（端点である $t_0 = t_\mathrm{a}$, $x_0 = x_\mathrm{a}$, $t_N = t_\mathrm{b}$, $x_N = x_\mathrm{b}$ は固定する）．分割する時刻が与えられているものとすれば（たとえば等分割），各時刻での座標の位置としてすべての可能性を考慮しそれぞれに重み $\varphi[x(t)]$ をつけて足し合わせることで，確率振幅に対して

$$K(b,a) \sim \int \cdots \int \varphi[x(t)]\, dx_1 dx_2 \cdots dx_{N-1} \quad (11.2.1)$$

という近似式が得られるであろう．

この分割点を無限に増やした極限を確率振幅の定義とすればよい．まだ多分に概念的ではあるものの，この考え方を表す式として確率振幅を

$$K(b,a) = \int_\mathrm{a}^\mathrm{b} \mathcal{D}x \exp\left\{ i \frac{S[x(t)]}{\hbar} \right\} \quad (11.2.2)$$

と記すことにして，この右辺の積分を経路積分と呼ぶ．といってもこのままではピンとこなくとも当然だ．そこで以下，この経路積分を極限操作を通じて具体的に計算することを考えてみる．

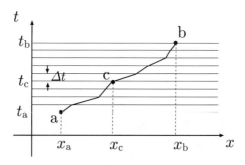

図 11.2　確率振幅と経路の和に対する極限操作．

点 a から点 b に至る経路のなかで，ある時刻 t_c で点 $\mathrm{c}\,(x = x_\mathrm{c})$ を通過するものを選ぶ．確率振幅という定義にたちかえれば，x_c がとり得るすべての範囲を考慮することで

$$K(b,a) = \int_{-\infty}^{\infty} dx_c \, K(b,c) K(c,a) \tag{11.2.3}$$

という関係が成り立つはずである（図 11.2）．そこで，$t_0 \equiv t_a$ から $t_N \equiv t_b$ の時間間隔を N 分割し $\Delta t \equiv (t_N - t_0)/N$ とおき，折れ線近似的に (11.2.3) 式の操作を繰り返せば

$$K(b,a) = \int_{-\infty}^{\infty} dx_1 \cdots \int_{-\infty}^{\infty} dx_{N-1} \prod_{n=0}^{N-1} K(n+1, n) \tag{11.2.4}$$

が得られる．分割した時間間隔 Δt が十分小さければ，(11.1.1) 式と (11.1.3) 式より，S に対応するラグランジアン L を用いて

$$\begin{aligned}
K(n+1, n) &= \frac{1}{A} \exp\left[\frac{i}{\hbar} S(n+1, n)\right] \\
&\approx \frac{1}{A} \exp\left[i\frac{\Delta t}{\hbar} L\left(v_{n+1/2}, x_{n+1/2}, t_{n+1/2}\right)\right] \\
&\approx \frac{1}{A} \exp\left[i\frac{\Delta t}{\hbar} L\left(\frac{x_{n+1} - x_n}{\Delta t}, \frac{x_{n+1} + x_n}{2}, \frac{t_{n+1} + t_n}{2}\right)\right]
\end{aligned} \tag{11.2.5}$$

と近似できる（Δt に依存する規格化定数 A については次節で議論する）．したがって (11.2.4) 式の分割数を $N \to \infty$ とすれば，経路積分 (11.2.2) 式は

$$K(b,a) = \lim_{N \to \infty} \frac{1}{A^N} \int_{-\infty}^{\infty} dx_1 \cdots \int_{-\infty}^{\infty} dx_{N-1} \, \exp\left[\frac{i}{\hbar} \sum_{n=0}^{N-1} S(n+1, n)\right] \tag{11.2.6}$$

に帰着するであろう．

さてここまでは一貫して確率振幅という言葉を用いてきたが，これは本質的には波動関数と同じものと考えてよい．波動関数 $\psi(x,t)$ は，時刻 t にその系が x に存在する確率 $|\psi(x,t)|^2$ を与える．一方 $K(x,t;x_0,t_0)$ は，「初めに点 (t_0, x_0) にあった系が」その後 (t,x) に到達する確率の振幅を表すものと定義されている．したがって過去の情報を気にしない限り，$K(x,t;x_0,t_0)$ を $\psi(x,t)$ と同一視してもよい．もしこの説明にまだ納得できないならば，$\psi(x,t)$ 自身を初期座標 (t,x) に対応する振幅とみなして，(11.2.3) 式を x について積分した

$$\psi(x', t') = \int_{-\infty}^{\infty} dx \, K(x', t'; x, t) \psi(x, t) \tag{11.2.7}$$

166 | 11 経路積分による定式化：古典力学から量子論へ

がその後の点 (t', x') における波動関数を与える，という説明ではいかがだろう．この説明にしたがうと (11.2.7) 式の右辺の被積分関数にある $K(x', t'; x, t)$ は，異なる2つの点 (t, x) と (t', x') の波動関数を結びつける，いわば時間発展操作の働きをしていることがわかる．このため $K(x', t'; x, t)$ は伝播関数 (propagator) とも呼ばれている．

11.3 経路積分を用いたシュレーディンガー方程式の導出

無限小時間発展 $t' = t + \Delta t$ を考えて，(11.2.7) 式に (11.2.5) 式を代入すれば

$$
\psi(x', t + \Delta t)
$$
$$
\approx \int_{-\infty}^{\infty} dx \frac{1}{A} \exp\left[i\frac{\Delta t}{\hbar} L\left(\frac{x'-x}{\Delta t}, \frac{x'+x}{2}, t + \frac{\Delta t}{2} \right) \right] \psi(x, t) \tag{11.3.1}
$$

と近似できる．特に1次元のラグランジアン

$$
L = \frac{1}{2} m \dot{x}^2 - U(x, t) \tag{11.3.2}
$$

の場合には

$$
\Delta t \times L\left(\frac{x'-x}{\Delta t}, \frac{x'+x}{2}, t + \frac{\Delta t}{2} \right)
$$
$$
= \frac{m(x'-x)^2}{2\Delta t} - U\left(\frac{x'+x}{2}, t + \frac{\Delta t}{2} \right) \Delta t. \tag{11.3.3}
$$

これを (11.3.1) 式に代入し $\Delta t \to 0$ の場合を考えると，第1項は x' が x からほんのわずかずれただけでも非常に大きな値になる．したがってこれを位相とする関数は激しく振動し，(11.3.1) 式の積分に実質的に寄与するのは

$$
\frac{m(x'-x)^2}{\Delta t} < \hbar \quad \Rightarrow \quad |x'-x| < \sqrt{\frac{\hbar \Delta t}{m}} \tag{11.3.4}
$$

程度の範囲でしかない．そこで $\xi \equiv x' - x$ とおいた上であらためて x' を x と書き，(11.3.1) 式を Δt の1次（したがって，ξ については2次）の項まで展開して残すことにすれば

11.3 経路積分を用いたシュレーディンガー方程式の導出 | 167

$$\psi(x, t+\Delta t)$$
$$= \int_{-\infty}^{\infty} d\xi \frac{1}{A} \exp\left[i\frac{m\xi^2}{2\hbar\Delta t} - i\frac{\Delta t}{\hbar}U\left(x+\frac{\xi}{2}, t+\frac{\Delta t}{2}\right)\right]\psi(x-\xi, t)$$
$$\Rightarrow \quad \psi(x,t) + \Delta t\frac{\partial\psi}{\partial t} = \int_{-\infty}^{\infty} d\xi \frac{1}{A} e^{im\xi^2/2\hbar\Delta t}\left[1 - i\frac{\Delta t}{\hbar}U(x,t)\right]$$
$$\times \left[\psi(x,t) - \xi\frac{\partial\psi}{\partial x} + \frac{\xi^2}{2}\frac{\partial^2\psi}{\partial x^2}\right]. \tag{11.3.5}$$

(11.3.5) 式の両辺が $\Delta t \to 0$ かつ $\xi \to 0$ でいずれも $\psi(x,t)$ に一致する条件より

$$A = \int_{-\infty}^{\infty} d\xi\, e^{im\xi^2/2\hbar\Delta t} = \sqrt{\frac{2\pi i\hbar\Delta t}{m}} \tag{11.3.6}$$

のように規格化定数 A が定まる．さらに

$$\int_{-\infty}^{\infty} d\xi \frac{1}{A} \xi\, e^{im\xi^2/2\hbar\Delta t} = 0, \tag{11.3.7}$$

$$\int_{-\infty}^{\infty} d\xi \frac{1}{A} \xi^2\, e^{im\xi^2/2\hbar\Delta t} = \frac{i\hbar\Delta t}{m} \tag{11.3.8}$$

を用いれば[*5]，(11.3.5) 式は Δt の 1 次の項までで打ち切って

$$\psi + \Delta t\frac{\partial\psi}{\partial t} = \psi - \frac{i\Delta t}{\hbar}U(x,t)\psi + \frac{1}{2}\frac{i\hbar\Delta t}{m}\frac{\partial^2\psi}{\partial x^2}$$
$$\Rightarrow \quad i\hbar\frac{\partial\psi}{\partial t} = \left[-\frac{\hbar^2}{2m}\frac{\partial^2}{\partial x^2} + U(x,t)\right]\psi = \hat{H}\psi \tag{11.3.9}$$

という関係が得られる．つまり，経路積分の考え方にしたがって波動関数に対するシュレーディンガー方程式を導くことができた．経路積分の方法の特徴は，古典論でのラグランジアン L（あるいは作用 S）が与えられさえすれば，(11.2.2) 式を通じてその系の量子論的性質を支配する確率振幅が求められる点にある．この意味で，経路積分の方法は古典力学から量子論への自然な拡張となっている．

[*5] 7.2.1 項の脚注 11 に示したように，

$$\int_{-\infty}^{+\infty} x^{2n} e^{-\alpha x^2}\, dx = \frac{(2n-1)!!}{2^n}\sqrt{\frac{\pi}{\alpha^{2n+1}}} = \frac{(2n-1)!!}{2^n\alpha^n}\int_{-\infty}^{+\infty} e^{-\alpha x^2}\, dx$$

であるから，（数学的厳密さを無視すれば）$a \to b/i$ と置き換えて

$$\int_{-\infty}^{+\infty} e^{ibx^2}\, dx = \sqrt{\frac{\pi i}{b}}, \qquad \int_{-\infty}^{+\infty} x^2 e^{ibx^2}\, dx = \frac{i}{2b}\int_{-\infty}^{+\infty} e^{ibx^2}\, dx$$

が成り立つことがわかる．

第12章

1次元量子系

12.1 時間に依存しないシュレーディンガー方程式

3次元のシュレーディンガー方程式（[10.2.9] 式）：

$$i\hbar \frac{\partial}{\partial t}\psi(\boldsymbol{r}, t) = \hat{H}\psi(\boldsymbol{r}, t) = \left(-\frac{\hbar^2}{2m}\Delta + V\right)\psi(\boldsymbol{r}, t) \tag{12.1.1}$$

において，ポテンシャル V が時間に依存しない場合を考える[*1]．波動関数を

$$\psi(\boldsymbol{r}, t) = f(t)u(\boldsymbol{r}) \tag{12.1.2}$$

のように変数分離して (12.1.1) 式に代入すれば

$$i\hbar \frac{1}{f}\frac{df}{dt} = \frac{1}{u}\left(-\frac{\hbar^2}{2m}\Delta u + Vu\right). \tag{12.1.3}$$

上式の左辺は時間座標だけ，右辺は空間座標だけの関数なので，結局それらは定数でしかあり得ない．その値を E とおくと，波動関数の時間依存性は

$$i\hbar \frac{df}{dt} = Ef \quad \Rightarrow \quad f(t) \propto e^{-iEt/\hbar} = e^{-iwt} \quad (w \equiv E/\hbar) \tag{12.1.4}$$

と決まる．一方，空間部分の関数 u は

$$\left(-\frac{\hbar^2}{2m}\Delta + V(\boldsymbol{r})\right)u(\boldsymbol{r}) = Eu(\boldsymbol{r}) \tag{12.1.5}$$

の解でなくてはならない．これらをまとめれば，波動関数を

[*1] 以前の章では，体積を示す V と区別するためポテンシャルを U で表した．しかし，本章では波動関数の空間部分を u で表す都合上，ポテンシャルに対して V という記号を用いることとする．

$$\psi(\boldsymbol{r}, t) = u(\boldsymbol{r}) e^{-iwt} \tag{12.1.6}$$

のように変数分離した形におくことができる. (10.2.2) 式と見比べれば, この定数 E がエネルギーに対応していることがわかる.

(12.1.5) 式は時間に依存しないシュレーディンガー方程式 (time-independent Schrödinger equation) と呼ばれ, E をエネルギー固有値 (eigen value), $u(\boldsymbol{r})$ をその固有値に対応する固有関数 (eigen function) という. ある境界条件のもとでは, (12.1.5) 式は E が特別の離散的な値をとる場合に限り解をもつことがある. さらに (12.1.5) 式は u に関する線形方程式であるから, その一般解は異なる固有値をもつ固有関数の重ね合わせとなる. たとえば離散的固有値 E_n をもつ場合には, 対応する固有関数を $u_n(\boldsymbol{r})$, その数係数を c_n として,

$$\psi(\boldsymbol{r}, t) = \sum_n c_n u_n(\boldsymbol{r}) \exp(-iE_n t/\hbar) = \sum_n c_n u_n(\boldsymbol{r}) \exp(-iw_n t) \tag{12.1.7}$$

がシュレーディンガー方程式の一般解となる. 固有値が連続的な値をとる場合には, 和を積分で置き換えればよい.

12.2 1 次元波動関数のパリティ

時間に依存しないシュレーディンガー方程式 ([12.1.5] 式) は 1 次元の場合,

$$-\frac{\hbar^2}{2m}\frac{d^2 u(x)}{dx^2} + V(x)u(x) = Eu(x) \quad \Rightarrow \quad \frac{d^2 u}{dx^2} = \frac{2m[V(x) - E]}{\hbar^2}u \tag{12.2.1}$$

と書ける. 仮にこの式が, 同じ固有値 E に対して 2 つの異なる固有関数 $u_1(x)$ と $u_2(x)$ を解にもつならば

$$\frac{1}{u_1}\frac{d^2 u_1}{dx^2} = \frac{1}{u_2}\frac{d^2 u_2}{dx^2}$$

$$\Rightarrow \quad \frac{d^2 u_1}{dx^2}u_2 - \frac{d^2 u_2}{dx^2}u_1 = \frac{d}{dx}\left(\frac{du_1}{dx}u_2 - \frac{du_2}{dx}u_1\right) = 0$$

$$\Rightarrow \quad \frac{du_1}{dx}u_2 - \frac{du_2}{dx}u_1 = \text{定数} \tag{12.2.2}$$

が成り立つ. ここでさらに u_1 と u_2 が

$$\lim_{x \to \pm\infty} u_1 = 0, \qquad \lim_{x \to \pm\infty} u_2 = 0 \tag{12.2.3}$$

を満たす, すなわち有限の空間領域に局在する (これを束縛状態と呼ぶ) ならば,

170 | 12 1 次元量子系

(12.2.2) 式の $r \to \pm\infty$ の極限を考えることで右辺の定数は 0 であることがわかる. したがって,

$$\frac{1}{u_1}\frac{du_1}{dx} = \frac{1}{u_2}\frac{du_2}{dx} \quad \Rightarrow \quad u_1(x) = cu_2(x) \quad (c はある定数) \tag{12.2.4}$$

となり, u_1 と u_2 は独立とはなり得ない. このように, 1 次元の束縛状態[*2]では同じ固有値に対応する波動関数は定数倍を除いて一意に定まる[*3].

さらに, ポテンシャルが $V(x) = V(-x)$, すなわち x に関する偶関数 (even function) だとする. このとき $u(x)$ が固有値 E に対応する (12.2.1) 式の解であれば, むろん $u(-x)$ もまたこの方程式の解となり, (12.2.4) 式よりある定数 P を用いて $u(x) = Pu(-x)$ と書けるはずだ. この式で再度 $x \to -x$ とすれば

$$u(-x) = Pu(x) = P^2u(-x) \quad \Rightarrow \quad P = \pm 1 \tag{12.2.5}$$

となる. つまり, 偶関数ポテンシャルに対する 1 次元シュレーディンガー方程式の固有関数は

$$偶関数：u(-x) = u(x) \quad あるいは \quad 奇関数：u(-x) = -u(x) \tag{12.2.6}$$

に分類できる. この定数 P を波動関数のパリティ (parity)[*4], また, $P = +1$ に対応する波動関数を正（even: 偶）パリティの状態, $P = -1$ に対応する波動関数を負（odd: 奇）パリティの状態, と呼ぶ.

12.3 ポテンシャル障壁：非束縛状態とトンネル効果

図 12.1 のような「土手型」ポテンシャル障壁 (potential barrier)：

$$V(x) = \begin{cases} V_0 & (-a \leq x \leq a) \\ 0 & (x < -a, \ x > a) \end{cases} \tag{12.3.1}$$

を考える（$V_0 > 0$ とする）. 解くべき方程式は (12.2.1) 式より

[*2] 12.4 節で示すように, $E < V(x)|_{x=\pm\infty}$ が成り立つ場合に対応する.

[*3] これとは逆に, 同じ固有値に対応して独立な波動関数が複数存在する場合, 波動関数が縮退している (degenerate) という.

[*4] 強いて日本語に訳せば偶奇性となるが, ほとんど用いられない訳語である.

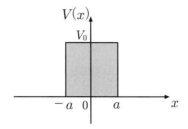

図 12.1 1 次元「土手型」ポテンシャル障壁．

$$\frac{d^2 u}{dx^2} = \begin{cases} \dfrac{2m(V_0 - E)}{\hbar^2} u & (-a \leq x \leq a) \\ -\dfrac{2mE}{\hbar^2} u & (x < -a,\ x > a) \end{cases}. \tag{12.3.2}$$

これからわかるように $x = \pm a$ で $u(x)$ の 2 階微係数は不連続であるが，それらの差は有限であるから，積分すれば $u(x)$ の 1 階微係数，さらには $u(x)$ はともに $x = \pm a$ で連続となる．そこで

$$\begin{aligned}\lim_{\varepsilon \to 0}[u(\pm a + \varepsilon) - u(\pm a - \varepsilon)] &= 0, \\ \lim_{\varepsilon \to 0}\left[\left.\frac{du(x)}{dx}\right|_{\pm a+\varepsilon} - \left.\frac{du(x)}{dx}\right|_{\pm a-\varepsilon}\right] &= 0\end{aligned} \tag{12.3.3}$$

を境界条件として課す．これらをまとめて，$x = \pm a$ で波動関数 $u(x)$ が「滑らか」に接続する，と表現することがある．

ところで (12.3.2) 式より，仮に $E < 0$ ならば空間の全領域で $d^2u/dx^2 > 0$ となるため，$x \to \pm\infty$ のいずれかで $u(x)$ が発散してしまうことになる．したがって物理的に許される解は，$E > 0$ でなくてはならない．そこで，以下では $0 < E < V_0$ と $E > V_0$ の 2 つの場合に分けて解を求めることにする[5]．

12.3.1 $0 < E < V_0$：トンネル効果

この場合，正の実数パラメータ ρ と k を

$$\rho = \frac{\sqrt{2m(V_0 - E)}}{\hbar}, \qquad k = \frac{\sqrt{2mE}}{\hbar} \tag{12.3.4}$$

で定義すると，(12.3.2) 式は

---

[5] $E = V_0$ の場合を別途考えるべきかもしれないが，厳密に一致することは事実上起こり得ないので，ここでは無視しておく．

$$\frac{d^2u}{dx^2} = \begin{cases} \rho^2 u & (-a \leq x \leq a) \\ -k^2 u & (x < -a, \ x > a) \end{cases}. \tag{12.3.5}$$

ここで (12.1.6) 式のように $w = E/\hbar$ に対応して，$x < -a$ の領域から右向きに進む波 $\psi = e^{i(kx - wt)}$ が入射する場合を考えよう．

$x < -a$ にはこの入射波に対する反射波 $\psi \propto e^{-i(kx + wt)}$，$x > a$ にはその透過波 $\psi \propto e^{i(kx - wt)}$ が存在する．また $-a \leq x \leq a$ では $\psi \propto e^{\pm \rho x - iwt}$ が解となる．したがって角振動数 w に対応する (12.3.5) 式の解を $\psi \propto u(x)e^{-iwt}$ とおけば，

$$u(x) = \begin{cases} e^{ikx} + Ae^{-ikx} & (x < -a) \\ Be^{\rho x} + Ce^{-\rho x} & (-a \leq x \leq a) \\ De^{ikx} & (x > a) \end{cases} \tag{12.3.6}$$

の形で書けるはずだ．$x = \pm a$ で波動関数が滑らかに接続するという条件：

$$\begin{cases} e^{-ika} + Ae^{ika} = Be^{-\rho a} + Ce^{\rho a} & : u(-a) \text{ の連続性} \\ e^{-ika} - Ae^{ika} = \dfrac{\rho}{ik}(Be^{-\rho a} - Ce^{\rho a}) & : du/dx|_{-a} \text{の連続性} \\ Be^{\rho a} + Ce^{-\rho a} = De^{ika} & : u(a) \text{ の連続性} \\ Be^{\rho a} - Ce^{-\rho a} = \dfrac{ik}{\rho}De^{ika} & : du/dx|_{a} \text{の連続性} \end{cases} \tag{12.3.7}$$

は，複素定数 A, B, C, および D に対する線形連立方程式となる．4 つの未知数に対して 4 つの方程式があるから，具体的に解を求めることができる．この場合，エネルギー E は値が正である以外の条件はなく任意の連続値をとり得る．このことをエネルギー固有値は連続スペクトル (continuum spectrum) をとる，という．これは非束縛状態の特徴で，離散スペクトル (discrete spectrum) をとる束縛状態（12.4 節）との大きな違いである．

まず，(12.3.7) 式の前半の 2 つの式より

$$2e^{-ika} = \frac{ik + \rho}{ik}Be^{-\rho a} + \frac{ik - \rho}{ik}Ce^{\rho a}, \tag{12.3.8}$$

$$2Ae^{ika} = \frac{ik - \rho}{ik}Be^{-\rho a} + \frac{ik + \rho}{ik}Ce^{\rho a}. \tag{12.3.9}$$

これらに，(12.3.7) 式の後半の 2 つの式より得られる

12.3 ポテンシャル障壁：非束縛状態とトンネル効果 | 173

$$Be^{\rho a} = \frac{De^{ika}}{2}\frac{\rho + ik}{\rho}, \quad Ce^{-\rho a} = \frac{De^{ika}}{2}\frac{\rho - ik}{\rho} \tag{12.3.10}$$

を代入すれば

$$2e^{-ika} = \frac{De^{ika}}{2ik\rho}\left[(ik+\rho)^2 e^{-2\rho a} - (\rho - ik)^2 e^{2\rho a}\right]$$

$$\Rightarrow \quad 4ik\rho e^{-2ika} = \left[(\rho^2 - k^2)(e^{-2\rho a} - e^{2\rho a}) + 2ik\rho(e^{2\rho a} + e^{-2\rho a})\right]D$$

$$\Rightarrow \quad D = \frac{2ik\rho e^{-2ika}}{(k^2 - \rho^2)\sinh(2\rho a) + 2ik\rho\cosh(2\rho a)}, \tag{12.3.11}$$

および

$$2Ae^{ika} = \frac{k^2 + \rho^2}{2ik\rho}(-e^{-2\rho a} + e^{2\rho a})De^{ika}$$

$$\Rightarrow \quad A = \frac{k^2 + \rho^2}{2ik\rho}D\sinh(2\rho a)$$

$$= \frac{(k^2 + \rho^2)e^{-2ika}\sinh(2\rho a)}{(k^2 - \rho^2)\sinh(2\rho a) + 2ik\rho\cosh(2\rho a)} \tag{12.3.12}$$

が得られる.

$E < V_0$ の場合, 古典的粒子はエネルギー保存則より $-a < x < a$ の領域には侵入できない. 仮に侵入したとすれば, 運動エネルギーであるはずの $E - V_0$ が負の値をとるという奇妙な事態となるからだ. したがって, 図 12.1 の $x < -a$ より x の右向きに入射した古典的粒子は $x = -a$ で「完全反射」して左向きに進む. これに対して量子力学では必ずある割合でこの領域に確率波が浸みこみ, さらには $x > a$ の領域まで透過する. これをトンネル効果 (tunnel effect) と呼ぶ.

12.3.2　$0 < E < V_0$：反射率と透過率

波動関数が表す確率密度の流れは (10.3.9) 式で与えられ, 今の場合

$$j = \frac{\hbar}{2im}\left(u^*\frac{du}{dx} - \frac{du^*}{dx}u\right) = \frac{\hbar}{m}\text{Im}\left(u^*\frac{du}{dx}\right) \tag{12.3.13}$$

と書ける（Im は虚部を示す）. したがって, $x < -a$ では

$$j = \frac{\hbar}{m}\text{Im}\left[(e^{-ikx} + A^*e^{ikx})(ike^{ikx} - ikAe^{-ikx})\right]$$

$$= \frac{\hbar}{m}\text{Im}\left[ik(1 - |A|^2 + A^*e^{2ikx} - Ae^{-2ikx})\right]$$

$$= \frac{\hbar k}{m}(1 - |A|^2), \tag{12.3.14}$$

174 | 12 1 次元量子系

$x > a$ では

$$j = \frac{\hbar k}{m} |D|^2 \tag{12.3.15}$$

となる. (10.1.20) 式で見たように $\hbar k / m$ はこの波動関数が表す波束の群速度 v_{g} と解釈できる. したがって (12.3.14) 式と (12.3.15) 式は, 入射波が右向きに v_{g}, 反射波が左向きに $v_{\mathrm{g}} |A|^2$, 透過波が右向きに $v_{\mathrm{g}} |D|^2$ だけそれぞれ確率密度を運んでいることを示す. この結果だけを見ると, あたかも入射波と反射波が独立に存在しているかのようである. しかし実際には (12.3.14) 式の変形からわかるように, 入射波と反射波の干渉項がうまく相殺するおかげで確率の流れには寄与していないのである.

以上をまとめると, 波動関数に対して

$$\begin{aligned}
\text{反射率：} \quad R &\equiv |A|^2 = \frac{(\rho^2 + k^2)^2 \, \sinh^2(2\rho a)}{4 k^2 \rho^2 \cosh^2(2\rho a) + (\rho^2 - k^2)^2 \sinh^2(2\rho a)} \\
&= \frac{V_0^2 \, \sinh^2 [2a\hbar^{-1}\sqrt{2m(V_0 - E)}]}{4E(V_0 - E) + V_0^2 \, \sinh^2[2a\hbar^{-1}\sqrt{2m(V_0 - E)}]},
\end{aligned} \tag{12.3.16}$$

$$\begin{aligned}
\text{透過率：} \quad T &\equiv |D|^2 = \frac{4 k^2 \rho^2}{4 k^2 \rho^2 \cosh^2(2\rho a) + (\rho^2 - k^2)^2 \sinh^2(2\rho a)} \\
&= \frac{4E(V_0 - E)}{4E(V_0 - E) + V_0^2 \, \sinh^2[2a\hbar^{-1}\sqrt{2m(V_0 - E)}]}
\end{aligned} \tag{12.3.17}$$

を定義することができる. これらは

$$0 < R < 1, \quad 0 < T < 1, \quad R + T = 1 \tag{12.3.18}$$

を満たす. 古典力学では, 入射波は 100% 反射される ($R = 1$, $T = 0$) が, 量子力学ではある割合の波はポテンシャルを透過する ($T > 0$). また $V_0 \to \infty$ (あるいは $a \to \infty$, または $\hbar \to 0$) の極限でのみ $T \to 0$ となり, 古典力学の振舞いと一致する.

特に, ポテンシャルの壁が高い場合 ($\rho a = a\sqrt{2m(V_0 - E)}/\hbar \gg 1$) には (12.3.17) 式を

$$T \approx 16 \frac{E(V_0 - E)}{V_0^2} \exp\left[-\frac{4a}{\hbar} \sqrt{2m(V_0 - E)} \right] \tag{12.3.19}$$

と近似できる. この結果を一般化すれば, 空間座標に依存するポテンシャル $V = V(x)$ であっても, $x\sqrt{2m[V(x) - E]} \gg \hbar$ が成り立っている限り, $x_1 < x < x_2$ の領域に対するトンネル効果の透過率を近似的に

$$T \approx \exp\left[-\frac{2}{\hbar} \int_{x_1}^{x_2} dx \sqrt{2m[V(x) - E]}\right] \tag{12.3.20}$$

と計算できることが予想できる*6. これをガモフの透過率 (Gamow transmission probability) と呼ぶ.

12.3.3 $E > V_0$：反射率と透過率

この場合には，実数パラメータ q と k を

$$q = \frac{\sqrt{2m(E - V_0)}}{\hbar}, \qquad k = \frac{\sqrt{2mE}}{\hbar} \tag{12.3.21}$$

で定義すると，(12.3.2) 式は

$$\frac{d^2 u}{dx^2} = \begin{cases} -q^2 u & (-a \leq x \leq a) \\ -k^2 u & (x < -a, \ x > a) \end{cases} \tag{12.3.22}$$

になる．そこで 12.3.1 項の議論において

$$\rho \to iq = i\frac{\sqrt{2m(E - V_0)}}{\hbar} \tag{12.3.23}$$

と置き換えてやれば，そこで得られた結果がそのまま使える．たとえば，反射率と透過率は (12.3.16) 式と (12.3.17) 式より

$$R = \frac{V_0^2 \sin^2[2a\hbar^{-1}\sqrt{2m(E - V_0)}]}{4E(E - V_0) + V_0^2 \sin^2[2a\hbar^{-1}\sqrt{2m(E - V_0)}]}, \tag{12.3.24}$$

$$T = \frac{4E(E - V_0)}{4E(E - V_0) + V_0^2 \sin^2[2a\hbar^{-1}\sqrt{2m(E - V_0)}]} \tag{12.3.25}$$

となる．

図 12.2 に，$2a\sqrt{2mV_0}/\hbar = 1, 3, 5$ の場合のトンネル効果の透過率 T を E/V_0 の関数として示した．$0 < E < V_0$ の場合にはつねに $T < 1$ であるが，$E > V_0$ の場合には n を自然数として

$$\sin\frac{2a}{\hbar}\sqrt{2m(E - V_0)} = 0 \quad \Rightarrow \quad 2a = \frac{n}{2}\frac{h}{\sqrt{2m(E - V_0)}} \tag{12.3.26}$$

が成り立てば波動関数が 100% 透過する ($T = 1$) ことは興味深い．$E - V_0$ は運動エネルギー $p^2/2m$ に対応するので，$\sqrt{2m(E - V_0)} = p$ が成り立つ．すなわち

---

*6　今の場合，指数関数の肩は負の大きな値をとる．一方，この因子の前にある係数 $16E(V_0 - E)/V_0^2$ は高々 1 桁か 2 桁程度の値でしかない．したがってこの係数を 1 とおいても結果にはほとんど影響しない．

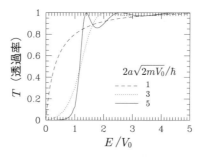

図 **12.2** トンネル効果の透過率 T のエネルギー依存性. 破線, 点線, 実線はそれぞれ $2a\sqrt{2mV_0}/\hbar$ が 1, 3, 5 の場合を示す.

(12.3.26) 式は, ポテンシャル障壁の幅がド・ブロイ波長の半波長の整数倍と一致する共鳴条件となっている.

12.4　井戸型ポテンシャル ($0 < E < V_0$)：束縛状態と離散スペクトル

次に図 12.3 に示したような「井戸型」ポテンシャル (potential well)：

$$V(x) = \begin{cases} V_0 & (x < -a,\ x > a) \\ 0 & (-a \leq x \leq a) \end{cases} \tag{12.4.1}$$

のもとでのエネルギー E の粒子の運動を考えてみる. 前節と同じ議論によって, $E > 0$ だけを考えればよいので, 本節で $0 < E < V_0$ の場合を考え, $E > V_0$ の場合は次節に譲る.

実数パラメータ ρ と k を

$$\rho = \frac{\sqrt{2m(V_0 - E)}}{\hbar}, \quad k = \frac{\sqrt{2mE}}{\hbar} \quad \Rightarrow \quad \rho^2 + k^2 = \frac{2mV_0}{\hbar^2} \tag{12.4.2}$$

で定義すれば, (12.2.1) 式は

$$\frac{d^2 u}{dx^2} = \begin{cases} \rho^2 u & (x < -a,\ x > a) \\ -k^2 u & (-a \leq x \leq a) \end{cases} \tag{12.4.3}$$

と書ける. (12.4.3) 式の $u(x)$ は $|x| > a$ では $e^{\pm \rho x}$, $|x| \leq a$ では $e^{\pm ikx}$ を解にもつが, 無限遠方で発散しないものを選ぶと, $x > a$ では $e^{-\rho x}$, $x < -a$ では $e^{\rho x}$ に限られる. そこで以下, 正パリティと負パリティの場合に分けて, $u(x)$ の解を具体的に計算してみよう.

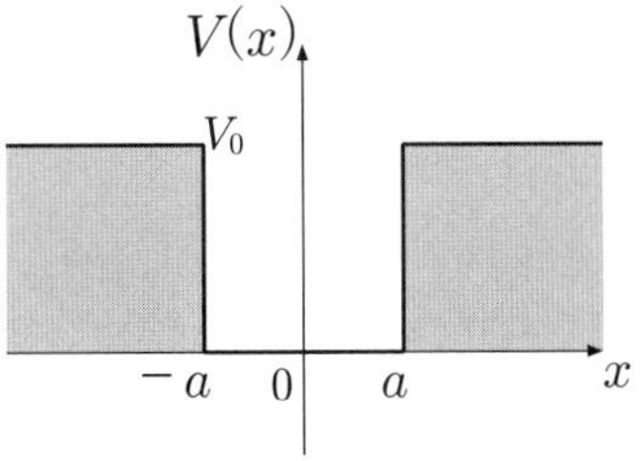

12.4 井戸型ポテンシャル $(0 < E < V_0)$：束縛状態と離散スペクトル | 177

図 **12.3** 1次元「井戸型」ポテンシャル.

12.4.1 $0 < E < V_0$ の偶関数解

この場合，$x = \pm\infty$ での境界条件を考慮すると，A と B を定数として

$$u(x) = \begin{cases} Be^{\rho x} & (x < -a) \\ A\cos kx & (-a \leq x \leq a) \\ Be^{-\rho x} & (x > a) \end{cases} \tag{12.4.4}$$

となる．さらに $x = a$ で $u(x)$ が滑らかに接続する条件[*7]から

$$Be^{-\rho a} = A\cos ka, \quad B\rho e^{-\rho a} = Ak\sin ka$$

$$\Rightarrow \quad \rho a = ka\tan ka. \tag{12.4.5}$$

この式と (12.4.2) 式を同時に満たす ρ と k が，エネルギー E の固有値を決める．すなわち，

$$\eta \equiv \frac{\rho a}{\pi} > 0, \quad \xi \equiv \frac{ka}{\pi} > 0 \tag{12.4.6}$$

に対して

$$\eta = \xi\tan\pi\xi, \quad \eta^2 + \xi^2 = \frac{1}{\pi^2}\frac{V_0}{(\hbar/a)^2/2m} \quad \text{（偶関数解）} \tag{12.4.7}$$

の交点を求めればよい．これらを解析的には求めることはできないが，図 12.4 の実線からわかるように，n を正の整数として

$$(n-1)^2 \leq \eta^2 + \xi^2 < n^2 \Rightarrow (n-1)^2\pi^2 \leq \frac{V_0}{(\hbar/a)^2/2m} < n^2\pi^2 \tag{12.4.8}$$

[*7] $u(x)$ は偶関数なので $x = -a$ での接続条件も同時に満たされる．

178 | 12　1次元量子系

の場合に n 個の交点，すなわち n 個の離散的なエネルギー固有値をもつ．a の大きさの領域に閉じ込められた質量 m の粒子は不確定性関係により，$\hbar/a$ 程度の運動量，したがって $(\hbar/a)^2/2m$ の運動エネルギーをもつ．(12.4.8) 式は，ポテンシャルの深さとこの運動エネルギーの比に対する条件となっている．

　前節の場合とは異なり，束縛状態に対するエネルギー固有値は連続ではなく離散スペクトルとなった．その理由は，ポテンシャルの外の領域での波動関数 $e^{\pm\rho x}$ が $|x|\to\pm\infty$ で発散しないというもう 1 つの境界条件のために，$x<0$ では $e^{+\rho x}$ しか許されないことによる．その結果，係数の自由度が 1 つ減り，波動関数が滑らかに接続するという条件を満たすためには，ρ と k，したがって E がある条件（今の例では [12.4.7] 式）を満たすことが必要となる．そのためエネルギーは離散スペクトルしか許されないのである．

12.4.2　$0 < E < V_0$ の奇関数解

　この場合は解を

$$
u(x) = \begin{cases} -De^{\rho x} & (x < -a) \\ C\sin kx & (-a \le x \le a) \\ De^{-\rho x} & (x > a) \end{cases}
\tag{12.4.9}
$$

とおいて，偶関数解の場合と同じ計算を繰り返せばよい．$x=a$ で $u(x)$ が滑らかに接続する条件[*8]から

$$
De^{-\rho a} = C\sin ka, \quad -D\rho e^{-\rho a} = Ck\cos ka
$$

$$
\Rightarrow \quad \rho a = -ka\cot ka
\tag{12.4.10}
$$

より，

$$
\eta = -\xi\cot\pi\xi, \quad \eta^2+\xi^2 = \frac{1}{\pi^2}\frac{V_0}{(\hbar/a)^2/2m} \quad \text{（奇関数解）}
\tag{12.4.11}
$$

の交点を求めればよい．図 12.4 で示したように，ポテンシャルが n を正の整数として

[*8] $u(x)$ は奇関数なので $x=-a$ での接続条件も同時に満たされる．

12.4 井戸型ポテンシャル $(0 < E < V_0)$：束縛状態と離散スペクトル | 179

a 偶関数解   **b** 奇関数解

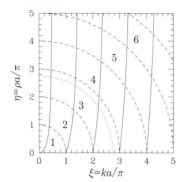 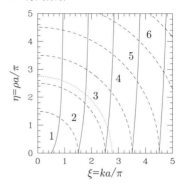

図 **12.4** 1次元井戸型ポテンシャルの解の存在条件．縦に伸びた実線が $\eta = \xi \tan \pi \xi$ (a)，$\eta = -\xi \cot \pi \xi$ (b) で，これらと破線の円との交点がそれぞれ偶関数解（正パリティ）と奇関数解（負パリティ）に対応する．円の横の数字はその領域における偶関数解と奇関数解それぞれの個数（交点の数）を示す．点線は $V_0 = (11\pi/4)^2 (\hbar/a)^2 / 2m$ に対応する．

$$\left(n - \frac{1}{2}\right)^2 \leq \eta^2 + \xi^2 < \left(n + \frac{1}{2}\right)^2$$
$$\Rightarrow \quad \left(\frac{2n-1}{2}\right)^2 \pi^2 \leq \frac{V_0}{(\hbar/a)^2/2m} < \left(\frac{2n+1}{2}\right)^2 \pi^2 \quad (12.4.12)$$

の範囲にある場合，エネルギー固有値は n 個となる．

12.4.3 $0 < E < V_0$ の波動関数とエネルギー固有値

これらの解に対応する波動関数を具体的に計算してみる．ただし振幅は最大値が 1 となるように選んでおく（つまり $A = C = 1$）．(12.4.4) 式と (12.4.5) 式において $A = 1$ とおけば，偶関数解：

$$u(x) = \begin{cases} \cos(\pi\xi) \exp\left[\dfrac{\pi\xi(a+x)}{a} \tan \pi\xi\right] & (x < -a) \\ \cos \dfrac{\pi\xi}{a} x & (-a \leq x \leq a) \\ \cos(\pi\xi) \exp\left[\dfrac{\pi\xi(a-x)}{a} \tan \pi\xi\right] & (x > a) \end{cases} \quad (12.4.13)$$

が得られる．同様に，(12.4.9) 式と (12.4.10) 式で $C = 1$ とおけば，奇関数解：

$$u(x) = \begin{cases} -\sin(\pi\xi)\exp\left[\dfrac{\pi\xi(a+x)}{a\tan\pi\xi}\right] & (x < -a) \\ \sin\dfrac{\pi\xi}{a}x & (-a \le x \le a) \\ \sin(\pi\xi)\exp\left[\dfrac{\pi\xi(a-x)}{a\tan\pi\xi}\right] & (x > a) \end{cases} \tag{12.4.14}$$

を得る．ただし，ξ は偶関数解に対しては (12.4.7) 式，奇関数解に対しては
(12.4.11) 式をそれぞれ満たすものとする．

(12.4.13) 式と (12.4.14) 式のいずれの場合にも古典力学の結果とは異なり，波動関数は壁の内部にまで浸みこむ．その浸入長を ℓ とするとそのおおよその値は

$$\rho\ell \approx 1 \quad \Rightarrow \quad \ell = \frac{\hbar}{\sqrt{2m(V_0 - E)}} \tag{12.4.15}$$

で推定できる．

例として V_0 の値が

$$\frac{V_0}{(\hbar/a)^2/2m} = \left(\frac{11}{4}\right)^2 \pi^2 \tag{12.4.16}$$

となる場合を考えてみる．(12.4.8) 式より，エネルギー：

$$E = \frac{\hbar^2 k^2}{2m} = \frac{\pi^2(\hbar/a)^2}{2m}\xi^2 = \left(\frac{4\xi}{11}\right)^2 V_0 \tag{12.4.17}$$

は，偶関数解：

$$\xi^2(1 + \tan^2 \pi\xi) = \left(\frac{11}{4}\right)^2 \quad \Rightarrow \quad \xi^2 = \left(\frac{11}{4}\right)^2 \cos^2 \pi\xi, \tag{12.4.18}$$

奇関数解：

$$\xi^2(1 + \cot^2 \pi\xi) = \left(\frac{11}{4}\right)^2 \quad \Rightarrow \quad \xi^2 = \left(\frac{11}{4}\right)^2 \sin^2 \pi\xi \tag{12.4.19}$$

に対して，ξ と η がともに正となる離散的固有値をそれぞれ 3 個ずつもつ（図 12.4 の点線）．

これらの波動関数は解析的には計算できないので，図 12.5 に数値的に得られた結果をそのエネルギー固有値 E_l の順に並べてプロットしておく．添字 l の偶数と奇数がそれぞれ波動関数の偶関数と奇関数に対応する．図 12.5 から明らかなように l の値は波動関数の節（波動関数がゼロとなる場所）の個数そのものである．

以上の結果より，量子論が古典論と著しく異なる点は次の 2 つである．

(i) 束縛状態 $(E < V_0)$ に対するエネルギーは，連続値はとれず離散的な固有値

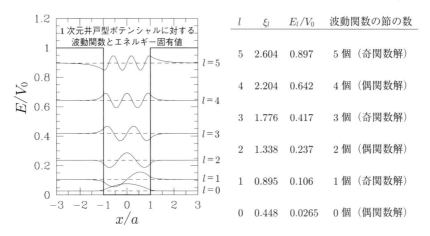

図 **12.5** $V_0 = (11\pi/4)^2 (\hbar/a)^2 /2m$ の場合の 1 次元井戸型ポテンシャルの波動関数（左）と，対応する固有値（右）．

に限られる．

(ii) 古典論では粒子が存在し得ない領域（$|x| > a$）であろうと，量子論ではその存在確率 $|u(x)|^2$ が 0 でない値をもち得る．ただし，無限遠では漸近的に 0 となる．

12.5 井戸型ポテンシャル ($E > V_0$)：非束縛状態と連続スペクトル

今度は，実数パラメータ q と k を

$$q = \frac{\sqrt{2m(E-V_0)}}{\hbar}, \qquad k = \frac{\sqrt{2mE}}{\hbar} \tag{12.5.1}$$

で定義し，(12.2.1) 式を

$$\frac{d^2 u}{dx^2} = \begin{cases} -q^2 u & (x < -a,\ x > a) \\ -k^2 u & (-a \leq x \leq a) \end{cases} \tag{12.5.2}$$

と書き直す．以下，$u(x)$ を偶関数と奇関数の 2 つの場合に分けて (12.5.2) 式の解を計算する．

12.5.1 $E > V_0$ の偶関数解

この場合は，A と B を複素定数として

182 | 12 1 次元量子系

$$
u(x) = \begin{cases} Ae^{-iq(x+a)} + Be^{iq(x+a)} & (x < -a) \\ \cos kx & (|x| \leq a) \\ Ae^{iq(x-a)} + Be^{-iq(x-a)} & (x > a) \end{cases} \tag{12.5.3}
$$

の形となる（全体にかかる比例定数は $|x| \leq a$ の領域での解が $\cos kx$ となるように選んだ）．$x = a$ で $u(x)$ が滑らかに接続する条件より

$$
A + B = \cos ka, \quad A - B = \frac{ik}{q} \sin ka
$$

$$
\Rightarrow A = \frac{1}{2}\left(\cos ka + \frac{ik}{q}\sin ka\right), \quad B = \frac{1}{2}\left(\cos ka - \frac{ik}{q}\sin ka\right). \tag{12.5.4}
$$

このように A と B は互いに複素共役となっている．これは $|x| \leq a$ の領域での波動関数が実数となるように選んだ結果である．実際，(12.5.4) 式を (12.5.3) 式に代入すれば

$$
u(x) = \begin{cases} \cos ka \cos[q(x+a)] + \dfrac{k}{q} \sin ka \sin[q(x+a)] & (x < -a) \\ \cos kx & (|x| \leq a) \\ \cos ka \cos[q(x-a)] - \dfrac{k}{q} \sin ka \sin[q(x-a)] & (x > a) \end{cases} \tag{12.5.5}
$$

となり，$|x| > a$ でも波動関数は実数となり，$|x| \leq a$ での実数解と接続できる．

12.5.2　$E > V_0$ の奇関数解

同様にして今度は

$$
u(x) = \begin{cases} -Ce^{-iq(x+a)} - De^{iq(x+a)} & (x < -a) \\ \sin kx & (|x| \leq a) \\ Ce^{iq(x-a)} + De^{-iq(x-a)} & (x > a) \end{cases} \tag{12.5.6}
$$

とおけばよい．$x = a$ で $u(x)$ が滑らかに接続する条件から得られる

$$
C + D = \sin ka, \quad C - D = -\frac{ik}{q}\cos ka
$$

$$
\Rightarrow C = \frac{1}{2}\left(\sin ka - \frac{ik}{q}\cos ka\right), \quad D = \frac{1}{2}\left(\sin ka + \frac{ik}{q}\cos ka\right) \tag{12.5.7}
$$

を代入すれば

$$u(x) = \begin{cases} -\sin ka \cos[q(x+a)] + \dfrac{k}{q} \cos ka \sin[q(x+a)] & (x < -a) \\ \sin kx & (|x| \le a) \\ \sin ka \cos[q(x-a)] + \dfrac{k}{q} \cos ka \sin[q(x-a)] & (x > a) \end{cases} . \quad (12.5.8)$$

このように非束縛状態となる $E > V_0$ の場合，任意の E の値に対して C と D をうまく選ぶことで境界条件は満たされる．したがって q と k には制限がつかず，エネルギー E の固有値は連続スペクトルとなる．これは非束縛状態の場合に一般的な結果である．束縛状態の場合，$x \to \pm\infty$ で $u(x)$ が発散しないという境界条件は係数の自由度を 1 つ減らす役割をする．一方，非束縛状態の場合，$e^{\pm iqx}$ はいずれもこの境界条件を満たしているため，それらの線形結合を選ぶだけで $x = \pm a$ での境界条件も満たすことができるのである（12.4.1 項の議論を参照）．

12.6　井戸型ポテンシャルの波動関数の規格化

ここで，シュレーディンガー方程式の解（すなわち，ハミルトニアンの固有関数）の規格化について考えてみよう（10.3 節）．井戸型ポテンシャルの場合，ハミルトニアンの固有値であるエネルギーは，$0 < E < V_0$ では離散スペクトル，$E > V_0$ では連続スペクトルをとる．添字をつけた N を規格化定数として $x \ge 0$ での固有関数をもう一度まとめておく[*9]．$x \le 0$ での解はこれらを適宜対称化すればよい．

(i) $0 < E < V_0$：**離散スペクトル偶関数解**　　負でない整数 l を用いて

$$\rho_l = \frac{\sqrt{2m(V_0 - E_l)}}{\hbar}, \; k_l = \frac{\sqrt{2mE_l}}{\hbar} \quad (12.6.1)$$

を定義すると，

$$u_l^e(x) = N_l^e \times \begin{cases} \cos k_l x & (0 \le x \le a) \\ \cos k_l a \; e^{-\rho_l(x-a)} & (x > a) \end{cases}, \quad (12.6.2)$$

$$\rho_l \cos k_l a = k_l \sin k_l a. \quad (12.6.3)$$

[*9]　u と N につけた上添字 e と o はそれぞれ even（偶）と odd（奇）を表す．

(ii) $0 < E < V_0$：離散スペクトル奇関数解　　(i) で定義した ρ_l と k_l を用いれば

$$u_l^{\mathrm{o}}(x) = N_l^{\mathrm{o}} \times \begin{cases} \sin k_l x & (0 \le x \le a) \\ \sin k_l a \; e^{-\rho_l(x-a)} & (x > a) \end{cases}, \qquad (12.6.4)$$

$$\rho_l \sin k_l a = -k_l \cos k_l a. \qquad (12.6.5)$$

(iii) $E > V_0$：連続スペクトル偶関数解

$$q = \frac{\sqrt{2m(E-V_0)}}{\hbar}, \quad k = \frac{\sqrt{2mE}}{\hbar} \qquad (12.6.6)$$

として，

$$u_q^{\mathrm{e}}(x) = N_q^{\mathrm{e}} \times \begin{cases} \cos kx & (0 \le x \le a) \\ Ae^{iq(x-a)} + Be^{-iq(x-a)} & (x > a) \end{cases}, \qquad (12.6.7)$$

$$A = \frac{1}{2}\left(\cos ka + \frac{ik}{q}\sin ka\right), \quad B = \frac{1}{2}\left(\cos ka - \frac{ik}{q}\sin ka\right). \qquad (12.6.8)$$

(iv) $E > V_0$：連続スペクトル奇関数解　　(iii) で定義した q と k を用いれば

$$u_q^{\mathrm{o}}(x) = N_q^{\mathrm{o}} \times \begin{cases} \sin kx & (0 \le x \le a) \\ Ce^{iq(x-a)} + De^{-iq(x-a)} & (x > a) \end{cases}, \qquad (12.6.9)$$

$$C = \frac{1}{2}\left(\sin ka - \frac{ik}{q}\cos ka\right), \quad D = \frac{1}{2}\left(\sin ka + \frac{ik}{q}\cos ka\right). \qquad (12.6.10)$$

連続スペクトルと離散スペクトルのいずれの場合でも，異なる固有値 E と E' に対応する固有関数 u と u' は直交する：

$$\int_{-\infty}^{\infty} u^*(x)u'(x)dx = 0. \qquad (12.6.11)$$

これは以下のようにして証明できる．ハミルトニアン演算子とエネルギーの値はいずれも実数であることに注意すれば

$$\hat{H}u = Eu, \quad \hat{H}u' = E'u'$$

$$\Rightarrow \quad u'\hat{H}u^* = u'Eu^*, \quad u^*\hat{H}u' = u^*E'u' \qquad (12.6.12)$$

より，次式が成り立つ．

$$\int_{-\infty}^{\infty} (u'\hat{H}u^* - u^*\hat{H}u')dx = (E - E')\int_{-\infty}^{\infty} u^*u'dx. \qquad (12.6.13)$$

特に

$$\hat{H} = -\frac{\hbar^2}{2m}\frac{d^2}{dx^2} + V(x) \qquad (12.6.14)$$

の場合，(12.6.13) 式の左辺は比例係数を別とすれば，

$$\int_{-\infty}^{\infty} \left(u'\frac{d^2u^*}{dx^2} - u^*\frac{d^2u'}{dx^2} \right)dx \underbrace{=}_{2\,回部分積分} 0 \qquad (12.6.15)$$

となるから

$$(E - E')\int_{-\infty}^{\infty} u^*u'dx = 0 \quad \Rightarrow \quad \int_{-\infty}^{\infty} u^*u'dx = 0 \quad (E \neq E'). \qquad (12.6.16)$$

しかしながら，固有関数の規格化定数を決める条件は，離散スペクトルと連続スペクトルの場合で異なる．以下では規格化条件を詳しく考えてみる．

12.6.1　離散スペクトルの固有関数の規格化

離散スペクトルの規格化の条件は，クロネッカーデルタを用いて

$$\int_{-\infty}^{\infty} u_l^*(x)u_{l'}(x)dx = \delta_{ll'} \qquad (12.6.17)$$

と表される．$l \neq l'$ のときに直交することはすでに示されているので，後は

$$\int_{-\infty}^{\infty} |u_l(x)|^2dx = 1 \qquad (12.6.18)$$

を満たすように係数を決めるだけである．そのためには，$u_l(x)$ が2乗可積分[*10]であることが必要なのだが，以下に示すように，（少なくとも井戸型ポテンシャルに対する）離散スペクトルの固有関数は確かに2乗可積分となっている．

まず (12.6.2) 式の場合を計算すると，

[*10]　すでに述べたように，$\int |f(\boldsymbol{r})|^2dV$ の値が有限となる関数 $f(\boldsymbol{r})$ を2乗可積分という．

$$|N_l^e|^{-2} \int_{-\infty}^{\infty} |u_l^e(x)|^2 dx$$

$$= 2\left(\int_0^a \cos^2 k_l x \, dx + \cos^2 k_l a \int_a^{\infty} e^{-2\rho_l(x-a)} dx\right)$$

$$= 2\left(\frac{a}{2} + \frac{\sin 2k_l a}{4k_l} + \frac{\cos^2 k_l a}{2\rho_l}\right)$$

$$\underset{(12.6.3)\ \text{式}}{=} 2\left(\frac{a}{2} + \frac{2\sin k_l a}{4k_l}\frac{k_l \sin k_l a}{\rho_l} + \frac{\cos^2 k_l a}{2\rho_l}\right) = a + \frac{1}{\rho_l}$$

$$\Rightarrow \quad N_l^e = \sqrt{\frac{\rho_l}{1 + \rho_l a}}. \tag{12.6.19}$$

ただし，ここでは N_l^e が実数となるように決めた[11]．(12.6.4) 式の場合にもまったく同様で

$$|N_l^o|^{-2} \int_{-\infty}^{\infty} |u_l^o(x)|^2 dx$$

$$= 2\left(\int_0^a \sin^2 k_l x \, dx + \sin^2 k_l a \int_a^{\infty} e^{-2\rho_l(x-a)} dx\right)$$

$$= 2\left(\frac{a}{2} - \frac{\sin 2k_l a}{4k_l} + \frac{\sin^2 k_l a}{2\rho_l}\right)$$

$$\underset{(12.6.5)\ \text{式}}{=} 2\left(\frac{a}{2} + \frac{2\cos k_l a}{4k_l}\frac{k_l \cos k_l a}{\rho_l} + \frac{\sin^2 k_l a}{2\rho_l}\right) = a + \frac{1}{\rho_l}$$

$$\Rightarrow \quad N_l^o = \sqrt{\frac{\rho_l}{1 + \rho_l a}}. \tag{12.6.20}$$

12.6.2　連続スペクトルの固有関数の規格化

連続スペクトルの固有関数についても (12.6.17) 式を満たすように選びたいところであるが，実はこれは不可能である．このことは，例として

$$u_k(x) = \frac{1}{\sqrt{2\pi}} e^{ikx} \tag{12.6.21}$$

を考えると

$$\int_{-\infty}^{\infty} |u_k(x)|^2 dx = \int_{-\infty}^{\infty} \frac{1}{2\pi} dx = \infty \tag{12.6.22}$$

---

[11]　このように波動関数全体に共通にかかる位相は物理的意味をもたないため，全体の規格化定数は実数と選ぶことが普通である．

となってしまうことからも理解できるであろう．ただしこの場合には

$$\int_{-\infty}^{\infty} u_k^*(x) u_{k'}(x) dx = \frac{1}{2\pi} \int_{-\infty}^{\infty} e^{i(k'-k)x} dx = \delta(k'-k) \qquad (12.6.23)$$

が成り立つ（付録 B 章）．離散的な変数に対するクロネッカーデルタを，連続変数に拡張したものがデルタ関数 $\delta(k'-k)$ であるので，それらの関係は直感的にも納得しやすい．そこで，(12.6.17) 式を連続スペクトルに対して拡張し，エネルギー E に対応したある連続変数 $\varepsilon(E)$ に対して

$$\int_{-\infty}^{\infty} u_\varepsilon^*(x) u_{\varepsilon'}(x) dx = \delta(\varepsilon'-\varepsilon) \qquad (12.6.24)$$

を固有関数の規格化条件 (normalization condition) とする．ただし，$\varepsilon(E)$ は E の単調関数でなくてはならない．

(12.6.24) 式の右辺を E 自身を用いて $\delta(E'-E)$ とすべきではないかと考えるのはもっともである．しかし実は，$\varepsilon' = \varepsilon(E)$ の解を $E = E'$ としたとき，任意の関数 $F(\varepsilon)$ に対して

$$F(\varepsilon') = \begin{cases} \displaystyle\int F(\varepsilon(E))\delta(E'-E)dE \\ \displaystyle\int F(\varepsilon)\delta(\varepsilon'-\varepsilon)d\varepsilon = \int F(\varepsilon(E))\delta(\varepsilon'-\varepsilon)\frac{d\varepsilon}{dE}dE \end{cases} \qquad (12.6.25)$$

の 2 つの表式が可能であるから

$$\delta(E'-E) = \delta(\varepsilon'-\varepsilon)\frac{d\varepsilon}{dE}\bigg|_{E=E'} \qquad (12.6.26)$$

が成り立つ．そこで，(12.6.24) 式において

$$u_E(x) = \sqrt{\frac{d\varepsilon}{dE}}\, u_\varepsilon(x) \qquad (12.6.27)$$

と置き換えれば

$$\int_{-\infty}^{\infty} u_E^*(x) u_{E'}(x) dx = \delta(E'-E) \qquad (12.6.28)$$

に変形できる．この意味では (12.6.24) 式と (12.6.28) 式には本質的な違いはないから，より一般的な (12.6.24) 式を規格化条件として採用してよいのである．

ここでは (12.6.24) 式の $\varepsilon(E)$ を $q(E)$ に選んで，(12.6.7) 式の規格化定数を計算してみよう．ただし (12.6.24) 式の右辺がデルタ関数であることからもわかるように，いきなり $q'=q$, $k'=k$ とおいたのでは計算できない．$E' \neq E$（したがって $q' \neq q$ および $k' \neq k$）の場合に固有関数が直交していることはすでに証明ずみ

188 | 12 1 次元量子系

なので，以下では $q' \to q$, $k' \to k$ の極限にだけ興味があることを前提とした変形を行いながら，まず $0 < x < L+a$ の場合を計算し，その後 $L \to \infty$ の極限をとるという方針ですすめる．

(12.6.8) 式で与えられる A と B の表式において，k と q を k' と q' に置き換えたものを A', B' とし，積分領域に応じて 5 つの項に分解する．

$$
\frac{1}{N_q^{\mathrm{e}} N_{q'}^{\mathrm{e}}} \int_0^{L+a} u_q^{\mathrm{e}}(x) u_{q'}^{\mathrm{e}}(x) dx = \int_0^a \cos kx \cos k'x \, dx
$$
$$
+ \int_a^{L+a} (Ae^{iq(x-a)} + Be^{-iq(x-a)})(A'e^{iq'(x-a)} + B'e^{-iq'(x-a)}) \, dx
$$
$$
= \int_0^a \cos kx \cos k'x \, dx + \int_0^L (Ae^{iqx} + Be^{-iqx})(A'e^{iq'x} + B'e^{-iq'x}) \, dx
$$
$$
= I_0 + I_1 + I_2 + I_3 + I_4. \tag{12.6.29}
$$

各項の定義と積分結果は次の通りである．

$$
I_0 \equiv \int_0^a \cos kx \cos k'x \, dx = \int_0^a \frac{\cos(k'+k)x + \cos(k'-k)x}{2} \, dx
$$
$$
= \frac{\sin(k'+k)a}{2(k'+k)} + \frac{\sin(k'-k)a}{2(k'-k)}
$$
$$
= \frac{\sin k'a \cos ka}{2}\left(\frac{1}{k'+k} + \frac{1}{k'-k}\right)
$$
$$
+ \frac{\sin ka \cos k'a}{2}\left(\frac{1}{k'+k} - \frac{1}{k'-k}\right), \tag{12.6.30}
$$

$$
I_1 \equiv AB' \int_0^L e^{-i(q'-q)x} dx = AB' \frac{1 - e^{-i(q'-q)L}}{i(q'-q)}, \tag{12.6.31}
$$

$$
I_2 \equiv A'B \int_0^L e^{i(q'-q)x} dx = A'B \frac{e^{i(q'-q)L} - 1}{i(q'-q)}, \tag{12.6.32}
$$

$$
I_3 \equiv AA' \int_0^L e^{i(q'+q)x} dx = AA' \frac{e^{i(q'+q)L} - 1}{i(q'+q)}, \tag{12.6.33}
$$

$$
I_4 \equiv BB' \int_0^L e^{-i(q'+q)x} dx = BB' \frac{1 - e^{-i(q'+q)L}}{i(q'+q)}. \tag{12.6.34}
$$

今の場合つねに $q'+q \neq 0$ なので，I_3 と I_4 の積分結果に表れる $e^{\pm i(q'+q)L}$ は $L \to \infty$ では激しく振動しその寄与を 0 とみなすことができる[*12]．一方，I_1 と I_2 に表れる $e^{\pm i(q'-q)L}$ は，$q'=q$ の場合には振動関数ではなくなる．そこで，$q' \to$

[*12] この説明だけでは納得できなくとも当然である．厳密には，関数 $f_{\pm a} \equiv e^{\pm iax}$ を「超関数」(distribution) $f_{\pm a}$ とみなしたとき，任意の関数 $\varphi(x)$ に対して

q の極限では，$A' \to A$, $B' \to B$ とおき

$$-AB'\frac{e^{-i(q'-q)L}}{i(q'-q)} + A'B\frac{e^{i(q'-q)L}}{i(q'-q)} \approx AB\frac{e^{i(q'-q)L} - e^{-i(q'-q)L}}{i(q'-q)}$$

$$= |A|^2 \int_{-L}^{L} e^{i(q'-q)x}dx \to 2\pi|A|^2\delta(q'-q) \quad (L \to \infty) \qquad (12.6.35)$$

のように注意して計算する必要がある．2 行めの変形は，A' と B' の項の q' と k' をそれぞれ q と k に置き換え，$B = A^*$ を用いた．その後，さらに $L \to \infty$ の極限をとりデルタ関数に置き換えた．

一方，I_1 から I_4 において $e^{\pm i(q'\pm q)L}$ を含まない項だけの和は

$$(AB' - A'B)\frac{1}{i(q'-q)} + (BB' - AA')\frac{1}{i(q'+q)} \qquad (12.6.36)$$

となる．その係数を個別に求めると

$$
\begin{aligned}
AB' - A'B &= \frac{1}{4}\left(\cos ka + \frac{ik}{q}\sin ka\right)\left(\cos k'a - \frac{ik'}{q'}\sin k'a\right) \\
&\quad -\frac{1}{4}\left(\cos k'a + \frac{ik'}{q'}\sin k'a\right)\left(\cos ka - \frac{ik}{q}\sin ka\right) \\
&= \frac{ik}{2q}\sin ka \cos k'a - \frac{ik'}{2q'}\sin k'a \cos ka, \qquad (12.6.37) \\
BB' - AA' &= \frac{1}{4}\left(\cos ka - \frac{ik}{q}\sin ka\right)\left(\cos k'a - \frac{ik'}{q'}\sin k'a\right) \\
&\quad -\frac{1}{4}\left(\cos ka + \frac{ik}{q}\sin ka\right)\left(\cos k'a + \frac{ik'}{q'}\sin k'a\right) \\
&= -\frac{ik}{2q}\sin ka \cos k'a - \frac{ik'}{2q'}\sin k'a \cos ka. \qquad (12.6.38)
\end{aligned}
$$

したがって，(12.6.30) 式と (12.6.36) 式の $\sin ka \cos k'a$ を因子とする項の係数を足し合わせると，

$$\lim_{a \to \infty} \hat{f}_{\pm a}[\varphi] = \lim_{a \to \infty}\int_{-\infty}^{\infty} e^{\pm iax}\varphi(x) = 0 \quad (x \ne 0)$$

が成り立つという意味である．詳しくは付録 B 章を参照してほしい．

190 | 12 1 次元量子系

$$\frac{1}{2}\left(\frac{1}{k'+k}-\frac{1}{k'-k}\right)+\frac{ik}{2q}\left(\frac{1}{i(q'-q)}-\frac{1}{i(q'+q)}\right)$$

$$=-\frac{k}{k'^2-k^2}+\frac{k}{q'^2-q^2}$$

$$=-\frac{\hbar^2}{2m(E'-E)}k+\frac{\hbar^2}{2m(E'-E)}k=0 \qquad (12.6.39)$$

となり，$E' \to E$ の極限操作とは関係なく相殺する．残りの $\sin k'a \cos ka$ を因子とする項の係数についても同様で

$$\frac{1}{2}\left(\frac{1}{k'+k}+\frac{1}{k'-k}\right)+\frac{ik'}{2q'}\left(-\frac{1}{i(q'-q)}-\frac{1}{i(q'+q)}\right)$$

$$=\frac{k'}{k'^2-k^2}-\frac{k'}{q'^2-q^2}=\frac{\hbar^2}{2m(E'-E)}k'-\frac{\hbar^2}{2m(E'-E)}k'=0. \qquad (12.6.40)$$

かなり長くなってしまったが，ここまでの計算をまとめると

$$\int_{-\infty}^{\infty} u_q^{\rm e}(x)u_{q'}^{\rm e}(x)dx = 2 \times N_q^{\rm e}N_{q'}^{\rm e}2\pi|A|^2\delta(q'-q) \qquad (12.6.41)$$

が得られた．デルタ関数 $\delta(q'-q)$ との積となっている関数に対しては $q'=q$ とおいてよいから[13]，規格化定数は

$$N_q^{\rm e}=(4\pi|A|^2)^{-1/2}=\left[\pi\cos^2 ka+\pi\left(\frac{k}{q}\right)^2\sin^2 ka\right]^{-1/2} \qquad (12.6.42)$$

となる．(12.6.9) 式の場合も同様に計算できる．その結果は A と C の項の対応関係からも想像できるように

$$N_q^{\rm o}=(4\pi|C|^2)^{-1/2}=\left[\pi\sin^2 ka+\pi\left(\frac{k}{q}\right)^2\cos^2 ka\right]^{-1/2} \qquad (12.6.43)$$

である．

12.7 固有関数の完全性

ここでは証明は省略するが，ハミルトニアンの固有関数 $u_\varepsilon(x)$ は

---

[13] $\delta(q'-q)$ は $q' \neq q$ の領域では 0 となるから，実際には $q'=q$ の場合しか意味をもたない．

$$\int_0^\infty u_\varepsilon(x)u_\varepsilon^*(x')d\varepsilon = \delta(x-x') \tag{12.7.1}$$

を満たす（13章）．ただし，エネルギー固有値が離散スペクトルとなっている領域
では，積分を適宜和に置き換えるものと理解する．たとえば，前節で求めた井戸型
ポテンシャルに対する正規直交化された固有関数の場合，

$$\int_0^\infty u_q^{\mathrm{e}}(x)u_q^{\mathrm{e}*}(x')dq + \int_0^\infty u_q^{\mathrm{o}}(x)u_q^{\mathrm{o}*}(x')dq$$
$$+ \sum_l u_l^{\mathrm{o}}(x)u_l^{\mathrm{o}*}(x') + \sum_l u_l^{\mathrm{e}}(x)u_l^{\mathrm{e}*}(x') = \delta(x-x') \tag{12.7.2}$$

という意味である．

(12.7.1) 式のままだとその意味がわかりにくいが，その両辺に任意関数 $f(x')$ を
掛けて x' について積分すれば

$$\int_0^\infty \left[\int_{-\infty}^\infty f(x')u_\varepsilon^*(x')dx' \right] u_\varepsilon(x)d\varepsilon \equiv \int_0^\infty f_\varepsilon u_\varepsilon(x)d\varepsilon = f(x) \tag{12.7.3}$$

と変形できる．この式は，$u_\varepsilon(x)$ に重み f_ε をつけて足し合わせることで，任意の
関数 $f(x)$ が再現できることを意味している．固有関数を組み合わせることでデル
タ関数を構築できれば，それをもとに任意の関数を構築することが可能なのであ
る．このような性質をもつ関数系を完全系 (complete set) と呼ぶ．つまり，ハミ
ルトニアンの固有関数は完全系をなすのである．

12.8 　1 次元調和振動子の波動関数

1 次元量子系の最後の例として調和振動子のポテンシャル

$$V(x) = \frac{1}{2}mw^2x^2 \tag{12.8.1}$$

に対するシュレーディンガー方程式：

$$-\frac{\hbar^2}{2m}\frac{d^2u}{dx^2} + \frac{1}{2}mw^2x^2u = Eu \tag{12.8.2}$$

の解を級数展開を用いて求めてみよう[*14].

[*14] これとは異なる代数的な解法は例題 C.15 で考える.

12.8.1　級数解とエネルギー固有値

まず，以下で定義される無次元変数 ξ と λ :

$$\alpha = \sqrt{\frac{mw}{\hbar}}, \quad E = \frac{\hbar w}{2}\lambda, \quad \xi = \alpha x \tag{12.8.3}$$

を導入してシュレーディンガー方程式を書き直すと，

$$\frac{d^2 u}{d\xi^2} + (\lambda - \xi^2)u = 0. \tag{12.8.4}$$

(12.8.4) 式は $\xi \to \pm\infty$ で

$$\frac{d^2 u}{d\xi^2} - \xi^2 u \approx 0 \tag{12.8.5}$$

と近似できるので，漸近的に $u(\xi) \sim e^{\pm \xi^2/2}$ と振舞うことが予想できる．しかし物理的に意味がある解は $\xi \to \pm\infty$ で $u(\xi) \to 0$ となるはずなので，$u(\xi) \sim e^{-\xi^2/2}$ だけが選ばれる．そこであらためて

$$u(\xi) = H(\xi)e^{-\xi^2/2} \tag{12.8.6}$$

とおき，(12.8.4) 式に代入すると，

$$\frac{d^2 H}{d\xi^2} - 2\xi\frac{dH}{d\xi} + (\lambda - 1)H = 0. \tag{12.8.7}$$

この式は $\xi \to -\xi$ に対して不変なので，$H(\xi)$ は ξ の偶関数あるいは奇関数のいずれかである．したがって s を負でない整数として

$$H(\xi) = \xi^s \sum_{j=0} C_j \xi^{2j} = \sum_{j=0} C_j \xi^{2j+s} \quad (\text{ただし } C_0 \neq 0) \tag{12.8.8}$$

とおいてみる．

この級数解を (12.8.7) 式の各項に代入し，ξ のべき指数ごとに整理する．

$$\frac{dH}{d\xi} = \sum_{j=0} (2j+s)C_j \xi^{2j+s-1}, \tag{12.8.9}$$

$$\frac{d^2 H}{d\xi^2} = \sum_{j=0} (2j+s)(2j+s-1)C_j \xi^{2j+s-2}$$

$$= s(s-1)C_0 \xi^{s-2} + \sum_{j=1} (2j+s)(2j+s-1)C_j \xi^{2j+s-2}$$

$$= s(s-1)C_0 \xi^{s-2} + \sum_{j=0} (2j+s+2)(2j+s+1)C_{j+1} \xi^{2j+s}, \tag{12.8.10}$$

$$-2\xi\frac{dH}{d\xi} = -2\sum_{j=0}(2j+s)C_j\xi^{2j+s}, \tag{12.8.11}$$

$$(\lambda-1)H = \sum_{j=0}(\lambda-1)C_j\xi^{2j+s}. \tag{12.8.12}$$

(12.8.10)–(12.8.12) 式を (12.8.7) 式に代入して項別に等値する. まず, 最低次の ξ^{s-2} の係数より

$$s(s-1)C_0 = 0 \quad \Rightarrow \quad s=0 \text{ あるいは } s=1. \tag{12.8.13}$$

また ξ^{2j+s} の係数からは

$$(2j+s+2)(2j+s+1)C_{j+1} = (1-\lambda+4j+2s)C_j \tag{12.8.14}$$

という漸化式が得られる.

(12.8.14) 式より, 一般には (12.8.8) 式は無限級数となる. 漸近的には

$$\frac{C_{j+1}}{C_j} = \frac{1-\lambda+4j+2s}{(2j+s+2)(2j+s+1)} \to \frac{1}{j} \quad (j\to\infty),$$
$$\Rightarrow \quad H(\xi) \propto \sum \frac{(\xi^2)^j}{j!} \quad (j\to\infty) \tag{12.8.15}$$

となることから, $H(\xi)$ は $\xi\gg 1$ では e^{ξ^2} のように振舞う. したがって $u(\xi)=H(\xi)e^{-\xi^2/2} \propto e^{+\xi^2/2}$ となり, $u(\xi)$ は $\xi\to\infty$ で発散してしまう.

これを避けるためには, (12.8.14) 式の右辺がある $j=j'$ で 0 となるような特別な λ の値:

$$\lambda = 4j'+2s+1 \tag{12.8.16}$$

を選ぶ必要がある. この場合, (12.8.14) 式より $C_{j'+1}=C_{j'+2}=\cdots=0$ となり, (12.8.8) 式が無限級数ではなく有限級数となるから $\xi\to\infty$ での発散が避けられる. さらに $s=0$ あるいは $s=1$ であったことを思い出せば, $n\equiv 2j'+s$ と再定義して (12.8.16) 式を

$$\lambda = 2n+1 \quad (n=0,1,2,\cdots) \tag{12.8.17}$$

と書き直せる. この結果から

(i) 調和振動子ポテンシャルに束縛された状態のエネルギー準位は

$$E_n = \left(n + \frac{1}{2}\right)\hbar w \quad (n = 0, 1, 2, \cdots) \tag{12.8.18}$$

に量子化されている. $\hbar w = h\nu$ がその単位エネルギー量子の大きさである.

(ii) 基底状態 $n = 0$ でも $E = \hbar w/2$ のエネルギーがある. これは, 不確定性関係 ([10.6.2] 式) から予想される調和振動子のエネルギー:

$$E_0 = \frac{(\Delta p)^2}{2m} + \frac{1}{2}mw^2(\Delta x)^2 \geq 2\sqrt{\frac{(\Delta p)^2}{2m} \times \frac{1}{2}mw^2(\Delta x)^2}$$

$$= w\Delta p \Delta x \geq w\frac{1}{2}\hbar = \frac{1}{2}\hbar w \tag{12.8.19}$$

と一致している.

という 2 つの重要な結果がみてとれる.

12.8.2 エルミート多項式とエネルギー固有関数

このように, (12.8.7) 式はパラメータ λ が $2n+1$ という特別な値をもつ場合に限り, 物理的に意味のある解をもつ. E_n に対応する固有関数を H_n として (12.8.7) 式を書き直した結果:

$$\frac{d^2 H_n}{dx^2} - 2x\frac{dH_n}{dx} + 2nH_n = 0 \tag{12.8.20}$$

をエルミートの微分方程式, その解である H_n をエルミート多項式 (Hermite polynomials) と呼ぶ. 通常, その規格化条件は

$$\int_{-\infty}^{\infty} H_n(x)H_m(x)e^{-x^2}dx = 2^n\sqrt{\pi}\,n!\,\delta_{nm} \tag{12.8.21}$$

に選ぶ. 具体的に最初の 6 つの多項式を書き下せば

$$\begin{cases} H_0(x) = 1, & H_1(x) = 2x, \\ H_2(x) = 4x^2 - 2, & H_3(x) = 8x^3 - 12x, \\ H_4(x) = 16x^4 - 48x^2 + 12, & H_5(x) = 32x^5 - 160x^3 + 120x \end{cases} \tag{12.8.22}$$

である. エルミート多項式を用いると, エネルギー固有値 $E_n = (n+1/2)\hbar w$ に対応する (12.8.2) 式の規格化された固有関数:

$$u_n(x) = \left(\frac{\alpha}{\sqrt{\pi}2^n n!}\right)^{1/2} H_n(\alpha x)e^{-\alpha^2 x^2/2} \qquad \left(\alpha = \sqrt{\frac{mw}{\hbar}}\right) \tag{12.8.23}$$

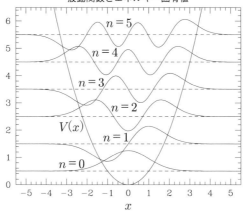

図 **12.6** 1 次元調和振動子ポテンシャルの固有関数 $u_n(x) = (\sqrt{\pi}\,2^n n!)^{-1/2} H_n(x) e^{-x^2/2}$. 破線はエネルギー固有値 $E_n = n + 1/2$ に対応し,放物線はポテンシャルエネルギー $V(x) = x^2/2$ を示す. $u_n(x)$ のグラフはその縦軸の値を E_n だけずらして描かれている.

が得られる.図 12.6 に,$\alpha = 1$ の場合の固有関数 $u_0(x)$ から $u_5(x)$ を示しておく.

第13章

量子論における物理量と演算子

13.1 ヒルベルト空間

前章では具体的に1次元のシュレーディンガー方程式を解くことでまずは量子論的な考え方に慣れることを目指した．その過程で波動関数の固有値・直交性・完全性など，量子論で重要となる性質を考察した．本章では，そのような具体的な例を念頭におきつつ，量子論における物理量と演算子について数学的な観点から再検討する．といっても，数学的な厳密さはあまり気にせず，あくまで物理的なイメージを中心とした説明を行う．

量子論における状態ベクトル (state vector) はヒルベルト空間 (Hilbert space) の元であるという事実が出発点となる．そこでヒルベルト空間の定義から始めよう．一般に，ヒルベルト空間を $\mathcal{H}$ とし，その元をベクトル $|\psi\rangle$ と記すとき，それらは以下の3つの条件を満たす．

(i) 複素数を係数とするベクトル空間：

(a) 和に関する交換・結合則　$\mathcal{H}$ の任意の2つのベクトル $|\psi\rangle$ と $|\varphi\rangle$ に対して，それらの「和」$|\psi\rangle + |\varphi\rangle = |\psi + \varphi\rangle$ を対応させる演算（＋の記号を用いる）が定義されており，次の性質：

$$\text{交換則：} |\psi\rangle + |\varphi\rangle = |\varphi\rangle + |\psi\rangle, \tag{13.1.1}$$

$$\text{結合則：} (|\psi\rangle + |\varphi\rangle) + |\chi\rangle = |\psi\rangle + (|\varphi\rangle + |\chi\rangle) \tag{13.1.2}$$

が成り立つ．

(b) 和に関するゼロベクトルと逆ベクトル　任意のベクトル $|\psi\rangle$ に対して

$$|\psi\rangle + |0\rangle = |\psi\rangle \tag{13.1.3}$$

となるゼロベクトル $|0\rangle$ が存在する（文脈からわかるときには単に 0 と書くことにする）．また，それぞれの $|\psi\rangle$ に対して

$$|\psi\rangle + |-\psi\rangle = |0\rangle \tag{13.1.4}$$

を満たす逆ベクトル $|-\psi\rangle$ が存在する．

(c) 定数倍　　任意の複素数 α と β に対して，次が成り立つ．

$$\alpha(|\psi\rangle + |\varphi\rangle) = \alpha|\varphi\rangle + \alpha|\psi\rangle, \tag{13.1.5}$$

$$(\alpha + \beta)|\psi\rangle = \alpha|\psi\rangle + \beta|\psi\rangle, \tag{13.1.6}$$

$$(\alpha\beta)|\psi\rangle = \alpha(\beta|\psi\rangle). \tag{13.1.7}$$

(ii) 内積が定義されている：内積 (inner product) は，$\mathcal{H}$ 内の任意の 2 つのベクトル $|\psi\rangle$ と $|\varphi\rangle$ をある複素数に対応させる写像である．それを $(|\psi\rangle, |\varphi\rangle)$ あるいは $\langle\psi|\varphi\rangle$ と書く．任意の複素数 α と β に対して，内積は以下の性質

$$\langle\psi|\varphi\rangle = \langle\varphi|\psi\rangle^*, \tag{13.1.8}$$

$$\langle\psi|\alpha\varphi_1 + \beta\varphi_2\rangle = \alpha\langle\psi|\varphi_1\rangle + \beta\langle\psi|\varphi_2\rangle, \tag{13.1.9}$$

$$\langle\psi|\psi\rangle \geq 0, \tag{13.1.10}$$

$$\langle\psi|\psi\rangle = 0 \Leftrightarrow |\psi\rangle = |0\rangle \tag{13.1.11}$$

を満たす（$*$ は複素共役を表す）．これらの性質から

$$\begin{aligned}
\langle\alpha\varphi_1 + \beta\varphi_2|\psi\rangle &= \langle\psi|\alpha\varphi_1 + \beta\varphi_2\rangle^* = (\alpha\langle\psi|\varphi_1\rangle + \beta\langle\psi|\varphi_2\rangle)^* \\
&= \alpha^*\langle\psi|\varphi_1\rangle^* + \beta^*\langle\psi|\varphi_2\rangle^* \\
&= \alpha^*\langle\varphi_1|\psi\rangle + \beta^*\langle\varphi_2|\psi\rangle
\end{aligned} \tag{13.1.12}$$

が導ける．また，$\langle\psi|\psi\rangle$ が正定値であるから，$|\psi\rangle$ のノルム (norm) を

$$\||\psi\rangle\| \equiv \sqrt{\langle\psi|\psi\rangle} \tag{13.1.13}$$

によって定義する．

(iii) 完備である：$\mathcal{H}$ 内のベクトル列 ψ_n $(n = 1, 2, \cdots)$ が

198 | 13 量子論における物理量と演算子

$$\lim_{n,m\to\infty} \||\psi_n\rangle - |\psi_m\rangle\| = 0 \tag{13.1.14}$$

を満たすならば，そのベクトル列の収束する先

$$|\psi\rangle \equiv \lim_{n\to\infty} |\psi_n\rangle \tag{13.1.15}$$

もまた $\mathcal{H}$ 内のベクトルである．

以上を簡潔にまとめると，ヒルベルト空間は完備な (complete) 計量ベクトル空間（内積空間），ということになる．

13.2　双対空間とブラ・ケット

13.1 節で用いた $\langle\cdot|$ および $|\cdot\rangle$ という記号は量子力学の創始者の 1 人であるディラック (Paul M. Dirac) によって導入されたもので，英語の bracket[*1]にちなんでブラ (bra) とケット (ket) と呼ばれている[*2]．ただしこのままでは，ブラとケットとの関係はわかりにくいであろう．実際 13.1 節の議論を見ると，2 つのケットの間の内積 $(|\psi\rangle, |\varphi\rangle)$ を，わざわざブラという記号を導入して $\langle\psi|\varphi\rangle$ と書くことにしただけのように見える．

もちろんそのように解釈するにとどめておいてもとりあえず問題はない．しかし

────────────────

[*1]　日本語では「括弧」と訳されるが，英語とは少しニュアンスが異なる．知り合いのアメリカ人（天文学研究者）によれば，英語でただ bracket という単語を聞いたときには，[ ] か〈 〉を想像するようだ．( ) はまれに round brackets と呼ばれることもあるが普通は parentheses と呼ぶ．{ } は curly braces（curly brackets ともいう）である．そのアメリカ人は [ ] と〈 〉を区別する形容詞をとっさには思い出せなかった．後で調べたところではそれぞれ square brackets と angle brackets と呼ぶらしいが，あまり使わない言葉なのであろう．日本語では括弧というと普通は ( ) をさす．高校の数学では，[ ], { }, ( ) を大括弧，中括弧，小括弧と読んで区別したような記憶があるが，本来は大きさとは独立な概念なので違和感を禁じ得ない．角括弧，波括弧，丸括弧，山括弧という呼び名もあるらしいが，それを聞いてただちに自信をもって [ ], { }, ( ),〈 〉を想像できる人はどのくらいいるだろうか．本書では，ポアソン括弧 (the Poisson bracket) を $\{p, q\}$ で表しているがこれは量子力学で用いられる交換関係 $[p, q]$ と区別するためである．古典力学の教科書ではポアソン括弧を $[p, q]$ と記しているものも多いが，(p, q) にはお目にかかったことがない．ポアソン「括弧」から考えると奇妙であるが，本当は the Poisson bracket なのだからこれが自然なのである．ところで，(と) を区別するときには，(を「かっこ」と呼び) を「こっか」と呼ぶ，と聞いたことがあるが本当だろうか．ちなみに編集校正業界では，( )→ パーレン（括弧），[ ]→ ブラケット（角括弧），〈 〉→ 山がた（ギュメ），{ }→ ブレース（中括弧）とのことである．

[*2]　ブラベクトル，ケットベクトルと呼ばれることもある．ちなみに，с はロシア語で and や with の意味をもつ前置詞でもあるので，bracket はちゃんと bra and ket の意味になっているという屁理屈もあるらしい．

13.2 双対空間とブラ・ケット | 199

実は，ブラはケットの張るヒルベルト空間の双対空間 (dual space) の元でもある．
ここで，ベクトル空間 $\mathcal{H}$ に対する双対空間 $\mathcal{H}^*$ の元 $\langle\varphi|$ とは，$\mathcal{H}$ 内の任意のベクトル $|\psi\rangle$ に作用して，複素数 $\langle\varphi|\psi\rangle$ を与えるような線形写像のことである．このような写像の集合は，$\mathcal{H}$ と同じ次元をもつベクトル空間をなし，それを $\mathcal{H}$ の双対空間 $\mathcal{H}^*$ と呼ぶ*3．また $\mathcal{H}^*$ の双対空間は $\mathcal{H}$ である．この意味において，$\mathcal{H}$ と $\mathcal{H}^*$ は同等である．

双対空間と聞くと難しそうだが，デカルト座標の場合を考えればイメージがわきやすい．ケットを縦ベクトル，ブラを横ベクトルに対応させればよいのである．

$$|\psi\rangle = \begin{pmatrix} a \\ b \\ c \\ \vdots \end{pmatrix}, \qquad \langle\psi| = (a^*, b^*, c^*, \cdots). \tag{13.2.1}$$

この場合それらの内積：

$$\langle\psi|\psi\rangle = (a^*, b^*, c^*, \cdots)\begin{pmatrix} a \\ b \\ c \\ \vdots \end{pmatrix} = |a|^2 + |b|^2 + |c|^2 + \cdots \tag{13.2.2}$$

が $|\psi\rangle$ のノルムを与えることもすぐわかる．また，後で出てくる $|\psi\rangle\langle\psi|$ という演算子は行列：

$$|\psi\rangle\langle\psi| = \begin{pmatrix} a \\ b \\ c \\ \vdots \end{pmatrix}(a^*, b^*, c^*, \cdots) = \begin{pmatrix} aa^* & ab^* & ac^* & \cdots \\ ba^* & bb^* & bc^* & \cdots \\ ca^* & cb^* & cc^* & \cdots \\ \vdots & & & \ddots \end{pmatrix} \tag{13.2.3}$$

で表現できる．もちろん，これらは同じベクトル同士である必要はなく，$|\varphi\rangle$ に対しても $\langle\psi|\varphi\rangle$ および $|\varphi\rangle\langle\psi|$ を同様に行列表示できる．ただし，あくまでこの行列表示はベクトル空間の（無限に存在する）表現法の一例でしかない．本来ベクトル空間は抽象的な概念であり，ベクトル空間の公理を満たすものであれば何でもよい．

---

*3　$\mathcal{H}^*$ の右肩の * は $\mathcal{H}$ の双対空間であることを示すもので複素共役の意味ではない．混乱するかもしれないがいずれも慣用なので御容赦願いたい．

13.3 演算子と固有値・固有ベクトル

13.3.1 演算子

ヒルベルト空間のあるベクトルから別のベクトルへの写像で，任意のベクトルの線形結合 $\alpha|\psi\rangle + \beta|\varphi\rangle$ に対して

$$\hat{A}(\alpha|\psi\rangle + \beta|\varphi\rangle) = \alpha\hat{A}|\psi\rangle + \beta\hat{A}|\varphi\rangle \tag{13.3.1}$$

を満たす $\hat{A}$ を線形演算子 (linear operator) と呼ぶ．量子論で単に演算子という場合は，線形演算子をさすことが普通である．さらに，便宜上

$$\hat{A}|\psi\rangle = |\hat{A}\psi\rangle \tag{13.3.2}$$

という記法を使うことにする．この場合，$\langle\varphi|$ と $\hat{A}|\psi\rangle$ の内積が

$$\langle\varphi|\hat{A}|\psi\rangle = \langle\varphi|\hat{A}\psi\rangle \tag{13.3.3}$$

の2通りで書けるがどちらも同じ意味である．

任意の $|\varphi\rangle$ と $|\psi\rangle$ に対して，

$$\langle\varphi|\hat{A}|\psi\rangle = \langle\psi|\hat{A}^\dagger|\varphi\rangle^*, \tag{13.3.4}$$

あるいは同じことであるが別の書き方をすれば

$$\langle\varphi|\hat{A}\psi\rangle = \langle\hat{A}^\dagger\varphi|\psi\rangle, \quad (|\varphi\rangle, |\hat{A}\psi\rangle) = (\hat{A}^\dagger|\varphi\rangle, |\psi\rangle) = (|\psi\rangle, \hat{A}^\dagger|\varphi\rangle)^* \tag{13.3.5}$$

を満たすような演算子 $\hat{A}^\dagger$ を $\hat{A}$ の共役演算子 (adjoint operator) と呼ぶ（[13.3.16]式参照）．この定義から共役演算子は次の性質をもつことがわかる．

$$(\alpha\hat{A})^\dagger = \alpha^*\hat{A}^\dagger, \quad (\hat{A}\hat{D})^\dagger - \hat{B}^\dagger\hat{A}^\dagger, \quad (\hat{A}^\dagger)^\dagger = \hat{A}. \tag{13.3.6}$$

特に

$$\hat{A}^\dagger = \hat{A} \tag{13.3.7}$$

が成り立つものを自己共役演算子 (self-adjoint operator) あるいはエルミート演算子 (Hermite operator) と呼ぶ．観測可能な物理量はエルミート演算子で表現できる．

13.3.2 正規直交基底による展開と演算子の行列表示

ヒルベルト空間のベクトルをうまく選んで,

$$\langle e^i | e_j \rangle = \delta^i{}_j \quad (i, j = 1, \cdots, N) \tag{13.3.8}$$

を満たす $\langle e^i |$ と $| e_j \rangle$ $(i, j = 1, \cdots, N)$ が定義できるとき, これらを正規直交基底 (ortho-normal basis) と呼ぶ[*4]. ここで N は考えているヒルベルト空間の次元であるが, 量子論では無限次元 $(N = \infty)$ を考えることが普通である. 任意のケットベクトルは, 基底を用いて

$$| \psi \rangle = \sum_n | e_n \rangle \langle e^n | \psi \rangle \equiv \sum_n \psi^n | e_n \rangle \tag{13.3.9}$$

と展開できる. 同様に, 任意のブラベクトルと演算子は

$$\langle \psi | = \sum_n \psi_n \langle e^n |, \quad \psi_n = \langle \psi | e_n \rangle = \langle e^n | \psi \rangle^* = \psi^{n*}, \tag{13.3.10}$$

$$\hat{A} = \sum_i \sum_j A^i{}_j | e_i \rangle \langle e^j |, \quad A^i{}_j = \langle e^i | \hat{A} | e_j \rangle \tag{13.3.11}$$

と展開される[*5].

(13.3.9) 式をじっと眺めればわかるように, 任意のベクトルが展開できるための完全性条件は

$$\sum_n \hat{P}_n \equiv \sum_n | e_n \rangle \langle e^n | = \hat{1} \quad (= \text{恒等演算子}) \tag{13.3.12}$$

である. ここで演算子

$$\hat{P}_n \equiv | e_n \rangle \langle e^n | \tag{13.3.13}$$

は, 任意のベクトルに作用して $| e_n \rangle$ 方向に平行な成分のみを取り出す射影演算子 (projection operator) の働きをする. いかなるベクトルであろうと, $| e_n \rangle$ $(n = 1, \cdots, N)$ 方向の成分ベクトルの和だけで表現できることが完全性を示す (13.3.9) 式の意味である. 言い換えれば, (13.3.12) 式のように正規直交基底を組み合わせ

[*4] より厳密には $| e_j \rangle$ がヒルベルト空間の正規直交基底 (ベクトル), $\langle e^i |$ はその双対空間の正規直交基底 (ベクトル) である. 添字の上下は相対論の慣習にしたがって区別しているが, 本章の議論においては本質的ではないので別に気にしなくてもよい.

[*5] 今の記法にしたがうと, ブラベクトル $\langle \psi |$ の成分 ψ_n と, 対応するケットベクトルの成分 ψ^n は互いに複素共役の関係にあること $(\psi_n^* = \psi^n, \psi^{n*} = \psi_n)$ に注意.

202 | 13 量子論における物理量と演算子

て恒等演算子 $\hat{1}$ を表現できることにほかならない.

実は (13.2.1) 式は, $|e_n\rangle$ を N 次元デカルト座標における n 次元方向の単位縦ベクトル, $\langle e^n|$ を n 次元方向の単位横ベクトル（双対空間での単位ベクトル）に選んだ場合の成分表示だったのである. この場合, $\hat{A}$ は $N \times N$ の正方行列の成分 $A^i{}_j$ で表現される[*6]. したがって, ヒルベルト空間におけるベクトルと演算子の作用を, 行列を用いた以下の演算に置き換えることができる.

$$\hat{A}|\psi\rangle \quad \Leftrightarrow \quad \sum_j A^i{}_j \psi^j, \qquad (13.3.14)$$

$$\langle\varphi|\hat{A}|\psi\rangle \quad \Leftrightarrow \quad \sum_i \sum_j \varphi_i A^i{}_j \psi^j. \qquad (13.3.15)$$

特に (13.3.15) 式を見ると, $\langle\varphi|\hat{A}|\psi\rangle$ は, 「まず $\hat{A}$ を左から $|\psi\rangle$ に作用させて, 次に $\langle\varphi|$ と内積をとる」という普通の解釈だけでなく, 「まず $\hat{A}$ を右から $\langle\varphi|$ に作用させて, 次に $|\psi\rangle$ と内積をとる」と解釈しても同じ結果を与えることがわかる.

この意味で, 演算子 $\hat{A}$ を右から $\langle\varphi|$ に作用させた結果を

$$\langle\varphi|\hat{A} = \langle\hat{A}^\dagger\varphi| \qquad (13.3.16)$$

と表記することにする. この記法では混乱しやすいかもしれないが, 内積に括弧を用いた (13.3.5) 式の記法ならばよりわかりやすいであろう. (13.3.10) 式より, 上式の右辺の成分は $|\hat{A}^\dagger\varphi\rangle$ の成分の複素共役である.

(13.3.16) 式を具体的に行列表示を用いて書き下せば

$$\sum_i \varphi_i A^i{}_j = \left[\sum_i (A^\dagger)^j{}_i \varphi^i\right]^* = \sum_i (A^{\dagger*})^j{}_i \varphi^{i*} = \sum_i \varphi_i (A^{\dagger*})^j{}_i \qquad (13.3.17)$$

となる. (13.3.17) 式の両辺を見比べれば, 共役演算子は元の演算子の行列の複素共役転置行列（complex conjugate transpose matrix：随伴行列ともいう）:

$$(A^\dagger)^j{}_i = (A^*)^i{}_j = (A^{\dagger*})^j{}_i \qquad (13.3.18)$$

で表現されることがわかる. 演算子がその共役演算子と一致する場合, 自己共役演算子あるいはエルミート演算子と呼ばれることはすでに述べた. したがってエル

[*6] 演算子を行列表示したときの成分 $A^i{}_j$ は, (13.3.11) 式にしたがって, 上添字がケット $|e_i\rangle$, 下添字がブラ $\langle e^j|$ で展開したときの足であることを意味している. ただしそのような由来を忘れて行列表現だけを扱う場合には, 単に A_{ij} と書いて差し支えないし, むしろそちらのほうがすっきりしているかもしれない.

ミート演算子 $\hat{A}$ は，その (j, i) 成分が

$$A^j{}_i = (A^{t*})^j{}_i = (A^*)^i{}_j \tag{13.3.19}$$

という関係を満たすエルミート行列 (Hermite matrix)[7]で表現できる.

13.3.3 エルミート演算子の固有値と固有ベクトル

ゼロでないあるベクトル $|a\rangle$ に演算子 $\hat{A}$ を作用させたとき，それがもとのベクトルの定数倍:

$$\hat{A}|a\rangle = a|a\rangle \tag{13.3.20}$$

となるとき，a を固有値 (eigen value)，$|a\rangle$ をその固有値に対する固有ベクトル (eigen vector) と呼ぶ[8]. (13.3.20) 式自体は固有ベクトルの定義にすぎないが，物理的には $|a\rangle$ という状態に対して $\hat{A}$ という作用（観測）を行うとその結果として測定される物理量の値が a となることに対応している. ただしすべての演算子が物理的な観測という操作に対応しているわけではない. 一方, 観測可能な物理量は本質的には実数であるから，固有値がすべて実数となる演算子によって表現できることが期待できる. エルミート演算子がまさにそれである.

実際，$\hat{A}$ をエルミート演算子とすれば，(13.3.5) 式と (13.3.7) 式より

$$\langle \hat{A}a|a\rangle = \langle a|\hat{A}a\rangle \quad \Rightarrow \quad a^*\langle a|a\rangle = a\langle a|a\rangle \tag{13.3.21}$$

が成り立つので，対応する固有値 a はつねに実数である. また同じく (13.3.5) 式と (13.3.7) 式より

$$\langle \hat{A}a'|a\rangle = \langle a'|\hat{A}a\rangle \Rightarrow a'\langle a'|a\rangle = a\langle a'|a\rangle \Rightarrow \langle a'|a\rangle = 0 \quad (a' \neq a) \tag{13.3.22}$$

なので，異なる固有値に対する固有ベクトルは互いに直交する.

一方, 同じ固有値に対応する固有ベクトルが複数存在（その固有値に対する固有

---

[7] (13.3.19) 式からわかるように，対角成分が実数で，非対角成分が行と列を入れ換えたものが互いに複素共役となるような正方行列である.

[8] この記法は慣れるまでは誤解を招きやすい. 固有値 a に対応する固有ベクトル $|a\rangle$ とはあくまで象徴的な記法であり，実際には固有値をそのまま使う必要はなく，固有値を区別できるラベルであればどのような表記を用いてもよい. たとえば 1 次元調和振動子の場合，エネルギー固有値 $E_n = (n+1/2)\hbar w$ に対応する固有ベクトルを $|E_n\rangle$, $|n\hbar w\rangle$ のように書いてもよいが，もっと簡単に $|n\rangle$ と書くことが多い. この場合「基底状態に対応する固有ベクトル $|0\rangle$」といった具体的な表現が用いられる.

204 | 13 量子論における物理量と演算子

ベクトルが縮退) している場合でも，それらが直交するように選び直すことはつね
に可能である．そのためには以下のようなグラム–シュミットの直交化の手続きを
ふめばよい．同じ固有値 a をもつ固有ベクトルを $|l\rangle$ $(l = 1, 2, \cdots)$ とする．まず，
$|1\rangle$ を規格化したものを $|a, 1\rangle$：

$$|a, 1\rangle = \frac{|1\rangle}{\sqrt{\langle 1|1\rangle}} \tag{13.3.23}$$

とする．次に，$|2\rangle$ の $|a, 1\rangle$ 方向への射影ベクトルを $|2\rangle$ 自身から引き去って

$$|2'\rangle = |2\rangle - \langle a, 1|2\rangle|a, 1\rangle \quad \Rightarrow \quad |a, 2\rangle = \frac{|2'\rangle}{\sqrt{\langle 2'|2'\rangle}} \tag{13.3.24}$$

とすれば，規格化された $|a, 2\rangle$ が $\langle a, 1|$ と直交することは明らかであろう．この方
法を繰り返せば $|l\rangle$ $(l = 1, 2, \cdots)$ から正規直交化された $|a, l\rangle$ $(l = 1, 2, \cdots)$ を構築
できる．つまり，ベクトル $|l\rangle$ から，$i < l$ を満たすすべての $|a, i\rangle$ 方向への射影成
分を引き去れば

$$|l'\rangle = |l\rangle - \sum_{i=1}^{l-1} \langle a, i|l\rangle|a, i\rangle \quad \Rightarrow \quad |a, l\rangle = \frac{|l'\rangle}{\sqrt{\langle l'|l'\rangle}} \tag{13.3.25}$$

のようになり，

$$\langle a, l|a, l'\rangle = \delta_{ll'} \tag{13.3.26}$$

と正規直交化が可能である．

　異なる固有値をもつ固有ベクトル同士はそもそも直交しているから，縮退した固
有値がある場合には，上述の直交化の手続きの後に番号をふり直せば

$$\langle a_n|a_{n'}\rangle = \delta_{nn'} \tag{13.3.27}$$

のように独立な正規直交基底 $|a_n\rangle$ $(n = 1, \cdots, N)$ を定義できる．

　ここまでは単なる定義の羅列のようなものであるが，量子論において重要なの
は，エルミート演算子の固有ベクトルが完全系 (complete set) をなすことであ
る．つまり (13.3.9)-(13.3.11) 式と同じように，正規直交固有ベクトル $|a_n\rangle$ $(n = 1, \cdots, N)$ を基底と選ぶことで，任意のベクトルと演算子が展開可能：

$$|\psi\rangle = \sum_n |a_n\rangle\langle a_n|\psi\rangle \tag{13.3.28}$$

なのである．(13.3.12) 式と同様の言い方をすれば，(13.3.28) 式は任意のエルミー
ト演算子の正規直交固有ベクトルを用いて

$$\sum_n |a_n\rangle\langle a_n| = \hat{1} \qquad (13.3.29)$$

のように恒等演算子 $\hat{1}$ を表現できることと等価である．

この完全性はけっして自明ではない．有限次元のヒルベルト空間の場合には，その次元数に等しい数の独立な固有ベクトルを用いれば任意のベクトルが表現できることは直感的にもうなずける．しかし，無限次元 ($N \to \infty$) の場合でもそれが成り立つのか，などと考え始めるとわからなくなる[*9]．

図 **13.1** エルミート演算子と観測可能な物理量（を測定する操作）の対応関係．物理的には a の可能性は考えにくい．通常は b の可能性を念頭においてよいが，c のような可能性もあり得る．

実際，複数の量子力学の教科書を眺めた範囲では，エルミート演算子の固有ベクトルが完全系をなすことをきちんと証明してあるものは見当たらなかった．しかし，観測可能な物理量に対応するエルミート演算子を考える限り，物理的にはそうであってしかるべきである．つまり，任意の状態ベクトルはその物理量が何らかの値をもつ状態に対応しているはずなので，それに対応するエルミート演算子の固有ベクトルの重ね合わせとなっていなくては困る．そうでなければ，観測可能なはずの物理量の値が決まらない状態が存在することになる．このため「観測可能な物理

[*9] 大学入試までは学生の学力ベクトル $|\psi\rangle$ を測るために，

$|\psi\rangle = |\,英語\,\rangle\langle\,英語\,|\psi\rangle + |\,数学\,\rangle\langle\,数学\,|\psi\rangle + |\,生物\,\rangle\langle\,生物\,|\psi\rangle + |\,物理\,\rangle\langle\,物理\,|\psi\rangle$
$\qquad + |\,漢文\,\rangle\langle\,漢文\,|\psi\rangle + |\,現国\,\rangle\langle\,現国\,|\psi\rangle + |\,世界史\,\rangle\langle\,世界史\,|\psi\rangle + \cdots$

という展開をすることがある．たとえば $\langle\,英語\,|$ は英語の試験という演算子であり，$\langle\,英語\,|\psi\rangle$ はその試験の点数と考えればよい．異なる教科における才能は互いに強く相関している場合もあれば，逆に負の相関を示すこともある．そもそも人間の才能をこのように展開しきることなどできない．言い換えれば，$|\,英語\,\rangle,\;|\,数学\,\rangle,\;|\,現国\,\rangle,\;\cdots$ という基底は，互いに直交してもいないし，完全系をなしているわけでもない．ましてや，それらの内積の値の和

「成績」$= \langle\,英語\,|\psi\rangle + \langle\,数学\,|\psi\rangle + \langle\,生物\,|\psi\rangle + \langle\,物理\,|\psi\rangle$
$\qquad + \langle\,漢文\,|\psi\rangle + \langle\,現国\,|\psi\rangle + \langle\,世界史\,|\psi\rangle + \cdots$

を用いて学生を 1 次元化して比較する作業（＝ 入試合否判定）は，あくまで 1 つの目安でしかないことは認識しておくべきである．実社会はもちろん「成績」が重要に思える研究の現場ですら，これらとはまったく異なる基底（$|\,気力\,\rangle,\;|\,体力\,\rangle,\;|\,人格\,\rangle,\;|\,人望\,\rangle,\;|\,財力\,\rangle,\;$など）で展開したときのある特定の項の係数が重要となることが多い．

206 | 13 量子論における物理量と演算子

量はエルミート演算子で表現される」を量子論における基本的な前提として採用する．しかしながらこの逆，すなわち「すべてのエルミート演算子が何らかの物理量に対応する」という必然性はない（図 13.1）．いずれにせよこの考察を通じて，物理量がエルミート演算子で表されること，さらにはエルミート演算子の固有ベクトルが完全系をなすことがさほど不自然ではないと感じてもらえれば十分である．

13.3.4　離散スペクトルと連続スペクトル

12 章で具体的に見たように，境界条件によっては同じ方程式でもその固有値は離散スペクトル（束縛状態）であったり連続スペクトル（非束縛状態）であったりする．一般には，それらが組み合わさった混合スペクトルとなる．13.3.3 項の記法は，固有値が離散スペクトルをとることを前提としたものであったが，それらの結果はほとんどそのまま連続スペクトルの場合にも適用できる．

演算子 $\hat{A}$ に対する固有ベクトル $|a\rangle$：

$$\hat{A}|a\rangle = a|a\rangle \tag{13.3.30}$$

の固有値 a が連続スペクトルをとるものとする．12.6.2 項で議論したように，この場合の固有ベクトルの規格化条件は，離散スペクトルの場合の (13.3.27) 式を

$$\langle a_n|a_{n'}\rangle = \delta_{nn'} \quad \Rightarrow \quad \langle a'|a''\rangle = \delta(a'-a'') \tag{13.3.31}$$

と変更すればよい．また完全性の条件である (13.3.29) 式は

$$\sum_n |a_n\rangle\langle a_n| = \hat{1} \quad \Rightarrow \quad \int da|a\rangle\langle a| = \hat{1} \tag{13.3.32}$$

となる．さらに固有値が混合スペクトルの場合には

$$\sum_n |a_n\rangle\langle a_n| + \int da|a\rangle\langle a| = \hat{1}, \tag{13.3.33}$$

$$|\psi\rangle = \sum_n |a_n\rangle\langle a_n|\psi\rangle + \int da|a\rangle\langle a|\psi\rangle \tag{13.3.34}$$

と一般化される．

さて (13.3.32) 式を用いれば，任意のベクトル $|\psi\rangle$ が

$$|\psi\rangle = \int da|a\rangle\langle a|\psi\rangle \tag{13.3.35}$$

と展開できる．$\langle a|\psi\rangle$ は，演算子 $\hat{A}$ の正規直交基底 $|a\rangle$ で展開したときの展開係数

であるが，それを A 表示の波動関数と呼ぶ．この表式からわかるように，今まで単に波動関数と呼んでいた実空間の関数 $\psi(x)$ とは，系の状態を表すベクトル $|\psi\rangle$ を座標表示（x 表示）したものだったのだ．すなわち $|\psi\rangle$ を，連続スペクトルをもつ座標演算子 $\hat{x}$（その固有値を x とする）の固有関数 $|x\rangle$：

$$\hat{x}|x\rangle = x|x\rangle \tag{13.3.36}$$

で展開したときの係数が波動関数

$$\psi(x) = \langle x|\psi\rangle \tag{13.3.37}$$

なのである．固有ベクトル $|x\rangle$ 方向の成分が $\psi(x)$ だといってもよい[*10].

12.6 節で，波動関数を規格化する際には，それらの積の空間積分が内積であることを自明として用いた．しかし，(13.3.37) 式と $|x\rangle$ の完全性条件：

$$\int dx\, |x\rangle\langle x| = \hat{1} \tag{13.3.38}$$

を組み合わせれば，状態ベクトルの内積が

$$\langle\varphi|\psi\rangle = \int \langle\varphi|x\rangle\langle x|\psi\rangle dx = \int \varphi^*(x)\psi(x)dx \tag{13.3.39}$$

と書けることがわかる．この変形は座標表示に限るものではなく，一般に A 表示での波動関数に対して

$$\langle\varphi|\psi\rangle = \int \langle\varphi|a\rangle\langle a|\psi\rangle da = \int \varphi^*(a)\psi(a)da \tag{13.3.40}$$

が成り立つ．混合スペクトルの場合には，この積分の一部分を離散固有値に対する和に置き換えればよいことは今までと同じである．

13.4 　状態ベクトルの座標表示と運動量表示

量子論において座標表示（x 表示）と並んで重要なのは運動量表示（p 表示）である．状態ベクトル $|\psi\rangle$ を，運動量演算子に対する基底ベクトル $|p\rangle$

[*10] 　ある意味では記法の問題にすぎないかもしれないが，$\psi(x)$ と $|\psi\rangle$ の違いについて，私は学生の頃に講義で明確に教えてもらった覚えがない．おかげでそれらの違いを認識するまでに無駄な時間を費やしてしまった．その経験からもしつこいようだが，$|\psi\rangle$ はあくまでも（抽象的な）状態ベクトルであり，それを座標表示したときの波動関数が $\psi(x) \equiv \langle x|\psi\rangle$ であることを強調しておく．

208 | 13 量子論における物理量と演算子

$$\hat{p}|p\rangle = p|p\rangle \tag{13.4.1}$$

で展開したときの係数

$$\tilde{\psi}(p) = \langle p|\psi\rangle \tag{13.4.2}$$

が，運動量空間における波動関数である．(13.3.35) 式より，状態ベクトル $|\psi\rangle$ を座標表示および運動量表示で展開したものはそれぞれ

$$|\psi\rangle = \int dx|x\rangle\langle x|\psi\rangle, \qquad |\psi\rangle = \int dp|p\rangle\langle p|\psi\rangle \tag{13.4.3}$$

となるので

$$\langle p|\psi\rangle = \int dx\langle x|\psi\rangle\langle p|x\rangle, \tag{13.4.4}$$

$$\langle x|\psi\rangle = \int dp\langle p|\psi\rangle\langle x|p\rangle \tag{13.4.5}$$

という関係式が導かれる．これらを波動関数の記法に直せば

$$\tilde{\psi}(p) = \int dx\,\psi(x)\langle p|x\rangle, \quad \psi(x) = \int dp\,\tilde{\psi}(p)\langle x|p\rangle \tag{13.4.6}$$

となる．これらは，実空間と運動量空間の波動関数に対するフーリエ変換（[10.2.2]式と [10.2.3] 式）の 1 次元版となっているはずなので，

$$\langle p|x\rangle = \frac{1}{\sqrt{2\pi\hbar}}e^{-ipx/\hbar}, \qquad \langle x|p\rangle = \langle p|x\rangle^* = \frac{1}{\sqrt{2\pi\hbar}}e^{+ipx/\hbar} \tag{13.4.7}$$

が成り立つことが予想できる．この結果はフーリエ変換の関係式を用いずとも，以下のように直接的に証明できる．

まず準備として，座標演算子 $\hat{x}$ の固有基底ベクトル $\langle x'|$ と $|x''\rangle$ を用いて，左右から $\hat{x}$ および運動量演算子 $\hat{p}$ をはさんだ結果が，

$$\langle x'|\hat{x}|x''\rangle = x'\delta(x' - x''), \tag{13.4.8}$$

$$\langle x'|\hat{p}|x''\rangle = -i\hbar\frac{\partial}{\partial x'}\delta(x' - x'') \tag{13.4.9}$$

となることを示してみよう*11．

(13.4.8) 式は，$\hat{x}|x''\rangle = x''|x''\rangle$ を用いれば

---

*11 (13.4.8) 式の左辺は，$|x''\rangle$ に座標演算子 $\hat{x}$ を左から作用させた後で $\langle x'|$ との内積をとることを意味しており，離散スペクトルの場合にならって $\hat{x}$ の (x', x'') 行列要素 (matrix element) とも呼ばれる．同様に，(13.4.9) 式の左辺は運動量演算子の行列要素と呼ばれる．

$$\langle x'|\hat{x}|x''\rangle = x''\langle x'|x''\rangle = x''\delta(x'-x'') = x'\delta(x'-x'') \qquad (13.4.10)$$

のように簡単に導ける．(13.4.9) 式を導くには，まず状態ベクトル $|\psi\rangle$ に $\hat{p}$ を作用させたものを $|\varphi\rangle$ と定義する．このとき $|x''\rangle$ の完全性条件より

$$|\varphi\rangle = \hat{p}|\psi\rangle \quad \Rightarrow \quad \langle x'|\varphi\rangle = \langle x'|\hat{p}|\psi\rangle = \int dx'' \langle x'|\hat{p}|x''\rangle \langle x''|\psi\rangle. \qquad (13.4.11)$$

(13.4.11) 式を，よりなじみ深いであろう波動関数を用いて書けば

$$\varphi(x') = \int dx'' \langle x'|\hat{p}|x''\rangle \psi(x'') \qquad (13.4.12)$$

となる．ところで，波動関数 $\psi(x')$ に運動量演算子 $\hat{p}$ を作用させた結果，$\varphi(x')$ が

$$\varphi(x') = \hat{p}\psi(x') = -i\hbar\frac{\partial}{\partial x'}\psi(x') \qquad (13.4.13)$$

となることはすでに 10.2 節でも示されている．(13.4.12) 式に (13.4.9) 式を直接代入することで

$$\varphi(x') = \int dx'' \left[-i\hbar\frac{\partial}{\partial x'}\delta(x'-x'') \right] \psi(x'')$$
$$= -i\hbar\frac{\partial}{\partial x'} \int dx'' \delta(x'-x'')\psi(x'') = -i\hbar\frac{\partial}{\partial x'}\psi(x') \qquad (13.4.14)$$

のように (13.4.13) 式を再現する．このことから (13.4.9) 式が正しいことが確認できる[*12]．

　以上の準備をした上で，$\hat{p}$ を $\langle x'|$ と $\hat{p}$ の固有基底ベクトル $|p'\rangle$ ではさんだ行列要素を 2 通りの方法で計算してみる．まずは $|x\rangle$ の完全性条件と (13.4.9) 式から

$$\langle x'|\hat{p}|p'\rangle = \int dx \langle x'|\hat{p}|x\rangle \langle x|p'\rangle$$
$$\underset{\substack{= \\ (13.4.9)\text{ 式}}}{} \int dx \left[-i\hbar\frac{\partial}{\partial x'}\delta(x'-x) \right] \langle x|p'\rangle$$
$$= -i\hbar\frac{\partial}{\partial x'} \int dx\, \delta(x'-x)\langle x|p'\rangle = -i\hbar\frac{\partial}{\partial x'}\langle x'|p'\rangle. \qquad (13.4.15)$$

一方 $\hat{p}|p'\rangle = p'|p'\rangle$ であるから，上式の左辺は単純に

$$\langle x'|\hat{p}|p'\rangle = p'\langle x'|p'\rangle \qquad (13.4.16)$$

[*12]　この説明ではいささか不満足かもしれない．その場合は，13.5 節の議論を参照してほしい．

210 | 13 量子論における物理量と演算子

でもある．両者を合わせれば

$$-i\hbar\frac{\partial}{\partial x'}\langle x'|p'\rangle = p'\langle x'|p'\rangle \tag{13.4.17}$$

という微分方程式が得られる．この解は C を規格化定数として

$$\langle x'|p'\rangle = Ce^{ip'x'/\hbar} \tag{13.4.18}$$

となる．ここでデルタ関数の積分表示と基底ベクトル $|p'\rangle$ の規格化条件より

$$\langle p'|p''\rangle = \int dx' \langle p'|x'\rangle \langle x'|p''\rangle = \int dx' C^* e^{-ip'x'/\hbar} C e^{ip''x'/\hbar}$$

$$= |C|^2 \int dx' e^{i(p''-p')x'/\hbar} = 2\pi\hbar|C|^2 \delta(p''-p')$$

$$\equiv \delta(p''-p'). \tag{13.4.19}$$

したがって

$$C = \frac{1}{\sqrt{2\pi\hbar}} \quad \Rightarrow \quad \langle x'|p'\rangle = \frac{1}{\sqrt{2\pi\hbar}} e^{ip'x'/\hbar} \tag{13.4.20}$$

が導かれる．

　このように，フーリエ変換とは，ヒルベルト空間のベクトルを異なる基底ベクトルで展開したときの成分表示の間の変換則の一種であることが示された．座標表示と運動量表示の間に限らずより一般に，状態ベクトル $|\psi\rangle$ を $|a\rangle$ と $|b\rangle$ という異なる基底ベクトルの系で展開したときの成分表示を結びつける変換式は

$$\langle a|\psi\rangle = \int db \langle a|b\rangle \langle b|\psi\rangle \quad \Rightarrow \quad \psi(a) = \int db \langle a|b\rangle \psi(b) \tag{13.4.21}$$

で与えられる[*13]．

13.5 演算子の交換関係

　さて，演算子と通常の数との違いは，その順序が可換かどうかに顕著に表れる．任意の複素数 a と b に対しては $ab = ba$ がつねに成り立つが，行列の積は可換ではない．当然，行列によって表現できる演算子もまた可換ではない[*14]．演算子 $\hat{A}$ と $\hat{B}$ に対して

――――――――――――

[*13] 例によって，離散スペクトルの領域ではこの積分を和に置き換えるものと理解すること．

[*14] このように順序が可換でない演算子を q 数 (quantum number)，可換な通常の数を c 数 (classical number) と呼んで区別することがある．

$$[\hat{A}, \hat{B}] \equiv \hat{A}\hat{B} - \hat{B}\hat{A} \tag{13.5.1}$$

を定義し，これを交換子 (commutator) あるいは交換関係 (commutation relation) と呼ぶ．演算子の交換子はそれ自体がやはり演算子である．たとえば，任意の関数 $f(x)$ に対して，座標と運動量の交換子を作用させると

$$[\hat{x}, \hat{p}]f(x) = \hat{x}\,[\hat{p}f(x)] - \hat{p}\,[\hat{x}f(x)] = x\frac{\hbar}{i}\frac{\partial f}{\partial x} - \frac{\hbar}{i}\frac{\partial(xf)}{\partial x}$$
$$= -f\frac{\hbar}{i}\frac{\partial x}{\partial x} = i\hbar f. \tag{13.5.2}$$

したがって，

$$[\hat{x}, \hat{p}] = i\hbar \tag{13.5.3}$$

ということになる．これを 3 次元に拡張すれば，$(\hat{r}^1, \hat{r}^2, \hat{r}^3) = (\hat{x}, \hat{y}, \hat{z})$, $(\hat{p}^1, \hat{p}^2, \hat{p}^3) = (\hat{p}_x, \hat{p}_y, \hat{p}_z)$ に対して

$$[\hat{r}^j, \hat{p}^k] = i\hbar\delta^{jk}, \quad [\hat{r}^j, \hat{r}^k] = 0, \quad [\hat{p}^j, \hat{p}^k] = 0 \quad (j, k = 1, 2, 3) \tag{13.5.4}$$

が成り立つことは自明であろう．

(5.5.6) 式で，一般座標と一般運動量に対するポアソン括弧が

$$\{q^j, p^k\} = \delta^{jk}, \quad \{q^j, q^k\} = 0, \quad \{p^j, p^k\} = 0 \tag{13.5.5}$$

となることを示した．(13.5.4) 式と比較すれば，交換子は古典力学のポアソン括弧と

$$[\hat{a}, \hat{b}] \quad \Leftrightarrow \quad i\hbar\{a, b\} \tag{13.5.6}$$

のような対応関係にあることがわかる．

交換関係 (13.5.3) 式を用いれば，座標表示での運動量演算子の行列要素 $\langle x'|\hat{p}|x''\rangle$ を 13.4 節とは異なる方法で計算できる．まず (13.5.3) 式の両辺を，座標の固有状態ベクトル $\langle x'|$ と $|x''\rangle$ でそれぞれはさむと，

$$\text{左辺} = \langle x'|[\hat{x}, \hat{p}]|x''\rangle = \langle x'|\hat{x}\hat{p}|x''\rangle - \langle x'|\hat{p}\hat{x}|x''\rangle$$
$$= x'\langle x'|\hat{p}|x''\rangle - x''\langle x'|\hat{p}|x''\rangle = (x' - x'')\langle x'|\hat{p}|x''\rangle,$$
$$\text{右辺} = i\hbar\langle x'|x''\rangle = i\hbar\delta(x' - x'') \tag{13.5.7}$$

なので，

212 | 13 量子論における物理量と演算子

$$(x' - x'') \langle x' | \hat{p} | x'' \rangle = i\hbar \delta(x' - x''). \tag{13.5.8}$$

ところで，任意の有限の値 L に対して次の関係

$$\int_{-L}^{L} x f(x) \frac{d}{dx} \delta(x) dx = x f(x) \delta(x) \Big|_{-L}^{L} - \int_{-L}^{L} [f(x) + x f'(x)] \delta(x) dx$$
$$= - \int_{-L}^{L} f(x) \delta(x) dx \tag{13.5.9}$$

が成り立つので，恒等式：

$$x \frac{d}{dx} \delta(x) = -\delta(x) \tag{13.5.10}$$

が導かれる[*15]．これを (13.5.8) 式と見比べれば

$$\langle x' | \hat{p} | x'' \rangle = -i\hbar \frac{\partial}{\partial x'} \delta(x' - x'') = i\hbar \frac{\partial}{\partial x''} \delta(x' - x'') \tag{13.5.11}$$

であることがわかる[*16]．

この結果から 13.4 節で用いた $|\varphi\rangle = \hat{p}|\psi\rangle$ に対して，

$$\langle x | \varphi \rangle = \langle x | \hat{p} | \psi \rangle = \int dx' \langle x | \hat{p} | x' \rangle \langle x' | \psi \rangle$$
$$= \int dx' \left[-i\hbar \frac{\partial}{\partial x} \delta(x - x') \right] \langle x' | \psi \rangle = -i\hbar \frac{\partial}{\partial x} \int dx' \delta(x - x') \langle x' | \psi \rangle$$
$$= -i\hbar \frac{\partial}{\partial x} \langle x | \psi \rangle. \tag{13.5.12}$$

すなわち，座標表示の波動関数に対する運動量演算子の作用が

$$\varphi(x) = \hat{p}\psi(x) = -i\hbar \frac{d}{dx} \psi(x) \tag{13.5.13}$$

と書けることが別の方法で示されたことになる．13.4 節の議論では (13.5.13) 式を既知として (13.5.11) 式を導いたのだが，ここでは交換関係の定義から (13.5.13) 式と (13.5.11) 式が自然に導かれている点に注意してほしい．

─────────────

[*15] これは両辺を超関数と見たときに成り立つ恒等式であり，

$$\frac{d}{dx} \delta(x) = -\frac{1}{x} \delta(x)$$

が成り立つことを主張しているのではない．付録 B 章を参照せよ．

[*16] この式から

$$\hat{p} | x'' \rangle = +i\hbar \frac{\partial}{\partial x''} | x'' \rangle$$

となることが予想される．13.6 節で述べるように，座標表示の波動関数に作用するときの $\hat{p}$ の表式とは符号が異なることを注意しておく．

13.6 正準交換関係と座標表示・運動量表示 | 213

　さてここまでの議論では，$\hat{x}$ と $\hat{p}$ が座標および運動量に対応するという事実はどこにも用いていない．$\hat{x}$ と $\hat{p}$ の関係を定義しているのはそれらの交換関係 (13.5.3) 式だけである．それらの違いを特徴づけるのは交換関係の符号のみなので，$i\hbar \to -i\hbar$ とするだけで再度計算することなく，運動量表示での波動関数に対する座標演算子の作用の表式：

$$\hat{x}\tilde{\psi}(p) = +i\hbar \frac{\partial}{\partial p}\tilde{\psi}(p) \tag{13.5.14}$$

が得られる．

13.6　正準交換関係と座標表示・運動量表示

ところで，なじみ深い (13.5.13) 式を用いるとついつい

$$\hat{p}|x''\rangle = \left(-i\hbar\frac{\partial}{\partial\hat{x}}\right)|x''\rangle = \left(-i\hbar\frac{\partial}{\partial x''}\right)|x''\rangle \qquad (\text{誤}) \tag{13.6.1}$$

とやってしまいそうになるが，これは間違いである．もしこれが正しいならばさらに左から $\langle x'|$ を作用させることで

$$\langle x'|\hat{p}x''\rangle = \langle x'|\left(-i\hbar\frac{\partial}{\partial x''}\right)|x''\rangle = -i\hbar\frac{\partial}{\partial x''}\langle x'|x''\rangle$$
$$= -i\hbar\frac{\partial}{\partial x''}\delta(x'-x'') \qquad (\text{誤}) \tag{13.6.2}$$

となるはずだが，(13.5.11) 式とは符号が異なっている．正しくは次のようになる．

$$\hat{p}|x''\rangle = \int dp'\ \hat{p}|p'\rangle\langle p'|x''\rangle = \int dp'\ p'|p'\rangle\langle x''|p'\rangle^*$$
$$\underset{(13.4.20)\ \text{式}}{=}\ \int dp'|p'\rangle p'\frac{e^{-ip'x''/\hbar}}{\sqrt{2\pi\hbar}}$$
$$= \int dp'\ |p'\rangle\left(+i\hbar\frac{\partial}{\partial x''}\right)\frac{e^{-ip'x''/\hbar}}{\sqrt{2\pi\hbar}} = +i\hbar\frac{\partial}{\partial x''}\int dp'\ |p'\rangle\frac{e^{-ip'x''/\hbar}}{\sqrt{2\pi\hbar}}$$

$$= +i\hbar\frac{\partial}{\partial x''}\int dp'\ |p'\rangle\langle p'|x''\rangle = +i\hbar\frac{\partial}{\partial x''}|x''\rangle. \tag{13.6.3}$$

これは，演算子が「状態ベクトルの成分」に及ぼす作用と「基底ベクトル」に及ぼす作用とは一般には異なることを示している．簡単な例として，3次元空間上で z

214 | 13 量子論における物理量と演算子

軸まわりに xy 平面（座標系，すなわち基底ベクトル）を角度 $+\theta$ だけ回転させると，その系で定義される座標の「成分」は逆に角度 $-\theta$ だけ回転することを思い出してほしい．(13.5.13) 式はあくまで，運動量演算子が波動関数＝「状態ベクトルの成分」に対して作用する際の表式なのであり，同じ演算子が「基底」に対する作用は (13.6.3) 式で表されるのだ．

これらの議論をふまえると，座標表示と運動量表示を結ぶ一般的な議論ができる．座標演算子 $\hat{q}^j$ と運動量演算子 $\hat{p}^k$ $(j, k = 1, \cdots, n)$ が，正準交換関係 (canonical commutation relation) と呼ばれる次の関係式：

$$[\hat{q}^j, \hat{p}^k] = i\hbar\delta^{jk}, \quad [\hat{q}^j, \hat{q}^k] = 0, \quad [\hat{p}^j, \hat{p}^k] = 0 \tag{13.6.4}$$

を満たしているものとする．この $\hat{q}^j$ と $\hat{p}^k$ で記述される系があったとき，その系の状態ベクトルを正規直交基底ベクトル $|q'\rangle$：

$$\hat{q}^j|q'\rangle = q'^j|q'\rangle, \quad \hat{p}^j|q'\rangle = +i\hbar\frac{\partial}{\partial q'^j}|q'\rangle,$$

$$\langle q'|q''\rangle = \delta^{(n)}(q' - q'') \tag{13.6.5}$$

を用いて記述することを座標表示（q-表示）と呼ぶ[*17]．これに対して，

$$\hat{p}^j|p'\rangle = p'^j|p'\rangle, \quad \hat{q}^j|p'\rangle = -i\hbar\frac{\partial}{\partial p'^j}|p'\rangle,$$

$$\langle p'|p''\rangle = \delta^{(n)}(p' - p'') \tag{13.6.6}$$

を満たすような正規直交基底ベクトル $|p'\rangle$ を用いて系を記述するのが運動量表示（p-表示）である．

この 2 つの表示の基底ベクトルは互いに次の関係にある．

[*17] $\delta^{(n)}$ は n 次元デルタ関数で

$$\delta^{(n)}(p' - p'') \equiv \prod_{j=1}^{n} \delta(p'^j - p''^j).$$

$$|p'\rangle = \frac{1}{(2\pi\hbar)^{n/2}} \int d^n q' \, \exp\left(\frac{i}{\hbar} \sum_{j=1}^n p'^j q'^j\right) |q'\rangle, \tag{13.6.7}$$

$$\langle p'| = \frac{1}{(2\pi\hbar)^{n/2}} \int d^n q' \, \exp\left(-\frac{i}{\hbar} \sum_{j=1}^n p'^j q'^j\right) \langle q'|, \tag{13.6.8}$$

$$|q'\rangle = \frac{1}{(2\pi\hbar)^{n/2}} \int d^n p' \, \exp\left(-\frac{i}{\hbar} \sum_{j=1}^n p'^j q'^j\right) |p'\rangle, \tag{13.6.9}$$

$$\langle q'| = \frac{1}{(2\pi\hbar)^{n/2}} \int d^n p' \, \exp\left(\frac{i}{\hbar} \sum_{j=1}^n p'^j q'^j\right) \langle p'|, \tag{13.6.10}$$

$$\langle q'|p'\rangle = \frac{1}{(2\pi\hbar)^{n/2}} \exp\left(\frac{i}{\hbar} \sum_{j=1}^n p'^j q'^j\right), \tag{13.6.11}$$

$$\langle p'|q'\rangle = \frac{1}{(2\pi\hbar)^{n/2}} \exp\left(-\frac{i}{\hbar} \sum_{j=1}^n p'^j q'^j\right). \tag{13.6.12}$$

13.7 シュレーディンガー描像とハイゼンベルク描像

時刻 t におけるある系の状態ベクトルを $|\psi(t)\rangle$ としたとき，その時間発展が「シュレーディンガー方程式」：

$$i\hbar \frac{\partial}{\partial t} |\psi(t)\rangle = \hat{H} |\psi(t)\rangle \tag{13.7.1}$$

にしたがうものとする．これは座標表示の波動関数 $\psi(x, t)$ に対するシュレーディンガー方程式（[10.2.9] 式）とまったく同じもののように見えるが，具体的な表示に依存しないという意味において，より基本的な方程式となっている．(13.7.1) 式は時刻 $t = 0$ に初期条件として状態ベクトル $|\psi(0)\rangle$ を与えたとき，その後の状態ベクトル $|\psi(t)\rangle$ を決める．その時間発展を表す演算子を $\hat{U}(t)$ とすれば，

$$|\psi(t)\rangle = \hat{U}(t)|\psi(0)\rangle, \qquad \langle\psi(t)| = \langle\psi(0)|\hat{U}^\dagger(t). \tag{13.7.2}$$

閉じた系では状態ベクトルのノルムは保存されるはずなので

$$\langle\psi(t)|\psi(t)\rangle = \langle\psi(0)|\hat{U}^\dagger(t)\hat{U}(t)|\psi(0)\rangle = \langle\psi(0)|\psi(0)\rangle$$
$$\Rightarrow \quad \hat{U}^\dagger(t)\hat{U}(t) = \hat{1}, \quad \hat{U}^\dagger(t) = \hat{U}^{-1}(t). \tag{13.7.3}$$

216 | 13 量子論における物理量と演算子

(13.7.3) 式を満たす演算子をユニタリ演算子 (unitary operator) という[18]．つまり，（閉じた）量子系の時間発展は，ユニタリ演算子で表される（ユニタリ変換で結びついているともいう）．

(13.7.2) 式を (13.7.1) 式に代入すれば，このユニタリ演算子 $\hat{U}(t)$ もまた「シュレーディンガー方程式」:

$$i\hbar\frac{d}{dt}\hat{U}(t) = \hat{H}\hat{U}(t) \tag{13.7.4}$$

を満たすことがわかる．(13.7.2) 式より，初期条件 $\hat{U}(0) = \hat{1}$ のもとでこの方程式を解けばよい．通常 $\hat{H}$ は時間に依存しないことが多い．その場合，(13.7.4) 式の解は

$$\hat{U}(t) = \exp\left(\frac{\hat{H}t}{i\hbar}\right) \Rightarrow \hat{U}^{\dagger}(t) = \exp\left(-\frac{\hat{H}t}{i\hbar}\right) = \hat{U}^{-1}(t) = \hat{U}(-t) \tag{13.7.5}$$

と具体的に求められる．ここで登場する演算子を引数とした関数は，べき級数展開で定義されるものと理解すればよい[19]．

ここまでは，演算子は時間変化せず，系の状態ベクトルが時間変化するという記述法だけを考えてきた．これに対して，系の状態ベクトルは時間変化せず，そのかわりに演算子のほうが時間変化するという見方も可能である．これは単に記述法の違いでしかなく理論的には等価であるが，このように一見まったく異なる 2 つの表現が可能であることは驚きである．前者をシュレーディンガー描像 (Schrödinger picture)，後者をハイゼンベルク描像 (Heisenberg picture) と呼ぶ[20]．

---

[18] ユニタリ (unitary) を文字通り解釈すれば「1 (=unit) の」という意味であり，ここでは 2 乗すれば 1 になる性質を指している．ユニタリ演算子を行列で表現するとユニタリ行列 ($U^{\dagger} = U^{-1}$) になる．

[19] たとえば，

$$\exp\hat{A} \equiv 1 + \hat{A} + \frac{\hat{A}^2}{2} + \frac{\hat{A}^3}{3!} + \cdots$$

のように，右辺で $\hat{A}$ を繰り返し作用させた結果の和として左辺を定義するという意味.

[20] このように英語の picture の訳として物理学では「描像」がよく用いられる．しかしこの「描像」という単語は実は国語辞典には載っていない．常日頃，コンピュータ上の日本語変換で出てこずに不愉快な思いをしていたが，数年前にそもそも物理学者の造語（？）であることを知り，とても驚いた．なかなか優れた言葉だと思うので，ぜひとも日常語として市民権を得るようにがんばってほしいものだ（第 2 版の改訂時に原稿をチェックしてくれた林利憲君から「今ではちゃんと変換される」との指摘があった．初版時のこの脚注の効果とは思い難いが，すでに市民権を得たのだとすれば喜ばしいことである）．

13.7.1 シュレーディンガー描像とシュレーディンガー方程式

シュレーディンガー描像では，たいていの場合物理量 A に対応する演算子 $\hat{A}$ は時間変化せず，状態ベクトル $|\psi(t)\rangle$ が時間変化する．演算子の平均値は (10.4.1) 式と同様に

$$\langle A \rangle \equiv \langle \psi(t)|\hat{A}|\psi(t)\rangle = \int d\boldsymbol{r}\ \psi^*(\boldsymbol{r},t)\hat{A}\psi(\boldsymbol{r},t) \tag{13.7.6}$$

を用いて計算できる．

シュレーディンガー描像において $|\psi(t)\rangle$ の時間発展を記述するのがシュレーディンガー方程式である．(13.7.1) 式の左から，座標表示の基底ベクトル $\langle x|$ を作用させれば

$$i\hbar\frac{\partial}{\partial t}\langle x|\psi(t)\rangle = \langle x|\hat{H}|\psi(t)\rangle \tag{13.7.7}$$

となる．ここで (13.5.11) 式を用いれば

$$\begin{aligned}
\langle x|\hat{p}^2|x'\rangle &= \int dx''\ \langle x|\hat{p}|x''\rangle\langle x''|\hat{p}|x\rangle \\
&= \int dx'' \left(-i\hbar\frac{\partial}{\partial x}\right)\delta(x-x'')\left(-i\hbar\frac{\partial}{\partial x''}\right)\delta(x''-x') \\
&= -i\hbar\frac{\partial}{\partial x}\int dx''\delta(x-x'')\left(-i\hbar\frac{\partial}{\partial x''}\right)\delta(x''-x') \\
&= \left(-i\hbar\frac{\partial}{\partial x}\right)^2\delta(x-x').
\end{aligned} \tag{13.7.8}$$

そこで，(13.3.37) 式と同様に波動関数を

$$\psi(x,t) \equiv \langle x|\psi(t)\rangle \tag{13.7.9}$$

と定義すれば，

$$\begin{aligned}
\langle x|\hat{p}^2|\psi\rangle &= \int dx'\langle x|\hat{p}^2|x'\rangle\langle x'|\psi\rangle = \int dx' \left[\left(-i\hbar\frac{\partial}{\partial x}\right)^2\delta(x-x')\right]\psi(x',t) \\
&= \left(-i\hbar\frac{\partial}{\partial x}\right)^2\int dx'\delta(x-x')\psi(x',t) = \left(-i\hbar\frac{\partial}{\partial x}\right)^2\psi(x,t)
\end{aligned} \tag{13.7.10}$$

となる．この導出を繰り返せば，n を自然数として

$$\langle x|\hat{p}^n|\psi\rangle = \left(-i\hbar\frac{\partial}{\partial x}\right)^n\psi(x,t) \tag{13.7.11}$$

が成り立つこともわかる．同様に

218 | 13 量子論における物理量と演算子

$$\langle x|\hat{x}^n|\psi\rangle = \int dx'\langle x|\hat{x}^n|x'\rangle\langle x'|\psi\rangle = \int dx'\langle x|x'^n|x'\rangle\langle x'|\psi\rangle$$

$$= \int dx'\,x'^n\langle x|x'\rangle\langle x'|\psi\rangle = \int dx'\,x'^n\delta(x-x')\psi(x',t)$$

$$= x^n\psi(x,t) \tag{13.7.12}$$

であるから[21]，$\hat{H}$ が $\hat{p}$ と $\hat{x}$ のべき級数で展開できる普通の関数である限り，(13.7.7) 式は波動関数 $\psi(x,t)$ に対するシュレーディンガー方程式：

$$i\hbar\frac{\partial}{\partial t}\psi(x,t) = \hat{H}\psi(x,t) \tag{13.7.13}$$

に帰着することになる．

このように，(13.7.13) 式は，量子力学をシュレーディンガー描像にしたがって記述して得られる x-表示での波動関数に対する時間発展方程式だったことが示された．むろん，(13.7.1) 式を表には出さず (13.7.13) 式を量子力学の出発点とすれば，状態ベクトルや基底ベクトルといったヒルベルト空間の概念は必要なく，後は微分方程式としてのシュレーディンガー方程式を解けばよい．この方式のほうがすっきりしていることもあるので，(13.7.1) 式を明示した教科書は少ないかもしれない[22]．実際，本書でも 12 章はその立場で書かれている．

さて (13.7.1) 式にたちかえり，今度はまず状態ベクトル $|\psi(t)\rangle$ をエネルギーの固有状態 $|n\rangle$ で展開してから代入すると

$$\hat{H}|n\rangle = E_n|n\rangle, \quad |\psi(t)\rangle = \sum_n f_n(t)|n\rangle$$

$$\Rightarrow \quad i\hbar\frac{\partial}{\partial t}|\psi(t)\rangle = i\hbar\sum_n\frac{df_n}{dt}|n\rangle = \sum_n f_n(t)\hat{H}|n\rangle = \sum_n f_n(t)E_n|n\rangle. \tag{13.7.14}$$

基底ベクトルの成分ごとに等値すれば

$$i\hbar\frac{df_n}{dt} = E_n f_n(t) \Rightarrow f_n(t) = c_n e^{-iE_n t/\hbar}$$

$$\Rightarrow |\psi(t)\rangle = \sum_n c_n e^{-iE_n t/\hbar}|n\rangle. \tag{13.7.15}$$

---

[21] $\hat{x}^n$ を右から $\langle x|$ に作用させて $\langle x|\hat{x}^n = x^n\langle x|$ とし，それと $|\psi\rangle$ の内積をとっても同じ結果が得られる．

[22] これは一般相対論でも同じで，テンソルをその成分だけで表示するのか，あるいは基底まで含めて表示するのかという問題である．拙著『一般相対論入門』（日本評論社）にしつこく説明してあるので興味があれば御覧いただきたい．

これより,

$$\psi(x,t) = \langle x|\psi(t)\rangle = \sum_n c_n e^{-iE_n t/\hbar}\langle x|n\rangle = \sum_n c_n e^{-iE_n t/\hbar} u_n(x). \quad (13.7.16)$$

ただし, $u_n(x)$ は

$$\hat{H}u_n(x) = E_n u_n(x) \quad (13.7.17)$$

を満たす. これは時間に依存しないシュレーディンガー方程式（[12.1.5] 式）に対応するが, 本来はエネルギーの固有値方程式であり, $u_n(x)$ がその固有関数であることがより明確であろう.

13.7.2 ハイゼンベルク描像とハイゼンベルクの運動方程式

シュレーディンガー描像での演算子と状態ベクトルをあらためて $\hat{A}_\mathrm{S}$, $|\psi_\mathrm{S}\rangle$ と記し, これらに対応するハイゼンベルク描像での演算子と状態ベクトルとを

$$|\psi_\mathrm{H}\rangle \equiv \hat{U}^{-1}(t)|\psi_\mathrm{S}\rangle = \hat{U}^{-1}(t)|\psi(t)\rangle = |\psi(0)\rangle, \quad (13.7.18)$$

$$\hat{A}_\mathrm{H} \equiv \hat{U}^{-1}(t)\hat{A}_\mathrm{S}\hat{U}(t) = \hat{U}^\dagger(t)\hat{A}_\mathrm{S}\hat{U}(t) \quad (13.7.19)$$

によって定義する. このとき演算子の平均値は

$$\langle\psi_\mathrm{H}|\hat{A}_\mathrm{H}|\psi_\mathrm{H}\rangle = \langle\psi(0)|\hat{U}^{-1}(t)\hat{A}_\mathrm{S}\hat{U}(t)|\psi(0)\rangle = \langle\psi_\mathrm{S}|\hat{A}_\mathrm{S}|\psi_\mathrm{S}\rangle \quad (13.7.20)$$

となり, シュレーディンガー描像の場合の結果と一致する. また, $\hat{U}^\dagger(t)\hat{U}(t) = \hat{1}$ という関係を用いれば, 演算子の積と交換子に関して

$$\hat{U}^\dagger(t)\hat{A}_\mathrm{S}\hat{B}_\mathrm{S}\hat{U}(t) = \hat{U}^\dagger(t)\hat{A}_\mathrm{S}\hat{U}(t)\ \hat{U}^\dagger(t)\hat{B}_\mathrm{S}\hat{U}(t) = \hat{A}_\mathrm{H}\hat{B}_\mathrm{H}, \quad (13.7.21)$$

$$\hat{U}^\dagger(t)[\hat{A}_\mathrm{S},\hat{B}_\mathrm{S}]\hat{U}(t) = [\hat{A}_\mathrm{H},\hat{B}_\mathrm{H}] \quad (13.7.22)$$

という関係式を導くことができる.

ハイゼンベルク描像では, 状態ベクトル $|\psi_H\rangle$ は時間に依存しないので, 系の時間変化を記述するのは演算子 $\hat{A}_\mathrm{H}$ に対する微分方程式である. 具体的には

$$\begin{aligned}
\frac{d}{dt}\hat{A}_\mathrm{H} &= \frac{d}{dt}\left[\hat{U}^\dagger(t)\hat{A}_\mathrm{S}\hat{U}(t)\right] \\
&= \frac{d\hat{U}^\dagger(t)}{dt}\hat{A}_\mathrm{S}\hat{U}(t) + \hat{U}^\dagger(t)\hat{A}_\mathrm{S}\frac{d\hat{U}(t)}{dt} \quad (13.7.23)
\end{aligned}$$

に, (13.7.4) 式とその随伴である

220 | 13 量子論における物理量と演算子

$$-i\hbar \frac{d}{dt}\hat{U}^\dagger(t) = \hat{U}^\dagger(t)\hat{H} \tag{13.7.24}$$

を代入することで

$$\begin{aligned}
\frac{d}{dt}\hat{A}_{\mathrm{H}} &= \frac{i}{\hbar}\hat{U}^\dagger(t)\hat{H}\hat{A}_{\mathrm{S}}\hat{U}(t) - \hat{U}^\dagger(t)\hat{A}_{\mathrm{S}}\frac{i}{\hbar}\hat{H}\hat{U}(t) \\
&= \frac{1}{i\hbar}\left(\hat{U}^\dagger(t)\hat{A}_{\mathrm{S}}\hat{U}(t)\,\hat{U}^\dagger(t)\hat{H}\hat{U}(t) - \hat{U}^\dagger(t)\hat{H}\hat{U}(t)\,\hat{U}^\dagger(t)\hat{A}_{\mathrm{S}}\hat{U}(t)\right) \\
&= \frac{1}{i\hbar}\left[\hat{A}_{\mathrm{H}}(t), \hat{H}_{\mathrm{H}}(t)\right]
\end{aligned} \tag{13.7.25}$$

が得られる. これをハイゼンベルクの運動方程式 (Heisenberg's equation of motion) と呼ぶ.

シュレーディンガー描像での演算子が時間に依存する場合まで考えれば,

$$\left.\frac{d\hat{A}}{dt}\right|_{\mathrm{H}} \equiv \hat{U}^\dagger(t)\frac{d\hat{A}_{\mathrm{S}}}{dt}\hat{U}(t) \tag{13.7.26}$$

を定義することで, (13.7.25) 式を

$$\frac{d}{dt}\hat{A}_{\mathrm{H}} = \frac{1}{i\hbar}\left[\hat{A}_{\mathrm{H}}(t), \hat{H}_{\mathrm{H}}(t)\right] + \left.\frac{d\hat{A}}{dt}\right|_{\mathrm{H}} \tag{13.7.27}$$

と一般化できる. このハイゼンベルクの運動方程式は, 古典力学で物理量 $f(t)$ の時間発展を表す (5.5.2) 式:

$$\frac{df}{dt} = \frac{\partial f}{\partial t} + \{f, H\} \tag{13.7.28}$$

の量子論版である. (13.7.27) 式と (13.7.28) 式の比較からもすでに (13.5.6) 式で与えた交換子とポアソン括弧との対応関係:

$$[\hat{a}, \hat{b}] \quad \Leftrightarrow \quad i\hbar\{a, b\} \tag{13.7.29}$$

が見てとれる.

(13.7.28) 式から自明なように, 古典力学では f が時間に陽に依存しない場合, ハミルトニアン H とのポアソン括弧が 0 であれば f は運動の積分（定数）であった. (13.7.22) 式より

$$\hat{U}^\dagger(t)[\hat{A}_{\mathrm{S}}, \hat{H}_{\mathrm{S}}]\hat{U}(t) = [\hat{A}_{\mathrm{H}}, \hat{H}_{\mathrm{H}}] \tag{13.7.30}$$

であるから, 同様に量子論では, 時間に陽に依存しない演算子 $\hat{A} \equiv \hat{A}_{\mathrm{S}}$ が $\hat{H} \equiv \hat{H}_{\mathrm{S}}$ と交換する場合, $\hat{A}_{\mathrm{H}}$ は時間変化せず, したがってそれに対応する物理量の値は保存される. もちろん, $\hat{H}$ は自分自身と交換するから, $\hat{H}$ が時間に陽に依存

しない場合にエネルギーが保存することは量子論でも同じである.

$\hat{H}$ が時間に依存しない場合, $\hat{U}(t)$ は (13.7.5) 式のように $\hat{H}$ だけで書けるから,

$$[\hat{H}, \hat{U}(t)] = [\hat{H}, \hat{U}^{\dagger}(t)] = 0. \tag{13.7.31}$$

したがってこの場合には

$$\hat{H}_{\mathrm{H}} \equiv \hat{U}^{\dagger}(t)\hat{H}\hat{U}(t) = \hat{U}^{\dagger}(t)\hat{U}(t)\hat{H} = \hat{H} \tag{13.7.32}$$

となるので, (13.7.25) 式をさらに

$$\frac{d}{dt}\hat{A}_{\mathrm{H}} = \frac{1}{i\hbar}\left[\hat{A}_{\mathrm{H}}(t), \hat{H}\right] \tag{13.7.33}$$

と書くこともできる.

13.8 小澤の不等式

10.6 節では, ハイゼンベルクの思考実験に基づいて不確定性関係を導いたが, その不等式自体には異なる解釈がある. その本質は, 本書（に限らずおそらくほとんどの量子論の入門的教科書）で曖昧に Δx, Δp と呼んできた量の正確な定義は何なのか, という問題である. それらを少し紹介しておこう.

まず, ロバートソンの不等式 (Robertson's inequality)：

$$\sigma(A)\sigma(B) \geq \frac{1}{2}|\langle [A, B]\rangle| \tag{13.8.1}$$

の証明[*23]から始めよう. ここで, $\sigma^2(X)$ はエルミート演算子 X の分散である. すなわち, 規格化された状態ベクトル $|\psi\rangle$ に対して

$$\sigma^2(X) = \langle\psi|X^2|\psi\rangle - \langle\psi|X|\psi\rangle^2 \equiv \langle X^2\rangle - \langle X\rangle^2 \tag{13.8.2}$$

と定義する（ただし, $\langle\psi|\psi\rangle = 1$）.

天下り的ではあるが, (13.8.1) 式は (10.6.3) 式以降と同様の方法で証明できる. まず, エルミート演算子 A と B に対して $\tilde{A} \equiv A - \langle A\rangle$, $\tilde{B} \equiv B - \langle B\rangle$ を定義する. このとき, 任意の実数 α に対して明らかに次式が成り立つ.

[*23] H. P. Robertson, *Phys.Rev.* **34** (1929) 163. ちなみにこのロバートソンは, 一般相対論の一様等方宇宙を記述するロバートソン-ウォーカー時空を導いたロバートソンと同一人物である.

222 | 13 量子論における物理量と演算子

$$\langle |\tilde{A} - i\alpha\tilde{B}|^2 \rangle \geq 0. \tag{13.8.3}$$

(13.8.3) 式の左辺を展開すると

$$\begin{aligned}
\langle (\tilde{A}^\dagger + i\alpha\tilde{B}^\dagger)(\tilde{A} - i\alpha\tilde{B}) \rangle &= \langle (\tilde{A} + i\alpha\tilde{B})(\tilde{A} - i\alpha\tilde{B}) \rangle \\
&= \langle \tilde{B}^2 \rangle \alpha^2 - i\alpha\langle \tilde{A}\tilde{B} - \tilde{B}\tilde{A} \rangle + \langle \tilde{A}^2 \rangle \\
&= \sigma^2(B)\alpha^2 - i\alpha\langle [A, B] \rangle + \sigma^2(A) \geq 0. \tag{13.8.4}
\end{aligned}$$

ところで，A と B はエルミート演算子なので

$$(i[A, B])^\dagger = -i[B^\dagger, A^\dagger] = i[A, B]. \tag{13.8.5}$$

つまり $i[A, B]$ もエルミート演算子なので $i\langle [A, B] \rangle$ は実数となる．したがって，(13.8.4) 式を α に対する条件とみなせば

$$|\langle [A, B] \rangle|^2 \leq 4\sigma^2(A)\sigma^2(B), \tag{13.8.6}$$

すなわち (13.8.1) 式が示された．

特に (13.8.1) 式において，A を座標 Q, B を運動量 P とすれば

$$\sigma(Q)\sigma(P) \geq \frac{1}{2}|\langle [Q, P] \rangle| = \frac{\hbar}{2} \tag{13.8.7}$$

となる．これはケナールの不等式 (Kennard's inequality) と呼ばれている．この式において，$\sigma(Q)$ を Δx, $\sigma(P)$ を Δp と同一視すれば，基本的にはハイゼンベルクの不確定性関係を得る．

しかし，これらは本当に同じものなのであろうか？ よく考えれば当然のこの疑問が，実は長い間ほとんど真剣に検討されることのないまま放置されていた．それを定式化し直したのが小澤正直である．その証明と実験的検証は原論文に譲ることにして[*24]，以下ではその結果だけをまとめておく．

座標 Q の不確定性を $\varepsilon(Q)$, 観測を通じて受ける運動量 P の擾乱を $\eta(P)$ とすると，ハイゼンベルクの不確定性関係は

$$\varepsilon(Q)\eta(P) \geq \frac{\hbar}{2}. \tag{13.8.8}$$

また，Q と P の分散はケナールの不等式：

---

*24 M. Ozawa, *Phys.Lett.A* **318** (2003) 21, *Phys.Rev.A* **67** (2003) 042105, *J.Opt.B* **7** (2005) S672. J. Erhart *et al.*, *Nature Physics* **8** (2012) 185.

$$\sigma(Q)\sigma(P) \geq \frac{\hbar}{2} \tag{13.8.9}$$

を満たす．ハイゼンベルクの不確定性関係は，より正確には

$$\varepsilon(Q)\eta(P) + \varepsilon(Q)\sigma(P) + \sigma(Q)\eta(P) \geq \frac{\hbar}{2} \tag{13.8.10}$$

に一般化される．これが小澤の不等式 (Ozawa's inequality) あるいは小澤の不確定性関係 (Ozawa's uncertainty relation) である．ただし，(13.8.9) 式は修正することなく成立する．重要なのは，ハイゼンベルクの不確定性関係に登場する位置や運動量の不確定性はそれらの分散と区別されるべき量であるという点である．

第14章

物理学的世界観

14.1　古典力学と量子論：物理学の階層

　本書では，ニュートンの法則を出発点として古典力学を最小作用の原理によって定式化した．その後，いわば「試行錯誤的に」シュレーディンガー方程式を導いた．この順序は歴史的な流れにも則しているし，経験事実の蓄積に基づいてその奥に潜む自然の原理を探るという意味においてもわかりやすい．すなわち，古典力学から量子論へ，という立場である．

　一方，可能な経路をすべて足し合わせるという経路積分の考え方にしたがえば，古典力学の最小作用の原理と量子力学のシュレーディンガー方程式を統一的に理解できる．さらにこの立場を先鋭化すれば，本書の章立てをまったく逆にして，まず，量子力学的状態をヒルベルト空間内のベクトルとして定義し，経路積分を用いてシュレーディンガー方程式を導く．そこから同時に最小作用の原理を導く，あるいは，エーレンフェストの定理を用いて，量子力学的な確率波の平均値は古典力学にしたがうことを示す，という順序で力学を定式化することも可能であろう．いわば，量子論から古典力学へ，である[*1]．

　しかしこのような定式化の違いや物理学の歴史とは関係なく，量子力学が自然界の基本原理であることは間違いない．図 14.1 は，自然界において物理学そのものがある意味では階層的な構造をもつことを示している．まず我々が日常的にふれる

[*1]　仮に人間のサイズが原子スケールであったならば，日常的な経験から量子論が定式化された後，巨視的な極限としての古典力学が導かれる，という歴史をたどったはずだ．もちろん，原子スケールの存在に知性が誕生し得るかなどという問題は無視して，の話であるが．

諸現象はほとんどがニュートン力学*2によって説明できる．しかしながら物体の速度が光速度に近い場合および電磁気学は，特殊相対論的拡張が必須である．さらに古典的な意味での一般相対論までとりこんだものをここでは古典力学*3と呼ぶことにしよう．

量子力学はこれらすべてを包含した論理体系である*4．既知の物理学はこの量子力学を基本原理として構築されている．もちろん，既知の物理学が我々の自然界をすべて記述しているわけではなく，その境界を拡大する営みをさして物理学研究と呼ぶことができる．

図 14.1　自然界と物理学の階層構造．

14.2　自然界の論理階層

物理学とは物の理を窮める営みをさし，かつては窮理学とも呼ばれていた．我々の自然界（の一部）を可能な限り簡潔にかつ正確に記述できるような秩序（自然法則）を探す試みと言い換えてもよい．物理学で用いられる普遍言語は数学であるが，これが現実の自然界を完全に記述できる保証はない．したがって，物理学によって構築される世界は，現実の自然界の一部を我々が頭のなかで理解できる形にマッピングしたものにすぎず，両者の関係はあくまでも近似的なものであろう．と

---

*2　ここではあくまで狭義のニュートン力学の意味であり，ニュートンの3法則で記述される非相対論的古典力学が適用できる場合をさす．

*3　古典という単語は，音楽，絵画，文学などにおいては賞賛の意味をこめて使われている一方で，物理学では量子論を考慮していない「古い」分野というニュアンスで用いられることがあるように思う．しかしあえていうまでもないが，古典物理学の世界はそれ自身十分広くて深い．

*4　ただし現時点では一般相対論は量子論と整合的に定式化されているわけではない．それらを統一する試みは量子重力と呼ばれる分野をなし，自然界の4つの相互作用を統一する上での最大の難関である．

すれば，物理学とはつねにその時点で知られている自然界に対する最良の近似にすぎない．これは物理学の限界であるかもしれないが，同時に強みでもある．たとえば，量子力学の波束の収縮を厳密に記述する理論を知らずとも，量子力学が本質的となる現象を利用したデバイスを次から次へと開発することに成功しているし，4つの相互作用を統一する究極理論など知らずとも，古典レベルでの一般相対論を精密に検証することができる．これこそ，物理学（より広く自然科学）がつねに自ら誤りを修正しながら進歩を続けている理由である．

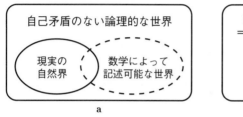 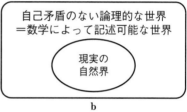

図 14.2　自然界と数学の関係．

　既知の物理学を超えた領域に新しい物理学が存在していることを疑う余地はほとんどない．むしろ，理論家はすでにその候補をもっている．超対称性理論，超ひも理論に代表される最先端のモデルは，その理論的検討のみならず実験的な検証の段階を迎えつつある．これらはやがて我々の自然界を完全に記述することになるのだろうか？

　自然が厳密な意味で数学（微分方程式）にしたがって動いているとは信じがたい．にもかかわらず，数学を用いてここまでうまく自然を記述できるのはなぜであろうか．あるいは，我々はたまたま数学によって記述できる領域のみに注目してそれを物理学と呼んでいるにすぎず，自然現象の大半は数学で記述できないのかもしれない．実際，生物現象・脳・意識といった分野に関しては，その数学的モデリングはまだまだ原始的なレベルに留まっている．これは単に時間の問題にすぎないのか，あるいは本質的に数学的記述になじまない分野であるのかは不明である．

　このように考えてくると数学と自然界との包含関係はわからなくなる．図 14.2a は一般的な関係を示している．我々の自然界はその一部が数学で記述できるにすぎない．さらに数学で記述することはできないにもかかわらず，我々の自然界が採用しているような「法則」が存在しているかもしれない．一方で数学的には正しくとも現実の自然界が採用していない論理体系があるかもしれない．

　これとは逆に，数学は「たまたま自然のモデル化に便利な記述法」どころではな

い深遠な意味をもっているのかもしれない．図 14.2b が示すように，数学とは無
矛盾な論理体系をもつ世界を完全に記述できる普遍的な言語なのかもしれない．し
たがって我々の自然界が数学で記述されつくされるのは当然である．さらに極端
にいえば，数学的に無矛盾な体系をもつ法則は必ず何らかの形で（どこかの宇宙
で？）具現している可能性すら考えられる．

　仮にこれを認めるならば，単に自然現象の観測・実験結果を金科玉条とするだけ
でなく，なぜ自然は別の論理体系を選ばなかったのか，といった疑問も浮かび上が
る．たとえば，ボーア半径が 0.5 Å であって 1 メートルでないのは単に偶然なの
かという問いである．これは物理学の基本定数 $\hbar, G, c$ の値がなぜ我々の自然界に
おける値に決まらなければならなかったのか，と言い換えることもできる．それ以
外の値ではどこかで論理矛盾をきたしてしまう可能性などありそうにないから，単
なる偶然として片づけようとするならば[*5]「では我々の自然界とは異なる基本定
数をもつ世界が存在してもいいはずだ」という結論に至ってしまう．このような議
論はすでにかなり「危ない」ように思われるかもしれないが，宇宙論では宇宙の多
重発生・並行宇宙の可能性として論じられており（もちろん正しいとか証明できる
とかいうレベルではないが），量子力学の多世界解釈，宇宙論の人間原理的解釈な
ど非常に興味深い話題と密接に関連している[*6]．

　このような世界観に関連して，不思議なことをあと 2 点ほどあげておこう．

(A) 自然法則および**物質世界はなぜ階層的構造をしているのか**　　幸いなことに
　　　我々の自然界では，ミクロな世界を完全に理解せずともある程度マクロな
　　　世界を近似的に理解できるようになっている．物質の基本要素が原子であろ
　　　うと，クォークであろうと，はたまた「ひも」であろうと，日常的な現象に
　　　はまったく影響がない．これを「自然法則の階層性」と呼ぶことにする．具
　　　体例として重力を考えると，$1/r^2$ だからこそ，球対称な物体の内部の密度

[*5]　大学に入った頃に，「数学は自然科学ではない．数学では論理的に正しければそれは真である
　　と結論してよいが，物理学（自然科学）ではいくら論理的に正しくとも現実の世界（実験，観測
　　事実）がそうなっていなければ，それは真ではない」といったことを教養の講義で聞かされて，
　　思わず感動してしまった人も多いことであろう．恥ずかしながら私もその 1 人であった．しかし
　　ながら，さらにもう一歩踏み込んで，「では論理的に正しいのにもかかわらず，我々の世界で拒絶
　　されている理由は何か」，「その体系は自然界においてどのような位置を占めているのか」といっ
　　た質問に答えることは困難である．理学部の先生にそのような質問をしつこくしていると嫌われ
　　るのみならず，ブラックリストにのることは確実である．より適切な指導教官がいると思われる
　　他学部・他学科へ転部・転科することを強くお勧めしたい．
[*6]　これ以上は論じないが，興味があれば拙著『ものの大きさ——自然の階層・宇宙の階層』（東
　　京大学出版会）を参照していただきたい．

分布を知ることなくその運動が質点として精度よく記述できる．もしも重力が逆2乗則からかけ離れたものであれば，太陽や惑星の内部の密度分布を正確に知らずして，そのまわりの天体の運動を理解することはできなかったはずだ．もしもこのような「自然法則の階層性」がなければ，たとえば何もわからない時代を長く経た後，突如として量子力学と古典力学が誕生して一気にものごとがわかる，といった歴史をたどった可能性すらある．物質世界が階層構造をなすことはよく知られているが，自然法則自身が階層的であることはそれ以上に不思議である．

(B) 自然法則は本当に決定論的か　　同じ条件下では必ず同じ結果になることが，予言可能性と検証可能性を保証する自然法則であるとされているが，本当にそうなのだろうか？　そうでないことはあり得ないのだろうか？　量子論は本質的に確率的なものを含んでいる．さらに，論理的な矛盾を含んだ体系は現実世界としては実現し得ないのだろうか？ *7

　「ほとんどの科学者は『科学哲学の意義は，鳥類学研究が実際の鳥に感謝されているレベルと同程度である』という先入観に共感をもつ」*8．これは「完全に正しい」現状認識であるが，それはそれとして，物理学が自然界のなかでどのような位置にあり，何を目指しているのかを考えておくことは（正解は存在しないにしても）やはり重要であろう．本書は解析力学と量子論の入門的教科書であるにもかかわらず，私の物理学的世界観がちりばめられている．個人的な価値観を教科書のような場で展開するスタイルには賛否両論があり得よう．しかし，けっしてそれらを押しつけようという意図はない．本格的に物理学を学ぶ入り口に立っていると思われる読者の方々だからこそ，物理学とは何か，科学とは何か，この自然界はなぜこのような法則にしたがっているのか，自分なりの物理学的世界観や価値観を構築してほしいのだ．あくまでそのための叩き台を提供したにすぎない．読者の方々が「この考えはおかしい」あるいは「著者はまだまだ考察が浅い」という結論に達してくれたならば，本書の意図は十分成功したといえよう．

---

*7　誰でも理解できるように，人間はそもそもまったく論理的でなく自己矛盾に満ちている．さらに，自分の一瞬先の行動すら予言は不可能である……（あんまり関係ないか？）．

*8　J. D. Barrow, *The Universe that Discovered itself* (Oxford Univ. Press, 2000), p.11, 原文は "most scientists being sympathetic to the prejudice that the philosophy of science is about as useful as ornithology is to birds". もともとはリチャード・ファインマンの言葉であるらしい．

付録A

電磁場の古典論

A.1　マクスウェル方程式と電磁ポテンシャル

本章では電磁気学をラグランジュ形式で記述し，電磁場を無限自由度の調和振動子の集まりとして解釈できることを示す．

電場を $\boldsymbol{E}$，磁場を $\boldsymbol{B}$，電荷密度を ρ，電流密度を $\boldsymbol{j}$，光速を c としたとき，マクスウェル方程式は[*1]

$$\operatorname{div} \boldsymbol{E} = 4\pi\rho, \tag{A.1.1}$$

$$\operatorname{div} \boldsymbol{B} = 0, \tag{A.1.2}$$

$$\operatorname{rot} \boldsymbol{E} + \frac{1}{c}\frac{\partial \boldsymbol{B}}{\partial t} = 0, \tag{A.1.3}$$

$$\operatorname{rot} \boldsymbol{B} - \frac{1}{c}\frac{\partial \boldsymbol{E}}{\partial t} = \frac{4\pi}{c}\boldsymbol{j} \tag{A.1.4}$$

である．ベクトルポテンシャル (vector potential) $\boldsymbol{A}$ を

$$\boldsymbol{B} = \operatorname{rot} \boldsymbol{A} \tag{A.1.5}$$

で定義すれば $\operatorname{div} \boldsymbol{B} = \operatorname{div}(\operatorname{rot} \boldsymbol{A}) = 0$ となるので，(A.1.2) 式は自動的に満たされる．また (A.1.5) 式を (A.1.3) 式に代入すると

$$\operatorname{rot} \boldsymbol{E} + \frac{1}{c}\frac{\partial \boldsymbol{B}}{\partial t} = \operatorname{rot}\left(\boldsymbol{E} + \frac{1}{c}\frac{\partial \boldsymbol{A}}{\partial t}\right) = 0 \tag{A.1.6}$$

となるから，恒等式 $\operatorname{rot}(\operatorname{grad}\phi) = 0$ を用いて

$$\boldsymbol{E} = -\operatorname{grad}\phi - \frac{1}{c}\frac{\partial \boldsymbol{A}}{\partial t} \tag{A.1.7}$$

のように，スカラーポテンシャル (scalar potential) ϕ を定義する．

ここで再度 (A.1.5) 式を眺めると，ベクトルポテンシャル $\boldsymbol{A}$ には rot をとって 0 となるような関数 $\varPsi = \operatorname{grad}\chi(\boldsymbol{r}, t)$ を付け加える自由度：

[*1]　電磁気学の単位系の選択は悩ましい．学部レベルの講義や教科書では SI 単位系が標準となっているかもしれない．しかし，素粒子・宇宙物理分野（特に理論）では今でも依然として cgs ガウス単位系が広く普及しているため，本章でもそれにしたがう．

230 | 付録 A 電磁場の古典論

$$A \to A' = A + \operatorname{grad} \chi \tag{A.1.8}$$

が残っていることがわかる. (A.1.8) 式を再び (A.1.5) 式に代入すると B は不変であ
ることがわかる. 一方, (A.1.7) 式の E もまた不変であるためには,

$$-\operatorname{grad} \phi' - \frac{1}{c}\frac{\partial A'}{\partial t} = -\operatorname{grad}\left(\phi' + \frac{1}{c}\frac{\partial \chi}{\partial t}\right) - \frac{1}{c}\frac{\partial A}{\partial t}$$

$$= -\operatorname{grad} \phi - \frac{1}{c}\frac{\partial A}{\partial t} \tag{A.1.9}$$

が必要である. つまり, $A \to A'$ に対応してスカラーポテンシャル ϕ を

$$\phi' = \phi - \frac{1}{c}\frac{\partial \chi}{\partial t} \tag{A.1.10}$$

のように変化させる必要がある. (A.1.8) 式と (A.1.10) 式をまとめてゲージ変換
(gauge transformation) と呼ぶ. ゲージ変換のもとでは B と E は不変なので, マク
スウェル方程式もまた不変となる.

A.2 電磁場内の荷電粒子の相互作用

電荷 q をもつ粒子はローレンツ力 (Lorentz force):

$$F = q\left(E + \frac{1}{c}v \times B\right) = q\left[-\operatorname{grad} \phi - \frac{1}{c}\frac{\partial A}{\partial t} + \frac{1}{c}(v \times \operatorname{rot} A)\right] \tag{A.2.1}$$

をうける. この力は $\operatorname{rot} F \neq 0$ であるから, あるポテンシャルの grad で表すことはで
きない, つまり保存力ではない. のみならず力が速度に依存しているため, ラグランジ
ュ形式にとりこむには

$$F = -\frac{\partial U}{\partial r} + \frac{d}{dt}\left(\frac{\partial U}{\partial v}\right) \tag{A.2.2}$$

と書けるような一般化されたポテンシャル $U = U(r, v)$ をさがす必要がある.

そこで天下り的ではあるが,

$$U = q\,\phi(r) - \frac{q}{c}v \cdot A(r) \tag{A.2.3}$$

が (A.2.1) 式を与えることを確認してみよう. ベクトル解析の公式:

$$\operatorname{grad}(a \cdot b) = (a \cdot \operatorname{grad})b + (b \cdot \operatorname{grad})a + a \times \operatorname{rot} b + b \times \operatorname{rot} a \tag{A.2.4}$$

を用いると[*2],

$$\operatorname{grad}(A \cdot v) = (v \cdot \operatorname{grad})A + v \times \operatorname{rot} A = (v \cdot \operatorname{grad})A + v \times B. \tag{A.2.5}$$

同様に, この公式を v に関する微分についても応用すれば

[*2] ラグランジュ形式では r と v は互いに独立な変数とみなしているので, v の r に関する偏微
分は 0 であることに注意.

$$\frac{\partial (\boldsymbol{A} \cdot \boldsymbol{v})}{\partial \boldsymbol{v}} = \left(\boldsymbol{A} \cdot \frac{\partial}{\partial \boldsymbol{v}} \right) \boldsymbol{v} + \boldsymbol{A} \times \underbrace{\left(\frac{\partial}{\partial \boldsymbol{v}} \times \boldsymbol{v} \right)}_{=0} = \boldsymbol{A}. \tag{A.2.6}$$

これらをまとめると確かに

$$\boldsymbol{F} = -\frac{\partial U}{\partial \boldsymbol{r}} + \frac{d}{dt} \left(\frac{\partial U}{\partial \boldsymbol{v}} \right)$$

$$= -q \operatorname{grad} \phi + \frac{q}{c} \boldsymbol{v} \times \boldsymbol{B} - \frac{q}{c} \underbrace{\left(\frac{d\boldsymbol{A}}{dt} - (\boldsymbol{v} \cdot \operatorname{grad}) \boldsymbol{A} \right)}_{=\partial \boldsymbol{A}/\partial t}$$

$$= -q \operatorname{grad} \phi + \frac{q}{c} \boldsymbol{v} \times \boldsymbol{B} - \frac{q}{c} \frac{\partial \boldsymbol{A}}{\partial t} = q \left(\boldsymbol{E} + \frac{1}{c} \boldsymbol{v} \times \boldsymbol{B} \right) \tag{A.2.7}$$

となる．このように電磁場内にある荷電粒子のラグランジアンは

$$L = T - U = \frac{1}{2} m |\boldsymbol{v}|^2 - q \phi(\boldsymbol{r}) + \frac{q}{c} \boldsymbol{v} \cdot \boldsymbol{A}(\boldsymbol{r}) \tag{A.2.8}$$

で与えられる．(A.1.8) 式と (A.1.10) 式で表されるゲージ変換：

$$\phi' = \phi - \frac{1}{c} \frac{\partial \chi}{\partial t}, \quad \boldsymbol{A}' = \boldsymbol{A} + \operatorname{grad} \chi \tag{A.2.9}$$

のもとで (A.2.8) 式は

$$L' = \frac{1}{2} m |\boldsymbol{v}|^2 - q \phi' + \frac{q}{c} \boldsymbol{v} \cdot \boldsymbol{A}' = L + \frac{q}{c} \frac{\partial \chi}{\partial t} + \frac{q}{c} \boldsymbol{v} \cdot \operatorname{grad} \chi$$

$$= L + \frac{q}{c} \frac{\partial \chi}{\partial t} + \frac{q}{c} \frac{d\boldsymbol{r}}{dt} \cdot \frac{\partial \chi}{\partial \boldsymbol{r}} = L + \frac{q}{c} \frac{d\chi}{dt} \tag{A.2.10}$$

と変換されるが，もとのラグランジアンとの差は時間の全微分であるから，ゲージ変換のもとでのラグランジュ方程式の不変性が確認できた．

　最後に，対応するハミルトニアンを求めておこう．まず，$\boldsymbol{r}$ に対する共役運動量は

$$\boldsymbol{p} = \frac{\partial L}{\partial \boldsymbol{v}} = m \boldsymbol{v} + \frac{q}{c} \boldsymbol{A} \qquad (\neq m \boldsymbol{v}) \tag{A.2.11}$$

であり，粒子に対する通常の運動量 $(m \boldsymbol{v})$ のみならず電磁場に起因する項が付け加わる．このことに注意してルジャンドル変換を行えば，

$$H = \boldsymbol{p} \cdot \boldsymbol{v} - L = \frac{1}{2} m |\boldsymbol{v}|^2 + q \phi = \frac{1}{2m} \left(\boldsymbol{p} - \frac{q}{c} \boldsymbol{A} \right)^2 + q \phi \tag{A.2.12}$$

となる．結果としては，静電場の場合の全エネルギーの表式において，

$$\boldsymbol{p} \to \boldsymbol{p} - \frac{q}{c} \boldsymbol{A} \tag{A.2.13}$$

と置き換えれば正しいハミルトニアンが得られる[*3]．

[*3] ディラックの置き換えと呼ばれることがある．

232 | 付録 A 電磁場の古典論

A.3 電磁場の 4 元形式

ここまでは電磁場内の粒子のラグランジアンを考えてきたが，その扱いがややまどろっこしいような印象をもたなかっただろうか．そもそもマクスウェル方程式自体，少し複雑でなかなか覚えにくい．その理由は単純で，電磁気学は特殊相対論的なローレンツ不変性をもっており，本来は 4 元形式で記述すべきものだからである．そのためむりやり 3 次元形式に書き下すとその美しさが失われてしまうのだ．そこで，まず電磁場を 4 元形式で表すことから始めよう．

A.3.1　ミンコフスキー時空

4 元形式を記述する出発点はミンコフスキー時空 (Minkowski space-time)：

$$ds^2 = \eta_{\mu\nu} dx^\mu dx^\nu = -c^2 dt^2 + dx^2 + dy^2 + dz^2 = -c^2 d\tau^2 \qquad (A.3.1)$$

である[*4]．

たとえば，x 系に対して x^1 方向に速度 V で動く x' 系を考える．$t = t' = 0$ においてお互いの座標系の原点が一致しているならば，それらの座標の成分は

$$\begin{pmatrix} x'^0 \\ x'^1 \\ x'^2 \\ x'^3 \end{pmatrix} = \begin{pmatrix} \gamma & -\beta\gamma & 0 & 0 \\ -\beta\gamma & \gamma & 0 & 0 \\ 0 & 0 & 1 & 0 \\ 0 & 0 & 0 & 1 \end{pmatrix} \begin{pmatrix} x^0 \\ x^1 \\ x^2 \\ x^3 \end{pmatrix}, \qquad (A.3.2)$$

$$\beta \equiv \frac{V}{c}, \qquad \gamma \equiv \frac{1}{\sqrt{1 - V^2/c^2}} \qquad (A.3.3)$$

という関係にある．これを（x 軸方向への）ローレンツ変換 (Lorentz transformation) と呼ぶ．

ミンコフスキー時空上で定義される物理量は，ローレンツ変換のもとでの変換性に応じてスカラー (scalar)，ベクトル (vector) あるいはテンソル (tensor) と呼ばれる量で表現される．ミンコフスキー計量テンソル (Minkowski metric tensor)$\eta_{\mu\nu}$ は（2 階）テンソルの例である．この節では以降，簡単化のために光速 c を 1 とする単位系を用いる．

A.3.2　4 元ベクトルの例

3 次元ベクトルを 4 次元化する場合は，第 0 成分を追加するとともに，時間座標 t に関する微分を固有時間 τ に関する微分に置き換えるだけでよい場合が多い．たとえば，

[*4]　ギリシャ文字の添字は 0 から 3 を走り，0 が時間座標 ($x^0 \equiv ct$), 1, 2, 3 は空間座標 ($x^1 \equiv x, \ x^2 \equiv y, \ x^3 \equiv z$) を意味する．同じ添字が上下に繰り返す場合は，アインシュタインの規則にしたがって 0 から 3 までの和をとる．これに対してラテン文字の添字は空間座標を意味し，1 から 3 を走るものとする．

$$\boldsymbol{r} \to x^\mu = (t, \boldsymbol{r}) \qquad\qquad \text{4 元座標,} \qquad (\text{A.3.4})$$

$$\boldsymbol{v} = \frac{d\boldsymbol{r}}{dt} \to u^\mu = \frac{dx^\mu}{d\tau} \qquad\qquad \text{4 元速度,} \qquad (\text{A.3.5})$$

$$\boldsymbol{a} = \frac{d^2\boldsymbol{r}}{dt^2} \to a^\mu = \frac{d^2 x^\mu}{d\tau^2} \qquad\qquad \text{4 元加速度,} \qquad (\text{A.3.6})$$

$$\phi \text{ と } \boldsymbol{A} \to A^\mu = (\phi, \boldsymbol{A}) \qquad \text{4 元ポテンシャル,} \qquad (\text{A.3.7})$$

$$\rho \text{ と } \boldsymbol{j} = \rho\boldsymbol{v} \to J^\mu = (\rho, \boldsymbol{j}) \qquad \text{4 元電流密度} \qquad (\text{A.3.8})$$

である[*5].

ベクトル（一般にはテンソル）の上添字と下添字は区別しなくてはならない. ミンコフスキー計量テンソル $\eta_{\mu\nu}$ と $\eta^{\mu\nu}$ は行列表示した場合,

$$\eta_{\mu\nu} = \eta^{\mu\nu} = \begin{pmatrix} -1 & 0 & 0 & 0 \\ 0 & 1 & 0 & 0 \\ 0 & 0 & 1 & 0 \\ 0 & 0 & 0 & 1 \end{pmatrix} \qquad (\text{A.3.9})$$

のように成分の値が同じとなるが, これはあくまで例外である. 一般には, 上下の位置が異なる添字をもつテンソルは, その成分の値も異なる. 添字の上げ下げは $\eta_{\mu\nu}$ と $\eta^{\mu\nu}$ を用いて行う. たとえば,

$$x^\mu = (t, x, y, z), \qquad (\text{A.3.10})$$

$$x_\mu = \eta_{\mu\nu} x^\nu = (-t, x, y, z), \qquad (\text{A.3.11})$$

$$u^\mu = \frac{dx^\mu}{d\tau} = \left(\frac{dt}{d\tau}, \frac{dx}{d\tau}, \frac{dy}{d\tau}, \frac{dz}{d\tau} \right), \qquad (\text{A.3.12})$$

$$u_\mu = \eta_{\mu\nu} u^\nu = \frac{dx_\mu}{d\tau} = \left(-\frac{dt}{d\tau}, \frac{dx}{d\tau}, \frac{dy}{d\tau}, \frac{dz}{d\tau} \right), \qquad (\text{A.3.13})$$

$$A_\mu = \eta_{\mu\nu} A^\nu = (-\phi, \boldsymbol{A}). \qquad (\text{A.3.14})$$

この添字の位置を区別するために, u^μ を反変速度ベクトル, u_μ を共変速度ベクトル, また上添字を反変成分の足, 下添字を共変成分の足, と呼ぶことがある[*6].

A.3.3 電磁場テンソル

(A.3.4)-(A.3.8) 式の場合と同様に, 電場 $\boldsymbol{E}$ と磁場 $\boldsymbol{B}$ もそれぞれ独立な 4 元ベクトルへ一般化できるように思うが, 実はそうではない. 電磁気学で, 静止系と運動する系の間では互いの電場と磁場の成分がまじりあうことを学んだことと思う. 電場と磁場がそれぞれ独立な 4 元ベクトルであるならばこのようなことは起こり得ない. 実際, 電場と磁場はまとめて

[*5] 4 元電流密度 J^μ は $\rho dx^\mu/d\tau$ ではなく, $\rho dx^\mu/dt$ であることに注意. これは ρ がスカラー量ではないためである. その結果, $\rho dx^\mu/dt$ の組み合わせで初めてベクトルとなる.

[*6] 反変, 共変成分という奇妙な名前の由来を知りたい人は拙著『一般相対論入門』（日本評論社）を参照いただきたい.

234 | 付録 A 電磁場の古典論

$$F_{\alpha\beta} \equiv \begin{pmatrix} 0 & -E_x & -E_y & -E_z \\ E_x & 0 & B_z & -B_y \\ E_y & -B_z & 0 & B_x \\ E_z & B_y & -B_x & 0 \end{pmatrix} \tag{A.3.15}$$

で定義される電磁場テンソルをつくる．$F_{\mu\nu}$ は下添字が2つあるので2階の共変テンソルと呼ばれる[*7]．これに対して電磁場テンソルを2つの上添字をもつ反変テンソルで表現するには，$\eta^{\mu\nu}$ を用いて添字を上げればよい．具体的には，

$$F^{\alpha\beta} \equiv \eta^{\alpha\mu}\eta^{\beta\nu}F_{\mu\nu} = \begin{pmatrix} 0 & E_x & E_y & E_z \\ -E_x & 0 & B_z & -B_y \\ -E_y & -B_z & 0 & B_x \\ -E_z & B_y & -B_x & 0 \end{pmatrix} \tag{A.3.16}$$

となる．実は4元ポテンシャル A^{α} を用いると

$$F^{\alpha\beta} = \eta^{\alpha\mu}\frac{\partial A^{\beta}}{\partial x^{\mu}} - \eta^{\beta\mu}\frac{\partial A^{\alpha}}{\partial x^{\mu}} \equiv A^{\beta,\alpha} - A^{\alpha,\beta} \tag{A.3.17}$$

と書き直すことができる[*8]．これは α と β の添字に対して反対称（交換すると符号が変わる）である．またその成分は

$$F^{0i} = A^{i,0} - A^{0,i} = -A^i_{,0} - A^0_{,i} = -\frac{\partial A^i}{\partial t} - \frac{\partial \phi}{\partial x^i} = E_i, \tag{A.3.18}$$

$$F^{12} = A^{2,1} - A^{1,2} = A^y_{,x} - A^x_{,y} = (\mathrm{rot}\,\boldsymbol{A})_z = B_z \tag{A.3.19}$$

のように容易に計算できる．

A.3.4 マクスウェル方程式

電磁場テンソルを用いればマクスウェル方程式は

$$F^{\alpha\beta}_{,\beta} = 4\pi J^{\alpha}, \tag{A.3.20}$$

$$F_{\alpha\beta,\gamma} + F_{\beta\gamma,\alpha} + F_{\gamma\alpha,\beta} = 0 \tag{A.3.21}$$

ときわめてすっきりとした形にまとめられる．

4元形式での (A.3.20) 式と (A.3.21) 式が通常の3次元形式で書いたマクスウェル方程式に一致することを確認しておこう．まず (A.3.20) 式の $\alpha = 0$ 成分から

[*7] 電場と磁場はベクトルではないので，E や B についている添字 x, y, z は（特殊）相対論的な意味での座標変換性と直接対応したものではない．その意味で，あくまで成分を区別するための単なるラベルであり，それらの上下の位置に物理的意味はない．

[*8] 添字にあるカンマは座標に対する偏微分を表す．これらにも上添字のカンマと下添字のカンマがあり，それぞれ

$$_{,\mu} \equiv \frac{\partial}{\partial x^{\mu}} \equiv \partial_{\mu}, \qquad ^{,\mu} \equiv \eta^{\mu\nu}\frac{\partial}{\partial x^{\nu}},$$

で定義される．

A.3 電磁場の 4 元形式 | 235

$$F^{0\beta}{}_{,\beta} = \operatorname{div} \boldsymbol{E} = 4\pi J^0 = 4\pi \rho \tag{A.3.22}$$

が得られる. また, $\alpha = 1$ 成分

$$F^{1\beta}{}_{,\beta} = -\frac{\partial E_x}{\partial t} + \frac{\partial B_z}{\partial y} - \frac{\partial B_y}{\partial z} = 4\pi j_x \tag{A.3.23}$$

などから

$$\operatorname{rot} \boldsymbol{B} - \frac{\partial \boldsymbol{E}}{\partial t} = 4\pi \boldsymbol{j} \tag{A.3.24}$$

が得られる.

次に (A.3.21) 式の α, β, および γ がすべて空間成分の場合, 独立な式は 1 つで

$$F_{12,3} + F_{23,1} + F_{31,2} = \frac{\partial B_z}{\partial z} + \frac{\partial B_x}{\partial x} + \frac{\partial B_y}{\partial y} = \operatorname{div} \boldsymbol{B} = 0 \tag{A.3.25}$$

が得られる. 一方, α, β, および γ のなかに時間成分が 1 つだけ含まれる場合, 独立な式は 3 つで

$$F_{12,0} + F_{20,1} + F_{01,2} = \frac{\partial B_z}{\partial t} + \frac{\partial E_y}{\partial x} - \frac{\partial E_x}{\partial y} = 0 \tag{A.3.26}$$

などから

$$\operatorname{rot} \boldsymbol{E} + \frac{\partial \boldsymbol{B}}{\partial t} = 0 \tag{A.3.27}$$

が得られる.

A.3.5 運動方程式

電磁場と粒子の相互作用を含む 4 元運動方程式は

$$m\frac{d^2 x^\mu}{d\tau^2} = m\frac{du^\mu}{d\tau} = qF^{\mu\nu}u_\nu \tag{A.3.28}$$

で与えられる. A.5 節では電磁場の作用からこの方程式を導く. ここでは, 非相対論的粒子の場合に, この式がローレンツ力のもとでの運動方程式に帰着することだけを示しておこう. 非相対論的とは $t \approx \tau$ および $|v^i| \ll 1$ という条件に対応する. (A.3.28) 式をこの条件を用いて近似してみる. まず $u^0 = dt/d\tau \approx 1$ となるのでこの式の時間成分 ($\mu = 0$) は 0 となる. 左辺の空間成分 ($\mu = i$) は $m d^2 r^i / dt^2$, また右辺の空間成分は

$$q\,\eta^{i\alpha} F_{\alpha\beta} \frac{dx^\beta}{d\tau} \approx qF^i{}_0 \frac{dt}{d\tau} + qF^i{}_j v^j \approx qF^i{}_0 + qF^i{}_j v^j$$
$$= qE_i + q(\boldsymbol{v} \times \boldsymbol{B})_i \tag{A.3.29}$$

となる. したがって, ローレンツ力のもとでの運動方程式

$$m\frac{d^2 \boldsymbol{r}}{dt^2} = q\boldsymbol{E} + q(\boldsymbol{v} \times \boldsymbol{B}) \tag{A.3.30}$$

が導かれた.

これで電磁気学の 4 元形式での表現は終わりである. そこで得られた (A.3.20) 式, (A.3.21) 式および (A.3.28) 式を, それらの 3 次元ベクトル表示である (A.1.1)-(A.1.4) 式, および (A.2.1) 式と比べれば, はるかに簡潔で美しいことを納得してもらえると思

236 | 付録 A 電磁場の古典論

う.

A.4 電磁場の作用の推定

さて,4元形式で書かれた運動方程式([A.3.28] 式),マクスウェル方程式([A.3.20] 式と [A.3.21] 式)に対応する作用は,以下のようにかなり公理的な[*9]推論から導く(予想する)ことができる.

まず,作用はローレンツ変換に対して不変なスカラー量でなくてはならない.その具体的な形は

$$S = S_{\text{matter}} + S_{\text{field}} + S_{\text{int}} \tag{A.4.1}$$

のように,物質(粒子)の性質だけに依存する S_{matter},場(電磁場)の性質だけに依存する S_{field},および,物質と場の相互作用を記述する S_{int},の3つの項からなる.

A.4.1 自由粒子 S_{matter}

自由粒子を特徴づける4次元不変量として思いつくのは,その質量 m と固有時間である.作用の次元が [エネルギー × 時間] であることを思い出すと,もっとも単純な可能性は

$$S_{\text{matter}} = -\sum_a m_{(a)} \int d\tau_{(a)} = -\sum_a m_{(a)} \int \sqrt{-\eta_{\mu\nu} dx^\mu_{(a)} dx^\nu_{(a)}} \tag{A.4.2}$$

である[*10].ここで,a は異なる粒子を区別するための添字であり,$dx^\mu_{(a)}$ は考えている系の粒子の軌跡に沿った座標の変位である.後で登場する場の量に関する積分のなかの x^μ とは異なり,時空上の任意の場所を示しているわけではないことに注意してほしい.

A.4.2 粒子と場の相互作用 S_{int}

非相対論的粒子に対してローレンツ力を与えるラグランジアンは (A.2.8) 式となることをすでに示した.その式の U の項を見れば,対応する4次元版の作用が

$$S_{\text{int}} = \sum_a \int q_{(a)} A_\mu(x^\alpha_{(a)}) \frac{dx^\mu_{(a)}}{d\tau_{(a)}} d\tau_{(a)} = \sum_a \int q_{(a)} A_\mu(x^\alpha_{(a)}) dx^\mu_{(a)} \tag{A.4.3}$$

となることが予想できる.この作用もまた,それぞれの粒子の座標に依存する項の和となっていることに注意してほしい.S_{int} を粒子の立場から見る場合にはそれでよいのであるが,電磁場の立場から見ると,それでは困る.マクスウェル方程式は,粒子の座

[*9] 強引あるいは独善的と感じるかもしれないが,理論を構築する上での指導原理が明確である点は重要である.

[*10] ユークリッド空間では,2点間を結ぶ直線は最小距離を与えるが,ミンコフスキー時空の場合,測地線に沿って進む粒子は固有時間が「最大値」をとる.したがって,「最小」作用の原理を使うべく負の符号をつけて定義した.また光速 c を 1 とする単位系を用いている.

標に依存する物理量で記述されているわけではなく，あくまで時空間の任意の座標点 x^μ における微分方程式なのである．

したがって，(A.4.3) 式を別の形に書き換えておくことが有用である．そのために，空間座標 r における電荷密度 $\rho(r)$ を導入しよう．この r は粒子の座標とは無関係である．実際には，電荷分布は粒子の電荷の離散的な和で書けるはずであるからディラックのデルタ関数 (Dirac's delta function) を用いれば[*11]

$$\rho(\boldsymbol{r}) = \sum_a q_{(a)} \delta(\boldsymbol{r} - \boldsymbol{r}_{(a)}). \tag{A.4.4}$$

(A.4.4) 式をある空間領域 V で積分すれば，そのなかに存在する全粒子の電荷の総和：

$$Q = \int_V \rho(\boldsymbol{r}) d^3 r = \sum_a \int_V q_{(a)} \delta(\boldsymbol{r} - \boldsymbol{r}_{(a)}) d^3 r = \sum_a q_{(a)} \tag{A.4.5}$$

が得られる（$d^3 r \equiv dxdydz$ は空間の体積要素）．(A.4.4) 式を用いて (A.4.3) 式を書き換えると

$$
\begin{aligned}
S_{\text{int}} &= \iint \rho(\boldsymbol{r}) A_\mu(\boldsymbol{r}) dx^\mu d^3 r = \iint \rho \frac{dx^\mu}{dt} A_\mu d^3 r dt \\
&= \iint J^\mu A_\mu d^3 r dt
\end{aligned}
\tag{A.4.6}
$$

のように，4元電流密度 J^μ と4元ポテンシャル A_μ の内積の4次元積分に帰着する．この表式では，J^μ と A_μ はいずれも時空間の座標 $(t, \boldsymbol{r})$ の関数であり，粒子の座標 $x^\alpha_{(a)} = (t_{(a)}, \boldsymbol{r}_{(a)})$ は陽には登場していないことに注意してほしい．

A.4.3　電磁場 S_{field}

電磁場を特徴づけるのは電磁場テンソル $F^{\mu\nu}$ なので，それだけから構成できるもっとも単純なスカラー量

$$F^{\mu\nu} F_{\mu\nu} = 2(|\boldsymbol{B}|^2 - |\boldsymbol{E}|^2) \tag{A.4.7}$$

は，エネルギー密度の次元をもつ．再び作用の次元が [エネルギー × 時間] であることを思い出せば

$$S_{\text{field}} = -\frac{1}{16\pi} \iint F^{\mu\nu} F_{\mu\nu} d^3 r dt \tag{A.4.8}$$

となることが予想できる．ただし，比例係数は全作用 S を変分した結果がマクスウェル方程式，およびローレンツ力を含む運動方程式を再現するように選んだ（A.5 節）．対応する場のラグランジアンを読み取れば

[*11]　ディラックのデルタ関数 $\delta(\boldsymbol{r} - \boldsymbol{a})$ は，$\boldsymbol{r} = \boldsymbol{a}$ 以外では値が 0 で，$\boldsymbol{a}$ を含む領域で体積積分すると，任意関数 $f(\boldsymbol{a})$ に対して $\int f(\boldsymbol{r}) \delta(\boldsymbol{r} - \boldsymbol{a}) d^3 r = f(\boldsymbol{a})$ を満たす．詳しくは付録 B 章を参照のこと．

238 | 付録 A 電磁場の古典論

$$L_{\text{field}} = -\frac{1}{16\pi} \int F^{\mu\nu} F_{\mu\nu} d^3 r$$

$$= \frac{1}{8\pi} \int (|\boldsymbol{E}|^2 - |\boldsymbol{B}|^2) d^3 r \equiv \int \mathcal{L}_{\text{em}} d^3 r. \tag{A.4.9}$$

この被積分関数 $\mathcal{L}_{\text{em}}$ を電磁場のラグランジアン密度 (Lagrangian density) と呼ぶ[*12].
これらもまた時空間の座標 $(t, \boldsymbol{r})$ の関数であり，粒子の座標 $(t_{(a)}, \boldsymbol{r}_{(a)})$ が陽には登場
していない.

A.5 最小作用の原理と電磁場の方程式

次に，電磁場の作用を変分することでマクスウェル方程式と荷電粒子の運動方程式が
得られることを確認してみよう．場の方程式を導く際には，粒子の運動は与えられてい
るものとして A^μ だけを変分する．これとは逆に，粒子の運動方程式を導く際には電磁
場（A^μ したがって $F^{\mu\nu}$）は与えられたものとして，各粒子の軌跡 $x^\alpha_{(a)}$ だけを変分す
ればよい.

A.5.1 マクスウェル方程式の導出

S_{matter} は電磁場に依存しないから，$S \equiv S_{\text{field}} + S_{\text{int}}$ の変分をとる．場についての
方程式を導くには，S_{int} に対する (A.4.6) 式の表式を用いたほうが便利である．まず
$F^{\mu\nu}$ と A_μ について独立に変分をとると

$$\delta S = -\frac{1}{16\pi} \iint (\delta F^{\mu\nu} F_{\mu\nu} + F^{\mu\nu} \delta F_{\mu\nu}) d^3 r dt + \iint J^\mu \delta A_\mu d^3 r dt. \tag{A.5.1}$$

このとき

$$\delta F^{\mu\nu} F_{\mu\nu} = F^{\mu\nu} \delta F_{\mu\nu} = F^{\mu\nu} (\delta A_{\nu,\mu} - \delta A_{\mu,\nu}) = 2 F^{\mu\nu} \delta A_{\nu,\mu}$$

$$= -2 F^{\mu\nu} \delta A_{\mu,\nu} \tag{A.5.2}$$

なので，(A.5.1) 式の第 1 項は

$$-\frac{1}{16\pi} \iint (\delta F^{\mu\nu} F_{\mu\nu} + F^{\mu\nu} \delta F_{\mu\nu}) d^3 r dt = \frac{1}{4\pi} \iint F^{\mu\nu} \delta A_{\mu,\nu} d^3 r dt$$

$$\underset{\substack{\text{4 次元のガウスの定理}}}{=} \frac{1}{4\pi} \int F^{\mu\nu} \delta A_\mu dS_\nu - \frac{1}{4\pi} \iint F^{\mu\nu}{}_{,\nu} \delta A_\mu d^3 r dt \tag{A.5.3}$$

となる．(A.5.3) 式の右辺第 1 項は今考えている 4 次元体積を包むような超曲面上での
積分を表す．この 4 次元領域の境界は，空間座標については無限遠，時間座標につい
ては作用を定義する際の 2 つの端点である．したがって，前者では $F^{\mu\nu} \to 0$，また後
者では $\delta A_\mu = 0$ となるから，いずれにせよ (A.5.3) 式の右辺第 1 項は 0 となる．その
結果，(A.5.1) 式は

[*12] 体積積分してラグランジアン（ハミルトニアン）となるとき，その被積分関数をラグランジ
アン（ハミルトニアン）密度という.

A.5 最小作用の原理と電磁場の方程式 | 239

$$\delta S = \iint \left(J^\mu - \frac{1}{4\pi} F^{\mu\nu}{}_{,\nu} \right) \delta A_\mu d^3 r dt = 0 \quad \Rightarrow \quad F^{\mu\nu}{}_{,\nu} = 4\pi J^\mu \tag{A.5.4}$$

に帰着し，(A.3.20) 式と一致する．

A.5.2 運動方程式の導出

粒子の座標に関する方程式を導く上では，S_field は無視してよい．また S_int に対しては (A.4.3) 式の表式を用いるほうが便利である．そこで今度は

$$S \equiv \sum_a S_a = \sum_a \left(S_{\text{matter},a} + S_{\text{int},a} \right), \tag{A.5.5}$$

$$S_{\text{matter},a} = -m_{(a)} \int_A^B d\tau_{(a)} = -m_{(a)} \int_A^B \sqrt{-\eta_{\mu\nu} dx^\mu_{(a)} dx^\nu_{(a)}}, \tag{A.5.6}$$

$$S_{\text{int},a} = q_{(a)} \int_A^B A_\mu \frac{dx^\mu_{(a)}}{d\tau_{(a)}} d\tau_{(a)} \tag{A.5.7}$$

をすべての粒子の軌跡 $x_{(a)}$ に関して変分すればよい．ただし，A と B は 4 次元時空における粒子の始点と終点を表すものとする．この作用は各粒子の作用の独立な和になっているので，添字 a に対応する 1 つの粒子だけに着目して変分すると

$$
\begin{aligned}
\delta S_{\text{matter},a} &= -m_{(a)} \int_A^B \frac{-\eta_{\mu\nu} \delta(dx^\mu_{(a)}) dx^\nu_{(a)} - \eta_{\mu\nu} dx^\mu_{(a)} \delta(dx^\nu_{(a)})}{2\sqrt{-\eta_{\mu\nu} dx^\mu_{(a)} dx^\nu_{(a)}}} \\
&= m_{(a)} \int_A^B \eta_{\mu\nu} \underbrace{\frac{dx^\mu_{(a)}}{d\tau_{(a)}}}_{\equiv u^\mu_{(a)}} \underbrace{\delta(dx^\nu_{(a)})}_{=d(\delta x^\nu_{(a)})} = m_{(a)} \int_A^B \eta_{\mu\nu} u^\mu_{(a)} \frac{d\delta x^\nu_{(a)}}{d\tau_{(a)}} d\tau_{(a)} \\
&= m_{(a)} \eta_{\mu\nu} u^\mu_{(a)} \underbrace{\delta x^\nu_{(a)} \Big|_A^B}_{=0} - m_{(a)} \int_A^B \eta_{\mu\nu} \frac{du^\mu_{(a)}}{d\tau_{(a)}} \delta x^\nu_{(a)} d\tau_{(a)} \\
&= -m_{(a)} \int_A^B \eta_{\mu\nu} \frac{du^\mu_{(a)}}{d\tau_{(a)}} \delta x^\nu_{(a)} d\tau_{(a)}.
\end{aligned}
\tag{A.5.8}
$$

また

$$
\begin{aligned}
\delta S_{\text{int},a} &= q_{(a)} \int_A^B \frac{\partial A_\mu}{\partial x^\nu_{(a)}} \delta x^\nu_{(a)} u^\mu_{(a)} d\tau_{(a)} + q_{(a)} \int_A^B A_\mu \frac{d\delta x^\mu_{(a)}}{d\tau_{(a)}} d\tau_{(a)} \\
&= q_{(a)} \int_A^B A_{\mu,\nu} u^\mu_{(a)} \delta x^\nu_{(a)} d\tau_{(a)} + q_{(a)} A_\nu \underbrace{\delta x^\nu_{(a)} \Big|_A^B}_{=0} - q_{(a)} \int_A^B \frac{dA_\nu}{d\tau_{(a)}} \delta x^\nu_{(a)} d\tau_{(a)} \\
&= q_{(a)} \int_A^B \left(A_{\mu,\nu} u^\mu_{(a)} - A_{\nu,\mu} \frac{dx^\mu_{(a)}}{d\tau_{(a)}} \right) \delta x^\nu_{(a)} d\tau_{(a)} \\
&= q_{(a)} \int_A^B F_{\nu\mu} u^\mu_{(a)} \delta x^\nu_{(a)} d\tau_{(a)}.
\end{aligned}
\tag{A.5.9}
$$

240 | 付録 A 電磁場の古典論

(A.5.8) 式と (A.5.9) 式を組み合わせれば

$$\delta S_a = 0 \quad \Rightarrow \quad -m_{(a)}\eta_{\mu\nu}\frac{du^\mu_{(a)}}{d\tau_{(a)}} + q_{(a)}F_{\nu\mu}u^\mu_{(a)} = 0 \tag{A.5.10}$$

が得られる. さらにこの式の両辺に $\eta^{\alpha\nu}$ を掛けて添字を上げ下げしてから整理すれば, a 番めの粒子の運動方程式:

$$m_{(a)}\frac{d^2x^\alpha_{(a)}}{d\tau^2_{(a)}} = q_{(a)}F^{\alpha\beta}u_{(a)\beta} \quad (a=1,\cdots,A) \tag{A.5.11}$$

が得られる. 通常は, この式の座標などはすべて粒子の軌跡に沿ったものであることを前提として添字 a を省略するため

$$m\frac{d^2x^\alpha}{d\tau^2} = qF^{\alpha\beta}u_\beta \tag{A.5.12}$$

となり, 電磁場内での荷電粒子の 4 元運動方程式（[A.3.28] 式）が得られる.

A.6 調和振動子からなる力学系としての電磁場

(A.4.9) 式からわかるように, 電磁場のラグランジアン密度は

$$\mathcal{L}_\text{em} = \frac{1}{8\pi}(|\boldsymbol{E}|^2 - |\boldsymbol{B}|^2) = \frac{1}{8\pi}\left[(-\operatorname{grad}\phi - \dot{\boldsymbol{A}})^2 - (\operatorname{rot}\boldsymbol{A})^2\right] \tag{A.6.1}$$

で与えられる. この系を記述する一般座標は 4 元ポテンシャル $A^\mu = (\phi, \boldsymbol{A})$ なので, それに関して $\mathcal{L}_\text{em}$ をルジャンドル変換すれば, ハミルトニアン密度 $\mathcal{H}_\text{em}$ が得られる. 具体的に実行すると

$$\frac{\partial\mathcal{L}_\text{em}}{\partial\dot{\boldsymbol{A}}}\cdot\dot{\boldsymbol{A}} = \frac{1}{4\pi}(\operatorname{grad}\phi + \dot{\boldsymbol{A}})\cdot\dot{\boldsymbol{A}} = \frac{1}{4\pi}(-\boldsymbol{E})\cdot(-\boldsymbol{E} - \operatorname{grad}\phi)$$

$$\Rightarrow \quad \mathcal{H}_\text{em} = \frac{\partial\mathcal{L}_\text{em}}{\partial\dot{\boldsymbol{A}}}\cdot\dot{\boldsymbol{A}} - \mathcal{L}_\text{em}$$

$$= \frac{1}{8\pi}(|\boldsymbol{E}|^2 + |\boldsymbol{B}|^2) + \frac{1}{4\pi}\operatorname{div}(\phi\boldsymbol{E}) - \frac{1}{4\pi}\phi\operatorname{div}\boldsymbol{E}$$

$$= \frac{1}{8\pi}(|\boldsymbol{E}|^2 + |\boldsymbol{B}|^2) + \frac{1}{4\pi}\operatorname{div}(\phi\boldsymbol{E}) - \rho\phi. \tag{A.6.2}$$

(A.6.2) 式の最後の表式の第 2 項は, 体積積分すればガウスの定理から無限遠での表面積分に帰着し, その結果は 0 となる. 第 3 項は電磁場というよりも荷電粒子間の相互作用エネルギーの和に対応したものなのでここでは無視する. まとめると, 電磁場のハミルトニアン密度 $\mathcal{H}_\text{em}$ とハミルトニアン H_em は

$$H_\text{em} = \int\mathcal{H}_\text{em}d^3r = \frac{1}{8\pi}\int(|\boldsymbol{E}|^2 + |\boldsymbol{B}|^2)d^3r \tag{A.6.3}$$

となる.

このハミルトニアンはある正準変数を選べば

A.6 調和振動子からなる力学系としての電磁場 | 241

$$H_{\mathrm{em}} = \sum_{\boldsymbol{k}} \frac{1}{2} \left(|\boldsymbol{P_k}|^2 + w_k^2 |\boldsymbol{Q_k}|^2 \right) \qquad (w_k \equiv |\boldsymbol{k}|) \tag{A.6.4}$$

と書くことができる. ここで, w_k は波数 $k \equiv |\boldsymbol{k}|$ に対応する角振動数である. (5.6.1)
式と比べてみるとわかるように, (A.6.4) 式は調和振動子の形をしている. つまり,
(電荷の存在しない) 真空中の電磁場は調和振動子の集まりとみなすことができるの
だ. これを具体的に導くのが本節のゴールである.

まず (A.2.9) 式のようなゲージ変換 (ただし $c = 1$ とする):

$$\phi' = \phi - \frac{\partial \chi(\boldsymbol{r},t)}{\partial t}, \quad \boldsymbol{A}' = \boldsymbol{A} + \mathrm{grad}\,\chi(\boldsymbol{r},t) \tag{A.6.5}$$

において $\chi(\boldsymbol{r},t)$ をうまく選べば, つねに $\phi' = 0$ とできる. さらに χ に $\boldsymbol{r}$ だけに依存
する関数を加えても ϕ' は変化しないので, その自由度を利用すれば同時に $\mathrm{div}\,\boldsymbol{A}' = 0$
とすることもできる. そこで以下では

$$\phi = 0, \quad \mathrm{div}\,\boldsymbol{A} = 0 \tag{A.6.6}$$

というゲージ条件 (gauge condition) を課すことにする.

このゲージ条件のもとでは, 電場と磁場がベクトルポテンシャル $\boldsymbol{A}$ のみで書ける.

$$\boldsymbol{E} = -\frac{\partial \boldsymbol{A}}{\partial t}, \quad \boldsymbol{B} = \mathrm{rot}\,\boldsymbol{A}. \tag{A.6.7}$$

これらを真空中のマクスウェル方程式に代入すると,

$$\mathrm{div}\,\boldsymbol{E} = 0 \quad \Rightarrow \quad \frac{\partial \mathrm{div}\,\boldsymbol{A}}{\partial t} = 0, \tag{A.6.8}$$

$$\mathrm{div}\,\boldsymbol{B} = 0 \quad \Rightarrow \quad \mathrm{div}\,\mathrm{rot}\,\boldsymbol{A} = 0, \tag{A.6.9}$$

$$\mathrm{rot}\,\boldsymbol{E} + \frac{\partial \boldsymbol{B}}{\partial t} = 0 \quad \Rightarrow \quad -\frac{\partial \mathrm{rot}\,\boldsymbol{A}}{\partial t} + \frac{\partial \mathrm{rot}\,\boldsymbol{A}}{\partial t} = 0, \tag{A.6.10}$$

$$\mathrm{rot}\,\boldsymbol{B} - \frac{\partial \boldsymbol{E}}{\partial t} = 0 \quad \Rightarrow \quad \underbrace{\mathrm{rot}\,\mathrm{rot}\,\boldsymbol{A}}_{=\mathrm{grad}\,\mathrm{div}\,\boldsymbol{A} - \Delta \boldsymbol{A}} + \frac{\partial^2 \boldsymbol{A}}{\partial t^2} = 0. \tag{A.6.11}$$

初めの3つの式は恒等的に成り立つ. 最後の式は, $\boldsymbol{A}$ に対する波動方程式:

$$\left(\Delta - \frac{\partial^2}{\partial t^2} \right) \boldsymbol{A} = 0 \tag{A.6.12}$$

となる.

この $\boldsymbol{A}(\boldsymbol{r},t)$ を独立な自由度をもつ成分に分解するために, デカルト座標で1辺 L
の立方体内に存在する電磁場を考え, それに対して周期的境界条件を課す (計算の最
後で $L \to \infty$ の極限をとれば, この境界条件には依存しない無限空間の場合の結果が得
られる). このとき, 存在し得る電磁波の波長の整数倍が L でなくてはならないから,
(A.6.12) 式の解は

$$\boldsymbol{A}(\boldsymbol{r},t) = \sum_{\boldsymbol{k}} \boldsymbol{A_k}(t) e^{i\boldsymbol{k} \cdot \boldsymbol{r}}, \qquad \boldsymbol{k} = \frac{2\pi}{L} \boldsymbol{n} \quad (\boldsymbol{n} \text{ は整数ベクトル}) \tag{A.6.13}$$

242 | 付録 A 電磁場の古典論

の形になるはずである．ただし，$\boldsymbol{A}(\boldsymbol{r},t)$ は実数であるから

$$\boldsymbol{A}_{\boldsymbol{k}}^* = \boldsymbol{A}_{-\boldsymbol{k}} \tag{A.6.14}$$

を満たさねばならない．またゲージ条件である (A.6.6) 式より，

$$\mathrm{div}\,\boldsymbol{A} = 0 \quad \Rightarrow \quad \boldsymbol{k} \cdot \boldsymbol{A}_{\boldsymbol{k}} = 0. \tag{A.6.15}$$

これらを用いて (A.6.7) 式を書き直そう．

$$\boldsymbol{E} = -\frac{\partial \boldsymbol{A}}{\partial t} = -\sum_{\boldsymbol{k}} \dot{\boldsymbol{A}}_{\boldsymbol{k}} e^{i\boldsymbol{k}\cdot\boldsymbol{r}}$$

$$\Rightarrow \quad |\boldsymbol{E}|^2 = \sum_{\boldsymbol{k},\boldsymbol{k}'} \dot{\boldsymbol{A}}_{\boldsymbol{k}} \cdot \dot{\boldsymbol{A}}_{\boldsymbol{k}'}^* e^{i(\boldsymbol{k}-\boldsymbol{k}')\cdot\boldsymbol{r}}, \tag{A.6.16}$$

$$\boldsymbol{B} = \mathrm{rot}\,\boldsymbol{A} = i\sum_{\boldsymbol{k}} (\boldsymbol{k}\times\boldsymbol{A}_{\boldsymbol{k}}) e^{i\boldsymbol{k}\cdot\boldsymbol{r}}$$

$$\Rightarrow \quad |\boldsymbol{B}|^2 = \sum_{\boldsymbol{k},\boldsymbol{k}'} (\boldsymbol{k}\times\boldsymbol{A}_{\boldsymbol{k}}) \cdot (\boldsymbol{k}'\times\boldsymbol{A}_{\boldsymbol{k}'}^*) e^{i(\boldsymbol{k}-\boldsymbol{k}')\cdot\boldsymbol{r}}. \tag{A.6.17}$$

ここで，

$$\int_{L^3} e^{i(\boldsymbol{k}-\boldsymbol{k}')\cdot\boldsymbol{r}} d^3r = \int_{L^3} e^{i(2\pi/L)(\boldsymbol{n}-\boldsymbol{n}')\cdot\boldsymbol{r}} d^3r = \begin{cases} 0 & (\boldsymbol{n}\neq\boldsymbol{n}') \\ L^3 & (\boldsymbol{n}=\boldsymbol{n}') \end{cases} \tag{A.6.18}$$

を用いると，ハミルトニアンに 0 でない寄与をするのは $\boldsymbol{k}=\boldsymbol{k}'$ の項のみで

$$H_{\mathrm{em}} = \frac{1}{8\pi} \int_{L^3} (|\boldsymbol{E}|^2 + |\boldsymbol{B}|^2) d^3r$$

$$= \frac{L^3}{8\pi} \sum_{\boldsymbol{k}} \left[\dot{\boldsymbol{A}}_{\boldsymbol{k}} \cdot \dot{\boldsymbol{A}}_{\boldsymbol{k}}^* + (\boldsymbol{k}\times\boldsymbol{A}_{\boldsymbol{k}}) \cdot (\boldsymbol{k}\times\boldsymbol{A}_{\boldsymbol{k}}^*) \right]. \tag{A.6.19}$$

ところで，(A.6.15) 式より，$\boldsymbol{k}$ を z 方向に選べば

$$\boldsymbol{A}_{\boldsymbol{k}} = A_x \hat{x} + A_y \hat{y} \quad \Rightarrow \quad \boldsymbol{k}\times\boldsymbol{A}_{\boldsymbol{k}} = kA_x\hat{y} - kA_y\hat{x}$$

$$\Rightarrow \quad (\boldsymbol{k}\times\boldsymbol{A}_{\boldsymbol{k}}) \cdot (\boldsymbol{k}\times\boldsymbol{A}_{\boldsymbol{k}}^*) = k^2(A_xA_x^* + A_yA_y^*) = k^2 \boldsymbol{A}_{\boldsymbol{k}} \cdot \boldsymbol{A}_{\boldsymbol{k}}^* \tag{A.6.20}$$

となるので，結局

$$H_{\mathrm{em}} = \frac{1}{8\pi} \int_{L^3} (|\boldsymbol{E}|^2 + |\boldsymbol{B}|^2) d^3r$$

$$= \frac{L^3}{8\pi} \sum_{\boldsymbol{k}} \left(\dot{\boldsymbol{A}}_{\boldsymbol{k}} \cdot \dot{\boldsymbol{A}}_{\boldsymbol{k}}^* + w_k^2 \boldsymbol{A}_{\boldsymbol{k}} \cdot \boldsymbol{A}_{\boldsymbol{k}}^* \right). \tag{A.6.21}$$

ここまでは，$\boldsymbol{A}_{\boldsymbol{k}}$ が波動方程式 (A.6.12)：

$$\ddot{\boldsymbol{A}}_{\boldsymbol{k}} + w_k^2 \boldsymbol{A}_{\boldsymbol{k}} = 0 \tag{A.6.22}$$

の解であることはまだ用いていない．この式より $\boldsymbol{A}_{\boldsymbol{k}}(t)$ は時間に関して $e^{\pm iw_k t}$ の依存性をもつ．そこで，$\boldsymbol{k}$ の向きに進行する波 $e^{\pm i(\boldsymbol{k}\cdot\boldsymbol{r}-w_k t)}$ を選び，$\boldsymbol{A}(\boldsymbol{r},t)$ の実数性が明らかなように

$$\boldsymbol{A}(\boldsymbol{r},t) = \sum_{\boldsymbol{k}} \left(\boldsymbol{a}_{\boldsymbol{k}} e^{i(\boldsymbol{k}\cdot\boldsymbol{r}-w_k t)} + \boldsymbol{a}_{\boldsymbol{k}}^* e^{-i(\boldsymbol{k}\cdot\boldsymbol{r}-w_k t)} \right) \tag{A.6.23}$$

と書き直し，時間に無関係で $\boldsymbol{k}$ だけに依存する複素振幅 $\boldsymbol{a}_{\boldsymbol{k}}$ を導入する．この式を (A.6.13) 式と比べると

$$\begin{aligned}
\boldsymbol{A}_{\boldsymbol{k}}(t) &= \boldsymbol{a}_{\boldsymbol{k}} e^{-iw_k t} + \boldsymbol{a}_{-\boldsymbol{k}}^* e^{iw_k t}, \\
\dot{\boldsymbol{A}}_{\boldsymbol{k}}(t) &= -iw_k (\boldsymbol{a}_{\boldsymbol{k}} e^{-iw_k t} - \boldsymbol{a}_{-\boldsymbol{k}}^* e^{iw_k t}).
\end{aligned} \tag{A.6.24}$$

そこで $\boldsymbol{a}_{\boldsymbol{k}}$ を用いて (A.6.21) 式を書き直すと，

$$\begin{aligned}
H_{\mathrm{em}} &= \frac{1}{8\pi} \int_{L^3} (|\boldsymbol{E}|^2 + |\boldsymbol{B}|^2) d^3 r = \frac{L^3}{8\pi} \sum_{\boldsymbol{k}} \left(\dot{\boldsymbol{A}}_{\boldsymbol{k}} \cdot \dot{\boldsymbol{A}}_{\boldsymbol{k}}^* + w_k^2 \boldsymbol{A}_{\boldsymbol{k}} \cdot \boldsymbol{A}_{\boldsymbol{k}}^* \right) \\
&= \frac{L^3}{8\pi} \sum_{\boldsymbol{k}} w_k^2 \left(|\boldsymbol{a}_{\boldsymbol{k}} e^{-iw_k t} - \boldsymbol{a}_{-\boldsymbol{k}}^* e^{iw_k t}|^2 + |\boldsymbol{a}_{\boldsymbol{k}} e^{-iw_k t} + \boldsymbol{a}_{-\boldsymbol{k}}^* e^{iw_k t}|^2 \right) \\
&= \frac{L^3}{8\pi} \sum_{\boldsymbol{k}} 2k^2 \left(\boldsymbol{a}_{\boldsymbol{k}} \cdot \boldsymbol{a}_{\boldsymbol{k}}^* + \boldsymbol{a}_{-\boldsymbol{k}} \cdot \boldsymbol{a}_{-\boldsymbol{k}}^* \right) = \sum_{\boldsymbol{k}} \frac{k^2 L^3}{2\pi} \boldsymbol{a}_{\boldsymbol{k}} \cdot \boldsymbol{a}_{\boldsymbol{k}}^*.
\end{aligned} \tag{A.6.25}$$

最後の等号は，$-\boldsymbol{k}$ に関するすべての和は $\boldsymbol{k}$ に関するすべての和と等しいことを利用した変形である．(A.6.25) 式は，電磁場のエネルギーが平面波のエネルギーの和で書けることを意味している．

最後に天下り的ではあるが，

$$\begin{cases}
\boldsymbol{Q}_{\boldsymbol{k}}(t) = \sqrt{\dfrac{L^3}{4\pi}} \left(\boldsymbol{a}_{\boldsymbol{k}} e^{-iw_k t} + \boldsymbol{a}_{\boldsymbol{k}}^* e^{iw_k t} \right), \\[2mm]
\boldsymbol{P}_{\boldsymbol{k}}(t) = -iw_k \sqrt{\dfrac{L^3}{4\pi}} \left(\boldsymbol{a}_{\boldsymbol{k}} e^{-iw_k t} - \boldsymbol{a}_{\boldsymbol{k}}^* e^{iw_k t} \right)
\end{cases} \tag{A.6.26}$$

を定義して (A.6.25) 式を書き直すと，

$$\begin{aligned}
\boldsymbol{a}_{\boldsymbol{k}} \cdot \boldsymbol{a}_{\boldsymbol{k}}^* &= \frac{1}{4} \left[\left(\boldsymbol{a}_{\boldsymbol{k}} e^{-iw_k t} + \boldsymbol{a}_{\boldsymbol{k}}^* e^{iw_k t} \right)^2 - \left(\boldsymbol{a}_{\boldsymbol{k}} e^{-iw_k t} - \boldsymbol{a}_{\boldsymbol{k}}^* e^{iw_k t} \right)^2 \right] \\
&= \frac{1}{4} \times \frac{4\pi}{L^3} \left(|\boldsymbol{Q}_{\boldsymbol{k}}|^2 + \frac{|\boldsymbol{P}_{\boldsymbol{k}}|^2}{w_k^2} \right)
\end{aligned} \tag{A.6.27}$$

より，

$$H_{\mathrm{em}} = \sum_{\boldsymbol{k}} \frac{1}{2} \left(|\boldsymbol{P}_{\boldsymbol{k}}|^2 + w_k^2 |\boldsymbol{Q}_{\boldsymbol{k}}|^2 \right) \tag{A.6.28}$$

が得られる．これが (A.6.4) 式である．$\boldsymbol{P}_{\boldsymbol{k}}$ と $\boldsymbol{Q}_{\boldsymbol{k}}$ は定義から実変数であることに注意しよう．このハミルトニアンの形から，電磁場は固有振動数 w_k をもつ独立な調和振動子の集まりである力学系と等価であり，$\boldsymbol{P}_{\boldsymbol{k}}$ と $\boldsymbol{Q}_{\boldsymbol{k}}$ が電磁場を記述する正準変数となっていることがわかる．ここまでは，周期境界条件のもとで 1 辺 L の立方体に存在する電磁場を考えてきた．したがって，$\displaystyle\sum_{\boldsymbol{k}}$ は，(A.6.13) 式より $\displaystyle\sum_{n_x, n_y, n_z}$ の意味であったことを思いだそう．$L \to \infty$ とすればすべての波数ベクトルが記述でき，$n_x, n_y,$ および n_z は 0 から無限大までを走る．この意味において，電磁場は無限個の独立な調和振動子と等価な系なのである．

付録B

超関数とデルタ関数

B.1 超関数の定義

量子力学にはデルタ関数 $\delta(x)$ が頻繁に登場する．デルタ関数 $\delta(x)$ は超関数 (distribution) と呼ばれる汎関数の重要な例である．ここで汎関数 (functional) とは，関数 (function) を指定して初めて値が決まる「関数の関数」とでも呼ぶべきものである．たとえば解析力学の主役ともいえる作用：

$$S = \int_{t_A}^{t_B} L(q, \dot{q}, t) dt \tag{B.1.1}$$

は，積分の上端 t_B と下端 t_A を決めたときラグランジアン L の汎関数であるし，さらにラグランジアンの関数形を決めれば経路 $q(t)$ の汎関数であるともいえる．

超関数をもう少し正式に定義すると以下のようになる．x のある有界な範囲でのみ 0 でない値をもつような無限回連続微分可能な関数 $\varphi = \varphi(x)$ を考える．このとき，以下の性質を満たす線形連続汎関数 $L[\varphi]$ を超関数と呼ぶ．

線形：上述の性質を満たす任意の関数 φ_1 と φ_2 の線形結合に対して（λ_1 と λ_2 は定数）

$$L[\lambda_1 \varphi_1 + \lambda_2 \varphi_2] = \lambda_1 L[\varphi_1] + \lambda_2 L[\varphi_2]. \tag{B.1.2}$$

連続：$\displaystyle\lim_{j \to \infty} \varphi_j = \varphi$ となる任意の関数列 $\{\varphi_j\}$ に対して

$$\lim_{j \to \infty} L[\varphi_j] = L[\varphi]. \tag{B.1.3}$$

しかし実際には，次の具体的な表式を通じて普通の関数 $f(x)$ と超関数 $\widehat{f}$ を対応させるものと理解するほうがはるかにわかりやすい．

関数と超関数を結ぶ関係式：$-\infty < x < \infty$ で定義されたある連続関数 $f(x)$ に対して

$$\widehat{f}[\varphi] = \int_{-\infty}^{\infty} f(x)\, \varphi(x)\, dx \tag{B.1.4}$$

という積分を考える．$f(x)$ を固定したままで任意の関数 φ を与えれば，(B.1.4) 式を計算して値を決めることができる．この意味において右辺は φ に対する汎関数であり，それを関数 $f(x)$ に対する超関数 $\widehat{f}[\varphi]$ と定義する．この関係式を逆に用いれば，任意の関数 φ に対して超関数 $\widehat{f}[\varphi]$ がわかっているとき，(B.1.4) 式が満たされるような「関数」$f(x)$ が存在するならば，それを超関数 $\widehat{f}[\varphi]$ に対応する関数 $f(x)$ とみなすことができる．

このように，(B.1.4) 式は普通の関数 $f(x)$ と超関数 $\widehat{f}[\varphi]$ を対応づける重要な関係式である．本章では，主として (B.1.4) 式に基づいた議論を行う．

B.2　超関数の微分と積分

(B.1.4) 式によれば $f(x)$ の導関数 $f'(x)$ に対する超関数 $\widehat{(f')}$ は

$$\widehat{(f')}[\varphi] = \int_{-\infty}^{\infty} f'(x)\, \varphi(x)\, dx \tag{B.2.1}$$

で与えられる．$\varphi(x)$ は x がある有界な範囲でのみ 0 でない値をもつ関数であったから，(B.2.1) 式の右辺を部分積分すれば

$$\widehat{(f')}[\varphi] = \underbrace{f(x)\,\varphi(x)\Big|_{-\infty}^{\infty}}_{=0} - \int_{-\infty}^{\infty} f(x)\, \varphi'(x)\, dx = -\widehat{f}[\varphi'] \tag{B.2.2}$$

となる．この式は，超関数 $\widehat{f}$ に対応する関数 $f(x)$ が必ずしも通常の意味で微分ができなくとも (B.2.2) 式を通じて超関数 $\widehat{(f')}$ が計算できることを示している．そこで，$f(x)$ が導関数をもたないような場合をも含んで，超関数 $\widehat{f}$ の微分を超関数 $\widehat{f}\,'[\varphi]$：

$$\widehat{f}\,'[\varphi] \equiv \widehat{(f')}[\varphi] = -\widehat{f}[\varphi'] \tag{B.2.3}$$

によって定義する．

$\varphi(x)$ は無限回連続微分可能な関数を考えているので，(B.2.2) 式を繰り返せば $\widehat{f}[\varphi]$ の n 階微分

$$\widehat{f}^{\,(p)}[\varphi] \equiv (-1)^p\, \widehat{f}[\varphi^{(p)}] \tag{B.2.4}$$

が計算できる．(B.2.4) 式を逆に使えば，$f(x)$ が本来は微分不可能な関数であっても $\widehat{f^{(p)}}[\varphi] \equiv \widehat{f}^{\,(p)}[\varphi]$ を満たすような「関数」として，$f(x)$ の（超関数の意味での）「n 階導関数」$f^{(p)}(x)$ を考えることができる．もちろん，$f(x)$ が無限回微分可能な関数であれば，$\widehat{f^{(p)}} \equiv \widehat{f}^{\,(p)}$ から定義された超関数の意味での n 階導関数は通常の意味での n 階導関数と一致する．

さらに (B.2.3) 式を逆に読むと，超関数 $\widehat{f}[\varphi]$ の積分 $\widehat{F}[\varphi]$：

$$\widehat{F}[\varphi'] \equiv -\widehat{f}[\varphi] \tag{B.2.5}$$

が定義できることになる．微分の場合と同じく，$f(x)$ が通常の意味で積分可能な関数

246 | 付録 B 超関数とデルタ関数

の場合は超関数 $\widehat{F}$ に対応する関数 $F(x)$ は $f(x)$ の積分と一致する．さらに，通常の意味で積分できないような関数 $f(x)$ に対しても (B.2.5) 式を用いて超関数の意味での積分 $\widehat{F}$ は計算できる．

B.3　デルタ関数の定義と諸性質

超関数の代表的な例がデルタ関数である．これは任意の関数 $\varphi(x)$ に対して，その $x = x_0$ での値を対応させる汎関数 $\varphi \Rightarrow \varphi(x_0)$ として定義される．前節の記法にしたがえば，たとえば $\widehat{\delta}_{x_0}[\varphi]$ と記すべきであろう．しかしながら通常は，(B.1.4) 式の左辺を $\widehat{\delta}_{x_0}[\varphi]$ とした場合に定義される右辺の積分内の対応物をデルタ関数と呼び $\delta(x - x_0)$ と書くことが多い[*1]．つまり，

$$\widehat{\delta}_{x_0}[\varphi] = \varphi(x_0) \equiv \int_{-\infty}^{\infty} \delta(x - x_0)\, \varphi(x)\, dx \tag{B.3.1}$$

を満たすような「関数」をデルタ関数 $\delta(x - x_0)$ と呼ぶのが慣習である．もちろんこれは通常の意味の関数ではない．(B.3.1) 式の左辺は $x = x_0$ だけに依存しているから $\delta(x - x_0)$ は $x \neq x_0$ では 0 であろう．また $x = x_0$ でのみ有限な値をとる場合にはこの積分の右辺は有限値にはならないはずだ．したがって，むりやり普通の関数としてのデルタ関数の振舞いを書くならば

$$\delta(x - x_0) = \begin{cases} +\infty & (x = x_0) \\ 0 & (x \neq x_0) \end{cases} \tag{B.3.2}$$

しかない．さらに (B.3.1) 式で特に $\varphi(x) \equiv 1$ の場合を考えると，デルタ関数を（むりやり）積分した結果は

$$\int_{-\infty}^{\infty} \delta(x - x_0)\, dx = \int_{x_0 - \varepsilon}^{x_0 + \varepsilon} \delta(x - x_0)\, dx = 1 \tag{B.3.3}$$

となる（ε は任意の微小量）．

簡単化のために $x_0 = 0$ とすると，デルタ関数は

$$\delta(x) = \delta(-x), \tag{B.3.4}$$

$$\delta(ax) = \frac{1}{|a|} \delta(x) \quad (a \neq 0), \tag{B.3.5}$$

$$\delta(g(x)) = \sum_n \frac{1}{|g'(x_n)|} \delta(x - x_n) \quad (g(x_n) = 0 \text{ かつ } g'(x_n) \neq 0) \tag{B.3.6}$$

を満たす．これらは，超関数として見たとき等しいという意味での等式である．したがってあくまで，(B.1.4) 式のような積分を実行したときに同じ結果を与えるという意味で理解してほしい．

たとえば，$g(x)$ の零点を x_n $(n = 1, 2, \cdots)$ とすると

[*1]　というより，私はそれ以外の記法を見たことがない．

$$\int_{-\infty}^{\infty} \delta\left(g(x)\right) \varphi(x)\, dx = \int_{-\infty}^{\infty} \delta\left(|g(x)|\right) \varphi(x)\, dx$$

$$= \sum_n \int_{g(x_n)-\varepsilon}^{g(x_n)+\varepsilon} \delta\left(|g(x)|\right) \varphi(x) \left|\frac{dx}{dg}\right| dg = \sum_n \frac{1}{|g'(x_n)|} \varphi(x_n)$$

$$= \sum_n \frac{1}{|g'(x_n)|} \int_{-\infty}^{\infty} \delta(x-x_n)\, \varphi(x)\, dx \tag{B.3.7}$$

と変形できるという意味において，(B.3.6) 式の両辺は等しいのである．

広く用いられる便利な表式の 1 つが，デルタ関数のフーリエ積分表示：

$$\delta(x) = \frac{1}{2\pi} \int_{-\infty}^{\infty} e^{ikx}\, dk = \frac{1}{2\pi} \int_{-\infty}^{\infty} e^{-ikx}\, dk = \delta(-x) \tag{B.3.8}$$

である．この関係式を証明するために，$x_0 = 0$ として (B.3.1) 式の右辺に代入したとき，$\varphi(0)$ に一致することを確かめてみる．$\varphi(x)$ のフーリエ変換を

$$\widetilde{\varphi}(k) = \int_{-\infty}^{\infty} e^{-ikx}\, \varphi(x)\, dx \tag{B.3.9}$$

とすると[*2]

$$\int_{-\infty}^{\infty} \left(\frac{1}{2\pi} \int_{-\infty}^{\infty} e^{-ikx}\, dk\right) \varphi(x)\, dx$$

$$= \frac{1}{2\pi} \int_{-\infty}^{\infty} dk \left[\int_{-\infty}^{\infty} e^{-ikx}\, \varphi(x)\, dx\right] = \frac{1}{2\pi} \int_{-\infty}^{\infty} \widetilde{\varphi}(k)\, dk. \tag{B.3.10}$$

一方，$\widetilde{\varphi}(k)$ のフーリエ逆変換は，

$$\varphi(x) = \frac{1}{2\pi} \int_{-\infty}^{\infty} \widetilde{\varphi}(k)\, e^{ikx}\, dk \tag{B.3.11}$$

なので，(B.3.10) 式は確かに $\varphi(0)$ を与える．したがって，(B.3.8) 式が示された．

B.4 デルタ関数の微分

デルタ関数を含む計算を実行しているとその微分が必要となることがある．しかしデルタ関数をあたかも普通の関数のように考えたときにその振舞いを記述する (B.3.2) 式を微分することは不可能である．こうなるとやはり，デルタ関数は超関数であることを思い出して，超関数の微分の定義 (B.2.4) 式にたちかえる必要がある．つまり，

$$\widehat{\delta}^{\,(p)}[\varphi] = (-1)^p\, \widehat{\delta}[\varphi^{(p)}] = (-1)^p \varphi^{(p)}(0) = \int_{-\infty}^{\infty} \delta^{(p)}(x)\, \varphi(x)\, dx \tag{B.4.1}$$

[*2] この定義は係数が $1/\sqrt{2\pi}$ 倍だけ量子力学の慣用とは違っているが，実はこの定義の方がよく用いられていると思う（9.1 節の脚注 3 参照）．

248 | 付録 B 超関数とデルタ関数

となるような「関数」$\delta^{(p)}(x)$ を求める問題に帰着する。そのために (B.3.11) 式を微分すれば

$$\varphi^{(p)}(x) = \frac{1}{2\pi} \int_{-\infty}^{\infty} (ik)^p \, \widetilde{\varphi}(k) \, e^{ikx} \, dk. \tag{B.4.2}$$

したがって,

$$\begin{aligned}
(-1)^p \varphi^{(p)}(0) &= \frac{1}{2\pi} \int_{-\infty}^{\infty} (-ik)^p \, \widetilde{\varphi}(k) \, dk \\
&= \frac{1}{2\pi} \int_{-\infty}^{\infty} dk \, (-ik)^p \left[\int_{-\infty}^{\infty} e^{-ikx} \, \varphi(x) \, dx \right] \\
&= \int_{-\infty}^{\infty} \left[\frac{1}{2\pi} \int_{-\infty}^{\infty} (-ik)^p \, e^{-ikx} \, dk \right] \varphi(x) \, dx
\end{aligned} \tag{B.4.3}$$

となる。(B.4.1) 式と見比べれば,デルタ関数の p 階導関数に対する表式:

$$\delta^{(p)}(x) = \frac{1}{2\pi} \int_{-\infty}^{\infty} (-ik)^p \, e^{-ikx} \, dk = \frac{1}{2\pi} \int_{-\infty}^{\infty} (ik)^p \, e^{ikx} \, dk \tag{B.4.4}$$

を得る[*3]。

B.5 ヘヴィサイド関数

もう 1 つ重要な超関数の例が,ヘヴィサイド関数 (Heaviside function) $\widehat{H}[\varphi]$:

$$\widehat{H}[\varphi] \equiv \int_{-\infty}^{\infty} H(x) \, \varphi(x) \, dx \equiv \int_{0}^{\infty} \varphi(x) \, dx \tag{B.5.1}$$

である。ここでも慣用にしたがって,この式を満たすような右辺の積分のなかの「関数」$H(x)$ を単にヘヴィサイド関数と呼ぶ[*4]。この式から(むりやり普通の関数として見たときの)振舞いは

$$H(x) = \begin{cases} 1 & (x > 0) \\ 0 & (x < 0) \end{cases} \tag{B.5.2}$$

となり,原点で不連続となる。しかし,超関数の微分の定義にしたがえば,

$$\begin{aligned}
\widehat{H}'[\varphi] &\equiv - \int_{-\infty}^{\infty} H(x) \, \varphi'(x) \, dx = - \int_{0}^{\infty} \varphi'(x) \, dx = \varphi(0) \\
&\equiv \int_{-\infty}^{\infty} H'(x) \, \varphi(x) \, dx
\end{aligned} \tag{B.5.3}$$

[*3] うれしいことにこの結果は (B.3.8) 式を単に x で微分したものと一致しているが,一般にはそれが保証されているわけではない。

[*4] $H(x)$ ではなく $\Theta(x)$ と書くことも多い。

となるので,
$$H'(x) = \delta(x). \tag{B.5.4}$$
つまり,ヘヴィサイド関数の 1 階導関数はデルタ関数にほかならない.

B.6 ラプラシアンとデルタ関数

デルタ関数に関係してきわめて頻繁に登場する重要な関係式として,
$$\Delta\left(\frac{1}{r}\right) = -4\pi\delta(\boldsymbol{r}) = -4\pi\delta(x)\delta(y)\delta(z) \tag{B.6.1}$$
があるので最後にこれを証明しておこう.

まず $\boldsymbol{A} \equiv \nabla(1/r)$ として,ガウスの定理:
$$\int_V \nabla \cdot \boldsymbol{A}\, dV = \int_S \boldsymbol{A} \cdot d\boldsymbol{S} \tag{B.6.2}$$
を用いると,
$$\int_V \Delta\left(\frac{1}{r}dV\right) = \int_V \nabla \cdot \nabla\left(\frac{1}{r}\right) dV = \int_S \nabla\left(\frac{1}{r}\right) \cdot d\boldsymbol{S}. \tag{B.6.3}$$
また,
$$\nabla\left(\frac{1}{r}\right) = -\frac{\boldsymbol{r}}{r^3} \tag{B.6.4}$$
なので, (B.6.3) 式の右辺は
$$-\int_S \frac{\boldsymbol{r}}{r^3} \cdot d\boldsymbol{S} = -\int_S \frac{r}{r^3} r^2\, d\Omega = -\int_S d\Omega. \tag{B.6.5}$$

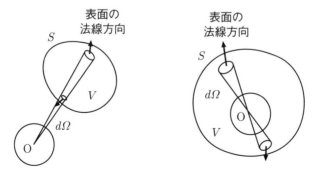

図 **B.1** ガウスの定理の積分領域.

図 B.1 からもわかるように,(B.6.5) 式の右辺の値は積分領域 V が原点を含むかど

うかで異なる．具体的には

$$
-\frac{1}{4\pi} \int_V \Delta\left(\frac{1}{r}\right) dV = \begin{cases} 0 & (V \text{ が原点を含まない場合}) \\ 1 & (V \text{ が原点を含む場合}) \end{cases} \tag{B.6.6}
$$

となり，これはまさにデルタ関数 $\delta(\boldsymbol{r})$ の定義そのものである．$r \neq 0$ の場合には

$$
\Delta\left(\frac{1}{r}\right) = \frac{1}{r^2}\frac{\partial}{\partial r}\left[r^2\frac{\partial}{\partial r}\left(\frac{1}{r}\right)\right] = 0 \tag{B.6.7}
$$

であるから[5]，(B.6.6) 式の積分は原点での特異性による結果である．以上より，(B.6.1) 式が証明された．

---

[5] ここでは例題 C.1 で示したラプラシアン (Laplacian) の極座標表示を用いたが，(B.6.4) 式を単純に微分してもよい．

付録C

例題集：問題編

C.1 極座標表示

解析力学ではデカルト座標を超えた一般化座標という概念が重要な役割を果たす．ただし形式論を別とすれば，実際にはデカルト座標と極座標が用いられることが多い．そこで，極座標についてまとめておこう．

問 [**1.1**] 3 次元の極座標系における正規直交基底ベクトルは

$$\boldsymbol{e}_r = \frac{\partial \boldsymbol{r}}{\partial r} \Big/ \left| \frac{\partial \boldsymbol{r}}{\partial r} \right|, \quad \boldsymbol{e}_\theta = \frac{\partial \boldsymbol{r}}{\partial \theta} \Big/ \left| \frac{\partial \boldsymbol{r}}{\partial \theta} \right|, \quad \boldsymbol{e}_\varphi = \frac{\partial \boldsymbol{r}}{\partial \varphi} \Big/ \left| \frac{\partial \boldsymbol{r}}{\partial \varphi} \right| \tag{C.1.1}$$

で定義される．$\boldsymbol{e}_r$, $\boldsymbol{e}_\theta$, および $\boldsymbol{e}_\varphi$ の成分を具体的に書き下せ．

問 [**1.2**] $\boldsymbol{v} = \dot{\boldsymbol{r}}$, $\boldsymbol{a} = \ddot{\boldsymbol{r}}$ を $\boldsymbol{e}_r$, $\boldsymbol{e}_\theta$, および $\boldsymbol{e}_\varphi$ を用いて書け．ただし $\cdot$ は時間に関する微分である．

問 [**1.3**] スカラー関数 $f(r, \theta, \varphi)$ の全微分：

$$df = \frac{\partial f}{\partial r} dr + \frac{\partial f}{\partial \theta} d\theta + \frac{\partial f}{\partial \varphi} d\varphi \tag{C.1.2}$$

は，$df = \mathrm{grad} f \cdot d\boldsymbol{r}$ と書くこともできる．問 [1.1] より，極座標では

$$d\boldsymbol{r} = dr\boldsymbol{e}_r + rd\theta\boldsymbol{e}_\theta + r\sin\theta d\varphi\boldsymbol{e}_\varphi \tag{C.1.3}$$

と書けることを用いて，スカラー関数の勾配：

$$\mathrm{grad} f = ((\nabla_r f)\boldsymbol{e}_r + (\nabla_\theta f)\boldsymbol{e}_\theta + (\nabla_\varphi f)\boldsymbol{e}_\varphi) \tag{C.1.4}$$

の成分 $\nabla_r f$, $\nabla_\theta f$, および $\nabla_\varphi f$ を極座標で求めよ．

問 [**1.4**] ベクトル $\boldsymbol{A}(r, \theta, \varphi)$ の発散の極座標表示：

$$\mathrm{div}\boldsymbol{A} = \frac{1}{r^2}\frac{\partial(r^2 A_r)}{\partial r} + \frac{1}{r\sin\theta}\frac{\partial(\sin\theta A_\theta)}{\partial \theta} + \frac{1}{r\sin\theta}\frac{\partial A_\varphi}{\partial \varphi} \tag{C.1.5}$$

を導け．

問 [**1.5**] 問 [1.3] と [1.4] を組み合わせてラプラシアンの極座標表示：

$$\Delta = \frac{1}{r^2}\frac{\partial}{\partial r}\left(r^2\frac{\partial}{\partial r}\right) + \frac{1}{r^2\sin\theta}\frac{\partial}{\partial \theta}\left(\sin\theta\frac{\partial}{\partial \theta}\right) + \frac{1}{r^2\sin^2\theta}\frac{\partial^2}{\partial \varphi^2} \tag{C.1.6}$$

を導け.

問 [**1.6**] ニュートンの運動方程式

$$m\ddot{\boldsymbol{r}} = -\boldsymbol{\nabla}U(r,\theta,\varphi) \tag{C.1.7}$$

を極座標表示せよ.

問 [**1.7**] 任意のベクトル $\boldsymbol{A}(r,\theta,\varphi)$ に対して, ガウスの定理より

$$\iiint \mathrm{div}\boldsymbol{A}dV = \iint \boldsymbol{A}\cdot d\boldsymbol{S} \tag{C.1.8}$$

が成り立つ. 図 C.1 のように, 極座標で $(r,\theta,\varphi)\sim (r+dr,\theta+d\theta,\varphi+d\varphi)$ の範囲にある体積要素に対して (C.1.8) 式を具体的に計算することで発散とラプラシアンの極座標表示である (C.1.5) 式と (C.1.6) 式を導け.

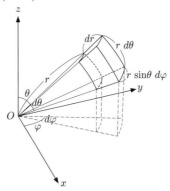

図 **C.1** 極座標での微小体積要素.

C.2 2次元曲面上の測地線

変分法の応用例として, 2次元曲面上の2点AとBを最短距離で結ぶ曲線 (測地線) の方程式を求めてみよう. この2次元曲面上に座標を設定し, 無限小だけ離れた2点, (x^1, x^2) と (x^1+dx^1, x^2+dx^2), の微小距離の2乗が

$$(ds)^2 \equiv \sum_{i,j=1}^{2} g_{ij}dx^i dx^j = g_{11}(dx^1)^2 + 2g_{12}(dx^1)(dx^2) + g_{22}(dx^2)^2 \tag{C.2.1}$$

で与えられるものとする (図 C.2). この ds を線素, $g_{ij} = g_{ij}(x^1, x^2)$ をこの曲面の計量と呼ぶ. ただし $g_{ij} = g_{ji}$ (下添字の入れ換えに対して対称) とする.

問 [**2.1**] (C.2.1) 式より

$$\sum_{i,j=1}^{2} g_{ij}\frac{dx^i}{ds}\frac{dx^j}{ds} = 1 \tag{C.2.2}$$

という関係が成り立つことを用いて, AB間の距離を

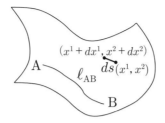

図 **C.2** 2次元曲面上の線素と測地線.

$$\ell_{AB} = \int_A^B ds = \int_A^B \sum_{i,j=1}^2 g_{ij} \frac{dx^i}{ds} \frac{dx^j}{ds} ds \equiv \int_A^B f\left(x, \frac{dx}{ds}\right) ds \quad (C.2.3)$$

と書き下す．この ℓ_{AB} を $x^1(s)$ と $x^2(s)$ に関して変分して，最小値をとる条件を求めよ．

問 [**2.2**] 上問の結果はそのままでは見づらいので，g_{ij} の逆行列 g^{ij} :

$$\sum_{k=1}^2 g^{mk} g_{ki} = \delta^m{}_i = \begin{cases} 1 & (m=i) \\ 0 & (m \neq i) \end{cases} \quad (クロネッカー記号) \quad (C.2.4)$$

を定義して，

$$\frac{d^2 x^i}{ds^2} + \sum_{j,k=1}^2 \Gamma^i{}_{jk} \frac{dx^j}{ds} \frac{dx^k}{ds} = 0 \quad (i=1,2) \quad (C.2.5)$$

と変形する．$\Gamma^i{}_{jk}$（クリストッフェル記号と呼ばれる）を g_{ij} と g^{ij} とを用いた式で書き下せ．(C.2.5) 式は測地線の方程式と呼ばれている．

問 [**2.3**] 特に平面の場合には g_{ij} がクロネッカー記号 δ_{ij} で与えられる．このときの $\Gamma^i{}_{jk}$ を計算し，(C.2.5) 式を具体的に書き下せ．

問 [**2.4**] 2次元の自由粒子に対する作用：

$$S = \frac{1}{2} m \int_A^B \sum_{i,j=1}^2 \delta_{ij} \frac{dx^i}{dt} \frac{dx^j}{dt} dt \quad (C.2.6)$$

を一般化座標 (q^1, q^2) を用いて書き直した上で，(C.2.3) 式と見比べて，2次元曲面の測地線と，2次元自由粒子の運動方程式の関係について論ぜよ．

C.3 斜面上に拘束された質点

図 C.3 のように，質量 M の滑らかな斜面上を運動する質量 m の質点を考える．重力加速度を g として以下の問に答えよ．

問 [**3.1**] 図 C.3 のように質点の位置を (x, y)，斜面の左端の位置を $(X, 0)$ とし，斜面が水平面（x 軸）となす角を α とする．このとき，これらの間に成り立つ拘束条件を求めよ．

問 [**3.2**] ラグランジュの未定乗数法を用いて，問 [3.1] の拘束条件を取り入れたラグラ

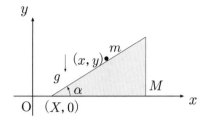

図 **C.3** 斜面上に拘束された質点.

ンジュ方程式を書き下せ.

問 [**3.3**] これらのラグランジュ方程式を用いて λ を決定せよ.

問 [**3.4**] 得られた λ の値を代入してラグランジュ方程式を解き, $x(t)$, $y(t)$, $X(t)$ を求めよ. ただし初期条件は, $t=0$ で $X=0$, $y=y_0$, $dX/dt=dx/dt=dy/dt=0$ とする.

C.4 二重平面振り子

図 C.4 のように重力加速度 g のもとで鉛直面内を運動する二重平面振り子を考える. 質点 m_1 と m_2 に結びついている質量の無視できる剛体の棒の長さを ℓ_1 と ℓ_2 とする.

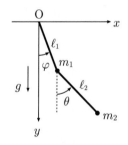

図 **C.4** 重力場内での二重平面振り子.

問 [**4.1**] 角度 φ と θ を用いてこの系のラグランジアンを書き下せ.

問 [**4.2**] 微小振動 ($\varphi \ll 1$, $\theta \ll 1$) の場合に, φ と θ に関して線形化されたラグランジュ方程式を求めよ.

問 [**4.3**] $\varphi = Ae^{iwt}$, $\theta = Be^{iwt}$ の形の解 (A と B は定数) が存在するために w が満たすべき条件を求めよ.

C.5 サイクロイド振り子

問 [**5.1**] 鉛直上向きに y 軸を, 水平右向きに x 軸をとる. 中心 O が $(0,-r)$ にある半径 r の円上の点 P$(0,-2r)$ を考える.

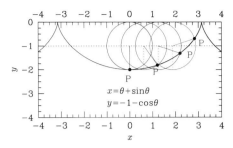

図 **C.5** サイクロイド.

この円が x 軸に沿って滑らずに回転する際に,P が描く軌跡が

$$x = r(\theta + \sin\theta), \qquad y = -r(\cos\theta + 1) \tag{C.5.1}$$

で与えられることを示せ.この曲線をサイクロイドと呼ぶ(図 C.5).

問 [5.2] 同じく鉛直上向きに y 軸を,水平右向きに x 軸をとる.原点を速度 0 で出発した質点が,下向き重力加速度 g のもとで $y = y(x)$ という曲線に沿って運動する.このとき,$x = x_f(>0), y = y_f(<0)$ に到達するまでの時間が

$$T = \int_0^{x_f} \frac{1}{\sqrt{-2gy}} \sqrt{1 + \left(\frac{dy}{dx}\right)^2} dx \tag{C.5.2}$$

で与えられることを示せ.

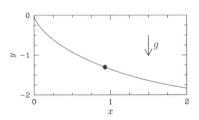

図 **C.6** 最速降下線.

問 [5.3] 変分法を用いて,この T を最小にするような曲線(最速降下線)が以下のサイクロイドで与えられることを示せ(図 C.6).ただし r は定数である.

$$x = r(\theta - \sin\theta), \qquad y = -r(1 - \cos\theta). \tag{C.5.3}$$

問 [5.4] (C.5.3) 式を (C.5.2) 式に代入して,T を

$$x_f = r(\theta_f - \sin\theta_f), \qquad y_f = -2r\sin^2(\theta_f/2) \tag{C.5.4}$$

で定義される r と θ_f を用いて書き下せ.

問 [5.5] 図 C.7 のように,2 つのサイクロイドの壁:

$$x = \pm a(\varphi - \sin\varphi), \qquad y = -a(1 - \cos\varphi) \tag{C.5.5}$$

256 | 付録 C 例題集：問題編

にはさまれた領域の原点に，長さ $4a$ の伸びない糸の一端を結びつけ，他端に質量 m の質点をつけて振り子とする．図 C.7 を参考にしながら下向き重力加速度 g のもとでのこの振り子の先の質点の軌跡が次のサイクロイドで表されることを示せ．

$$x = a(\theta + \sin\theta), \qquad y = -a(1 + \cos\theta) - 2a \tag{C.5.6}$$

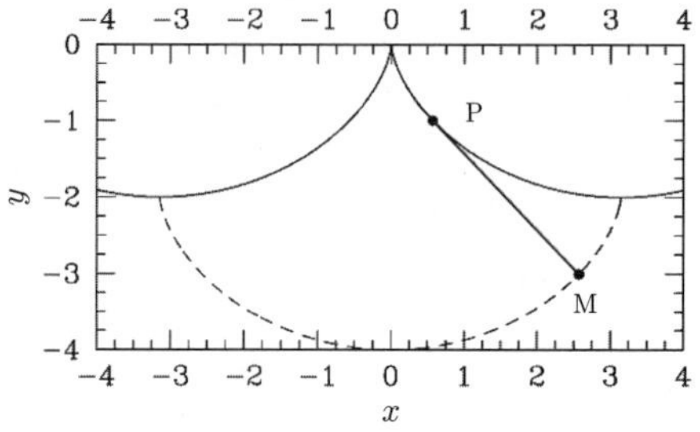

図 **C.7** サイクロイド振り子.

問 [**5.6**] 問 [5.5] で求めたサイクロイド振り子に対するオイラー–ラグランジュ方程式を積分し，有限の振幅に対しても厳密に等時性が成り立っていることを示せ．

C.6 荷電粒子に対するラグランジアンとラーマーの定理

電場 $\boldsymbol{E}$，磁場 $\boldsymbol{B}$ 中を速度 $\boldsymbol{v}$ で運動する電荷 q の粒子は，ローレンツ力：

$$\boldsymbol{F} = q\,(\boldsymbol{E} + \boldsymbol{v} \times \boldsymbol{B}) \tag{C.6.1}$$

を受ける．

問 [**6.1**] ここで，

$$\boldsymbol{B} = \mathrm{rot}\,\boldsymbol{A}, \qquad \boldsymbol{E} = -\mathrm{grad}\,\varphi - \frac{\partial \boldsymbol{A}}{\partial t}, \tag{C.6.2}$$

として，ベクトルポテンシャル $\boldsymbol{A}$ とスカラーポテンシャル φ を導入すれば，マクスウェル方程式のうちの2つ：

$$\mathrm{div}\,\boldsymbol{B} = 0, \tag{C.6.3}$$

$$\mathrm{rot}\,\boldsymbol{E} + \frac{\partial \boldsymbol{B}}{\partial t} = 0 \tag{C.6.4}$$

が自動的に満たされることを示せ．

問 [**6.2**] ベクトルポテンシャル $\boldsymbol{A}$ とスカラーポテンシャル φ を用いれば，(C.6.1) 式は

$$\boldsymbol{F} = q\left[-\mathrm{grad}\,\varphi - \frac{\partial \boldsymbol{A}}{\partial t} + (\boldsymbol{v} \times \mathrm{rot}\,\boldsymbol{A})\right] \tag{C.6.5}$$

となるが，この力は $\mathrm{rot}\,\boldsymbol{F} \neq 0$ であるから，あるポテンシャルの grad で表すことはできない，つまり保存力ではない．のみならず力が速度に依存しているため，ラグランジ

ュ形式に取り込むには

$$\boldsymbol{F} = -\frac{\partial U}{\partial \boldsymbol{r}} + \frac{d}{dt}\left(\frac{\partial U}{\partial \boldsymbol{v}}\right) \tag{C.6.6}$$

と書けるような速度に依存する一般化されたポテンシャル $U = U(\boldsymbol{r}, \boldsymbol{v})$ を探す必要がある．具体的に

$$U = q\varphi(\boldsymbol{r}) - q\boldsymbol{v}\cdot\boldsymbol{A}(\boldsymbol{r}) \tag{C.6.7}$$

がこの $\boldsymbol{F}$ を与えることを示せ．

問 [6.3] 以上を用いると電磁場内にある荷電粒子のラグランジアンを

$$L = \frac{1}{2}m\left|\frac{d\boldsymbol{r}}{dt}\right|^2 + q\frac{d\boldsymbol{r}}{dt}\cdot\boldsymbol{A} - q\varphi(\boldsymbol{r}) \tag{C.6.8}$$

と書くことができる．ここで粒子の質量を m とした．このラグランジアンに対するオイラー–ラグランジュ方程式を計算し，その成分を具体的に書き下すことで (C.6.1) 式が成り立つことを確かめよ．

問 [6.4] z 軸方向に時間に依存しない一様な磁場 $\boldsymbol{B} = (0, 0, B)$ を与えるようなベクトルポテンシャルは一意的には決まらない．それらの表式の具体例を 2 つあげよ．

問 [6.5] ゲージ変換

$$\boldsymbol{A}' = \boldsymbol{A} + \mathrm{grad}\Lambda(\boldsymbol{r}, t), \quad \varphi' = \varphi - \frac{\partial \Lambda(\boldsymbol{r}, t)}{\partial t} \tag{C.6.9}$$

のもとで，(C.6.8) 式から導かれる運動方程式は不変であることを示せ．また，問 [6.4] で例としてあげた 2 つのベクトルポテンシャルを結びつける関数 Λ を求めよ．

問 [6.6] (C.6.8) 式において，$\boldsymbol{A} = 0$, かつスカラーポテンシャルが z 軸のまわりに対称，すなわち，$\varphi(\boldsymbol{r}) = \varphi(\sqrt{x^2 + y^2}, z)$ の場合を考える．このラグランジアンを，z 軸のまわりに一定角速度 Ω で回転する座標系において定義された粒子の座標 $\boldsymbol{r}' = (x', y', z')$:

$$\begin{pmatrix} x' \\ y' \\ z' \end{pmatrix} = \begin{pmatrix} \cos\Omega t & \sin\Omega t & 0 \\ -\sin\Omega t & \cos\Omega t & 0 \\ 0 & 0 & 1 \end{pmatrix} \begin{pmatrix} x \\ y \\ z \end{pmatrix} \tag{C.6.10}$$

を用いて書き直せ．

問 [6.7] このラグランジアンは，z 軸方向に時間に依存しない一様な磁場 $\boldsymbol{B} = (0, 0, B)$ をもち，スカラーポテンシャルが $\varphi + \Delta\varphi$ となる系のラグランジアンと等価であることを示し，そのときの Ω と $\Delta\varphi$ の表式を求めよ．

問 [6.8] 上述の結果は，スカラーポテンシャル φ が軸対称，かつ磁場が弱くその 2 次以上の項が φ に比べて無視できる場合には，磁場のない場合のラグランジアンを角振動数 Ω で z 軸のまわりに回転する座標系で記述した場合と一致することを示す．この結果はラーマーの定理として知られている．具体的に，球対称ポテンシャルエネルギー：

258 | 付録 C 例題集：問題編

$$\varphi = \frac{1}{2}k|\boldsymbol{r}|^2 \tag{C.6.11}$$

のもとで振動数 $w = \sqrt{k/m}$ で単振動している荷電粒子：

$$(x, y, z) = (A\cos(wt + \alpha), B\cos(wt + \beta), C\cos(wt + \gamma)) \tag{C.6.12}$$

を考える．ラーマーの定理を用いて，z 軸の向きに B_0 の一様磁場をかけたときのこの粒子の運動を論ぜよ．

問 [**6.9**] スカラーポテンシャル

$$\varphi = \frac{\alpha}{2}(2z^2 - x^2 - y^2) \qquad (\alpha \text{ は定数}) \tag{C.6.13}$$

と z 軸方向に時間に依存しない一様な磁場 $\boldsymbol{B} = (0, 0, B)$ のもとで運動する粒子に対して，運動方程式の x, y, z 成分をそれぞれ書き下せ．

問 [**6.10**] 特に $q > 0$, $0 < \alpha < qB^2/(4m)$ の場合に，問 [6.9] の運動方程式の一般解を求め，それらがどのような運動であるかを定性的に述べよ．

C.7 ケプラー運動

太陽のまわりを回る地球の運動を厳密な 2 体問題として取り扱う．太陽の質量と位置ベクトルを m_S, $\boldsymbol{r}_\mathrm{S}$，地球の質量と位置ベクトルを m_E, $\boldsymbol{r}_\mathrm{E}$ とすると，この系のラグランジアンは

$$L = \frac{1}{2}m_\mathrm{S}|\dot{\boldsymbol{r}}_\mathrm{S}|^2 + \frac{1}{2}m_\mathrm{E}|\dot{\boldsymbol{r}}_\mathrm{E}|^2 + Gm_\mathrm{E}m_\mathrm{S}\frac{1}{|\boldsymbol{r}_\mathrm{S} - \boldsymbol{r}_\mathrm{E}|} \tag{C.7.1}$$

で与えられる（G はニュートンの重力定数で，$\cdot$ は時間微分を表す）．

問 [**7.1**] この系の全質量 (M) と換算質量 (μ) を以下で定義する．

$$M = m_\mathrm{S} + m_\mathrm{E}, \quad \mu = \frac{m_\mathrm{S}\, m_\mathrm{E}}{m_\mathrm{S} + m_\mathrm{E}}. \tag{C.7.2}$$

このとき (C.7.1) 式のラグランジアンをこの系の重心ベクトル $\boldsymbol{R}$ と，太陽から見た地球の相対位置ベクトル $\boldsymbol{r}$ を用いて書き直せ．

問 [**7.2**] 以下では相対運動に関するラグランジアンのみを考えることにする．このとき角運動量が保存することから，系の運動は角運動量ベクトルに垂直な 2 次元面内に留まる．$\boldsymbol{r}$ を太陽を原点としたその面上での極座標 (r, φ) で表し（図 C.8），相対運動に関するラグランジアンを書き下せ．ただし，$\alpha \equiv G\mu M$ という記号を用いてよい．

問 [**7.3**] この系の保存量である角運動量 J と全エネルギー E を用いて，$\dot{\varphi}$ と $\dot{r}$ を r の関数として求めよ．

問 [**7.4**] $d\varphi/dr = \dot{\varphi}/\dot{r}$ を解いて，軌跡の方程式 $r = r(\varphi)$ が

$$r = \frac{p}{1 + e\cos(\varphi - \varphi_0)} \tag{C.7.3}$$

となることを示し，定数 p と e を求めよ．また，φ_0 の物理的意味を述べよ．

問 [**7.5**] 図 C.8 のように φ を定義すると $(\varphi_0 = 0)$，$(x, y) = (r\cos\varphi, r\sin\varphi)$ は，

$$\begin{cases} \left(\dfrac{x+ae}{a}\right)^2 + \left(\dfrac{y}{b}\right)^2 = 1 & (E<0), \\ y^2 = p^2 - 2px & (E=0), \\ \left(\dfrac{x-ae}{a}\right)^2 - \left(\dfrac{y}{b}\right)^2 = 1 & (E>0) \end{cases} \quad (\mathrm{C.7.4})$$

という軌跡を描くことを示し，a と b の値を求めよ．

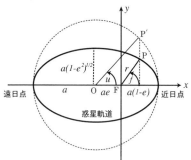

図 **C.8** ケプラー軌道．a：軌道長半径，e：離心率，f：真近点角，u：離心近点角．ただし，$f = \varphi - \varphi_0$．

C.8　ラグランジュ点

天文観測衛星は，ラグランジュ点と呼ばれる重力的な平衡点の 1 つに打ち上げられることが多い．太陽と地球の系に対するラグランジュ点の座標を以下の手順で計算してみよう．

太陽（質量 m_S）と地球（質量 m_E）が互いの重力によってケプラー運動しているものとする．簡単のために以下では軌道の離心率は無視して円運動の場合のみを考える．それらの公転面上で太陽と地球の重心を原点とする 2 次元座標系として，慣性系 S と，太陽と地球がつねに x 軸上の点 P_S と点 P_E に位置するような回転系 S' を考える（図 C.9 参照）．太陽と地球の距離を a とすれば，S' 系における P_S と P_E の座標はそれぞれ $(-\mu_\mathrm{E} a, 0)$, $(\mu_\mathrm{S} a, 0)$ で与えられる．ただし，

$$\mu_\mathrm{S} \equiv \frac{m_\mathrm{S}}{m_\mathrm{S}+m_\mathrm{E}}, \qquad \mu_\mathrm{E} \equiv \frac{m_\mathrm{E}}{m_\mathrm{S}+m_\mathrm{E}} \quad (\mathrm{C.8.1})$$

である．また，この回転系の角速度 ω はケプラーの第 3 法則より，

$$G(m_\mathrm{S}+m_\mathrm{E}) = \omega^2 a^3 \quad (\mathrm{C.8.2})$$

を満たす．

問 **[8.1]** この平面上の任意の点を P としたとき，S 系における P の成分 (ξ,η) を S' 系での成分 (x,y) で表せ．

問 **[8.2]** S' 系から見て (x,y) の位置にある質量 m の質点を考える．m は m_S および m_E に比べて十分小さく，この質点は太陽と地球のケプラー運動には影響を与えない

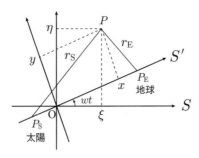

図 C.9 太陽と地球の共動回転座標系.

とするとき,この質点に対するラグランジアンが

$$L = \frac{m}{2}(\dot{x}^2 + \dot{y}^2) + \frac{m\omega^2}{2}(x^2 + y^2) + m\omega(x\dot{y} - \dot{x}y) + Gm\left(\frac{m_S}{r_S} + \frac{m_E}{r_E}\right) \quad \text{(C.8.3)}$$

となることを示せ.ただし,

$$r_S \equiv \sqrt{(x + \mu_E a)^2 + y^2}, \qquad r_E \equiv \sqrt{(x - \mu_S a)^2 + y^2} \quad \text{(C.8.4)}$$

である.

問 [8.3] この質点の S' 系における運動方程式を書き下せ.

問 [8.4] S' 系から見たとき,この質点の加速度と速度がともに 0 となるような特別な点 ($\ddot{x} = \ddot{y} = \dot{x} = \dot{y} = 0$) はラグランジュ点と呼ばれ,全部で 5 つあることが知られている.運動方程式よりラグランジュ点の満たすべき条件を導け.

問 [8.5] S' 系の x 軸上にないラグランジュ点は 2 つあり,$y > 0$ のものを L_4 点,$y < 0$ のものを L_5 点と呼ぶ(図 C.10).それらの座標を求めよ.

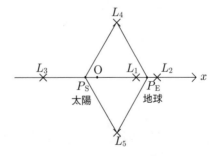

図 C.10 制限 3 体問題の正三角形解,直線解とラグランジュ点.

問 [8.6] S' 系の x 軸上にあるラグランジュ点は,P_S と P_E の外側に 1 つずつ,および P_S と P_E の中間に 1 つ,合わせて 3 つ存在する(図 C.10).特に地球から見て太陽とは逆方向にある L_2 点は,天文観測衛星に適した位置である.この L_2 点と P_E との距離を r_E として運動方程式の x 成分を考えれば,μ_E/μ_S が $u \equiv r_E/a$ の関数として

$$\frac{\mu_{\mathrm{E}}}{\mu_{\mathrm{S}}} = \frac{u^3}{(1+u)^2} \frac{3+3u+u^2}{1-u^3} \tag{C.8.5}$$

と書けることを示せ. 変形の際, $\mu_{\mathrm{S}} + \mu_{\mathrm{E}} = 1$ であることに注意せよ.

問 [**8.7**] (C.8.5) 式から, $\mu_{\mathrm{E}}/\mu_{\mathrm{S}} \ll 1$ の場合 $u \ll 1$ となることがわかる. このとき, L_2 点の位置 u を $\mu_{\mathrm{E}}/\mu_{\mathrm{S}}$ の最低次で求めよ. 特に, 太陽と地球の系 ($\mu_{\mathrm{E}}/\mu_{\mathrm{S}} \approx 3 \times 10^{-6}$, $a \approx 1.5 \times 10^8$ km) の場合, 地球と L_2 点までの距離の値を近似的に求めよ.

C.9 ビリアル定理

多粒子系に対するラグランジアン:

$$L = T - U = \sum_{a=1}^{N} \frac{1}{2} m_a |\boldsymbol{v}_a|^2 - U(\boldsymbol{r}_1, \cdots, \boldsymbol{r}_N) \tag{C.9.1}$$

を考え, 特にポテンシャルエネルギーが座標に関する k 次の同次関数, すなわち, 任意の定数 α に対して

$$U(\alpha \boldsymbol{r}_1, \cdots, \alpha \boldsymbol{r}_N) = \alpha^k U(\boldsymbol{r}_1, \cdots, \boldsymbol{r}_N) \tag{C.9.2}$$

という関係を満たすものとする. このとき, これらの粒子が有限の空間領域で運動しているならば, この系の運動エネルギーとポテンシャルエネルギーの長時間平均 $\overline{T}$ と $\overline{U}$ の間には

$$2\overline{T} = k\overline{U}, \qquad \overline{T} = \lim_{\tau \to \infty} \frac{1}{\tau} \int_0^\tau T(t) dt, \quad \overline{U} = \lim_{\tau \to \infty} \frac{1}{\tau} \int_0^\tau U(t) dt \tag{C.9.3}$$

という関係が成り立つ. これをビリアル定理 (virial theorem) と呼ぶ. この関係式を導き, 具体的な応用例を考えてみよう.

問 [**9.1**] まず

$$2T = \sum_{a=1}^{N} \frac{\partial T}{\partial \boldsymbol{v}_a} \cdot \boldsymbol{v}_a, \tag{C.9.4}$$

$$kU = \sum_{a=1}^{N} \frac{\partial U}{\partial \boldsymbol{r}_a} \cdot \boldsymbol{r}_a \tag{C.9.5}$$

が成り立つことを示せ.

問 [**9.2**] この系の全エネルギーを E とする. (C.9.4) 式と (C.9.5) 式を用いて, 粒子が有限の空間領域に留まるという条件から

$$\overline{T} = \frac{k}{k+2} E, \quad \overline{U} = \frac{2}{k+2} E \tag{C.9.6}$$

が導かれることを示せ.

問 [**9.3**] 一般に天体はそのなかの構成要素が互いの自己重力で束縛系をなしたものである. 100 から 1000 個程度の銀河が集団化した自己重力系を銀河団と呼ぶ. 簡単化のために, 同じ質量 m をもつ $N(\gg 1)$ 個の銀河からなる銀河団を考えてみよう. 重力ポテ

262 | 付録 C 例題集：問題編

ンシャルは $k = -1$ の場合に対応するから，ビリアル定理より

$$2\overline{T} = -\overline{U} \tag{C.9.7}$$

が成り立つ．銀河団が力学的な平衡状態にあるならば，銀河の速度分散の長時間平均 $\overline{v^2}$ と銀河団の半径の長時間平均 $\overline{R}$ を，それぞれ観測された銀河に対する統計平均によって置き換えることができる．具体的に，視線方向の速度分散を

$$v_{\text{obs}}^2 \equiv \frac{1}{N} \sum_{a=1}^{N} v_{\text{obs},a}^2, \tag{C.9.8}$$

銀河団の半径を

$$R_{\text{cl}} \equiv \left(\frac{1}{N^2} \sum_{a \neq b}^{N} \frac{1}{|r_{\text{obs},a} - r_{\text{obs},b}|} \right)^{-1} \tag{C.9.9}$$

としたとき，銀河団の質量 M_{cl} を書き下せ．典型的には $v_{\text{obs}} \approx 1000 \text{ km s}^{-1}$，$R_{\text{cl}} \approx 1 \text{ Mpc} \approx 3 \times 10^{24} \text{ cm}$ 程度である．このとき M_{cl} は太陽質量 $M_{\odot} \approx 2 \times 10^{33} \text{ g}$ の何倍となるかを概算せよ．

C.10 ポアソン括弧を用いた 1 次元調和振動子の解法

角振動数 w の 1 次元調和振動子ポテンシャル中にある質量 m の粒子に対するハミルトニアンは

$$H = \frac{1}{2m}p^2 + \frac{1}{2}mw^2q^2 \tag{C.10.1}$$

で与えられる．この系の運動を 4 つの異なる方法で解いてみる．以下，必要であればこの系のエネルギーの値を E として用いよ．

問 [**10.1**] ハミルトン方程式を書き下し，その微分方程式を直接解いて $q(t)$ を求めよ．

問 [**10.2**] 座標 Q が循環座標となるような正準変換を見つけてこの問題を解くことを考える．仮にこれができたとすれば，

$$P = \alpha \text{ (定数)}, \quad \dot{Q} = \frac{\partial H}{\partial P}\bigg|_{P=\alpha} = \beta \text{ (定数)} \quad \Rightarrow \quad Q = \beta t + \gamma \tag{C.10.2}$$

となる．今の場合，具体的に

$$p = f(P)\cos Q, \quad q = \frac{f(P)}{mw}\sin Q \tag{C.10.3}$$

という形を仮定して，Q が循環座標となる正準変換の母関数を求めるとともに $f(P)$ を決定せよ．さらに P と Q に対するハミルトニアンを書き下し，そのハミルトン方程式を解いて $P(t), Q(t), p(t), q(t)$ を求めよ．

問 [**10.3**] ポアソン括弧を用いた形式解：

$$f(t) = f_0 + t\{f, H\}_0 + \frac{t^2}{2!}\{\{f, H\}, H\}_0 + \frac{t^3}{3!}\{\{\{f, H\}, H\}, H\}_0 + \cdots \tag{C.10.4}$$

を用いて，$p(t)$ と $q(t)$ を求めよ．

問 [**10.4**] ハミルトン-ヤコビの方程式：

$$\frac{\partial S}{\partial t} + H\left(q, \frac{\partial S}{\partial q}\right) = 0 \tag{C.10.5}$$

を解いて $p(t)$ と $q(t)$ を求めよ.

C.11 シンプレクティック数値積分

力学系を数値的に積分する場合,系の時間発展を正準変数で記述し,それらがつねに正準変数となるように差分化するやり方をシンプレクティック数値積分法と呼ぶ.その具体例を紹介してみよう.

問 [**11.1**] 座標 q と運動量 p の2つに分離したハミルトニアン:

$$H(p,q) = H_p(p) + H_q(q) \tag{C.11.1}$$

で記述される1次元力学系を考える.また,時刻 t_n と $t_{n+1} = t_n + \Delta t$ における座標と運動量を (q_n, p_n), (q_{n+1}, p_{n+1}) としよう.ハミルトン方程式を数値積分するために,微分を差分に置き換える.そのもっとも単純な可能性は

$$q_{n+1} = q_n + \frac{\partial H_p(p_n)}{\partial p_n}\Delta t, \quad p_{n+1} = p_n - \frac{\partial H_q(q_n)}{\partial q_n}\Delta t \tag{C.11.2}$$

である.(C.11.2) 式によって定義される (q_n, p_n) と (q_{n+1}, p_{n+1}) の関係は,一般には正準変換ではないことを示せ.

問 [**11.2**] (C.11.2) 式を少しだけ変更して

$$q_{n+1} = q_n + \frac{\partial H_p(p_n)}{\partial p_n}\Delta t, \quad p_{n+1} = p_n - \frac{\partial H_q(q_{n+1})}{\partial q_{n+1}}\Delta t \tag{C.11.3}$$

とすれば,(q_n, p_n) と (q_{n+1}, p_{n+1}) は正準変換で結ばれることを示せ.

問 [**11.3**] 図 C.11 のように,長さ l の伸び縮みしない糸でつり下げられた質量 m の質点の運動を考える.重力加速度を g,質点振り子が鉛直方向となす角度を θ としたとき,そのラグランジアンを書け.

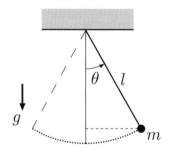

図 **C.11** 重力場内での質点振り子.

問 [**11.4**] 角度 θ に対する共役運動量 p を求め,この系に対するハミルトニアンが

$$H = p\dot{\theta} - L = \frac{p^2}{2ml^2} + mgl(1 - \cos\theta) \tag{C.11.4}$$

となることを示せ.

問 [**11.5**] (C.11.4) 式のハミルトニアンを無次元化した

$$H = \frac{p^2}{2} + 1 - \cos q \tag{C.11.5}$$

を考えてみよう. これに対して

$$q_{n+1} = q_n + p_n \Delta t, \quad p_{n+1} = p_n - (\sin q_n)\Delta t \tag{C.11.6}$$

という非シンプレクティック差分をとった場合と,

$$q_{n+1} = q_n + p_n \Delta t, \quad p_{n+1} = p_n - (\sin q_{n+1})\Delta t \tag{C.11.7}$$

というシンプレクティック差分をとった場合について, 実際に数値積分して位相空間上での軌道を比較してみよ. 初期条件としては, いずれも $q = 0.1$ で $p = 0$, すなわち, 質点を角度 0.1 ラジアンのところまで持ち上げてそのまま静かに手をはなす状況を選べ. 微小振幅の場合にはこの系の周期は無次元化した値で

$$T = 2\pi\sqrt{\frac{l}{g}} \approx 6.3 \tag{C.11.8}$$

である. 数値積分の時間刻みとして同じく無次元化した値が $\Delta t = 0.2$ および 0.02 の 2 つの場合を試してみよ.

C.12 アインシュタイン係数とプランク分布

以下の問にしたがって, 原子と輻射場との平衡条件を考えることで黒体輻射に関するプランクの公式を導いてみよう.

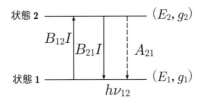

図 **C.12** 原子のエネルギー準位間の光子の吸収と放出.

図 C.12 のように, E_1 と $E_2(> E_1)$ の 2 つのエネルギー準位をもつ原子を考える. 状態 1, 2 にある原子の数密度をそれぞれ n_1, n_2 とすると, 温度 T の熱平衡状態では

$$\frac{n_2}{n_1} = \frac{g_2 \exp(-E_2/k_\mathrm{B}T)}{g_1 \exp(-E_1/k_\mathrm{B}T)} = \frac{g_2}{g_1}\exp\left(-\frac{h\nu_{12}}{k_\mathrm{B}T}\right) \tag{C.12.1}$$

が成り立つ (g_1 および g_2 は状態 1 と 2 の自由度に対応する統計因子なのであるが, とりあえずここではボルツマン因子の前の比例係数と考えておけばよい). ここで,

$\nu_{12} = (E_2 - E_1)/h$ である．この原子の状態 1 から 2，および状態 2 から 1 への単位体積単位時間あたりの遷移率は，吸収・放出する光子の強度を $I(\nu_{12})$ としたとき，それぞれ

$$\frac{dn}{dt}\bigg|_{1\to 2} = B_{12}n_1 I(\nu_{12}), \tag{C.12.2}$$

$$\frac{dn}{dt}\bigg|_{2\to 1} = A_{21}n_2 + B_{21}n_2 I(\nu_{12}) \tag{C.12.3}$$

で与えられ，A_{21}，B_{12}，B_{21} はアインシュタインの A 係数，B 係数と呼ばれている．

問 [12.1] 図 C.12 を参考にしながら，(C.12.2) 式と (C.12.3) 式の右辺にある 3 つの項の物理的な意味を定性的に考えてみよ．

問 [12.2] この原子と輻射場の系が熱平衡状態にあると仮定したとき，(C.12.1)-(C.12.3) 式を用いて，輻射強度 $I(\nu_{12})$ を他の量で書き下せ．

問 [12.3] $h\nu_{12} \ll k_{\mathrm{B}}T$ の極限で，問 [12.2] で求めた表式が古典論から得られるレイリー–ジーンズ分布を再現するためにアインシュタイン係数が満たすべき関係式を 2 つ導け．

問 [12.4] これらの結果から，原子と輻射場が温度 T の平衡状態にある場合の輻射強度の式 $I(\nu)$ がプランク分布に一致することを示せ．

C.13　ハミルトンの方程式とハイゼンベルクの運動方程式

古典論におけるハミルトンの方程式：

$$\frac{dx}{dt} = \frac{\partial H}{\partial p}, \quad \frac{dp}{dt} = -\frac{\partial H}{\partial x} \tag{C.13.1}$$

と，量子論におけるハイゼンベルクの方程式：

$$\frac{d\hat{x}}{dt} = \frac{1}{i\hbar}[\hat{x}, \hat{H}], \quad \frac{d\hat{p}}{dt} = \frac{1}{i\hbar}[\hat{p}, \hat{H}] \tag{C.13.2}$$

とを自然に結びつけるために，座標演算子 $\hat{x}$ と運動量演算子 $\hat{p}$ が満たすべき交換関係を考えてみよう．

問 [13.1] 任意の演算子 $\hat{a}$, $\hat{b}$, $\hat{c}$ の間の交換関係が

$$[\hat{a}, \hat{b}\hat{c}] = [\hat{a}, \hat{b}]\hat{c} + \hat{b}[\hat{a}, \hat{c}] \tag{C.13.3}$$

を満たすことを示し，それを用いて $[\hat{a}, \hat{b}^n]$ を $[\hat{a}, \hat{b}]$ と $\hat{b}^j$ によって具体的に書き下せ．ただし，n と j は自然数で，$1 \le j \le n-1$ とする．

問 [13.2] 特にハミルトニアン演算子 $\hat{H}$ が，$\hat{x}$ のべき級数と $\hat{p}$ のべき級数の和で書き下せる場合を考える．問 [13.1] の結果を利用して，座標演算子と運動量演算子の間に正準交換関係

$$[\hat{x}, \hat{p}] = i\hbar \tag{C.13.4}$$

が成り立てば，(C.13.1) 式と (C.13.2) 式とがうまく対応づけられることを示せ．

C.14 水素原子の波動関数の級数的解法

クーロンポテンシャル $V(r) = -e^2/r$ の下でエネルギー E をもつ荷電粒子に対するシュレーディンガー方程式：

$$\left[-\frac{\hbar^2}{2m}\Delta + V(r) \right] u(\boldsymbol{r}) = Eu(\boldsymbol{r}) \tag{C.14.1}$$

を以下の手続きにしたがって解いてみよう．水素原子に適用する場合，この式は電子の原子核（陽子）に対する相対運動のハミルトニアンに対応する．その場合，m は陽子（質量 m_p）と電子（質量 m_e）の換算質量 $m_\mathrm{p}m_\mathrm{e}/(m_\mathrm{p}+m_\mathrm{e})$ で，$\boldsymbol{r}$ は原子核から測った電子の位置ベクトルである．

問 [14.1] $u(\boldsymbol{r}) \equiv R(r)Y(\theta, \varphi)$ とおけば (C.14.1) 式はさらに変数分離でき，μ をある定数として次式に帰着することを示せ．

$$\frac{1}{r^2}\frac{d}{dr}\left(r^2 \frac{dR}{dr} \right) + \left\{ \frac{2m}{\hbar^2}[E - V(r)] - \frac{\mu}{r^2} \right\} R = 0, \tag{C.14.2}$$

$$\frac{1}{\sin\theta}\frac{\partial}{\partial\theta}\left(\sin\theta \frac{\partial Y}{\partial\theta} \right) + \frac{1}{\sin^2\theta}\frac{\partial^2 Y}{\partial\varphi^2} + \mu Y = 0. \tag{C.14.3}$$

問 [14.2] (C.14.3) 式が発散しない解をもつためには，l を負でない整数として $\mu = l(l+1)$ が必要となる．これを既知とすれば，束縛状態 ($E < 0$) の場合

$$\rho \equiv \sqrt{\frac{8m|E|}{\hbar^2}}\,r, \qquad \lambda \equiv \frac{e^2}{\hbar c}\sqrt{\frac{mc^2}{2|E|}} \tag{C.14.4}$$

のように変数変換したとき，$R(\rho)$ に関する方程式は

$$R'' + \frac{2}{\rho}R' - \frac{l(l+1)}{\rho^2}R + \left(\frac{\lambda}{\rho} - \frac{1}{4} \right)R = 0 \tag{C.14.5}$$

となる．ただし，$'$ は ρ に関する微分を表す．この式より，$\rho \to \infty$ で，R は漸近的に $e^{-\rho/2}$ のように振舞うことがわかる．そこで $R \equiv e^{-\rho/2}F(\rho)$ とおき，$F(\rho)$ が微分方程式

$$F'' + \left(\frac{2}{\rho} - 1 \right)F' + \left[\frac{\lambda - 1}{\rho} - \frac{l(l+1)}{\rho^2} \right]F = 0 \tag{C.14.6}$$

を満たすことを示せ．さらに $\rho \ll 1$ では，$F(\rho) \propto \rho^l$ と振舞うことを示し，$F(\rho) \equiv \rho^l L(\rho)$ とおいたとき，$L(\rho)$ の満たす微分方程式が

$$\rho L'' + (2l + 2 - \rho)L' + (\lambda - l - 1)L = 0 \tag{C.14.7}$$

となることを示せ．

問 [14.3] $L(\rho)$ を級数展開して

C.15 演算子を用いた 1 次元調和振動子の波動関数の解法 | 267

$$L(\rho) = \sum_{\nu=0} c_\nu \rho^\nu \quad (c_0 \neq 0) \tag{C.14.8}$$

を (C.14.7) 式に代入することで, $R(\rho)$ が $\rho \to \infty$ で発散しないためには, ある負でない整数 n' を用いて $\lambda = l + 1 + n'$ という条件が成り立たねばならないことを示せ.

問 [14.4] 以上の結果から, ボーア半径 $r_{\rm B}$ を用いて, 水素原子のエネルギー準位が

$$E_n = -\frac{e^2}{2r_{\rm B}}\frac{1}{n^2} \quad (n = 1, 2, \cdots) \quad \left(r_{\rm B} = \frac{\hbar^2}{me^2}\right) \tag{C.14.9}$$

と書けることを示せ.

問 [14.5] $(n, l) = (1, 0), (2, 0), (2, 1)$ に対応する動径波動関数 $R_{10}(r), R_{20}(r), R_{21}(r)$ を具体的に計算せよ. ただし, 以下のように規格化すること.

$$\int_0^\infty r^2 |R_{nl}(r)|^2 dr = 1. \tag{C.14.10}$$

C.15 演算子を用いた 1 次元調和振動子の波動関数の解法

ハミルトニアン

$$\hat{H}(\hat{x}, \hat{p}) = \frac{\hat{p}^2}{2m} + \frac{mw^2}{2}\hat{x}^2 \tag{C.15.1}$$

をもつ 1 次元調和振動子の, エネルギー固有値 E に対するベクトルを $|E\rangle$ とすると

$$\hat{H}|E\rangle = E|E\rangle. \tag{C.15.2}$$

この固有値問題を以下のように代数的な方法で解いてみよう.

問 [15.1] まず次の演算子

$$\hat{a} = \sqrt{\frac{mw}{2\hbar}}\hat{x} + \frac{i}{\sqrt{2m\hbar w}}\hat{p} \tag{C.15.3}$$

を定義する. この演算子の共役演算子 $\hat{a}^\dagger$ を求め, これらの演算子間の交換関係 $[\hat{a}, \hat{a}^\dagger]$, $[\hat{a}, \hat{a}]$, および $[\hat{a}^\dagger, \hat{a}^\dagger]$ を計算せよ.

問 [15.2] n を自然数とするとき, 交換関係 $[\hat{a}, (\hat{a}^\dagger)^n]$ および $[\hat{a}^\dagger, \hat{a}^n]$ を求めよ.

問 [15.3] 演算子 $\hat{N} = \hat{a}^\dagger\hat{a}$ を具体的に計算し, $\hat{H}$ を用いて書き下せ. またこの演算子がエルミート演算子であることを示せ.

問 [15.4] 交換関係 $[\hat{H}, \hat{a}^\dagger]$ および $[\hat{H}, \hat{a}]$ を計算せよ. これを用いて, (C.15.2) 式で定義した $|E\rangle$ に対して, $\hat{a}^\dagger$ と $\hat{a}$ を作用させた $\hat{a}^\dagger|E\rangle$ および $\hat{a}|E\rangle$ がいずれもハミルトニアンの固有ベクトルとなることを示し, その固有値を求めよ. この結果から $\hat{a}^\dagger$ と $\hat{a}$ がそれぞれ生成・消滅演算子と呼ばれる理由を簡単に説明せよ.

問 [15.5] この調和振動子のエネルギーの固有状態には最小の固有値をもつもの (基底状態) が存在する. その値を E_0, 状態ベクトルを $|E_0\rangle$ とするとき

$$\hat{a}|E_0\rangle = 0 \tag{C.15.4}$$

が成り立つことを示し, E_0 の値を求めよ.

268 | 付録 C 例題集：問題編

問 [15.6] n 番目の励起状態のエネルギー固有値を E_n としたとき，E_n の値を求め，対応する固有ベクトル $|E_n\rangle$ を $\hat{a}$, $\hat{a}^\dagger$, $|E_0\rangle$ を用いて構成せよ．ただし，$\langle E_0|E_0\rangle = 1$ と規格化されているものとし，$|E_n\rangle$ も $\langle E_n|E_n\rangle = 1$ を満たすようにその係数を決定すること．

問 [15.7] (C.15.4) 式を座標表示での波動関数 $\psi_0(x) = \langle x|E_0\rangle$ に対する微分方程式に直し，規格化された $\psi_0(x)$ を求めよ．

問 [15.8] 問 [15.7] で得られた基底状態の波動関数に生成演算子を作用させることで，第 1–第 3 励起状態の波動関数 ψ_1, ψ_2, および ψ_3 を計算せよ．

付録D

例題集：解答編

D.1 極座標表示

解 [1.1]

$$\boldsymbol{r} = r(\sin\theta\cos\varphi, \sin\theta\sin\varphi, \cos\theta) \tag{D.1.1}$$

であるから，

$$\frac{\partial\boldsymbol{r}}{\partial r} = (\sin\theta\cos\varphi, \sin\theta\sin\varphi, \cos\theta), \tag{D.1.2}$$

$$\frac{\partial\boldsymbol{r}}{\partial\theta} = r(\cos\theta\cos\varphi, \cos\theta\sin\varphi, -\sin\theta), \tag{D.1.3}$$

$$\frac{\partial\boldsymbol{r}}{\partial\varphi} = r(-\sin\theta\sin\varphi, \sin\theta\cos\varphi, 0). \tag{D.1.4}$$

これらを規格化すれば

$$\boldsymbol{e}_r = (\sin\theta\cos\varphi, \sin\theta\sin\varphi, \cos\theta), \tag{D.1.5}$$

$$\boldsymbol{e}_\theta = (\cos\theta\cos\varphi, \cos\theta\sin\varphi, -\sin\theta), \tag{D.1.6}$$

$$\boldsymbol{e}_\varphi = (-\sin\varphi, \cos\varphi, 0) \tag{D.1.7}$$

が得られる．

解 [1.2] 微分というと成分だけを微分すればよいように誤解しがちだが，一般にはもちろん基底ベクトルの微分を忘れないことが大切である．これは一般相対論の共変微分という概念に通じる．問 [1.1] の結果を用いると

$$\dot{\boldsymbol{e}}_r = \dot{\theta}\boldsymbol{e}_\theta + \dot{\varphi}\sin\theta\boldsymbol{e}_\varphi, \tag{D.1.8}$$

$$\dot{\boldsymbol{e}}_\theta = -\dot{\theta}\boldsymbol{e}_r + \dot{\varphi}\cos\theta\boldsymbol{e}_\varphi, \tag{D.1.9}$$

$$\dot{\boldsymbol{e}}_\varphi = -\dot{\varphi}(\sin\theta\boldsymbol{e}_r + \cos\theta\boldsymbol{e}_\theta). \tag{D.1.10}$$

そこで $\boldsymbol{r} = r\boldsymbol{e}_r$ を微分して，上記の結果を代入すると

$$\dot{\boldsymbol{r}} = \dot{r}\boldsymbol{e}_r + r\dot{\boldsymbol{e}}_r = \dot{r}\boldsymbol{e}_r + r\dot{\theta}\boldsymbol{e}_\theta + r\dot{\varphi}\sin\theta\boldsymbol{e}_\varphi. \tag{D.1.11}$$

同様にして

270 | 付録 D 例題集：解答編

$$\ddot{\boldsymbol{r}} = \ddot{r}\boldsymbol{e}_r + \dot{r}\dot{\boldsymbol{e}}_r + (\dot{r}\dot{\theta} + r\ddot{\theta})\boldsymbol{e}_\theta + r\dot{\theta}\dot{\boldsymbol{e}}_\theta$$
$$+ (\dot{r}\dot{\varphi}\sin\theta + r\dot{\theta}\dot{\varphi}\cos\theta + r\ddot{\varphi}\sin\theta)\boldsymbol{e}_\varphi + r\sin\theta\dot{\varphi}\dot{\boldsymbol{e}}_\varphi$$
$$= (\ddot{r} - r\dot{\theta}^2 - r\dot{\varphi}^2\sin^2\theta)\boldsymbol{e}_r + (2\dot{r}\dot{\theta} + r\ddot{\theta} - r\dot{\varphi}^2\sin\theta\cos\theta)\boldsymbol{e}_\theta$$
$$+ (2\dot{r}\dot{\varphi}\sin\theta + 2r\dot{\theta}\dot{\varphi}\cos\theta + r\ddot{\varphi}\sin\theta)\boldsymbol{e}_\varphi \qquad \text{(D.1.12)}$$

となる.

解 [1.3] $\boldsymbol{e}_r, \boldsymbol{e}_\theta, \boldsymbol{e}_\varphi$ は正規直交基底ベクトルなので

$$df = ((\nabla_r f)\boldsymbol{e}_r + (\nabla_\theta f)\boldsymbol{e}_\theta + (\nabla_\varphi f)\boldsymbol{e}_\varphi) \cdot (dr\boldsymbol{e}_r + rd\theta\boldsymbol{e}_\theta + r\sin\theta d\varphi\boldsymbol{e}_\varphi)$$
$$= (\nabla_r f)dr + (\nabla_\theta f)rd\theta + (\nabla_\varphi f)r\sin\theta d\varphi. \qquad \text{(D.1.13)}$$

これと (C.1.2) 式を比較して

$$\nabla_r f = \frac{\partial f}{\partial r}, \quad \nabla_\theta f = \frac{1}{r}\frac{\partial f}{\partial \theta}, \quad \nabla_\varphi f = \frac{1}{r\sin\theta}\frac{\partial f}{\partial \varphi}. \qquad \text{(D.1.14)}$$

解 [1.4] 問 [1.3] より，勾配の極座標表示は

$$\boldsymbol{\nabla} = \boldsymbol{e}_r\frac{\partial}{\partial r} + \boldsymbol{e}_\theta\frac{1}{r}\frac{\partial}{\partial \theta} + \boldsymbol{e}_\varphi\frac{1}{r\sin\theta}\frac{\partial}{\partial \varphi}. \qquad \text{(D.1.15)}$$

したがって，

$$\text{div}\boldsymbol{A} = \left(\boldsymbol{e}_r\frac{\partial}{\partial r} + \boldsymbol{e}_\theta\frac{1}{r}\frac{\partial}{\partial \theta} + \boldsymbol{e}_\varphi\frac{1}{r\sin\theta}\frac{\partial}{\partial \varphi}\right) \cdot (\boldsymbol{e}_r A_r + \boldsymbol{e}_\theta A_\theta + \boldsymbol{e}_\varphi A_\varphi). \qquad \text{(D.1.16)}$$

ここで (D.1.5)-(D.1.7) 式より

$$\frac{\partial \boldsymbol{e}_r}{\partial r} = 0, \quad \frac{\partial \boldsymbol{e}_r}{\partial \theta} = \boldsymbol{e}_\theta, \quad \frac{\partial \boldsymbol{e}_r}{\partial \varphi} = \sin\theta\boldsymbol{e}_\varphi,$$
$$\frac{\partial \boldsymbol{e}_\theta}{\partial r} = 0, \quad \frac{\partial \boldsymbol{e}_\theta}{\partial \theta} = -\boldsymbol{e}_r, \quad \frac{\partial \boldsymbol{e}_\theta}{\partial \varphi} = \cos\theta\boldsymbol{e}_\varphi,$$
$$\frac{\partial \boldsymbol{e}_\varphi}{\partial r} = 0, \quad \frac{\partial \boldsymbol{e}_\varphi}{\partial \theta} = 0, \quad \frac{\partial \boldsymbol{e}_\varphi}{\partial \varphi} = -\sin\theta\boldsymbol{e}_r - \cos\theta\boldsymbol{e}_\theta \qquad \text{(D.1.17)}$$

なので，これを (D.1.16) に用いれば

$$\text{div}\boldsymbol{A} = \frac{\partial A_r}{\partial r} + \frac{1}{r}A_r + \frac{1}{r}\frac{\partial A_\theta}{\partial \theta} + \frac{\sin\theta}{r\sin\theta}A_r + \frac{\cos\theta}{r\sin\theta}A_\theta + \frac{1}{r\sin\theta}\frac{\partial A_\varphi}{\partial \varphi}$$
$$= \frac{1}{r^2}\frac{\partial(r^2 A_r)}{\partial r} + \frac{1}{r\sin\theta}\frac{\partial(\sin\theta A_\theta)}{\partial \theta} + \frac{1}{r\sin\theta}\frac{\partial A_\varphi}{\partial \varphi}. \qquad \text{(D.1.18)}$$

解 [1.5] 単に成分を代入すればよい.

$$\Delta f = \boldsymbol{\nabla} \cdot (\boldsymbol{\nabla} f)$$
$$= \frac{1}{r^2}\frac{\partial}{\partial r}\left(r^2\frac{\partial f}{\partial r}\right) + \frac{1}{r^2\sin\theta}\frac{\partial}{\partial \theta}\left(\sin\theta\frac{\partial f}{\partial \theta}\right) + \frac{1}{(r\sin\theta)^2}\frac{\partial^2 f}{\partial \varphi^2}. \qquad \text{(D.1.19)}$$

この結果は覚えておくと役に立つことが多い.

解 [1.6] (D.1.12) 式と (D.1.14) 式より

$$m(\ddot{r} - r\dot{\theta}^2 - r\dot{\varphi}^2 \sin\theta^2) = -\frac{\partial U}{\partial r}, \tag{D.1.20}$$

$$m(2\dot{r}\dot{\theta} + r\ddot{\theta} - r\dot{\varphi}^2 \sin\theta\cos\theta) = -\frac{1}{r}\frac{\partial U}{\partial\theta}, \tag{D.1.21}$$

$$m(2\dot{r}\dot{\varphi}\sin\theta + 2r\dot{\theta}\dot{\varphi}\cos\theta + r\ddot{\varphi}\sin\theta) = -\frac{1}{r\sin\theta}\frac{\partial U}{\partial\varphi}. \tag{D.1.22}$$

解 [1.7]

$$\boldsymbol{A} = \boldsymbol{e}_r A_r + \boldsymbol{e}_\theta A_\theta + \boldsymbol{e}_\varphi A_\varphi, \tag{D.1.23}$$

$$d\boldsymbol{S} = \boldsymbol{e}_r r^2 \sin\theta d\theta d\varphi + \boldsymbol{e}_\theta r \sin\theta dr d\varphi + \boldsymbol{e}_\varphi r dr d\theta \tag{D.1.24}$$

より (C.1.8) 式の左辺を図 C.1 の微小体積要素に対して計算すれば

$$\iiint \mathrm{div}\boldsymbol{A}\, dV \approx \mathrm{div}\boldsymbol{A}\, r^2 \sin\theta dr d\theta d\varphi. \tag{D.1.25}$$

一方，(C.1.8) 式の右辺は

$$\iint \boldsymbol{A}\cdot d\boldsymbol{S} \approx A_r r^2 \sin\theta d\theta d\varphi \Big|_r^{r+dr} + A_\theta r \sin\theta dr d\varphi \Big|_\theta^{\theta+d\theta} + A_\varphi r dr d\theta \Big|_\varphi^{\varphi+d\varphi}$$

$$\approx \frac{\partial}{\partial r}\left(r^2 A_r\right) dr \sin\theta d\theta d\varphi + \frac{\partial}{\partial\theta}\left(\sin\theta A_\theta\right) d\theta dr d\varphi + \left(\frac{\partial A_\varphi}{\partial\varphi}\right) d\varphi dr d\theta.$$

$$\tag{D.1.26}$$

したがって，

$$\mathrm{div}\boldsymbol{A} \approx \frac{1}{r^2 \sin\theta dr d\theta d\varphi} \iint \boldsymbol{A}\cdot d\boldsymbol{S}$$

$$= \frac{1}{r^2}\frac{\partial(r^2 A_r)}{\partial r} + \frac{1}{r\sin\theta}\frac{\partial(\sin\theta A_\theta)}{\partial\theta} + \frac{1}{r\sin\theta}\frac{\partial A_\varphi}{\partial\varphi} \tag{D.1.27}$$

となり (C.1.5) 式に帰着する．また，この結果において

$$A_r = \frac{\partial}{\partial r}, \quad A_\theta = \frac{1}{r}\frac{\partial}{\partial\theta}, \quad A_\varphi = \frac{1}{r\sin\theta}\frac{\partial}{\partial\varphi} \tag{D.1.28}$$

を代入すると (C.1.6) 式を得る．

D.2　2次元曲面上の測地線

解 [2.1] ℓ_{AB} の変分 $\delta\ell_{\mathrm{AB}}$ が 0 となる条件は，オイラー–ラグランジュ方程式

$$\frac{d}{ds}\frac{\partial f}{\partial(dx^k/ds)} - \frac{\partial f}{\partial x^k} = 0 \qquad (k = 1, 2) \tag{D.2.1}$$

で与えられる．これを具体的に計算すると

$$\frac{d}{ds}\frac{\partial f}{\partial(dx^k/ds)} = \frac{d}{ds}\left[\sum_{i,j=1}^{2} g_{ij}\left(\delta^i{}_k \frac{dx^j}{ds} + \frac{dx^i}{ds}\delta^j{}_k\right)\right]$$

$$
= \frac{d}{ds}\left(\sum_{j=1}^{2} g_{kj}\frac{dx^j}{ds} + \sum_{i=1}^{2} g_{ik}\frac{dx^i}{ds}\right) = 2\frac{d}{ds}\left(\sum_{i=1}^{2} g_{ki}\frac{dx^i}{ds}\right)
$$

$$
= 2\left(\sum_{i=1}^{2} g_{ki}\frac{d^2 x^i}{ds^2} + \sum_{i,j=1}^{2} \frac{\partial g_{ki}}{\partial x^j}\frac{dx^j}{ds}\frac{dx^i}{ds}\right), \tag{D.2.2}
$$

$$
\frac{\partial f}{\partial x^k} = \sum_{i,j=1}^{2} \frac{\partial g_{ij}}{\partial x^k}\frac{dx^i}{ds}\frac{dx^j}{ds}. \tag{D.2.3}
$$

これらを (D.2.1) 式に代入すると

$$
\sum_{i=1}^{2} g_{ki}\frac{d^2 x^i}{ds^2} + \sum_{i,j=1}^{2}\left(\frac{\partial g_{ki}}{\partial x^j} - \frac{1}{2}\frac{\partial g_{ij}}{\partial x^k}\right)\frac{dx^i}{ds}\frac{dx^j}{ds} = 0. \tag{D.2.4}
$$

解 [2.2] (D.2.4) 式の両辺に (C.2.4) 式で定義した g^{mk} を掛け, k について和をとると

$$
\frac{d^2 x^m}{ds^2} + \sum_{i,j,k=1}^{2} g^{mk}\frac{1}{2}\left(\frac{\partial g_{ki}}{\partial x^j} + \frac{\partial g_{kj}}{\partial x^i} - \frac{\partial g_{ij}}{\partial x^k}\right)\frac{dx^i}{ds}\frac{dx^j}{ds} = 0. \tag{D.2.5}
$$

この式と

$$
\frac{d^2 x^i}{ds^2} + \sum_{j,k=1}^{2} \Gamma^i{}_{jk}\frac{dx^j}{ds}\frac{dx^k}{ds} = 0 \qquad (i=1,2) \tag{D.2.6}
$$

とを見比べれば, クリストッフェル記号が

$$
\Gamma^m{}_{ij} \equiv \sum_{k=1}^{2} g^{mk}\Gamma_{kij}, \quad \Gamma_{kij} \equiv \frac{1}{2}\left(\frac{\partial g_{ki}}{\partial x^j} + \frac{\partial g_{kj}}{\partial x^i} - \frac{\partial g_{ij}}{\partial x^k}\right) \tag{D.2.7}
$$

という表式で与えられることがわかる. (D.2.6) 式は, 2 次元曲面上の 2 点を最短距離で結ぶ曲線の満たす方程式で, 測地線方程式と呼ばれる.

解 [2.3] $g_{ij} = \delta_{ij}$ の場合, (D.2.7) 式より明らかに $\Gamma^i{}_{jk}$ はすべて 0 になる. つまり,

$$
\frac{d^2 x^i}{ds^2} = 0. \tag{D.2.8}
$$

もちろんこの方程式の解は直線である.

解 [2.4] (C.2.6) 式を一般化座標 (q^1, q^2) を用いて書き直してみると (ただし, 拘束条件はないものとする),

$$
x^k = f^k(q^1, q^2) \ \Rightarrow \ \frac{dx^k}{dt} = \sum_{l=1}^{2} \frac{\partial f^k}{\partial q^l}\frac{dq^l}{dt} \quad (k=1,2) \tag{D.2.9}
$$

より

$$
S = \frac{1}{2}m\int_{\mathrm{A}}^{\mathrm{B}} \sum_{k,l=1}^{2} \underbrace{\left(\sum_{i,j=1}^{2} \delta_{ij}\frac{\partial f^i}{\partial q^k}\frac{\partial f^j}{\partial q^l}\right)}_{\equiv g_{kl}(q)}\frac{dq^k}{dt}\frac{dq^l}{dt}\,dt. \tag{D.2.10}
$$

つまり 2 次元曲面に対する (C.2.3) 式は, 一般化座標で表した自由粒子に対する作用と

D.4 二重平面振り子 | 273

等価であることがわかる．したがって，測地線の方程式 (C.2.5) は，s を時間座標 t と書き直すだけで，一般化座標での自由粒子の運動方程式に帰着する．この結果は添字 i, j, k, l の範囲を 1 から 3 までにひろげれば，そのまま 3 次元に拡張できる．

D.3 斜面上に拘束された質点

解 [3.1] 図 C.3 より明らかに

$$y = (x - X) \tan \alpha. \tag{D.3.1}$$

解 [3.2] ラグランジュの未定乗数を λ とすると修正されたラグランジアンは

$$L = \frac{m}{2}(\dot{x}^2 + \dot{y}^2) + \frac{M}{2}\dot{X}^2 - mgy + \lambda\left[y - (x - X)\tan\alpha\right]. \tag{D.3.2}$$

これより，

$$\frac{d}{dt}\frac{\partial L}{\partial \dot{x}} - \frac{\partial L}{\partial x} = 0 \quad \Rightarrow \quad m\ddot{x} + \lambda\tan\alpha = 0, \tag{D.3.3}$$

$$\frac{d}{dt}\frac{\partial L}{\partial \dot{y}} - \frac{\partial L}{\partial y} = 0 \quad \Rightarrow \quad m\ddot{y} + mg - \lambda = 0, \tag{D.3.4}$$

$$\frac{d}{dt}\frac{\partial L}{\partial \dot{X}} - \frac{\partial L}{\partial X} = 0 \quad \Rightarrow \quad M\ddot{X} - \lambda\tan\alpha = 0, \tag{D.3.5}$$

$$\frac{\partial L}{\partial \lambda} = 0 \quad \Rightarrow \quad y = (x - X)\tan\alpha. \tag{D.3.6}$$

解 [3.3] (D.3.6) 式を時間に関して 2 回微分したものに，(D.3.3)-(D.3.5) 式を代入すると

$$\frac{\lambda}{m} - g = \left(-\frac{\lambda\tan\alpha}{m} - \frac{\lambda\tan\alpha}{M}\right)\tan\alpha = -\lambda\tan^2\alpha\left(\frac{1}{M} + \frac{1}{m}\right)$$

$$\Rightarrow \quad \lambda = \frac{mMg}{(m+M)\tan^2\alpha + M} = \frac{mMg\cos^2\alpha}{M + m\sin^2\alpha}. \tag{D.3.7}$$

解 [3.4] λ を代入すると，すべての式は独立に解ける．初期条件を考慮すると，解は

$$x(t) = -\frac{\lambda\tan\alpha}{2m}t^2 + x|_{t=0} = -\frac{Mg\cos\alpha\sin\alpha}{2M + 2m\sin^2\alpha}t^2 + \frac{y_0}{\tan\alpha}, \tag{D.3.8}$$

$$y(t) = \frac{\lambda - mg}{2m}t^2 + y_0 = \frac{Mg\cos^2\alpha}{2M + 2m\sin^2\alpha}t^2 - \frac{1}{2}gt^2 + y_0, \tag{D.3.9}$$

$$X(t) = \frac{\lambda\tan\alpha}{2M}t^2 = \frac{mg\cos\alpha\sin\alpha}{2M + 2m\sin^2\alpha}t^2. \tag{D.3.10}$$

D.4 二重平面振り子

解 [4.1] 図 C.4 のように x 軸と y 軸を選ぶと，それぞれの質点の座標は

$$m_1 : (x_1, y_1) = (\ell_1 \sin\varphi, \ell_1 \cos\varphi), \tag{D.4.1}$$

$$m_2 : (x_2, y_2) = (\ell_1 \sin\varphi + \ell_2 \sin\theta, \ell_1 \cos\varphi + \ell_2 \cos\theta). \tag{D.4.2}$$

したがって，運動エネルギーは

$$
\begin{aligned}
T &= \frac{m_1}{2}(\dot{x}_1^2 + \dot{y}_1^2) + \frac{m_2}{2}(\dot{x}_2^2 + \dot{y}_2^2) \\
&= \frac{m_1}{2}\ell_1^2\dot{\varphi}^2 + \frac{m_2}{2}\left[\ell_1^2\dot{\varphi}^2 + \ell_2^2\dot{\theta}^2 + 2\ell_1\ell_2(\sin\varphi\sin\theta + \cos\varphi\cos\theta)\dot{\varphi}\dot{\theta}\right] \\
&= \frac{m_1 + m_2}{2}\ell_1^2\dot{\varphi}^2 + \frac{m_2}{2}\ell_2^2\dot{\theta}^2 + m_2\ell_1\ell_2\dot{\varphi}\dot{\theta}\cos(\theta - \varphi). \tag{D.4.3}
\end{aligned}
$$

一方，ポテンシャルエネルギーは

$$
\begin{aligned}
U &= -m_1 g \ell_1 \cos\varphi - m_2 g(\ell_1 \cos\varphi + \ell_2 \cos\theta) \\
&= -(m_1 + m_2)g\ell_1\cos\varphi - m_2 g\ell_2\cos\theta. \tag{D.4.4}
\end{aligned}
$$

これらをまとめると，ラグランジアンは

$$
\begin{aligned}
L = T - U = \frac{m_1 + m_2}{2}\ell_1^2\dot{\varphi}^2 + \frac{m_2}{2}\ell_2^2\dot{\theta}^2 + m_2\ell_1\ell_2\,\dot{\varphi}\,\dot{\theta}\,\cos(\theta - \varphi) \\
+ (m_1 + m_2)g\ell_1\cos\varphi + m_2 g\ell_2\cos\theta. \tag{D.4.5}
\end{aligned}
$$

解 [4.2] (D.4.5) 式のラグランジアンを近似すると

$$L \approx \frac{m_1 + m_2}{2}\left(\ell_1^2\dot{\varphi}^2 - g\ell_1\varphi^2\right) + \frac{m_2}{2}\left(\ell_2^2\dot{\theta}^2 - g\ell_2\theta^2\right) + m_2\ell_1\ell_2\dot{\varphi}\dot{\theta} \tag{D.4.6}$$

となるので（運動方程式には関係しない定数項は無視した），

$$\frac{d}{dt}\left(\frac{\partial L}{\partial \dot{\varphi}}\right) - \frac{\partial L}{\partial \varphi} = (m_1 + m_2)\ell_1^2\ddot{\varphi} + m_2\ell_1\ell_2\ddot{\theta} + (m_1 + m_2)g\ell_1\varphi = 0, \tag{D.4.7}$$

$$\frac{d}{dt}\left(\frac{\partial L}{\partial \dot{\theta}}\right) - \frac{\partial L}{\partial \theta} = m_2\ell_2^2\ddot{\theta} + m_2\ell_1\ell_2\ddot{\varphi} + m_2 g\ell_2\theta = 0. \tag{D.4.8}$$

解 [4.3] $\varphi = Ae^{iwt}$ と $\theta = Be^{iwt}$ を (D.4.7) 式，(D.4.8) 式に代入すれば

$$\begin{pmatrix} (m_1 + m_2)(g - \ell_1 w^2) & -m_2\ell_2 w^2 \\ -\ell_1 w^2 & g - \ell_2 w^2 \end{pmatrix}\begin{pmatrix} A \\ B \end{pmatrix} = 0. \tag{D.4.9}$$

これが非自明な解をもつためには，左辺の行列の行列式が 0 でなくてはならないから

$$(m_1 + m_2)(g - \ell_1 w^2)(g - \ell_2 w^2) - m_2\ell_1\ell_2 w^4 = 0$$

$$\Rightarrow\ m_1\ell_1\ell_2 w^4 - g(m_1 + m_2)(\ell_1 + \ell_2)w^2 + g^2(m_1 + m_2) = 0. \tag{D.4.10}$$

(D.4.10) 式の解は，

$$
\begin{aligned}
w_\pm^2 \equiv \frac{g}{2m_1\ell_1\ell_2}\Big[&(m_1 + m_2)(\ell_1 + \ell_2) \\
&\pm \sqrt{(m_1 + m_2)^2(\ell_1 + \ell_2)^2 - 4m_1(m_1 + m_2)\ell_1\ell_2}\Big]. \tag{D.4.11}
\end{aligned}
$$

D.5 サイクロイド振り子 | 275

さらに $w_+ > w_- > 0$ を選べば，微小振動に対応する一般解は

$$\begin{cases} \varphi = A_+ \cos(w_+ t + \delta_+) + A_- \cos(w_- t + \delta_-), \\ \theta = B_+ \cos(w_+ t + \delta_+) + B_- \cos(w_- t + \delta_-) \end{cases} \quad \text{(D.4.12)}$$

と書ける．ただし，振幅は

$$\left(\frac{A}{B}\right)_\pm = \frac{g - \ell_2 w_\pm^2}{\ell_1 w_\pm^2} = \frac{g}{\ell_1 w_\pm^2} - \frac{\ell_2}{\ell_1} \quad \text{(D.4.13)}$$

の関係を満たす．特に $m_1 \gg m_2$ の場合には，$w_+ = \sqrt{g/\ell_1}$, $w_- = \sqrt{g/\ell_2}$ となり，独立な振り子の振動数に一致する（ここでは $\ell_2 > \ell_1$ とした）．

D.5 サイクロイド振り子

解 [5.1] 点 P が中心 O に対してなす回転角を θ とすると，中心 O の座標は $(r\theta, -r)$. したがって，点 P の座標は $(r\sin\theta, -r\cos\theta)$ を足して，

$$x = r(\theta + \sin\theta), \qquad y = -r(\cos\theta + 1). \quad \text{(D.5.1)}$$

解 [5.2] y の位置での粒子の速度は $v = \sqrt{-2gy}$. この曲線に沿って運動するときの無限小距離は $\sqrt{dx^2 + dy^2}$ であるから，

$$T = \int_0^{x_f} \frac{\sqrt{dx^2 + dy^2}}{\sqrt{-2gy}} = \int_0^{x_f} \frac{1}{\sqrt{-2gy}} \sqrt{1 + \left(\frac{dy}{dx}\right)^2} \, dx. \quad \text{(D.5.2)}$$

解 [5.3] ラグランジアンとして

$$L(x, y, y') = \left(\frac{1 + y'^2}{-y}\right)^{1/2}, \quad \text{ただし } y' = \frac{dy}{dx} \quad \text{(D.5.3)}$$

を選び，まずそれに対するオイラー–ラグランジュ方程式を求める．

$$\frac{\partial L}{\partial y} = \frac{(1 + y'^2)^{1/2}}{2(-y)^{3/2}}, \quad \text{(D.5.4)}$$

$$\begin{aligned} \frac{d}{dx}\left(\frac{\partial L}{\partial y'}\right) &= \frac{d}{dx}\left(\frac{y'}{\sqrt{-y(1 + y'^2)}}\right) \\ &= \frac{y''}{\sqrt{-y(1 + y'^2)}} + \frac{y'}{2} \times \frac{y'(1 + y'^2) + y \times 2y'y''}{[-y(1 + y'^2)]^{3/2}} \\ &= \frac{2y'' \times [-y(1 + y'^2)] + y'^2(1 + y'^2) + 2yy'^2 y''}{2[-y(1 + y'^2)]^{3/2}} = \frac{-2yy'' + y'^2(1 + y'^2)}{2[-y(1 + y'^2)]^{3/2}}, \end{aligned}$$

$$\text{(D.5.5)}$$

276 | 付録 D 例題集：解答編

$$\frac{\partial L}{\partial y} = \frac{d}{dx}\left(\frac{\partial L}{\partial y'}\right) \quad \Rightarrow \quad (1+y'^2)^2 = -2yy'' + y'^2(1+y'^2)$$

$$\Rightarrow \quad \frac{1}{y} = -\frac{2y''}{1+y'^2}. \tag{D.5.6}$$

最後の式を積分すると

$$\ln|y| = -\ln(1+y'^2) + C \quad \Rightarrow \quad -y(1+y'^2) = a \equiv e^C$$

$$\Rightarrow \quad y' = \pm\sqrt{-1-\frac{a}{y}} \quad \Rightarrow \quad dx = \pm\sqrt{\frac{-y}{a+y}}\,dy \tag{D.5.7}$$

（ただし C と a は定数）．ここで天下り的ではあるが，$y = -a\sin^2(\theta/2)$ とおけば

$$x = \pm\int \frac{\sqrt{a}\sin(\theta/2)}{\sqrt{a}\cos(\theta/2)} \times [-a\sin(\theta/2)\cos(\theta/2)]d\theta = \mp a\int \sin^2(\theta/2)d\theta$$

$$= \mp a\int \frac{1-\cos\theta}{2}d\theta = \mp\frac{a}{2}(\theta-\sin\theta) + b \quad (b \text{ は定数}). \tag{D.5.8}$$

題意より，この曲線は原点を通るので $y=0$ すなわち $\theta=0$ で $x=0$ とすれば，$b=0$ となる．θ が 0 から増加しながら $\theta=\theta_f$ で $x=x_f$, $y=y_f$ に到達するという条件より，$r=a/2$ と再定義すれば

$$x_f = r(\theta_f - \sin\theta_f), \qquad y_f = -2r\sin^2(\theta_f/2). \tag{D.5.9}$$

この条件より r が x_f と y_f の関数として決まるから，その $r = r(x_f, y_f)$ を用いた

$$x = r(\theta - \sin\theta), \qquad y = -r(1-\cos\theta), \tag{D.5.10}$$

が求める最速降下線となる．この式で $\theta \Rightarrow \theta+\pi$ と置き換えれば，(C.5.1) 式と一致するので同じくサイクロイドである．

解 [5.4] (C.5.2) 式に (C.5.3) 式を代入すると

$$T = \int_0^{x_f} \frac{\sqrt{dx^2+dy^2}}{\sqrt{-2gy}} = \frac{1}{\sqrt{2g}}\int_0^{\theta_f} \frac{\sqrt{r^2(1-\cos\theta)^2 + r^2\sin^2\theta}}{\sqrt{r(1-\cos\theta)}}d\theta$$

$$= \sqrt{\frac{r}{g}}\int_0^{\theta_f} d\theta = \sqrt{\frac{r}{g}}\theta_f. \tag{D.5.11}$$

解 [5.5] 糸は図の P 点までは壁のサイクロイドに沿って，それ以後は点 P における接線として m がついている点 M をつなぐ．点 P の座標を

$$x_{\mathrm{P}} = a(\varphi_{\mathrm{P}} - \sin\varphi_{\mathrm{P}}), \qquad y_{\mathrm{P}} = -a(1-\cos\varphi_{\mathrm{P}}) \tag{D.5.12}$$

とすれば，OP の長さは

D.5 サイクロイド振り子 | 277

$$\text{OP} = \int_0^{\varphi_\text{P}} \sqrt{\left(\frac{dx}{d\varphi}\right)^2 + \left(\frac{dy}{d\varphi}\right)^2} d\varphi = \int_0^{\varphi_\text{P}} \sqrt{a^2(1-\cos\varphi)^2 + a^2\sin^2\varphi} d\varphi$$

$$= a\int_0^{\varphi_\text{P}} \sqrt{2(1-\cos\varphi)} d\varphi = 2a\int_0^{\varphi_\text{P}} \sin\frac{\varphi}{2} d\varphi = 4a\left(1-\cos\frac{\varphi_\text{P}}{2}\right). \quad \text{(D.5.13)}$$

糸の長さは $4a$ なので,

$$\text{PM} = 4a - \text{OP} = 4a\cos\frac{\varphi_\text{P}}{2}. \quad \text{(D.5.14)}$$

一方,PM の x 成分 (PM_x) と y 成分 (PM_y) は

$$\frac{\text{PM}_y}{\text{PM}_x} = \left(\frac{dy}{dx}\right)_\text{P} = \frac{-\sin\varphi_\text{P}}{1-\cos\varphi_\text{P}} = -\frac{\cos(\varphi_\text{P}/2)}{\sin(\varphi_\text{P}/2)} = \frac{-\text{PM}\cos(\varphi_\text{P}/2)}{\text{PM}\sin(\varphi_\text{P}/2)} \quad \text{(D.5.15)}$$

の関係にある.したがって,点 M の座標 (x_M, y_M) は

$$x_\text{M} = x_\text{P} + \text{PM}\sin\frac{\varphi_\text{P}}{2} = a(\varphi_\text{P}-\sin\varphi_\text{P}) + 4a\cos\frac{\varphi_\text{P}}{2}\sin\frac{\varphi_\text{P}}{2}$$

$$= a(\varphi_\text{P}+\sin\varphi_\text{P}), \quad \text{(D.5.16)}$$

$$y_\text{M} = y_\text{P} - \text{PM}\cos\frac{\varphi_\text{P}}{2} = -a(1-\cos\varphi_\text{P}) - 4a\cos^2\frac{\varphi_\text{P}}{2}$$

$$= -a(1+\cos\varphi_\text{P}) - 2a. \quad \text{(D.5.17)}$$

ここで φ_P を θ と定義すれば上式は (C.5.6) 式と一致する.

解 [**5.6**] ラグランジアンは

$$L = \frac{1}{2}m(\dot{x}^2 + \dot{y}^2) - mgy$$

$$= \frac{ma^2}{2}[(1+\cos\theta)^2 + \sin^2\theta]\dot{\theta}^2 + mga\cos\theta + 3mga$$

$$= ma^2(1+\cos\theta)\dot{\theta}^2 + mga\cos\theta + 3mga. \quad \text{(D.5.18)}$$

したがって,

$$\frac{d}{dt}\left(\frac{\partial L}{\partial \dot{\theta}}\right) = \frac{d}{dt}\left(2ma^2(1+\cos\theta)\dot{\theta}\right)$$

$$= -2ma^2\dot{\theta}^2\sin\theta + 2ma^2(1+\cos\theta)\ddot{\theta}, \quad \text{(D.5.19)}$$

$$\frac{\partial L}{\partial \theta} = -ma^2\dot{\theta}^2\sin\theta - mga\sin\theta. \quad \text{(D.5.20)}$$

これらを組み合わせるとラグランジュ方程式は

$$-\dot{\theta}^2\sin\theta + 2(1+\cos\theta)\ddot{\theta} = -\frac{g}{a}\sin\theta$$

$$\Rightarrow \quad 2\ddot{\theta}\cos\frac{\theta}{2} - \dot{\theta}^2\sin\frac{\theta}{2} = -\frac{g}{a}\sin\frac{\theta}{2} \quad \text{(D.5.21)}$$

に帰着する.ところでこの左辺は

278 | 付録 D 例題集：解答編

$$\frac{d}{dt}\left(2\dot{\theta}\cos\frac{\theta}{2}\right) = \frac{d^2}{dt^2}\left(4\sin\frac{\theta}{2}\right) \tag{D.5.22}$$

であるから，(D.5.21) 式は結局

$$\frac{d^2}{dt^2}\left(\sin\frac{\theta}{2}\right) = -\frac{g}{4a}\sin\frac{\theta}{2} \tag{D.5.23}$$

となり，この解は

$$\sin\frac{\theta}{2} = A\sin\left(\sqrt{\frac{g}{4a}}(t-t_i)\right) \tag{D.5.24}$$

であることがわかる（ただし，A は絶対値が 1 以下の定数）．通常の振り子の場合，等時性が成り立つのは振幅が無限小の場合のみである．そうでなければ，振幅の高次の項が効いて単振動の式とはならない．このサイクロイド振り子の場合には，角度 θ そのものが単振動の式に従うわけではないが，$\sin(\theta/2)$ は有限振幅の場合でも厳密に単振動の式に従う．したがって，この振り子の周期は常に $4\pi\sqrt{a/g}$ となり，厳密な等時性が成り立っている．

D.6　荷電粒子に対するラグランジアンとラーマーの定理

解 [6.1] (C.6.2) 式の第 1 式を単に代入すれば，div $\boldsymbol{B}$ = div(rot $\boldsymbol{A}$) は，恒等的にゼロとなるので，(C.6.3) 式が成り立つ．また (C.6.2) 式を (C.6.4) 式に代入すると

$$\text{rot}\,\boldsymbol{E} + \frac{\partial\boldsymbol{B}}{\partial t} = \text{rot}\left(\boldsymbol{E} + \frac{\partial\boldsymbol{A}}{\partial t}\right) = -\text{rot}(\text{grad}\,\varphi) \tag{D.6.1}$$

となるから，これも恒等式 rot(grad) = 0 よりつねに 0 となる．

解 [6.2] ベクトル解析の公式：

$$\text{grad}(\boldsymbol{a}\cdot\boldsymbol{b}) = (\boldsymbol{a}\cdot\text{grad})\boldsymbol{b} + (\boldsymbol{b}\cdot\text{grad})\boldsymbol{a} + \boldsymbol{a}\times\text{rot}\,\boldsymbol{b} + \boldsymbol{b}\times\text{rot}\,\boldsymbol{a} \tag{D.6.2}$$

を用い，ラグランジュ形式では $\boldsymbol{r}$ と $\boldsymbol{v}$ は互いに独立な変数とみなしているので $\boldsymbol{v}$ の $\boldsymbol{r}$ に関する偏微分は 0 であることに注意すれば，

$$\text{grad}(\boldsymbol{A}\cdot\boldsymbol{v}) = (\boldsymbol{v}\cdot\text{grad})\boldsymbol{A} + \boldsymbol{v}\times\text{rot}\,\boldsymbol{A} = (\boldsymbol{v}\cdot\text{grad})\boldsymbol{A} + \boldsymbol{v}\times\boldsymbol{B}. \tag{D.6.3}$$

同様に，この公式を $\boldsymbol{v}$ に関する微分についても応用すれば

$$\frac{\partial(\boldsymbol{A}\cdot\boldsymbol{v})}{\partial\boldsymbol{v}} = \left(\boldsymbol{A}\cdot\frac{\partial}{\partial\boldsymbol{v}}\right)\boldsymbol{v} + \boldsymbol{A}\times\underbrace{\left(\frac{\partial}{\partial\boldsymbol{v}}\times\boldsymbol{v}\right)}_{=0} = \boldsymbol{A}. \tag{D.6.4}$$

これらをまとめると

$$\boldsymbol{F} = -\frac{\partial U}{\partial \boldsymbol{r}} + \frac{d}{dt}\left(\frac{\partial U}{\partial \boldsymbol{v}}\right)$$

$$= -q\operatorname{grad}\varphi + q\boldsymbol{v}\times\boldsymbol{B} - q\underbrace{\left(\frac{d\boldsymbol{A}}{dt} - (\boldsymbol{v}\cdot\operatorname{grad})\boldsymbol{A}\right)}_{=\partial\boldsymbol{A}/\partial t}$$

$$= -q\operatorname{grad}\varphi + q\boldsymbol{v}\times\boldsymbol{B} - q\frac{\partial\boldsymbol{A}}{\partial t} = q\left(\boldsymbol{E} + \boldsymbol{v}\times\boldsymbol{B}\right). \tag{D.6.5}$$

解 [6.3] オイラー–ラグランジュ方程式は

$$\frac{\partial L}{\partial \dot{\boldsymbol{r}}} = m\dot{\boldsymbol{r}} + q\boldsymbol{A}, \qquad \frac{\partial L}{\partial \boldsymbol{r}} = -q\frac{\partial\varphi}{\partial\boldsymbol{r}} + q\frac{\partial(\dot{\boldsymbol{r}}\cdot\boldsymbol{A})}{\partial\boldsymbol{r}}, \tag{D.6.6}$$

$$\Rightarrow \frac{d}{dt}\left(\frac{\partial L}{\partial\dot{\boldsymbol{r}}}\right) - \frac{\partial L}{\partial\boldsymbol{r}} = 0 = m\ddot{\boldsymbol{r}} + q\frac{d\boldsymbol{A}}{dt} + q\frac{\partial\varphi}{\partial\boldsymbol{r}} - q\frac{\partial(\dot{\boldsymbol{r}}\cdot\boldsymbol{A})}{\partial\boldsymbol{r}}. \tag{D.6.7}$$

具体的に最後の式の右辺の x 成分を書き下すと

$$m\ddot{x} + q\left(\frac{\partial A_x}{\partial t} + \dot{x}\frac{\partial A_x}{\partial x} + \dot{y}\frac{\partial A_x}{\partial y} + \dot{z}\frac{\partial A_x}{\partial z}\right) + q\frac{\partial\varphi}{\partial x} - q\left(\dot{x}\frac{\partial A_x}{\partial x} + \dot{y}\frac{\partial A_y}{\partial x} + \dot{z}\frac{\partial A_z}{\partial x}\right) = 0$$

$$\Rightarrow m\ddot{x} + q\left(\frac{\partial\varphi}{\partial x} + \frac{\partial A_x}{\partial t}\right) - q\dot{y}\underbrace{\left(\frac{\partial A_y}{\partial x} - \frac{\partial A_x}{\partial y}\right)}_{(\operatorname{rot}\boldsymbol{A})_z} + q\dot{z}\underbrace{\left(\frac{\partial A_x}{\partial z} - \frac{\partial A_z}{\partial x}\right)}_{(\operatorname{rot}\boldsymbol{A})_y} = 0. \tag{D.6.8}$$

ここで $\boldsymbol{A}$ と φ を電場と磁場を用いて書き直せば

$$m\ddot{x} - qE_x - q(\dot{y}B_z - \dot{z}B_y) = m\ddot{x} - qE_x - q(\dot{\boldsymbol{r}}\times\boldsymbol{B})_x = 0. \tag{D.6.9}$$

したがってローレンツ力の式

$$m\ddot{\boldsymbol{r}} = q\boldsymbol{E} + q\dot{\boldsymbol{r}}\times\boldsymbol{B} \tag{D.6.10}$$

が導かれることが確認された.

解 [6.4]

$$\boldsymbol{B} = (0,0,B) = \operatorname{rot}\boldsymbol{A} = \left(\frac{\partial A_z}{\partial y} - \frac{\partial A_y}{\partial z}, \frac{\partial A_x}{\partial z} - \frac{\partial A_z}{\partial x}, \frac{\partial A_y}{\partial x} - \frac{\partial A_x}{\partial y}\right) \tag{D.6.11}$$

を眺めると,たとえば $\boldsymbol{A}_1 = (-By, 0, 0)$, $\boldsymbol{A}_2 = (0, Bx, 0)$, $\boldsymbol{A}_3 = (-By/2, Bx/2, 0)$,さらに k を定数として $\boldsymbol{A}_4 = (kBy, (k+1)Bx, 0)$ などはいずれも, $\operatorname{rot}\boldsymbol{A} = (0,0,B)$ を満たす.

解 [6.5] (C.6.9) 式を用いたときのラグランジアンを L' とすると

$$L' - L = q\dot{\boldsymbol{r}}\cdot\operatorname{grad}\Lambda + q\frac{\partial\Lambda}{\partial t} = q\frac{d\Lambda}{dt} \tag{D.6.12}$$

となり,時間に関する完全導関数になるため,変分して導かれるオイラー–ラグランジュ方程式は同じ.また, $\boldsymbol{A}_2 - \boldsymbol{A}_1 = (By, Bx, 0) = \operatorname{grad}(Bxy)$ なので,この場合 $\Lambda = Bxy$. 他の例を挙げた場合も同様にして計算できる.

280 | 付録 D 例題集：解答編

解 [**6.6**]

$$\begin{pmatrix} x \\ y \\ z \end{pmatrix} = \begin{pmatrix} \cos \Omega t & -\sin \Omega t & 0 \\ \sin \Omega t & \cos \Omega t & 0 \\ 0 & 0 & 1 \end{pmatrix} \begin{pmatrix} x' \\ y' \\ z' \end{pmatrix}. \tag{D.6.13}$$

より

$$\begin{cases} \dot{x} = \dot{x}' \cos \Omega t - \dot{y}' \sin \Omega t - \Omega(x' \sin \Omega t + y' \cos \Omega t), \\ \dot{y} = \dot{x}' \sin \Omega t + \dot{y}' \cos \Omega t + \Omega(x' \cos \Omega t - y' \sin \Omega t), \\ \dot{z} = \dot{z}'. \end{cases} \tag{D.6.14}$$

したがって

$$\begin{aligned} \dot{x}^2 + \dot{y}^2 + \dot{z}^2 &= \dot{x}'^2 + \dot{y}'^2 + \dot{z}'^2 + \Omega^2(x'^2 + y'^2) \\ &\quad - 2\Omega(\dot{x}' \cos \Omega t - \dot{y}' \sin \Omega t)(x' \sin \Omega t + y' \cos \Omega t) \\ &\quad + 2\Omega(\dot{x}' \sin \Omega t + \dot{y}' \cos \Omega t)(x' \cos \Omega t - y' \sin \Omega t) \\ &= \dot{x}'^2 + \dot{y}'^2 + \dot{z}'^2 + \Omega^2(x'^2 + y'^2) - 2\Omega(\dot{x}'y' - x'\dot{y}'). \end{aligned} \tag{D.6.15}$$

これらを用いると，回転系では

$$\begin{aligned} L &= \frac{1}{2}m \left| \frac{d\boldsymbol{r}}{dt} \right|^2 - q\varphi(\sqrt{x^2 + y^2}, z) \\ &= \frac{1}{2}m \left| \frac{d\boldsymbol{r}'}{dt} \right|^2 + \frac{1}{2}m\Omega^2(x'^2 + y'^2) - m\Omega(\dot{x}'y' - x'\dot{y}') - q\varphi(\sqrt{x'^2 + y'^2}, z'). \end{aligned} \tag{D.6.16}$$

第 2 項と第 3 項は，それぞれ遠心力とコリオリ力に対応するポテンシャルである．

解 [**6.7**] z 軸方向に一定の磁場 $\boldsymbol{B} = (0, 0, B)$ をもち，スカラーポテンシャルが $\varphi + \Delta\varphi$ の系のラグランジアンは，ベクトルポテンシャルを

$$\boldsymbol{A} = \left(-\frac{B}{2}y, \frac{B}{2}x, 0 \right) \tag{D.6.17}$$

と選べば，(C.6.8) 式より

$$L = \frac{1}{2}m \left| \frac{d\boldsymbol{r}}{dt} \right|^2 + \frac{qB}{2}(-\dot{x}y + \dot{y}x) - q(\varphi + \Delta\varphi) \tag{D.6.18}$$

と書ける．(D.6.16) 式と (D.6.18) 式の比較より

$$\Delta\varphi = -\frac{m\Omega^2}{2q}(x^2 + y^2), \qquad \Omega = \frac{qB}{2m} \tag{D.6.19}$$

とおけば，2 つの系は等価となることがわかる．

解 [**6.8**] z 軸を中心として Ω で回転する座標系から見れば

D.6 荷電粒子に対するラグランジアンとラーマーの定理 | 281

$$\begin{cases} x' = A\cos(wt+\alpha)\cos\Omega t + B\cos(wt+\beta)\sin\Omega t, \\ y' = -A\cos(wt+\alpha)\sin\Omega t + B\cos(wt+\beta)\cos\Omega t, \\ z' = C\cos(wt+\gamma). \end{cases} \quad (D.6.20)$$

これらを変形すると

$$\begin{cases} x' = \dfrac{A}{2}\left\{\cos[(w+\Omega)t+\alpha] + \cos[(w-\Omega)t+\alpha]\right\} \\ \qquad + \dfrac{B}{2}\left\{\sin[(w+\Omega)t+\beta] - \sin[(w-\Omega)t+\beta]\right\}, \\ y' = -\dfrac{A}{2}\left\{\sin[(w+\Omega)t+\alpha] - \sin[(w-\Omega)t+\alpha]\right\} \\ \qquad + \dfrac{B}{2}\left\{\cos[(w+\Omega)t+\beta] + \cos[(w-\Omega)t+\beta]\right\}, \\ z' = C\cos(wt+\gamma) \end{cases} \quad (D.6.21)$$

となり，w の成分に加えて $w\pm\Omega$ の2つの振動数成分が現れる．これは，量子力学で磁場の存在のために原子のスペクトルが分裂するゼーマン効果に対応したものである．

解 [6.9] このスカラーポテンシャルに対する電場は

$$\boldsymbol{E} = \alpha(x, y, -2z). \quad (D.6.22)$$

これを (D.6.10) 式に代入すれば

$$m\ddot{x} = q\alpha x + qB\dot{y}, \quad m\ddot{y} = q\alpha y - qB\dot{x}, \quad m\ddot{z} = -2q\alpha z. \quad (D.6.23)$$

解 [6.10] (D.6.23) 式の第3式は $w_z = \sqrt{2q\alpha/m}$ を角振動数とする単振動 $z(t) = C_z\sin(w_z t+\delta_z)$ を一般解にもつ（C_z と δ_z は実定数）．xy 平面上の運動に対しては，$u \equiv x+iy$ とおくと，

$$m\ddot{u} = q\alpha u - iqB\dot{u} \quad (D.6.24)$$

となる．$u \propto e^{-iwt}$ とおいて代入すれば

$$mw^2 - qBw + q\alpha = 0$$
$$\Rightarrow \quad w_\pm \equiv \frac{qB \pm \sqrt{q^2B^2 - 4mq\alpha}}{2m} = \Omega \pm \sqrt{\Omega^2 - \frac{q\alpha}{m}}. \quad (D.6.25)$$

したがって，$C_\pm$ と $\delta_\pm$ を実定数として

$$u = C_+ e^{-i(w_+ t+\delta_+)} + C_- e^{-i(w_- t+\delta_-)} \quad (D.6.26)$$

が一般解なので，

$$x = C_+\cos(w_+ t+\delta_+) + C_-\cos(w_- t+\delta_-), \quad (D.6.27)$$
$$y = -C_+\sin(w_+ t+\delta_+) - C_-\sin(w_- t+\delta_-). \quad (D.6.28)$$

これらは2つの単振動の重ね合わせなので，粒子は xy 平面内では有界な運動をする．

282 | 付録 D 例題集：解答編

D.7 ケプラー運動

解 [7.1] $\boldsymbol{R}$ と $\boldsymbol{r}$ の定義より，

$$\boldsymbol{R} = \frac{m_{\mathrm{S}}\boldsymbol{r}_{\mathrm{S}} + m_{\mathrm{E}}\boldsymbol{r}_{\mathrm{E}}}{m_{\mathrm{S}} + m_{\mathrm{E}}}, \quad \boldsymbol{r} = \boldsymbol{r}_{\mathrm{E}} - \boldsymbol{r}_{\mathrm{S}}$$

$$\Rightarrow \quad \boldsymbol{r}_{\mathrm{E}} = \boldsymbol{R} + \frac{m_{\mathrm{S}}}{m_{\mathrm{S}} + m_{\mathrm{E}}}\boldsymbol{r}, \quad \boldsymbol{r}_{\mathrm{S}} = \boldsymbol{R} - \frac{m_{\mathrm{E}}}{m_{\mathrm{S}} + m_{\mathrm{E}}}\boldsymbol{r}. \tag{D.7.1}$$

これを (C.7.1) 式に代入すると

$$L = \frac{1}{2}(m_{\mathrm{S}} + m_{\mathrm{E}})|\dot{\boldsymbol{R}}|^2 + \frac{1}{2}(m_{\mathrm{S}} + m_{\mathrm{E}})\frac{\mu}{M}|\dot{\boldsymbol{r}}|^2 + \frac{Gm_{\mathrm{E}}m_{\mathrm{S}}}{|\boldsymbol{r}|}$$

$$= \frac{1}{2}M|\dot{\boldsymbol{R}}|^2 + \frac{1}{2}\mu|\dot{\boldsymbol{r}}|^2 + \frac{G\mu M}{|\boldsymbol{r}|}. \tag{D.7.2}$$

このラグランジアンは重心運動と相対運動の項に完全に分離されている．$\boldsymbol{R}$ が循環座標なので，対応する共役運動量 $M\dot{\boldsymbol{R}}$ は保存する．したがって，2 体問題はある中心力の外場内で質量 μ をもつ粒子の 1 体問題に帰着する．

解 [7.2] (D.7.2) 式の第 2 項と第 3 項だけを選んで変数変換すればよい．

$$L = \frac{1}{2}\mu(\dot{r}^2 + r^2\dot{\varphi}^2) + \frac{\alpha}{r}. \tag{D.7.3}$$

解 [7.3] φ は循環座標なので，それに対応する共役運動量が保存する．すなわち，

$$\frac{\partial L}{\partial \dot{\varphi}} = \mu r^2\dot{\varphi} = J \quad \Rightarrow \quad \dot{\varphi} = \frac{J}{\mu r^2}. \tag{D.7.4}$$

また，

$$E = \frac{1}{2}\mu(\dot{r}^2 + r^2\dot{\varphi}^2) - \frac{\alpha}{r} = \frac{\mu}{2}\dot{r}^2 + \frac{J^2}{2\mu r^2} - \frac{\alpha}{r}$$

$$\Rightarrow \quad \dot{r} = \pm\sqrt{\frac{2}{\mu}\left(E + \frac{\alpha}{r}\right) - \frac{J^2}{\mu^2 r^2}}. \tag{D.7.5}$$

この $\dot{r}$ の符号は，地球が近日点から遠日点に向かう場合は正，逆に遠日点から近日点に向かう場合は負となる．

解 [7.4] (D.7.5) 式を (D.7.4) 式で割り算すれば

$$\frac{\dot{r}}{\dot{\varphi}} = \frac{dr}{d\varphi} = \pm\frac{\mu r^2}{J}\sqrt{\frac{2}{\mu}\left(E + \frac{\alpha}{r}\right) - \frac{J^2}{\mu^2 r^2}}. \tag{D.7.6}$$

ここで，$u \equiv 1/r$ と変数変換すると

$$d\varphi = \pm\frac{J}{\mu r^2}\frac{dr}{\sqrt{\frac{2}{\mu}\left(E + \frac{\alpha}{r}\right) - \frac{J^2}{\mu^2 r^2}}} = \frac{Ju^2}{\mu}\left(\mp\frac{du}{u^2}\right)\frac{1}{\sqrt{\frac{2}{\mu}(E + \alpha u) - \frac{J^2 u^2}{\mu^2}}}$$

$$= \frac{\mp J\,du}{\sqrt{2\mu(E+\alpha u)-J^2 u^2}} = \frac{\mp du}{\sqrt{\dfrac{2\mu E}{J^2}+\dfrac{\mu^2\alpha^2}{J^4}-\left(u-\dfrac{\mu\alpha}{J^2}\right)^2}}. \tag{D.7.7}$$

この式は,

$$\int \frac{dx}{\sqrt{k^2-x^2}} = -\cos^{-1}\left(\frac{x}{k}\right) \tag{D.7.8}$$

を用いると積分できて,

$$\varphi = \pm\cos^{-1}\left(\frac{u-\mu\alpha/J^2}{\sqrt{2\mu E/J^2+\mu^2\alpha^2/J^4}}\right)+\varphi_0 \tag{D.7.9}$$

が得られる. さらに変形すると,

$$\frac{1}{r}-\frac{\mu\alpha}{J^2} = \sqrt{\frac{2\mu E}{J^2}+\frac{\mu^2\alpha^2}{J^4}}\cos(\varphi-\varphi_0)$$

$$\Rightarrow \quad r = \frac{J^2/(\mu\alpha)}{1+\sqrt{1+\dfrac{2EJ^2}{\mu\alpha^2}}\cos(\varphi-\varphi_0)}. \tag{D.7.10}$$

これをまとめると,

$$r = \frac{p}{1+e\cos(\varphi-\varphi_0)}, \qquad p \equiv \frac{J^2}{\mu\alpha}, \quad e \equiv \sqrt{1+\frac{2EJ^2}{\mu\alpha^2}}. \tag{D.7.11}$$

ここで, φ_0 は r が最小となる場所, すなわち, 近日点に対応する角度である.

解 [7.5] $E>0$, $E=0$, $E<0$ がそれぞれ $e>1$, $e=1$, $e<1$ に対応することに注意する. まず, $r+er\cos\varphi=p$ より

$$r^2 = x^2+y^2 = (p-ex)^2 = p^2+e^2x^2-2epx$$

$$\Rightarrow \quad (1-e^2)x^2+2pex+y^2 = p^2. \tag{D.7.12}$$

したがって, $e=1$ $(E=0)$ の場合は,

$$y^2 = p^2-2px. \tag{D.7.13}$$

$e\neq 1$ $(E\neq 0)$ の場合にはさらに変形して

$$(1-e^2)\left(x+\frac{pe}{1-e^2}\right)+y^2 = p^2+\frac{p^2e^2}{1-e^2} = \frac{p^2}{1-e^2}. \tag{D.7.14}$$

太陽系惑星のように重力的に束縛されている系では $E<0$ $(e<1)$ なので,

$$\left(\frac{x+ae}{a}\right)^2+\left(\frac{y}{b}\right)^2 = 1, \tag{D.7.15}$$

284 | 付録 D 例題集：解答編

$$a \equiv \frac{p}{1-e^2} = \frac{\alpha}{2|E|} \quad (\text{長半径}), \tag{D.7.16}$$

$$b \equiv \frac{p}{\sqrt{1-e^2}} = \sqrt{ap} = \frac{J}{\sqrt{2\mu|E|}} \quad (\text{短半径}), \tag{D.7.17}$$

$$e \equiv \frac{\sqrt{a^2-b^2}}{a} \quad (\text{離心率}). \tag{D.7.18}$$

これは，原点にある太陽の位置を 1 つの焦点として，中心が $(-ae,0)$，もう 1 つの焦点が $(-2ae,0)$，近日点が $(a-ae,0)$，遠日点が $(-a-ae,0)$ の楕円軌道である（図 C.8 参照）．

最後に $E>0$ $(e>1)$ の場合，上記の定義を若干変更して

$$\left(\frac{x-ae}{a}\right)^2 - \left(\frac{y}{b}\right)^2 = 1, \tag{D.7.19}$$

$$a \equiv \frac{p}{e^2-1} = \frac{\alpha}{2E}, \quad b \equiv \frac{p}{\sqrt{e^2-1}} = \frac{J}{\sqrt{2\mu E}}, \tag{D.7.20}$$

$$e \equiv \frac{\sqrt{a^2+b^2}}{a}. \tag{D.7.21}$$

これは，中心が $(ae,0)$，焦点の 1 つを原点とする双曲線である．

D.8 ラグランジュ点

解 [8.1] (ξ,η) は (x,y) を角度 wt だけ回転したものなので

$$\begin{pmatrix} \xi \\ \eta \end{pmatrix} = \begin{pmatrix} \cos wt & -\sin wt \\ \sin wt & \cos wt \end{pmatrix} \begin{pmatrix} x \\ y \end{pmatrix}. \tag{D.8.1}$$

解 [8.2] (ξ,η) を時間微分すると

$$\begin{cases} \dot{\xi} = \dot{x}\cos wt - \dot{y}\sin wt - w(x\sin wt + y\cos wt), \\ \dot{\eta} = \dot{x}\sin wt + \dot{y}\cos wt + w(x\cos wt - y\sin wt). \end{cases} \tag{D.8.2}$$

したがって

$$\begin{aligned} \dot{\xi}^2 + \dot{\eta}^2 =\ & \dot{x}^2 + \dot{y}^2 + w^2(x^2+y^2) \\ & - 2w(\dot{x}\cos wt - \dot{y}\sin wt)(x\sin wt + y\cos wt) \\ & + 2w(\dot{x}\sin wt + \dot{y}\cos wt)(x\cos wt - y\sin wt) \\ =\ & \dot{x}^2 + \dot{y}^2 + w^2(x^2+y^2) + 2w(x\dot{y}-\dot{x}y). \end{aligned} \tag{D.8.3}$$

これより，S' 系から見たときのラグランジアンは

$$
\begin{aligned}
L &= \frac{m}{2}(\dot{\xi}^2 + \dot{\eta}^2) + Gm\left(\frac{m_{\mathrm{S}}}{r_{\mathrm{S}}} + \frac{m_{\mathrm{E}}}{r_{\mathrm{E}}}\right) \\
&= \frac{m}{2}(\dot{x}^2 + \dot{y}^2) + \frac{m\omega^2}{2}(x^2 + y^2) + m\omega(x\dot{y} - \dot{x}y) + Gm\left(\frac{m_{\mathrm{S}}}{r_{\mathrm{S}}} + \frac{m_{\mathrm{E}}}{r_{\mathrm{E}}}\right). \quad \text{(D.8.4)}
\end{aligned}
$$

(D.8.4) 式の第2項と第3項は，それぞれ遠心力とコリオリ力に対応するポテンシャルとなっている.

解 [8.3] ラグランジュ方程式を計算すればよい. x 成分は

$$
\ddot{x} - w\dot{y} = w^2 x + w\dot{y} - \frac{Gm_{\mathrm{S}}(x + \mu_{\mathrm{E}}a)}{r_{\mathrm{S}}^3} - \frac{Gm_{\mathrm{E}}(x - \mu_{\mathrm{S}}a)}{r_{\mathrm{E}}^3}
$$

$$
\Rightarrow \quad \ddot{x} - 2w\dot{y} = w^2 x \left(1 - \frac{Gm_{\mathrm{S}}}{w^2 r_{\mathrm{S}}^3} - \frac{Gm_{\mathrm{E}}}{w^2 r_{\mathrm{E}}^3}\right) + \frac{Gm_{\mathrm{E}}\mu_{\mathrm{S}}a}{r_{\mathrm{E}}^3} - \frac{Gm_{\mathrm{S}}\mu_{\mathrm{E}}a}{r_{\mathrm{S}}^3}. \quad \text{(D.8.5)}
$$

同様にして，y 成分は

$$
\ddot{y} + 2w\dot{x} = w^2 y \left(1 - \frac{Gm_{\mathrm{S}}}{w^2 r_{\mathrm{S}}^3} - \frac{Gm_{\mathrm{E}}}{w^2 r_{\mathrm{E}}^3}\right). \quad \text{(D.8.6)}
$$

解 [8.4] ラグランジュ点は $\ddot{x} = \ddot{y} = \dot{x} = \dot{y} = 0$ を満たすので，(D.8.5) 式および (D.8.6) 式の右辺も 0 となる. ケプラーの法則より

$$
\frac{Gm_{\mathrm{S}}}{w^3} = \mu_{\mathrm{S}}a^3, \quad \frac{Gm_{\mathrm{E}}}{w^3} = \mu_{\mathrm{E}}a^3 \quad \text{(D.8.7)}
$$

が成り立つ. これを (D.8.5) 式と (D.8.6) 式の右辺に代入すると，ラグランジュ点の満たす条件は

$$
x\left[1 - \mu_{\mathrm{S}}\left(\frac{a}{r_{\mathrm{S}}}\right)^3 - \mu_{\mathrm{E}}\left(\frac{a}{r_{\mathrm{E}}}\right)^3\right] + \mu_{\mathrm{S}}\mu_{\mathrm{E}}a\left[\left(\frac{a}{r_{\mathrm{E}}}\right)^3 - \left(\frac{a}{r_{\mathrm{S}}}\right)^3\right] = 0, \quad \text{(D.8.8)}
$$

$$
y\left[1 - \mu_{\mathrm{S}}\left(\frac{a}{r_{\mathrm{S}}}\right)^3 - \mu_{\mathrm{E}}\left(\frac{a}{r_{\mathrm{E}}}\right)^3\right] = 0. \quad \text{(D.8.9)}
$$

解 [8.5] $y \neq 0$ の場合，(D.8.9) 式を (D.8.8) 式に代入すると $r_{\mathrm{S}} = r_{\mathrm{E}}$ が得られるので (C.8.4) 式より

$$
|x + \mu_{\mathrm{E}}a| = |x - \mu_{\mathrm{S}}a| \quad \Rightarrow \quad x = \frac{\mu_{\mathrm{S}} - \mu_{\mathrm{E}}}{2}a = \frac{m_{\mathrm{S}} - m_{\mathrm{E}}}{2(m_{\mathrm{S}} + m_{\mathrm{E}})}a. \quad \text{(D.8.10)}
$$

再度 $r_{\mathrm{S}} = r_{\mathrm{E}}$ を (D.8.9) 式に代入すると $r_{\mathrm{S}} = r_{\mathrm{E}} = a$ となり，再び (C.8.4) 式より

$$
(x + \mu_{\mathrm{E}}a)^2 + y^2 = a^2. \quad \text{(D.8.11)}
$$

(D.8.10) 式を (D.8.11) 式に代入すると

$$
\left(\frac{a}{2}\right)^2 + y^2 = a^2 \quad \Rightarrow \quad y = \pm\frac{\sqrt{3}}{2}a. \quad \text{(D.8.12)}
$$

したがって，

286 | 付録 D　例題集：解答編

$$L_4点：\left(\frac{m_{\mathrm{s}}-m_{\mathrm{E}}}{2(m_{\mathrm{s}}+m_{\mathrm{E}})}a, \frac{\sqrt{3}}{2}a\right), \quad L_5点：\left(\frac{m_{\mathrm{s}}-m_{\mathrm{E}}}{2(m_{\mathrm{s}}+m_{\mathrm{E}})}a, -\frac{\sqrt{3}}{2}a\right). \quad \text{(D.8.13)}$$

解 [8.6] 図 C.10 からわかるように L_2 点は $y=0$ かつ $r_{\mathrm{s}}=a+r_{\mathrm{E}}$ を満たすので，(C.8.4) 式より

$$x = \mu_{\mathrm{s}}a + r_{\mathrm{E}}. \quad \text{(D.8.14)}$$

これを (D.8.8) 式に代入すると

$$(\mu_{\mathrm{s}}+r_{\mathrm{E}})\left[1-\mu_{\mathrm{s}}\left(\frac{a}{a+r_{\mathrm{E}}}\right)^3-\mu_{\mathrm{E}}\left(\frac{a}{r_{\mathrm{E}}}\right)^3\right]$$
$$+\mu_{\mathrm{s}}\mu_{\mathrm{E}}a\left[\left(\frac{a}{r_{\mathrm{E}}}\right)^3-\left(\frac{a}{a+r_{\mathrm{E}}}\right)^3\right]=0. \quad \text{(D.8.15)}$$

さらに $u \equiv r_{\mathrm{E}}/a$ を用いて書き直すと

$$(\mu_{\mathrm{s}}+u)\left[1-\mu_{\mathrm{s}}\left(\frac{1}{1+u}\right)^3-\mu_{\mathrm{E}}\left(\frac{1}{u}\right)^3\right]$$
$$+\mu_{\mathrm{s}}\mu_{\mathrm{E}}\left[\left(\frac{1}{u}\right)^3-\left(\frac{1}{1+u}\right)^3\right]=0. \quad \text{(D.8.16)}$$

これを変形すると

$$u+\mu_{\mathrm{s}}-\mu_{\mathrm{s}}\left(\frac{1}{1+u}\right)^3(u+\mu_{\mathrm{s}}+\mu_{\mathrm{E}})-\mu_{\mathrm{E}}\left(\frac{1}{u}\right)^2=0. \quad \text{(D.8.17)}$$

さらに，$u=(\mu_{\mathrm{s}}+\mu_{\mathrm{E}})u$ を用いれば

$$(\mu_{\mathrm{s}}+\mu_{\mathrm{E}})u+\mu_{\mathrm{s}}-\mu_{\mathrm{s}}\left(\frac{1}{1+u}\right)^2-\mu_{\mathrm{E}}\left(\frac{1}{u}\right)^2=0$$
$$\Rightarrow \quad \mu_{\mathrm{E}}\left(u-\frac{1}{u^2}\right)=\mu_{\mathrm{s}}\left[\frac{1}{(1+u)^2}-(1+u)\right]$$
$$\Rightarrow \quad \frac{\mu_{\mathrm{E}}}{\mu_{\mathrm{s}}}=\frac{u^2}{u^3-1}\frac{1-(1+u)^3}{(1+u)^2}=\frac{u^3}{(1+u)^2}\frac{3+3u+u^2}{1-u^3} \quad \text{(D.8.18)}$$

となり，(C.8.5) 式が証明された．

解 [8.7] (C.8.5) 式から，$u \ll 1$ の場合最低次では

$$\frac{\mu_{\mathrm{E}}}{\mu_{\mathrm{s}}}\approx 3u^3 \quad \Rightarrow \quad u=\frac{r_{\mathrm{E}}}{a}\approx\left(\frac{\mu_{\mathrm{E}}}{3\mu_{\mathrm{s}}}\right)^{1/3}. \quad \text{(D.8.19)}$$

したがって，太陽と地球の系の場合

$$r_{\mathrm{E}}\approx\left(\frac{\mu_{\mathrm{E}}}{3\mu_{\mathrm{s}}}\right)^{1/3}a\approx 10^{-2}a=150\,万\,\mathrm{km}. \quad \text{(D.8.20)}$$

ちなみに L_1 点は同じく $u=r_{\mathrm{E}}/a$ として

D.9 ビリアル定理 | 287

$$r_{\text{S}} + r_{\text{E}} = a, \quad r_{\text{S}} = x + \mu_{\text{E}} a \quad \Rightarrow \quad \frac{\mu_{\text{E}}}{\mu_{\text{S}}} = \frac{u^3}{(1-u)^2} \frac{3-3u+u^2}{1-u^3} \tag{D.8.21}$$

なので $\mu_{\text{E}}/\mu_{\text{S}} \ll 1$ ならば $r_{\text{E}} \approx (\mu_{\text{E}}/3\mu_{\text{S}})^{1/3} a$. 一方, L_3 点は $u' = r_{\text{S}}/a$ として

$$r_{\text{E}} - r_{\text{S}} = a, \quad r_{\text{S}} = -x - \mu_{\text{E}} a \quad \Rightarrow \quad \frac{\mu_{\text{E}}}{\mu_{\text{S}}} = \frac{1-u'^3}{(1+u')^3-1} \frac{(1+u')^2}{u'^2} \tag{D.8.22}$$

を満たし, $\mu_{\text{E}}/\mu_{\text{S}} \ll 1$ ならば $a - r_{\text{E}} \approx 7\mu_{\text{E}}/12\mu_{\text{S}}$ となる.

D.9 ビリアル定理

解 [**9.1**]

$$\frac{\partial T}{\partial \boldsymbol{v}_a} = m_a \boldsymbol{v}_a \equiv \boldsymbol{p}_a \tag{D.9.1}$$

なので, (C.9.4) 式は自明. また (C.9.2) 式の両辺を α で微分すると

$$\begin{aligned}
\frac{d}{d\alpha} U(\alpha \boldsymbol{r}_1, \cdots, \alpha \boldsymbol{r}_N) &= \sum_{a=1}^{N} \frac{\partial U(\alpha \boldsymbol{r}_1, \cdots, \alpha \boldsymbol{r}_N)}{\partial (\alpha \boldsymbol{r}_a)} \cdot \boldsymbol{r}_a \\
&= \frac{1}{\alpha} \sum_{a=1}^{N} \frac{\partial U(\alpha \boldsymbol{r}_1, \cdots, \alpha \boldsymbol{r}_N)}{\partial \boldsymbol{r}_a} \cdot \boldsymbol{r}_a,
\end{aligned} \tag{D.9.2}$$

$$\frac{d}{d\alpha} \alpha^k U(\boldsymbol{r}_1, \cdots, \boldsymbol{r}_N) = k\alpha^{k-1} U(\boldsymbol{r}_1, \cdots, \boldsymbol{r}_N). \tag{D.9.3}$$

ここで $\alpha = 1$ とおいて両辺を等値すれば (C.9.5) 式:

$$kU = \sum_{a=1}^{N} \frac{\partial U}{\partial \boldsymbol{r}_a} \cdot \boldsymbol{r}_a \tag{D.9.4}$$

が得られる.

解 [**9.2**] (C.9.4) 式を $\overline{T}$ の定義に代入して変形する.

$$\begin{aligned}
2\overline{T} &= \lim_{\tau \to \infty} \frac{1}{\tau} \int_0^\tau \left(\sum_{a=1}^{N} \boldsymbol{p}_a \cdot \boldsymbol{v}_a \right) dt \\
&= \lim_{\tau \to \infty} \frac{1}{\tau} \int_0^\tau \left[\frac{d}{dt} \left(\sum_{a=1}^{N} \boldsymbol{p}_a \cdot \boldsymbol{r}_a \right) - \sum_{a=1}^{N} \boldsymbol{r}_a \cdot \frac{d\boldsymbol{p}_a}{dt} \right] dt \\
&= \lim_{\tau \to \infty} \left[\frac{1}{\tau} \sum_{a=1}^{N} \boldsymbol{p}_a \cdot \boldsymbol{r}_a \Big|_0^\tau + \frac{1}{\tau} \int_0^\tau \sum_{a=1}^{N} \boldsymbol{r}_a \cdot \frac{\partial U}{\partial \boldsymbol{r}_a} dt \right].
\end{aligned} \tag{D.9.5}$$

最後の式の第 1 項は, 粒子が有限の空間領域に留まっていることから 0 となる. 第 2 項の積分のなかは (C.9.5) 式を用いると kU に等しい. したがって $2\overline{T} = k\overline{U}$ が示された. $E = \overline{T} + \overline{U}$ を用いて書き直せば

$$\overline{T} = \frac{k}{k+2} E, \quad \overline{U} = \frac{2}{k+2} E \tag{D.9.6}$$

288 | 付録 D 例題集：解答編

を得る.

解 [9.3] ビリアル定理より

$$\overline{\sum_{a=1}^{N} m|\boldsymbol{v}_a|^2} = \overline{\frac{1}{2}\sum_{a \neq b}^{N} \frac{Gm^2}{|\boldsymbol{r}_a - \boldsymbol{r}_b|}} \tag{D.9.7}$$

が成り立つ. 銀河の速度は等方的に分布しているはずなので, 視線方向の速度の 2 乗平均は 3 次元の速度の 2 乗平均の 1/3 であることに注意すれば, (C.9.8) 式と (C.9.9) 式より

$$3mv_{\mathrm{obs}}^2 = \frac{GNm^2}{2R_{\mathrm{cl}}} \quad \Rightarrow \quad M_{\mathrm{cl}} = Nm = \frac{6v_{\mathrm{obs}}^2 R_{\mathrm{cl}}}{G}. \tag{D.9.8}$$

具体的に数値を代入すれば

$$M_{\mathrm{cl}} = \frac{6 \times 10^{16}\ \mathrm{cm^2\,s^{-2}} \times 3 \times 10^{24}\ \mathrm{cm}}{6.67 \times 10^{-8}\ \mathrm{cm^3\,g^{-1}\,s^{-2}}} \approx 2.7 \times 10^{48}\ \mathrm{g} \approx 10^{15} M_\odot. \tag{D.9.9}$$

実際には銀河団内の銀河の空間分布を考慮する必要があるが, 銀河団質量の推定法の原理はこれで尽きている. 実は (C.9.8) 式と (C.9.9) 式の平均は必ずしも N 個の銀河すべてに対して行う必要はなく, 信頼できる値が得られる程度の個数があればよい. したがって, この方法によれば銀河の質量 m やその個数 N を知ることなく, 銀河団の総質量 M_{cl} を推定できる. 言い換えれば銀河を銀河団の重力ポテンシャルを表現するテスト粒子のように用いているわけだ. たとえばかみの毛座銀河団の場合, その中心から 1.4 Mpc 以内にある質量は 40 % 程度の誤差範囲で $M = 8 \times 10^{14} M_\odot$ である. 一方, 同じ半径内に存在する銀河の光度を足し合わせた結果は $L = 3.5 \times 10^{12} L_\odot$ である ($L_\odot \approx 4 \times 10^{33}\ \mathrm{erg\,s^{-1}}$ は太陽の光度). 仮にこの銀河団内の銀河を構成する星がすべて太陽と同じ質量と光度をもつとするならば, 銀河団の質量からは 8×10^{14} 個の星があるはずなのに, 光度からは 3.5×10^{12} 個の星しか観測されていないことになる. この矛盾の一部は, 実際の星の質量と光度の分布関数, さらに銀河団内に存在する高温ガスによって説明されるが, 大部分は光は出さない大量の物質 (暗黒物質：ダークマター (dark matter)) の存在を認めなくては説明できない. 暗黒物質の存在は, 天文学と物理学の双方にまたがる重要な謎として活発な研究がされている[*1].

D.10 ポアソン括弧を用いた 1 次元調和振動子の解法

解 [10.1]

$$\dot{q} = \frac{\partial H}{\partial p} = \frac{p}{m}, \quad \dot{p} = -\frac{\partial H}{\partial q} = mw^2 q \quad \Rightarrow \quad \ddot{q} = \frac{\dot{p}}{m} = -w^2 q$$

$$\Rightarrow \quad q = A\sin(wt + \delta) \quad \Rightarrow \quad p = mwA\cos(wt + \delta). \tag{D.10.1}$$

この結果を $H = E$ に代入すると,

[*1] 詳しくは拙著『ものの大きさ——自然の階層・宇宙の階層』（東京大学出版会）で解説されている.

D.10 ポアソン括弧を用いた 1 次元調和振動子の解法 | 289

$$\frac{1}{2}mw^2A^2 = E \quad \Rightarrow \quad A = \sqrt{\frac{2E}{mw^2}}. \tag{D.10.2}$$

したがって,

$$q = \sqrt{\frac{2E}{mw^2}}\sin(wt+\delta), \quad p = \sqrt{2mE}\cos(wt+\delta) \qquad (\delta は定数). \tag{D.10.3}$$

解 [10.2] (C.10.3) 式から $f(P)$ を消去すると

$$p = mwq\cot Q. \tag{D.10.4}$$

p が q と Q だけで陽に書けているので,$F_1(q,Q)$ のタイプの母関数を試してみる.
(5.3.12) 式より,

$$\frac{\partial F_1}{\partial q} = p \quad \Rightarrow \quad F_1 = \frac{mw}{2}q^2\cot Q$$

$$\Rightarrow \quad P = -\frac{\partial F_1}{\partial Q} = \frac{mwq^2}{2\sin^2 Q} \quad \Rightarrow \quad q = \sqrt{\frac{2P}{mw}}\sin Q. \tag{D.10.5}$$

この結果を (C.10.3) 式と見比べると

$$f(P) = \sqrt{2mwP} \tag{D.10.6}$$

であることがわかる.
　これらを用いてハミルトニアンを書き直すと

$$H = \frac{1}{2m}2mwP\cos^2 Q + \frac{1}{2}mw^2\frac{2mwP}{m^2w^2}\sin^2 Q = wP. \tag{D.10.7}$$

このハミルトニアンに対してハミルトン方程式を書くと,

$$\dot{Q} = \frac{\partial H}{\partial P} = w \quad \Rightarrow \quad Q = wt + \delta. \tag{D.10.8}$$

Q は循環座標であるから P は運動の定数であり,$H = E$ を用いると $P = E/w$. これ
らを (C.10.3) 式に代入すると

$$P = \frac{E}{w}, \quad Q = wt + \delta$$

$$\Rightarrow \quad p = \sqrt{2mE}\cos(wt+\delta), \; q = \sqrt{\frac{2E}{mw^2}}\sin(wt+\delta). \tag{D.10.9}$$

解 [10.3] ポアソン括弧を具体的に計算すれば

290 | 付録 D 例題集：解答編

$$\{q, H\} = \frac{\partial H}{\partial p} = \frac{\partial}{\partial p}\left(\frac{p^2}{2m}\right) = \frac{p}{m},$$

$$\{p, H\} = -\frac{\partial H}{\partial q} = -\frac{\partial}{\partial q}\left(\frac{mw^2q^2}{2}\right) = -mw^2q,$$

$$\{\{q, H\}, H\} = \frac{1}{m}\{p, H\} = -w^2 q,$$

$$\{\{p, H\}, H\} = -mw^2\{q, H\} = -w^2 p,$$

$$\{\{\{q, H\}, H\}, H\} = -w^2\{q, H\} = -w^2\frac{p}{m},$$

$$\{\{\{p, H\}, H\}, H\} = -w^2\{p, H\} = w^2(mw^2q). \tag{D.10.10}$$

これを $q = q(t)$ の形式解に代入して

$$q(t) = q_0 + t\{q, H\}_0 + \frac{t^2}{2!}\{\{q, H\}, H\}_0 + \frac{t^3}{3!}\{\{\{q, H\}, H\}, H\}_0 + \cdots$$

$$= q_0 + t\frac{p_0}{m} + \frac{t^2}{2!}(-w^2 q_0) + \frac{t^3}{3!}\left(-w^2\frac{p_0}{m}\right) + \cdots$$

$$= q_0\left(1 - \frac{w^2 t^2}{2!} + \frac{w^4 t^4}{4!} + \cdots\right) + \frac{p_0}{mw}\left(wt - \frac{w^3 t^3}{3!} + \cdots\right)$$

$$= q_0\cos wt + \frac{p_0}{mw}\sin wt = \sqrt{q_0^2 + \left(\frac{p_0}{mw}\right)^2}\sin(wt + \delta)$$

$$= \sqrt{\frac{2E}{mw^2}}\sin(wt + \delta). \tag{D.10.11}$$

$p = p(t)$ についても同様に

$$p(t) = p_0 + t\{p, H\}_0 + \frac{t^2}{2!}\{\{p, H\}, H\}_0 + \frac{t^3}{3!}\{\{\{p, H\}, H\}, H\}_0 + \cdots$$

$$= p_0 + t(-mw^2 q_0) + \frac{t^2}{2!}(-w^2 p_0) + \frac{t^3}{3!}(mw^4 q_0) + \cdots$$

$$= p_0\left(1 - \frac{w^2 t^2}{2!} + \frac{w^4 t^4}{4!} + \cdots\right) - mwq_0\left(wt - \frac{w^3 t^3}{3!} + \cdots\right)$$

$$= p_0\cos wt - mwq_0\sin wt = \sqrt{p_0^2 + m^2 w^2 q_0^2}\cos(wt + \delta)$$

$$= \sqrt{2mE}\cos(wt + \delta). \tag{D.10.12}$$

解 [10.4] (C.10.1) 式を用いて具体的にハミルトン-ヤコビの方程式を書き下すと

$$\frac{\partial S}{\partial t} + \frac{1}{2m}\left(\frac{\partial S}{\partial q}\right)^2 + \frac{1}{2}mw^2q^2 = 0. \tag{D.10.13}$$

変数分離するために定数 α を用いて

$$S(q, \alpha, t) = W(q, \alpha) - \alpha t \tag{D.10.14}$$

とおいて代入すると

$$\frac{1}{2m}\left(\frac{\partial W}{\partial q}\right)^2 + \frac{1}{2}mw^2q^2 = \alpha. \tag{D.10.15}$$

つまり，$\alpha = E$ であることがわかる．さらにこれを W について解くと

$$S = W - Et = \int dq\,\sqrt{2mE - m^2w^2q^2} - Et. \tag{D.10.16}$$

対応する座標 Q は定数なので β とおくと

$$\beta = \frac{\partial S}{\partial E} = \int dq\frac{2m}{2\sqrt{2mE - m^2w^2q^2}} - t$$
$$= \sqrt{\frac{m}{2E}}\int\frac{dq}{\sqrt{1 - mw^2q^2/(2E)}} - t. \tag{D.10.17}$$

さらに $x \equiv \sqrt{mw^2/(2E)}\,q$ と変数変換すると

$$\beta + t = \frac{1}{w}\int\frac{dx}{\sqrt{1 - x^2}} = \frac{1}{w}\sin^{-1}x. \tag{D.10.18}$$

したがって，

$$x = q\sqrt{\frac{mw^2}{2E}} = \sin(wt + w\beta) \quad\Rightarrow\quad q(t) = \sqrt{\frac{2E}{mw^2}}\sin(wt + \delta). \tag{D.10.19}$$

最後に

$$p = \frac{\partial S}{\partial q} = \sqrt{2mE - m^2w^2q^2} \tag{D.10.20}$$

に $q(t)$ を代入して

$$p(t) = \sqrt{2mE}\cos(wt + \delta). \tag{D.10.21}$$

D.11　シンプレクティック数値積分

解 [11.1] ポアソン括弧を計算すればよい．

$$\frac{\partial q_{n+1}}{\partial q_n} = 1, \quad \frac{\partial q_{n+1}}{\partial p_n} = \frac{\partial^2 H_p(p_n)}{\partial p_n^2}\Delta t, \tag{D.11.1}$$

$$\frac{\partial p_{n+1}}{\partial p_n} = 1, \quad \frac{\partial p_{n+1}}{\partial q_n} = -\frac{\partial^2 H_q(q_n)}{\partial q_n^2}\Delta t \tag{D.11.2}$$

だから，

$$\{q_{n+1}, p_{n+1}\} = \frac{\partial q_{n+1}}{\partial q_n}\frac{\partial p_{n+1}}{\partial p_n} - \frac{\partial q_{n+1}}{\partial p_n}\frac{\partial p_{n+1}}{\partial q_n}$$
$$= 1 + \frac{\partial^2 H_p(p_n)}{\partial p_n^2}\frac{\partial^2 H_q(q_n)}{\partial q_n^2}\Delta t^2. \tag{D.11.3}$$

292 | 付録 D 例題集：解答編

この右辺第2項は一般には0ではないので，(q_n, p_n) と (q_{n+1}, p_{n+1}) の関係は正準変換ではない.

解 [11.2] 今度は

$$\frac{\partial q_{n+1}}{\partial q_n} = 1, \quad \frac{\partial q_{n+1}}{\partial p_n} = \frac{\partial^2 H_p(p_n)}{\partial p_n^2} \Delta t, \tag{D.11.4}$$

$$\frac{\partial p_{n+1}}{\partial p_n} = 1 - \frac{\partial^2 H_q(q_{n+1})}{\partial q_{n+1}^2} \frac{\partial q_{n+1}}{\partial p_n} \Delta t$$

$$= 1 - \frac{\partial^2 H_q(q_{n+1})}{\partial q_{n+1}^2} \frac{\partial^2 H_p(p_n)}{\partial p_n^2} \Delta t^2, \tag{D.11.5}$$

$$\frac{\partial p_{n+1}}{\partial q_n} = -\frac{\partial^2 H_q(q_{n+1})}{\partial q_{n+1}^2} \frac{\partial q_{n+1}}{\partial q_n} \Delta t = -\frac{\partial^2 H_q(q_{n+1})}{\partial q_{n+1}^2} \Delta t. \tag{D.11.6}$$

これらを用いてポアソン括弧を計算すると

$$\{q_{n+1}, p_{n+1}\} = \frac{\partial q_{n+1}}{\partial q_n} \frac{\partial p_{n+1}}{\partial p_n} - \frac{\partial q_{n+1}}{\partial p_n} \frac{\partial p_{n+1}}{\partial q_n} = 1. \tag{D.11.7}$$

したがって，(q_n, p_n) と (q_{n+1}, p_{n+1}) との変換は正準変換である.

解 [11.3]

$$L = \frac{1}{2} ml^2 \dot{\theta}^2 - mgl(1 - \cos\theta). \tag{D.11.8}$$

解 [11.4]

$$p = \frac{\partial L}{\partial \dot{\theta}} = ml^2 \dot{\theta}$$

$$\Rightarrow \quad H = p\dot{\theta} - L = \frac{p^2}{2ml^2} + mgl(1 - \cos\theta). \tag{D.11.9}$$

解 [11.5] (C.11.4) 式のハミルトニアンに対応するハミルトン方程式は

$$\frac{d\theta}{dt} = \frac{\partial H}{\partial p} = \frac{p}{ml^2}, \quad \frac{dp}{dt} = -\frac{\partial H}{\partial \theta} = -mgl\sin\theta \tag{D.11.10}$$

となる. これを無次元化したときの数値積分結果を図 D.1 に示す. シンプレクティック条件を満たさない場合は，やがて軌道が発散してしまう. 物理的には質点が振り子の支点のまわりにぐるぐる巻きつくことに対応するが，むろん今の設定ではこれはあり得ない. 一方，シンプレクティック数値積分法では，長期間にわたる積分でも目で見る限りまったく区別できないほど安定に同一の軌道を周期運動していることがわかる. この事実は，まさにハミルトニアンを保つ正準変換となっていることの現れである.

D.12 アインシュタイン係数とプランク分布

解 [12.1] $A_{21}n_2$ は，状態2にある原子が光子を放出して状態1に遷移する割合に対応する. これは当然，状態2にある原子数 n_2 に比例する. これを自発放出 (spontaneous emission) という. $B_{12}n_1 I(\nu_{12})$ は，状態1にある原子が状態2へ光子を吸収して遷移する割合を表し，状態1にある原子数 n_1 および吸収する光子と同じ周波数の輻射強度 $I(\nu_{12})$ に比例することは理解できる. 一方，$B_{21}n_2 I(\nu_{12})$ は状態2にある原

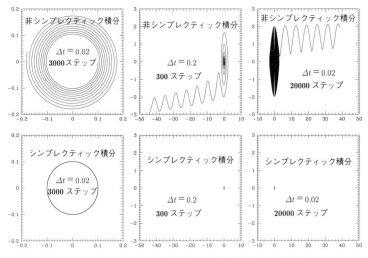

図 **D.1** シンプレクティック数値積分の例（横軸が q, 縦軸が p）.

子が状態 1 へ光子を放出して遷移する割合を表すが，放出する光子と同じ周波数の輻射強度 $I(\nu_{12})$ に比例する理由は直感的には理解できないであろう．これは量子論的な効果であり，誘導放出 (induced emission) と呼ばれている．

解 [12.2] 平衡状態では

$$\left.\frac{dn}{dt}\right|_{1\to 2} = \left.\frac{dn}{dt}\right|_{2\to 1} \tag{D.12.1}$$

が成り立っているはずである．これを (C.12.1)-(C.12.3) 式を用いて書き直せば，

$$B_{12}n_1 I(\nu_{12}) = A_{21}n_2 + B_{21}n_2 I(\nu_{12})$$

$$\Rightarrow \quad I(\nu_{12}) = \frac{A_{21}/B_{21}}{B_{12}n_1/B_{21}n_2 - 1} = \frac{A_{21}/B_{21}}{(g_1 B_{12}/g_2 B_{21})\exp(h\nu_{12}/k_{\rm B}T) - 1}. \tag{D.12.2}$$

解 [12.3] (D.12.2) 式で $h\nu_{12} \ll k_{\rm B}T$ の極限をとると

$$I(\nu_{12}) \approx \frac{A_{21}/B_{21}}{(g_1 B_{12}/g_2 B_{21})(1 + h\nu_{12}/k_{\rm B}T) - 1}. \tag{D.12.3}$$

これが，レイリー–ジーンズ分布

$$I_{\rm RJ}(\nu) = \frac{8\pi\nu^2}{c^3}k_{\rm B}T \tag{D.12.4}$$

と一致するには，

$$g_1 B_{12} = g_2 B_{21}, \quad \frac{A_{21}}{B_{21}} = \frac{8\pi h \nu_{12}^3}{c^3} \tag{D.12.5}$$

が成り立つ必要がある．

解 [12.4] (D.12.5) 式を (D.12.2) 式に代入すれば，

294 | 付録 D 例題集：解答編

$$I(\nu_{12}) = \frac{8\pi h \nu_{12}^3/c^3}{\exp(h\nu_{12}/k_{\mathrm{B}}T)-1}. \tag{D.12.6}$$

この ν_{12} は，仮想的に考える原子の2準位間のエネルギー差に対応する周波数であるが，熱平衡では輻射場が任意の原子の系と平衡状態になくてはならない．したがって，ν_{12} は任意の値をとるものと考えなくてはならない．このように，原子と光子との相互作用におけるエネルギーのやりとりが量子化されることだけを仮定すれば，光子のエネルギーが量子化されているという考えを経由せずともプランクの式が導かれる．

D.13 ハミルトンの方程式とハイゼンベルクの運動方程式

解 [13.1] 証明すべき関係式の右辺を単純に展開すれば

$$[\hat{a},\hat{b}]\hat{c}+\hat{b}[\hat{a},\hat{c}] = \hat{a}\hat{b}\hat{c}-\hat{b}\hat{a}\hat{c}+\hat{b}\hat{a}\hat{c}-\hat{b}\hat{c}\hat{a} = [\hat{a},\hat{b}\hat{c}] \tag{D.13.1}$$

となることがわかる．したがって

$$[\hat{a},\hat{b}^n] = [\hat{a},\hat{b}^{n-1}\hat{b}] = [\hat{a},\hat{b}^{n-1}]\hat{b}+\hat{b}^{n-1}[\hat{a},\hat{b}] \tag{D.13.2}$$

が成り立つ．この結果を繰り返して用いれば

$$\begin{aligned}
[\hat{a},\hat{b}^n] &= [\hat{a},\hat{b}^{n-1}]\hat{b}+\hat{b}^{n-1}[\hat{a},\hat{b}] \\
&= \left([\hat{a},\hat{b}^{n-2}]\hat{b}+\hat{b}^{n-2}[\hat{a},\hat{b}]\right)\hat{b}+\hat{b}^{n-1}[\hat{a},\hat{b}] \\
&= [\hat{a},\hat{b}]\hat{b}^{n-1}+\hat{b}[\hat{a},\hat{b}]\hat{b}^{n-2}+\cdots+\hat{b}^{n-1}[\hat{a},\hat{B}] \\
&= \sum_{k=0}^{n-1}\hat{b}^k[\hat{a},\hat{b}]\hat{b}^{n-k-1}.
\end{aligned} \tag{D.13.3}$$

解 [13.2] (D.13.3) 式より，いわゆる正準交換関係：

$$[\hat{a},\hat{b}] = i\hbar \tag{D.13.4}$$

を満たす演算子に対しては

$$[\hat{a},\hat{b}^n] = \sum_{j=0}^{n-1}\hat{b}^j[\hat{a},\hat{b}]\hat{b}^{n-j-1} = i\hbar n\hat{b}^{n-1} = i\hbar\frac{d\hat{b}^n}{d\hat{b}} \tag{D.13.5}$$

が成り立つ．したがって，$\hat{b}$ のべき級数で展開できる関数（の演算子）$\hat{f}(\hat{b})$ に対しては

$$[\hat{a},\hat{f}(\hat{b})] = i\hbar\frac{d\hat{f}}{d\hat{b}} \tag{D.13.6}$$

となる．この結果から，

$$[\hat{x},\hat{p}] = i\hbar \tag{D.13.7}$$

が成り立てば，

D.14 水素原子の波動関数の級数的解法 | 295

$$\frac{1}{i\hbar}[\hat{x}, \hat{H}] = \frac{\partial \hat{H}}{\partial \hat{p}}, \quad \frac{1}{i\hbar}[\hat{p}, \hat{H}] = -\frac{\partial \hat{H}}{\partial \hat{x}} \tag{D.13.8}$$

となる．これらの関係は，まさに (C.13.1) 式と (C.13.2) 式の右辺をそれぞれ結びつけるものとなっている．

D.14　水素原子の波動関数の級数的解法

解 [14.1]

$$\Delta(RY) = -\frac{2m}{\hbar^2}[E - V(r)] RY \tag{D.14.1}$$

に，ラプラシアンの極座標表示を代入すれば

$$\frac{1}{R}\left\{\frac{d}{dr}\left(r^2\frac{dR}{dr}\right) + \frac{2mr^2}{\hbar^2}[E - V(r)]R\right\}$$
$$= -\frac{1}{Y}\left[\frac{1}{\sin\theta}\frac{\partial}{\partial\theta}\left(\sin\theta\frac{\partial Y}{\partial\theta}\right) + \frac{1}{\sin^2\theta}\frac{\partial^2 Y}{\partial\varphi^2}\right]. \tag{D.14.2}$$

左辺は r のみの関数，右辺は θ と φ のみの関数であるから，これは定数でなければならない．その定数を μ と選べば，(C.14.2) 式と (C.14.3) 式に帰着する．

解 [14.2] 実は，(C.14.3) 式は球面調和関数 $Y_{lm}(\theta, \varphi)$ を固有関数にもつ固有値方程式で，その固有値は $\mu = l(l+1)$ で与えられる．(C.14.2) 式に，題意にしたがって $\mu = l(l+1)$ と $V(r) = -e^2/r$ を代入すれば

$$\frac{d^2R}{dr^2} + \frac{2}{r}\frac{dR}{dr} + \frac{2m}{\hbar^2}\left[E + \frac{e^2}{r} - \frac{l(l+1)\hbar^2}{2mr^2}\right]R = 0. \tag{D.14.3}$$

(C.14.4) 式の変数を用いて書き直すと

$$\frac{d^2R}{d\rho^2} + \frac{2}{\rho}\frac{dR}{d\rho} - \frac{l(l+1)}{\rho^2}R + \left(\frac{\lambda}{\rho} - \frac{1}{4}\right)R = 0. \tag{D.14.4}$$

以下，ρ に関する微分を ′ で表すことにすれば $R \equiv e^{-\rho/2}F(\rho)$ に対して

$$R' = F'\,e^{-\rho/2} - \frac{F}{2}e^{-\rho/2}, \tag{D.14.5}$$

$$R'' = F''\,e^{-\rho/2} - F'\,e^{-\rho/2} + \frac{F}{4}e^{-\rho/2}. \tag{D.14.6}$$

これを (C.14.5) 式に代入して整理すると (C.14.6) 式に帰着する．

$$F'' + \left(\frac{2}{\rho} - 1\right)F' + \left[\frac{\lambda - 1}{\rho} - \frac{l(l+1)}{\rho^2}\right]F = 0. \tag{D.14.7}$$

$\rho \ll 1$ ならば (D.14.7) 式は $F \propto \rho^s$ の解をもつ．これを代入し，$\rho \ll 1$ を仮定して最低次の項のみを考えれば

$$s(s-1)\rho^{s-2} + \frac{2s}{\rho}\rho^{s-1} - \frac{l(l+1)}{\rho^2}\rho^s = 0. \tag{D.14.8}$$

(D.14.8) 式より，$s=l$ あるいは $-l-1$ を得るが，$\rho \ll 1$ で正則な解をさがしているので，$s=l$．そこで，$F(\rho) \equiv \rho^l L(\rho)$ とおいて再度 (C.14.6) 式に代入すれば，

$$F' = l\rho^{l-1}L + \rho^l L', \quad F'' = l(l-1)\rho^{l-2}L + 2l\rho^{l-1}L' + \rho^l L'' \tag{D.14.9}$$

$$\Rightarrow \quad \rho L'' + (2l+2-\rho)L' + (\lambda-l-1)L = 0. \tag{D.14.10}$$

解 [14.3] (C.14.8) 式を (C.14.7) 式に代入すれば

$$\sum_{\nu=2}\nu(\nu-1)c_\nu\rho^{\nu-1} + (2l+2-\rho)\sum_{\nu=1}\nu c_\nu\rho^{\nu-1} + (\lambda-l-1)\sum_{\nu=0}c_\nu\rho^\nu = 0$$

$$\Rightarrow \quad \sum_{\nu=1}(\nu+1)\nu c_{\nu+1}\rho^\nu + (2l+2)\sum_{\nu=1}\nu c_\nu\rho^{\nu-1}$$

$$- \sum_{\nu=1}\nu c_\nu\rho^\nu + (\lambda-l-1)\sum_{\nu=0}c_\nu\rho^\nu = 0$$

$$\Rightarrow \quad \sum_{\nu=1}(\nu+1)\nu c_{\nu+1}\rho^\nu + (2l+2)\sum_{\nu=0}(\nu+1)c_{\nu+1}\rho^\nu$$

$$- \sum_{\nu=1}\nu c_\nu\rho^\nu + (\lambda-l-1)\sum_{\nu=0}c_\nu\rho^\nu = 0$$

$$\Rightarrow \quad \sum_{\nu=1}\left[(\nu+1)(2l+2+\nu)c_{\nu+1} - (\nu-\lambda+l+1)c_\nu\right]\rho^\nu$$

$$+ (2l+2)c_1 + (\lambda-l-1)c_0 = 0. \tag{D.14.11}$$

この級数の項ごとに係数を 0 とおけば

$$(\nu+1)(2l+2+\nu)c_{\nu+1} = (\nu-\lambda+l+1)c_\nu \qquad (\nu=0,1,\cdots) \tag{D.14.12}$$

が，係数 c_ν の間の漸化式となる．$\nu \to \infty$ では

$$\frac{c_{\nu+1}}{c_\nu} = \frac{\nu-\lambda+l+1}{(\nu+1)(2l+2+\nu)} \to \frac{1}{\nu} \tag{D.14.13}$$

となり，λ が整数値をとらない一般的な場合，漸近的には $L(\rho) \propto e^\rho$，したがって $R(\rho) \propto e^{-\rho/2}\rho^l L(\rho)$ は発散してしまう．これを避けるためには，λ が整数値をとり，この級数が有限項で終わる必要がある．そこで $c_{n'+1} = c_{n'+2} = \cdots = 0$ となるような値を n' とすれば，(D.14.12) 式より

$$\lambda = l+1+n'. \tag{D.14.14}$$

解 [14.4] あらためて $n \equiv l+1+n'$ とおけば，n は正の整数で，

$$n = \lambda = \frac{e^2}{\hbar c}\sqrt{\frac{mc^2}{2|E|}} \quad \Rightarrow \quad E = -\frac{me^4}{2\hbar^2}\frac{1}{n^2} = -\frac{e^2}{2r_{\text{B}}}\frac{1}{n^2} \tag{D.14.15}$$

となることがただちにわかる．ボーアの原子モデルから対応原理を用いて得られた水素原子のエネルギー準位が，シュレーディンガー方程式からより厳密に導びかれたわけで

ある.

解 [14.5] 今までの結果をまとめると，量子数 n と l を指定したときの $R(r)$ は

$$R_{nl}(r) = e^{-\rho/2} \rho^l \sum_{\nu=0}^{n'} c_\nu \rho^\nu, \tag{D.14.16}$$

$$\rho = \sqrt{\frac{8m|E|}{\hbar^2}}\, r = \sqrt{\frac{4m^2 e^4}{n^2 \hbar^4}}\, r = \frac{2me^2}{n\hbar^2}\, r = \frac{2r}{nr_{\rm B}}. \tag{D.14.17}$$

$(n, l) = (1, 0)$ の場合は $n' = 0$ で，c_0 以外の係数はすべて 0 :

$$R_{10}(r) = c_0 e^{-r/r_{\rm B}},$$

$$\Rightarrow \quad \int_0^\infty r^2 |R_{10}|^2 dr = c_0^2 \int_0^\infty r^2 e^{-2r/r_{\rm B}} dr$$

$$= c_0^2 \left(\frac{r_{\rm B}}{2}\right)^3 \underbrace{\int_0^\infty x^2 e^{-x} dx}_{=2} = 1 \quad \Rightarrow \quad c_0 = 2\left(\frac{1}{r_{\rm B}}\right)^{3/2}. \tag{D.14.18}$$

$(n, l) = (2, 0)$ の場合は $n' = 1$ で，$c_1 = -c_0/2$:

$$R_{20}(r) = \left(c_0 + c_1 \frac{r}{r_{\rm B}}\right) e^{-r/2r_{\rm B}} = c_1 \left(2 - \frac{r}{r_{\rm B}}\right) e^{-r/2r_{\rm B}}$$

$$\Rightarrow \quad \int_0^\infty r^2 |R_{20}|^2 dr = c_1^2 r_{\rm B}^3 \underbrace{\int_0^\infty (2-x)^2 x^2 e^{-x} dx}_{=8-4\cdot 3!+4!} = 1$$

$$\Rightarrow \quad c_1 = \left(\frac{1}{2r_{\rm B}}\right)^{3/2}. \tag{D.14.19}$$

$(n, l) = (2, 1)$ の場合は $n' = 0$ で，c_0 以外の係数はすべて 0 :

$$R_{21}(r) = c_0 \left(\frac{r}{r_{\rm B}}\right) e^{-r/2r_{\rm B}}$$

$$\Rightarrow \quad \int_0^\infty r^2 |R_{21}|^2 dr = c_0^2 r_{\rm B}^3 \underbrace{\int_0^\infty x^4 e^{-x} dx}_{=4!} = 1$$

$$\Rightarrow \quad c_0 = \frac{1}{\sqrt{24}} \left(\frac{1}{r_{\rm B}}\right)^{3/2}. \tag{D.14.20}$$

以上の結果をもう一度まとめて書くと

$$R_{10}(r) = 2\left(\frac{1}{r_{\rm B}}\right)^{3/2} e^{-r/r_{\rm B}}, \tag{D.14.21}$$

$$R_{20}(r) = \left(\frac{1}{2r_{\mathrm{B}}}\right)^{3/2}\left(2 - \frac{r}{r_{\mathrm{B}}}\right)e^{-r/2r_{\mathrm{B}}}, \tag{D.14.22}$$

$$R_{21}(r) = \frac{1}{\sqrt{3}}\left(\frac{1}{2r_{\mathrm{B}}}\right)^{3/2}\left(\frac{r}{r_{\mathrm{B}}}\right)e^{-r/2r_{\mathrm{B}}}. \tag{D.14.23}$$

ところで i と j を非負の整数としたとき，微分方程式：

$$xL_i^j(x)'' + (j+1-x)L_i^j(x)' + iL_i^j(x) = 0 \tag{D.14.24}$$

の解 $L_i^j(x)$ をラゲールの陪多項式 (associated Laguerre polynomials) と呼ぶ．(C.14.7) 式と (D.14.24) 式とを比較すれば，$j = 2l+1$，$i = n-l-1$ であり，$L(\rho)$ は定数倍の自由度を除いて $L_{n-l-1}^{2l+1}(\rho)$ に等しい．ラゲールの陪多項式に関する漸化式：

$$(n+1)L_{n+1}^k(x) = (2n+k+1-x)L_n^k(x) - (n+k)L_{n-1}^k(x) \tag{D.14.25}$$

と，正規直交条件：

$$\int_0^\infty L_n^k(x)L_m^k(x)\,x^k\,e^{-x}\,dx = \frac{(n+k)!}{n!}\delta_{nm} \tag{D.14.26}$$

から，

$$\int_0^\infty e^{-x}x^{k+1}[L_m^k(x)]^2\,dx$$
$$= \int_0^\infty e^{-x}x^k L_m^k(x)$$
$$\quad \times \left[(2m+k+1)L_m^k(x) - (m+k)L_{m-1}^k(x) - (m+1)L_{m+1}^k(x)\right]dx$$
$$= (2m+k+1)\int_0^\infty e^{-x}x^k[L_m^k(x)]^2\,dx = \frac{(m+k)!}{m!}(2m+k+1) \tag{D.14.27}$$

という正規直交条件が得られる．したがって，規格化定数を C_{nl} として

$$R_{nl}(\rho) = C_{nl}e^{-\rho/2}\rho^l L_{n-l-1}^{2l+1}(\rho) \tag{D.14.28}$$

と書く．(D.14.17) 式と (D.14.27) 式を用いると規格化条件は

$$\int_0^\infty [R(\rho)]^2 r^2\,dr = \left(\frac{nr_{\mathrm{B}}}{2}\right)^3 \int_0^\infty [R(\rho)]^2\rho^2\,d\rho$$
$$= \left(\frac{nr_{\mathrm{B}}}{2}\right)^3 C_{nl}^2 \int_0^\infty e^{-\rho}\rho^{2l+2}[L_{n-l-1}^{2l+1}(\rho)]^2\,d\rho$$
$$= \frac{(n+l)!}{(n-l-1)!}(2n)C_{nl}^2\left(\frac{nr_{\mathrm{B}}}{2}\right)^3 = 1. \tag{D.14.29}$$

したがって，規格化された $R_{nl}(r)$ をラゲールの陪多項式を用いて書き下せば

$$R_{nl}(r) = \sqrt{\frac{(n-l-1)!}{2n(n+l)!}}\left(\frac{2}{nr_{\mathrm{B}}}\right)^{l+3/2}e^{-r/(nr_{\mathrm{B}})}r^l L_{n-l-1}^{2l+1}(2r/(nr_{\mathrm{B}})). \tag{D.14.30}$$

D.15 演算子を用いた1次元調和振動子の波動関数の解法

解 [15.1] $\hat{x}, \hat{p}$ はエルミート演算子であることを用いれば

$$\hat{a}^\dagger = \sqrt{\frac{mw}{2\hbar}}\hat{x}^\dagger - \frac{i}{\sqrt{2m\hbar w}}\hat{p}^\dagger = \sqrt{\frac{mw}{2\hbar}}\hat{x} - \frac{i}{\sqrt{2m\hbar w}}\hat{p}. \tag{D.15.1}$$

したがって,

$$
\begin{aligned}
[\hat{a}, \hat{a}^\dagger] &= \left[\sqrt{\frac{mw}{2\hbar}}\hat{x} + \frac{i}{\sqrt{2m\hbar w}}\hat{p}, \sqrt{\frac{mw}{2\hbar}}\hat{x} - \frac{i}{\sqrt{2m\hbar w}}\hat{p}\right] \\
&= \left[\sqrt{\frac{mw}{2\hbar}}\hat{x}, -\frac{i}{\sqrt{2m\hbar w}}\hat{p}\right] + \left[\frac{i}{\sqrt{2m\hbar w}}\hat{p}, \sqrt{\frac{mw}{2\hbar}}\hat{x}\right] \\
&= -\frac{i}{2\hbar}[\hat{x}, \hat{p}] + \frac{i}{2\hbar}[\hat{p}, \hat{x}] = \frac{i}{\hbar}[\hat{p}, \hat{x}] = 1.
\end{aligned} \tag{D.15.2}
$$

すべての演算子は自分自身とは交換するので, まとめると

$$[\hat{a}, \hat{a}^\dagger] = 1, \quad [\hat{a}, \hat{a}] = 0, \quad [\hat{a}^\dagger, \hat{a}^\dagger] = 0. \tag{D.15.3}$$

解 [15.2] $[\hat{a}, \hat{a}^\dagger] = 1$ より, $\hat{a}\hat{a}^\dagger = \hat{a}^\dagger\hat{a} + 1$ という関係を繰り返して用いれば

$$
\begin{aligned}
\hat{a}(\hat{a}^\dagger)^n &= (\hat{a}\hat{a}^\dagger)(\hat{a}^\dagger)^{n-1} = (\hat{a}^\dagger\hat{a} + 1)(\hat{a}^\dagger)^{n-1} \\
&= (\hat{a}^\dagger)^{n-1} + \hat{a}^\dagger(\hat{a}\hat{a}^\dagger)(\hat{a}^\dagger)^{n-2} \\
&= 2(\hat{a}^\dagger)^{n-1} + (\hat{a}^\dagger)^2\hat{a}(\hat{a}^\dagger)^{n-2} = \cdots = n(\hat{a}^\dagger)^{n-1} + (\hat{a}^\dagger)^n\hat{a} \\
\Rightarrow \quad [\hat{a}, (\hat{a}^\dagger)^n] &= n(\hat{a}^\dagger)^{n-1}.
\end{aligned} \tag{D.15.4}
$$

同様にして

$$
\begin{aligned}
\hat{a}^\dagger(\hat{a})^n &= (\hat{a}^\dagger\hat{a})(\hat{a})^{n-1} = (\hat{a}\hat{a}^\dagger - 1)(\hat{a})^{n-1} \\
&= -(\hat{a})^{n-1} + \hat{a}(\hat{a}^\dagger\hat{a})(\hat{a})^{n-2} \\
&= -2(\hat{a})^{n-1} + (\hat{a})^2\hat{a}^\dagger(\hat{a})^{n-2} = \cdots = -n(\hat{a})^{n-1} + (\hat{a})^n\hat{a}^\dagger \\
\Rightarrow \quad [\hat{a}^\dagger, (\hat{a})^n] &= -n(\hat{a})^{n-1}.
\end{aligned} \tag{D.15.5}
$$

解 [15.3]

$$
\begin{aligned}
\hat{N} = \hat{a}^\dagger\hat{a} &= \left(\sqrt{\frac{mw}{2\hbar}}\hat{x} - \frac{i}{\sqrt{2m\hbar w}}\hat{p}\right)\left(\sqrt{\frac{mw}{2\hbar}}\hat{x} + \frac{i}{\sqrt{2m\hbar w}}\hat{p}\right) \\
&= \frac{mw}{2\hbar}\hat{x}^2 + \frac{1}{2m\hbar w}\hat{p}^2 + \frac{i}{2\hbar}(\hat{x}\hat{p} - \hat{p}\hat{x}) = \frac{\hat{H}}{\hbar w} - \frac{1}{2}.
\end{aligned} \tag{D.15.6}
$$

$\hat{H}$ はエルミート演算子であるから, (D.15.6) 式から $\hat{N}$ もまたエルミート演算子となることは自明.

解 [15.4] (D.15.6) 式より

300 | 付録 D 例題集：解答編

$$\hat{H} = \hbar w \left(\hat{N} + \frac{1}{2} \right) = \hbar w \left(\hat{a}^\dagger \hat{a} + \frac{1}{2} \right). \tag{D.15.7}$$

一方，

$$[\hat{a}^\dagger \hat{a}, \hat{a}^\dagger] = \hat{a}^\dagger \hat{a} \hat{a}^\dagger - (\hat{a}^\dagger)^2 \hat{a} = \hat{a}^\dagger [\hat{a}, \hat{a}^\dagger] = \hat{a}^\dagger, \tag{D.15.8}$$

$$[\hat{a} \hat{a}^\dagger, \hat{a}] = \hat{a} [\hat{a}^\dagger, \hat{a}] = -\hat{a} \tag{D.15.9}$$

なので，

$$[\hat{H}, \hat{a}^\dagger] = \hbar w \hat{a}^\dagger, \qquad [\hat{H}, \hat{a}] = -\hbar w \hat{a}. \tag{D.15.10}$$

したがって

$$\hat{H} \hat{a}^\dagger |E\rangle = \hat{a}^\dagger \hat{H} |E\rangle + \hbar w \hat{a}^\dagger |E\rangle = \hat{a}^\dagger E |E\rangle + \hbar w \hat{a}^\dagger |E\rangle$$
$$= (E + \hbar w) \hat{a}^\dagger |E\rangle, \tag{D.15.11}$$

$$\hat{H} \hat{a} |E\rangle = \hat{a} \hat{H} |E\rangle - \hbar w \hat{a} |E\rangle = \hat{a} E |E\rangle - \hbar w \hat{a} |E\rangle$$
$$= (E - \hbar w) \hat{a} |E\rangle. \tag{D.15.12}$$

これらから，$\hat{a}^\dagger |E\rangle$ と $\hat{a} |E\rangle$ はいずれも $\hat{H}$ の固有ベクトルであり，$\hat{a}^\dagger$ と $\hat{a}$ は，固有値 E に対応する固有ベクトルに作用して固有値を $\hbar w$ だけそれぞれ増加，減少させる．このことから，$\hat{a}^\dagger$ はエネルギー量子 $\hbar w$ を 1 つ生成，$\hat{a}$ は 1 つ消滅させる働きをすることがわかる．

解 [15.5] (D.15.11) 式より，$\hat{a}$ は消滅演算子とみなせることがわかった．もしも $\hat{a}|E_0\rangle$ が 0 でなければ，その固有値は $E_0 - \hbar w$ となり，E_0 が基底状態であるという仮定と矛盾する．したがって $\hat{a}|E_0\rangle = 0$．そこで，$\hat{H}$ に $|E_0\rangle$ を直接作用させれば

$$\hat{H} |E_0\rangle = \hbar w \left(\hat{a}^\dagger \hat{a} + \frac{1}{2} \right) |E_0\rangle = \frac{\hbar w}{2} |E_0\rangle \tag{D.15.13}$$

となり，基底状態の固有値は $E_0 = \hbar w / 2$ であることがわかる．

解 [15.6] 生成演算子 $\hat{a}^\dagger$ を基底状態の固有ベクトル $|E_0\rangle$ に繰り返し作用させることで $|E_n\rangle$ を構成することができる．そこで規格化定数を c_n として $|E_n\rangle = c_n (\hat{a}^\dagger)^n |E_0\rangle$ とおけば，

$$\hat{H} |E_n\rangle = c_n \hbar w \left(\hat{a}^\dagger \hat{a} + \frac{1}{2} \right) (\hat{a}^\dagger)^n |E_0\rangle = c_n \hbar w \left(\hat{a} \hat{a}^\dagger - \frac{1}{2} \right) (\hat{a}^\dagger)^n |E_0\rangle$$
$$= c_n \hbar w [\hat{a}, (\hat{a}^\dagger)^{n+1}] |E_0\rangle - \frac{\hbar w}{2} |E_n\rangle = c_n \hbar w (n+1) (\hat{a}^\dagger)^n |E_0\rangle - \frac{\hbar w}{2} |E_n\rangle$$
$$= \hbar w \left(n + \frac{1}{2} \right) |E_n\rangle$$
$$\Rightarrow \quad E_n = \hbar w \left(n + \frac{1}{2} \right). \tag{D.15.14}$$

またこの結果はより単純には

$$\hat{a}^\dagger \hat{a}|E_n\rangle = n|E_n\rangle \tag{D.15.15}$$

と同等であることを用いて

$$|E_n\rangle = c_n(\hat{a}^\dagger)^n|E_0\rangle = \frac{c_n}{c_{n-1}}(\hat{a}^\dagger)|E_{n-1}\rangle$$

$$\Rightarrow \quad \langle E_n|E_n\rangle = \left|\frac{c_n}{c_{n-1}}\right|^2 \langle E_{n-1}|\hat{a}\hat{a}^\dagger|E_{n-1}\rangle = \left|\frac{c_n}{c_{n-1}}\right|^2 \langle E_{n-1}|\hat{a}^\dagger\hat{a}+1|E_{n-1}\rangle$$

$$= \left|\frac{c_n}{c_{n-1}}\right|^2 n\langle E_{n-1}|E_{n-1}\rangle$$

$$= \left|\frac{c_n}{c_{n-1}}\right|^2 n\left|\frac{c_{n-1}}{c_{n-2}}\right|^2 (n-1)\langle E_{n-2}|E_{n-2}\rangle$$

$$= \cdots = \left|\frac{c_n}{c_0}\right|^2 n!\langle E_0|E_0\rangle = |c_n|^2 n!. \tag{D.15.16}$$

そこで，c_n を実数に選べば

$$c_n = \frac{1}{\sqrt{n!}} \quad \Rightarrow \quad |E_n\rangle = \frac{1}{\sqrt{n!}}(\hat{a}^\dagger)^n|E_0\rangle. \tag{D.15.17}$$

解 [15.7] $\hat{a}|E_0\rangle = 0$ に左から $\langle x|$ を作用させ，$|x'\rangle$ の完全性を用いると

$$\langle x|\hat{a}|E_0\rangle = \int dx' \langle x|\hat{a}|x'\rangle\langle x'|E_0\rangle$$

$$= \int dx' \langle x|\hat{a}|x'\rangle\psi_0(x') = 0. \tag{D.15.18}$$

ここで，

$$\langle x|\hat{a}|x'\rangle = \langle x|\left(\sqrt{\frac{mw}{2\hbar}}\hat{x} + \frac{i}{\sqrt{2m\hbar w}}\hat{p}\right)|x'\rangle$$

$$= \sqrt{\frac{mw}{2\hbar}}x'\langle x|x'\rangle + \frac{i}{\sqrt{2m\hbar w}}\langle x|\hat{p}|x'\rangle$$

$$= \sqrt{\frac{mw}{2\hbar}}x'\delta(x-x') + \frac{i}{\sqrt{2m\hbar w}} \times i\hbar\frac{\partial}{\partial x'}\delta(x-x') \tag{D.15.19}$$

なので，

$$\int dx' \langle x|\hat{a}|x'\rangle\psi_0(x') = \sqrt{\frac{mw}{2\hbar}}x\psi_0(x) - \sqrt{\frac{\hbar}{2mw}}\int dx' \psi_0(x')\frac{\partial}{\partial x'}\delta(x-x')$$

$$= \sqrt{\frac{mw}{2\hbar}}x\psi_0(x) + \sqrt{\frac{\hbar}{2mw}}\frac{\partial}{\partial x}\psi_0(x) = 0. \tag{D.15.20}$$

したがって

$$\left(\frac{\partial}{\partial x} + \frac{mw}{\hbar}x\right)\psi_0(x) = 0. \tag{D.15.21}$$

この解は

302 | 付録 D 例題集：解答編

$$\psi_0(x) = K_0 \exp\left(-\frac{mw}{2\hbar}x^2\right) \tag{D.15.22}$$

である．規格化定数は

$$\int_{-\infty}^{\infty} |\psi_0(x)|^2\,dx = |K_0|^2 \int_{-\infty}^{\infty} \exp\left(-\frac{mw}{\hbar}x^2\right) dx = |K_0|^2 \sqrt{\pi \frac{\hbar}{mw}} = 1 \tag{D.15.23}$$

より，実数と選んで

$$K_0 = \left(\frac{mw}{\pi\hbar}\right)^{1/4} \Rightarrow \psi_0(x) = \left(\frac{mw}{\pi\hbar}\right)^{1/4} \exp\left(-\frac{mw}{2\hbar}x^2\right). \tag{D.15.24}$$

解 [15.8] 計算の係数を簡単にするために $q \equiv x\sqrt{mw/\hbar}$ と変数変換すれば

$$\psi_0(q) = \left(\frac{mw}{\pi\hbar}\right)^{1/4} e^{-q^2/2} = K_0 e^{-q^2/2},$$

$$\hat{a}^\dagger \psi_n(q) = \frac{1}{\sqrt{2}}\left(q - \frac{d}{dq}\right)\psi_n(q) \tag{D.15.25}$$

となることを用いて，順次 $\hat{a}^\dagger$ を作用させれば

$$\psi_1(q) = \frac{1}{\sqrt{1}}\hat{a}^\dagger\psi_0(q) = \frac{K_0}{\sqrt{2}}\left(q - \frac{d}{dq}\right)e^{-q^2/2} = \frac{K_0}{\sqrt{2}}\,2qe^{-q^2/2}, \tag{D.15.26}$$

$$\psi_2(q) = \frac{1}{\sqrt{2}}\hat{a}^\dagger\psi_1(q) = \frac{K_0}{\sqrt{8}}\left(q - \frac{d}{dq}\right)2qe^{-q^2/2}$$

$$= \frac{K_0}{\sqrt{8}}\left[2q^2 - 2 - 2q \times (-q)\right]e^{-q^2/2} = \frac{K_0}{\sqrt{8}}(4q^2 - 2)e^{-q^2/2}, \tag{D.15.27}$$

$$\psi_3(q) = \frac{1}{\sqrt{3}}\hat{a}^\dagger\psi_2(q) = \frac{K_0}{\sqrt{48}}\left(q - \frac{d}{dq}\right)(4q^2 - 2)e^{-q^2/2}$$

$$= \frac{K_0}{\sqrt{48}}\left[4q^3 - 2q - 8q + (4q^2 - 2)q\right]e^{-q^2/2}$$

$$= \frac{K_0}{\sqrt{48}}(8q^3 - 12q)e^{-q^2/2}. \tag{D.15.28}$$

ちなみにこの操作を続ければ，一般の n に対してはエルミート多項式 $H_n(q)$ を用いて以下の関係式が得られる．

$$\psi_n(q) = \frac{1}{\sqrt{2^n n!}}\left(\frac{mw}{\pi\hbar}\right)^{1/4} H_n(q)e^{-q^2/2}. \tag{D.15.29}$$

参考文献

　本書を執筆する際に参考とした教科書，およびさらにすすんだレベルの教科書をいくつか紹介しておこう（日本語で書かれたもの，あるいは邦訳の存在するものに限ることにする）．

　(1) ランダウ–リフシッツ：『力学』（原著増訂第3版，東京図書，1974年：広重徹・水戸巌訳）

ランダウ流の透徹した記述で薄い本でありながら解析力学の真髄にふれることのできる名著である．世界的に定番となっているもう1冊の教科書が

　(2) ゴールドスタイン：『新版 古典力学（上），（下）』（吉岡書店，1983年，1984年：瀬川富士・矢野忠・江沢康生訳）

である．これは力学全般にわたる広い話題を扱っているため，すべてを読みとおすのは大変であるが，手元にあると何かと便利である．

　初等的な解析力学の教科書は場の解析力学をあまり論じていないことが多いが，

　(3) 早田次郎：『現代物理のための解析力学』（臨時別冊・数理科学SGCライブラリ46，サイエンス社，2006年）

は，特に場の解析力学を中心に解説した好著である．後半はレベルが高いので，大学院で理論物理を学ぶことを志望している人向けであろう．

　古典的な電磁場の理論および相対論に関しては

　(4) ランダウ–リフシッツ：『場の古典論——電気力学，特殊および一般相対性理論』（原著第6版，東京図書，1978年：広重徹・恒藤敏彦訳）

が詳しい．これは，電気力学，特殊相対論，一般相対論に関する優れた教科書として知られているが，前半の電気力学の部分はややごたごたした印象が残る．より基礎的で本書と同様の記述スタイルをとった相対論の教科書として，

　(5) 須藤靖：『一般相対論入門』（日本評論社，2005年）

　(6) 須藤靖：『もうひとつの一般相対論入門』（日本評論社，2010年）

もあげさせていただこう．

　古典論から量子論へ至る論理的必然性を理解するには，やはり

　(7) 朝永振一郎：『量子力学I』（第2版，みすず書房，1969年）

を読むのが最適である．内容は高度であるが，じっくりと読めば得るものが多い歴史的な名著である．

本書ではごく簡単にしか紹介できなかったが経路積分については，ファインマン本人によって書かれた

(8) ファインマン-ヒッブス：『ファインマン経路積分と量子力学』（マグロウヒル，1990年：北原和夫訳）

を読むのが一番である．また

(9) 清水明：『新版 量子論の基礎——その本質のやさしい理解のために』（サイエンス社，2004年）

は，適度な数学的基礎づけを与えつつ量子論の構造そのものを丁寧に説明した教科書である．著者の主張ほど「やさしい」本ではないが，皮相的な理解ではなくその本質を深く学びたい人にはお薦めである．私も本書の13章を執筆する際に，参考にするとともに多くのことを学ばせていただいた．

実は，ここまでで紹介した量子論の教科書は，学部レベルで学ぶ量子力学の典型的な問題を解くことを意図したものというわけではない．これらとは相補的に量子力学の標準的な内容を網羅した

(10) グライナー：『量子力学概論』（シュプリンガー・フェアラーク東京，2000年：伊藤伸泰・早野龍五監訳）

(11) 江沢洋：『量子力学 (I), (II)』（裳華房，2002年）

(12) 原康夫：『量子力学』（岩波書店，1994年）

は，いずれもわかりやすい入門的教科書である．また

(13) 猪木慶治・川合光：『量子力学 I, II』（講談社，1994年）

は，具体的な問題を解くことを通じて量子力学を身につけるスタイルの教科書兼演習書として有用である．

ところで，「よくわかる何とか」という類の皮相的な本は，動機づけにはよくとも深く理解させることを目的としたものではない．購入することを否定はしないが，それと教科書は別である．自分のペースに合わせて，好きな時間にじっくり考えて学ぶためには優れた教科書を購入することが必須である．教科書と自分のレベルの関係，また筆者のスタイルや説明の道筋に対する好き嫌いには個人差もある．その意味では，まず書店あるいは図書館で実際に中身をじっくりとながめた上で購入することを勧めたい．広く深い物理の世界を教えてくれるような名著に出会い感動できるならば，数千円の出費はとてつもなく安い買いものといえよう．

索 引

［ア 行］

アインシュタインの A 係数　265
アインシュタインの規則　55
アインシュタインの B 係数　265
アンサンブル平均　137
位相空間　56
位相速度　142
1 次元調和振動子　96
一様等方　26
一般運動量　34
一般化されたポテンシャル　230
一般座標　12
「井戸型」ポテンシャル　176
ウィーンの式　99
ウィーンの変位則　105
宇宙原理　37
宇宙マイクロ波背景放射　106
運動の積分　33
運動の定数　33
運動量表示　207
運動量保存則　37, 40
エネルギー固有値　169
エネルギー準位　120
エネルギーの等分配則　96
エネルギー保存則　36, 41
L_2 点　260
エルミート演算子　200
エルミート行列　203
エルミート多項式　194
エルミートの微分方程式　194
エーレンフェストの定理　155
演算子　146

オイラー–ラグランジュ方程式　6, 16
小澤の不等式　223

［カ 行］

回転対称性　26
ガウスの定理　150
ガウス波束　142
ガウス分布　94
角運動量保存則　38, 40
角変数　65
確率解釈　148
確率振幅　162
重ね合わせの原理　149
仮想仕事の原理　14
仮想的変位　13
カノニカル分布　91
ガモフの透過率　175
ガリレイの相対性原理　10
ガリレイ変換　10
「換算」コンプトン波長　131
換算プランク定数　103
干渉項　149
慣性系　7
完全系　191, 204
完備　198
規格化条件　187
輝線　109
期待値　95, 151
軌道長半径　71
吸収線　109
q 数　210
共変性　16
共役運動量　34, 42

共役演算子　200

銀河のスペクトル　112

近点引数　74

空間並進対称性　36

グラム–シュミットの直交化　204

クリストッフェル記号　253

クロネッカー記号　52

群速度　144

経路積分　160, 164

ゲージ対称性　28

ゲージ変換　230

ケット　198

ケナールの不等式　222

ケプラー軌道要素　75

ケプラーの方程式　72

交換関係　211

交換子　211

「光子の裁判」　133

拘束条件　12

拘束力　14

光電効果　126

黒体輻射　89

古典論　124

固有関数　169

固有値　203

固有ベクトル　203

コンプトン散乱　129

コンプトン波長　129, 131

　　　［サ　行］

最小作用の原理　21

座標表示　207

作用　22

作用変数　64

作用量子　101

散乱断面積　114

散乱微分断面積　115

c数　210

時間に依存しないシュレーディンガー方程式　169

時間の一様性　35

時間平均　137

自己共役演算子　200

仕事関数　128

自然法則の階層性　228

質点　7

射影演算子　201

周期的境界条件　97

「重力」微細構造定数　123

シュレーディンガー描像　216

シュレーディンガー方程式　147, 215

循環座標　34

昇交点経度　74

状態ベクトル　196

衝突パラメータ　114

消滅演算子　267

真近点角　71

シンプレティック条件　58

シンプレクティック数値積分法　263

水素原子の特性線　110

随伴行列　202

スカラーポテンシャル　229

スティグラーの法則　73

ステファン–ボルツマン定数　103

ステファン–ボルツマンの式　103

正規直交基底　201, 204

正規分布　94

正準交換関係　214

正準変換　48

正準変換の母関数　49

正準変数　43

正準方程式　43

生成演算子　267

静的つりあい　13

赤方偏移　111

接触要素　86

摂動関数　86

線形演算子　200

線スペクトル　109

双曲線軌道　117

双対空間　199

測地線　252

束縛条件　12

束縛状態　148

[タ　行]

対称性　28

太陽の表面温度　105

楕円軌道　284

ダークマター　288

ダランベールの原理　14

断熱定理　66

超関数　244

超関数の積分　245

超関数の微分　245

定常状態　120

ディラックの置き換え　231

停留値　25

デルタ関数　244

デルタ関数の p 階導関数　248

電磁場テンソル　234

電磁場のハミルトニアン密度　240

電磁場のラグランジアン密度　238

テンソル　232

伝播関数　166

点変換　50

透過率　174

等方的　37

「土手型」ポテンシャル障壁　170

ド・ブロイ波長　132

トムソンの原子モデル　113

朝永振一郎　133

デュロン-プティの法則　97

ドロネー変数　85

トンネル効果　173

[ナ　行]

長岡の（土星型）原子模型　113

波乃光子　133

ニュートン力学　9

ネーターの定理　39

ノルム　197

[ハ　行]

配位空間　56

ハイゼンベルクの運動方程式　220

ハイゼンベルクの不確定性関係　157

ハイゼンベルク描像　216

波束　141

パッシェン系列　109

ハッブル定数　110

ハッブルの法則　110

波動関数　125

波動関数のパリティ　170

ハミルトニアン　35

ハミルトンの原理　21

ハミルトンの主関数　68

ハミルトン方程式　43

ハミルトン-ヤコビ方程式　68

バルマー系列　109

汎関数　23, 244

反射率　174

微細構造定数　123

非束縛状態　148

比熱　96

非ホロノミックな拘束条件　13

非ホロノーム系　13

ビリアル定理　261

ヒルベルト空間　196

ファインマン　4, 126

輻射定数　102

複素共役転置行列　202

308 | 索 引

不変性 28
ブラ 198
プランク 90
プランク定数 99
プランクの式 99
フーリエ変換 124
分散関係 145
分配関数 100
分布関数 93
平均運動 72
平均近点角 72
並進対称性 26
平面波 125
ヘヴィサイド関数 248
ベクトルポテンシャル 229
変分 23
変分法 23
ボーア 120
ポアソン括弧 52
ボーア–ゾンマーフェルトの量子化条件
　67
ボーア半径 119, 122
保存量 33
保存力 11
ボルツマン因子 91
ホロノミックな拘束条件 12
ホロノーム系 12
ポワンカレ 2

　　［マ 行］

マクスウェル方程式 10, 229
ミンコフスキー計量テンソル 232
ミンコフスキー時空 232
無限小正準変換 61
無限小正準変換の生成子 61

　　［ヤ 行］

ヤコビの恒等式 54
ヤングの干渉実験 131
ユニタリ演算子 216
ユニタリ変換 216
ゆらぎ 135

　　［ラ 行］

ライマン系列 109
ラウシアン 47
ラグランジアン 6
ラグランジュ点 259
ラグランジュの未定乗数法 19, 20
ラグランジュの惑星方程式 88
ラグランジュ方程式 6
ラザフォードの原子モデル 113
ラザフォードの散乱公式 118
ラプラスベクトル 73
ラーマーの定理 257
リウヴィルの定理 60
離散スペクトル 172
離心近点角 71
離心率 71, 284
理想気体 93
リュードベリ定数 109
量子的実在 126
量子的二重性 140
量子力学的経路 160
量子論 124
ルジャンドル変換 35, 45
レイリー–ジーンズの式 98
連続スペクトル 172
ロバートソンの不等式 221
ローレンツ変換 10, 232
ローレンツ力 230

著者略歴

須藤　靖（すとう・やすし）

1958 年　高知県安芸市生まれ.
1986 年　東京大学大学院理学系研究科物理学専攻博士課程修了.
現　在　東京大学大学院理学系研究科物理学専攻教授. 理学博士.
専　門　宇宙論・太陽系外惑星の理論的および観測的研究.
主要著書　『一般相対論入門』（日本評論社，2005），
　　　　　『ものの大きさ——自然の階層・宇宙の階層』
　　　　　（東京大学出版会，2006），
　　　　　『人生一般ニ相対論』（東京大学出版会，2010），
　　　　　『もうひとつの一般相対論入門』（日本評論社，2010），
　　　　　『三日月とクロワッサン——宇宙物理学者の天文学的人生
　　　　　論』（毎日新聞社，2012），
　　　　　『主役はダーク——宇宙究極の謎に迫る』（毎日新聞社，
　　　　　2013），
　　　　　『科学を語るとはどういうことか——科学者，哲学者にモ
　　　　　ノ申す』（共著，河出書房新社，2013），
　　　　　『宇宙人の見る地球』（毎日新聞社，2014），
　　　　　『情けは宇宙のためならず——物理学者の見る世界』（毎日
　　　　　新聞出版，2018），
　　　　　『この空のかなた』（亜紀書房，2018），
　　　　　『不自然な宇宙——宇宙はひとつだけなのか？』（講談社ブ
　　　　　ルーバックス，2019）

解析力学・量子論　［第 2 版］

　　　　2008 年 9 月 5 日　初　版第 1 刷
　　　　2019 年 5 月 15 日　第 2 版第 1 刷

　　　　　［検印廃止］

　著　者　須藤　靖
　発行所　一般財団法人 東京大学出版会
　　　　　代表者 吉見俊哉
　　　　　153-0041 東京都目黒区駒場 4-5-29
　　　　　電話 03-6407-1069　Fax 03-6407-1991
　　　　　振替 00160-6-59964
　　　　　URL http://www.utp.or.jp/
　印刷所　大日本法令印刷株式会社
　製本所　誠製本株式会社

ⓒ2019 Yasushi Suto
ISBN 978-4-13-062618-7 Printed in Japan

[JCOPY]〈出版者著作権管理機構 委託出版物〉
本書の無断複写は著作権法上での例外を除き禁じられています. 複写され
る場合は, そのつど事前に, 出版者著作権管理機構（電話 03-5244-5088,
FAX 03-5244-5089, e-mail: info@jcopy.or.jp）の許諾を得てください.

人生一般ニ相対論

須藤　靖　四六判・208 頁・2400 円

「日常のなかにひっそりと隠れている物理学の原理の役割をあぶり出すことで物理学的世界観を布教しようとするさりげない試み」と称し，ダークエネルギーから高校教科書まで，さまざまな話題を著者の日常とともに「物理屋」の視点でつづる，痛快エッセイ集．PR誌『UP』掲載 9 編他全 14 編を収録．

エキゾティックな量子
不可思議だけど意外に近しい量子のお話

全　卓樹　四六判・256 頁・2600 円

「粒子は波である」「確定は確率的不定である」「不可知は完全な知である」——奇怪で不可思議で美しい，私たちの世界をつくる量子力学．その考え方の基本と量子生物学や宇宙論・情報理論などの話題のテーマを，物理と哲学と文学を絶妙にからめたユニークな文体でつづる．

量子力学
物質科学に向けて

マイケル D. フェイヤー，谷　俊朗訳　A5 判・442 頁・5200 円

重ね合わせの原理や線形代数のやさしい解説から始め，物質科学への応用に役立つよう書かれたテキスト．シュレーディンガー方程式だけでなく，ディラックの表記法にも重点を置き，より一般的な視点から量子力学を理解できる．演習問題付．
Michael D. Fayer, *Elements of Quantum Mechanics*, Oxford University Press (2001) を全訳．

ここに表示された価格は本体価格です．御購入の際には消費税が加算されますので，御了承下さい．